AVR XMEGA 高性能单片机开发及应用

洪 利 吕敬伟 杨强生 陈仲钱 编著

北京航空航天大学出版社

内 容 简 介

本书根据当前单片机的发展趋势,以 ATMEL 公司的 AVR XMEGA A 系列高性能单片机为例,全面讲述了 XMEGA A 系列单片机的原理和开发技术。全书共分 6 章,首先,对单片机的概念进行简单介绍;其次,详细介绍了 XMEGA A 的硬件结构原理,并用 C 语言和汇编语言对各模块配以示例,其中对 C 语言驱动头文件作了详细说明(见光盘中的附录 D);最后,介绍了 μC/OS-Ⅱ在 XMEGA A 系列单片机的应用。本书实例在 AVR Studio 4 开发环境下全部编译调试通过。本书配套光盘 1 张,包含书中全部示例程序和由于篇幅限制没有编入书中的实例及附录。

本书适合 XMEGA A 系列单片机的初学者,以及有一定单片机与嵌入式系统开发经验的电子技术人员阅读,也可以作为高等院校电子、通信、计算机、电气控制、自动控制专业教学和科研开发的参考书。

图书在版编目(CIP)数据

AVR XMEGA 高性能单片机开发及应用 / 洪利等编著
. -- 北京:北京航空航天大学出版社,2013.6
  ISBN 978 - 7 - 5124 - 0997 - 2

Ⅰ. ①A⋯ Ⅱ. ①洪⋯ Ⅲ. ①单片微型计算机 Ⅳ.
①TP368.1

中国版本图书馆 CIP 数据核字(2012)第 253907 号

AVR XMEGA 高性能单片机开发及应用

洪　利　吕敬伟　杨强生　陈仲钱　编著

责任编辑　刘　星

*

北京航空航天大学出版社出版发行

北京市海淀区学院路 37 号(邮编 100191)　http://www.buaapress.com.cn
发行部电话:(010)82317024　传真:(010)82328026
读者信箱:emsbook@gmail.com　邮购电话:(010)82316936
涿州市新华印刷有限公司印装　各地书店经销

*

开本:710×1 000　1/16　印张:29　字数:635 千字
2013 年 6 月第 1 版　2013 年 6 月第 1 次印刷　印数:4 000 册
ISBN 978 - 7 - 5124 - 0997 - 2　定价:65.00 元(含光盘 1 张)

前 言

    20 世纪 90 年代末,ATMEL 公司推出 AVR 系列 8 位单片机,凭借其高速运行处理能力和高性价比优势得到了极为广泛的应用。为了扩展 AVR 在 8 位单片机的市场领域,ATMEL 公司推出了高性能的 XMEGA 系列单片机。

    AVR XMEGA A 单片机采用低功耗 CMOS 工艺,是基于 AVR 增强的精简指令集(RISC)的 8 位单片机家族的新成员。它具有丰富的硬件接口电路,内部大容量 EEPROM 和 SRAM,4 通道 DMA 控制器,8 通道事件系统和可编程多级中断控制器,大量通用 I/O 口,16 位或 32 位实时计数器(RTC),带有比较模式和 PWM 的 16 位定时器/计数器,通用同步/异步收发器(USART),I^2C 和兼容 SMBUS 的双线串行接口(TWI),串行外设接口(SPI),AES 和 DES 加密引擎,8 通道、12 位的模拟/数字转换器,可选差分输入和可编程增益控制,2 通道、12 位的数字模拟转换器,带窗口模式的模拟比较器,带内部独立振荡器的可编程看门狗定时器,精确的内部振荡器,带锁相环和预分频器,并且可以进行掉电检测。

    编程和调试的接口(PDI),是快速的 2 线接口。同样具备 IEEE std.1149.1 标准的 JTAG 测试接口,也可以用来片内调试和编程。芯片内具有大容量可编程 Flash,支持在系统可编程,内部存储器可以由上位机的软件通过串口或者其他通信接口来进行改写,从而无需购买昂贵的仿真器和编程器,就可以进行单片机的实验和开发。单片机芯片可以直接焊接到电路板上,调试结束即成成品,免去了调试时由于频繁地插入、取出芯片对芯片和电路板带来的不便。

    本书以引导读者迅速掌握 XMEGA A 单片机的编程开发为目的,详细介绍了 XMEGA A 内部结构和外围模块的特点、性能及其指令系统;并配以 AVR Studio 4 开发环境下的大量基础示例,使读者更容易看懂,迅速掌握模块的使用。本书还介绍了 µC/OS-Ⅱ 在 XMEGA A 系列单片机的配置及应用。本书配光盘 1 张,包含书中全部示例程序和一些学习资料,读者可以直接使用这些基础实例的设计思路和代码。

    本书适合 XMEGA A 系列单片机的初学者以及有一定单片机与嵌入式系统开发经验的电子技术人员阅读,也可以作为高等院校电子、通信、计算机、自动控制专业教学和科研开发的参考书。

AVR XMEGA 高性能单片机开发及应用

本书各章节内容如下：

第 1 章介绍了单片机的概念和发展趋势，以及 AVR 单片机的特点。

第 2 章详细介绍了 ATMEL XMEGA A 的内部结构和外围接口的特点（本章参考了 XMEGA A MANUAL 芯片手册）。

第 3 章详细介绍了 XMEGA A 单片机汇编语言指令系统。

第 4 章介绍了主流的 AVR 单片机开发环境 AVR Studio 4 的使用。

第 5 章详细介绍了外设模块基础应用示例，分别使用 C 语言和汇编语言实现。

第 6 章介绍了 μC/OS-Ⅱ在 XMEGA A 系列单片机的移置与应用。

附录 A：XMEGA 外设模块地址。

附录 B：XMEGA 中断向量基址和偏移。

附录 C：XMEGA 芯片封装和引脚功能。

C 语言驱动头文件说明、汇编代码头文件汇总、C 语言代码头文件汇总、EBI 时序图见随书光盘内容。

参与本书编写工作的人员有洪利、吕敬伟、杨强生、陈仲钱等，主要由洪利负责规划、安排内容、修改与定稿。本书在编写过程中得到章扬、蔡丽萍、舒若、张正男、马晓伟、朱华、厉康、孔慧娟、刘盈、王珊、高明、赵燕、王宪坤、董增华、张月等的大力帮助，在此表示感谢。同时感谢北京航空航天大学出版社的大力支持，使本书得以顺利出版。

由于作者的经验和水平有限，书中难免有错误和不足之处，恳请广大读者和同行指正。有兴趣的朋友，请发送邮件到：hongli2050@qq.com，与本书作者沟通；也可以发送邮件到：bhcbslx@sina.com，与本书策划编辑进行交流。

洪　利

2013 年 3 月

2

目 录

第1章

单片机概述

1.1 单片机简介

单片机,也称为单片微型计算机。它是把中央处理器(CPU)、随机存取存储器(RAM)、只读存储器(ROM)、输入/输出端口(I/O)等主要计算机功能部件都集成在一块集成电路芯片上的微型计算机。由于它的结构及功能均按工业控制要求设计,国际上多把单片机称为微控制器 MCU(MicroController Unit)。

单片机是一个单芯片形态、面向控制对象的微型计算机系统,它属于嵌入式系统的应用范畴。它的出现及发展使计算机技术从通用型数值计算领域进入到智能化的控制领域。

单片机具有以下的特点:

① 面向控制,能针对性地解决从简单到复杂的各类控制任务。

许多半导体公司在单片机内部集成了许多外围功能电路和外设接口,如定时器/计数器、串行通信、模拟/数字转换、PWM(Pulse Width Modulation,脉冲宽度调制)等单元。所有这些单元都突出了单片机的控制特性。

② 抗干扰能力强,适应温度范围宽,工作可靠。

单片机将各功能部件集成在一块硅芯片上,集成度很高,体积小。芯片本身是按工业测控环境要求设计的,内部布线很短,其抗工业噪声性能优于一般通用的 CPU。单片机程序指令、常数及表格等固化在 ROM 中不易破坏,许多信号通道均在一个芯片内,故可靠性高。

③ 低电压、低功耗。

为了满足广泛使用于便携式系统,许多单片机内的工作电压仅为 1.8~3.6 V,而工作电流仅为数百微安。

④ 优异的性能价格比。

单片机的性能极高。为了提高速度和运行效率,单片机已开始使用 RISC 流水线和 DSP 等技术。单片机的寻址能力也已突破 64 KB 的限制,有的已可达到 1 MB 和 16 MB,片内的 ROM 容量可达 64 MB,RAM 容量则可达 2 MB。由于单片机的广泛使用,销量极大,各大公司的商业竞争更使其价格十分低廉,所以其性价比极高。

1.2 单片机的应用领域

单片机广泛应用于仪器仪表、家用电器、医用设备、航空航天、专用设备的智能化管理及过程控制等领域,大致可分如下几个范畴。

(1) 在智能仪器仪表上的应用

单片机具有体积小、功耗低、控制功能强、扩展灵活、微型化和使用方便等优点,广泛应用于仪器仪表中。结合不同类型的传感器,可实现诸如电压、功率、频率、湿度、温度、流量、速度、厚度、角度、长度、硬度、元素、压力等物理量的测量。采用单片机控制使得仪器仪表数字化、智能化、微型化,且功能比起采用电子器件或数字电路更加强大,例如精密的测量设备(如功率计、示波器、各种分析仪等)。

(2) 在工业控制中的应用

用单片机可以构成形式多样的控制系统、数据采集系统。例如,工厂流水线的智能化管理,电梯智能化控制、各种报警系统,与计算机联网构成二级控制系统等。

(3) 在家用电器中的应用

可以这样说,现在的家用电器基本上都采用了单片机控制,从电饭煲、洗衣机、电冰箱、空调机、彩电、其他音响视频器材,再到电子称量设备等,无所不在。

(4) 在计算机网络和通信领域中的应用

现代的单片机普遍具备通信接口,可以很方便地与计算机进行数据通信,为在计算机网络和通信设备间的应用提供了极好的物质条件。现在的通信设备基本上都实现了单片机智能控制,从手机、电话机、小型程控交换机、楼宇自动通信呼叫系统、列车无线通信,再到日常工作中随处可见的移动电话、集群移动通信、无线电对讲机等。

(5) 在医用设备领域中的应用

单片机在医用设备中的用途亦相当广泛,例如医用呼吸机、各种分析仪、监护仪、超声诊断设备及病床呼叫系统等。

此外,单片机在工商、金融、科研、教育、国防航空航天等领域也有着十分广泛的用途。

1.3 单片机的发展趋势

随着科学技术的发展,单片机正朝着高性能和多品种方向发展,具体来说,就是进一步向着 CMOS 化、低功耗、小体积、大容量、高性能、低价格和外围电路内装化等几个方面发展。下面是单片机的主要发展趋势。

(1) CMOS 技术

近年,CHMOS 技术的进步,大大加快了单片机芯片采用 CMOS 技术进行设计和生产的过程。CMOS 芯片除了低功耗特性之外,还具有功耗的可控性,使单片机可以工作在功耗精细管理状态。单片机芯片多数采用 CMOS(金属栅氧化物)半导体工艺生产。

CMOS 电路的特点是低功耗、高密度、低速度、低价格。采用 CMOS 半导体工艺的 TTL 电路速度快,但功耗和芯片面积较大。随着技术和工艺水平的提高,又出现了 HMOS(高密度、高速度 MOS)和 CHMOS 工艺,以及 CHMOS 和 HMOS 工艺的结合。目前生产的 CHMOS 电路已达到 LSTTL 的速度,传输延时时间小于 2 ns,它的综合优势已优于 TTL 电路。因而,在单片机领域 CMOS 正在逐渐取代 TTL 电路。

(2) 低功耗

单片机的功耗已下降了许多,静态电流甚至降到 1 μA 以下;使用电压在 3～6 V,完全能够适应于电池工作。低功耗化的效应不仅是功耗低,而且带来了产品的高可靠性、高抗干扰能力以及产品的便携化。

(3) 低电压

几乎所有的单片机都有 WAIT、STOP 等省电运行方式。允许使用的电压范围越来越宽,一般在 3～6 V 范围内工作,低电压供电的单片机电源下限已可达 1～2 V。目前 0.8 V 供电的单片机已经问世。

(4) 低噪声与高可靠性

为提高单片机的抗电磁干扰能力,使产品能适应恶劣的工作环境,满足电磁兼容性方面更高标准的要求,各单片机厂家在单片机内部电路中都采用了新的技术措施。

(5) 大容量

以往单片机内的 ROM 为 1～4 KB、RAM 为 64～128 B。但在需要复杂控制的场合,该存储容量是不够的,必须进行外接扩充。为了适应这种领域的要求,须运用新的工艺,使片内存储器大容量化。目前,单片机内 ROM 最大可达 64 MB,RAM 最大为 2 MB。

(6) 高性能

主要是指进一步改变 CPU 的性能,加快指令运算的速度和提高系统控制的可靠性。采用精简指令集(RISC)结构和流水线技术,可以大幅度提高运行速度。现指令速度最高者已达 100 MIPS(Million Instruction Per Seconds,兆指令每秒),并加强了位处理、中断和定时控制功能。这类单片机的运算速度比标准的单片机高出 10 倍以上。由于这类单片机有极高的指令速度,可以使用软件模拟其 I/O 功能,由此引入了虚拟外设的新概念。

(7) 小容量、低价格

与上述相反,以 4 位、8 位机为中心的小容量、低价格化也是目前的发展动向之一。这类单片机的用途是把以往用数字逻辑集成电路组成的控制电路单片化,可广泛用于家电产品。

(8) 外围电路内装

这也是单片机发展的主要方向。随着集成度的不断提高,有可能把众多的各种外围功能器件集成在片内。除了一般必须具有的 CPU、ROM、RAM、定时器/计数器等以外,片内集成的部件还有模/数转换器、DMA 控制器、声音发生器、监视定时器、液晶显示驱动器、彩色电视机和录像机用的锁相电路等。

(9) 串行扩展技术

在很长一段时间里,通用型单片机通过三总线结构扩展外围器件成为单片机应用的主流结构。随着低价位一次性可编程 ROM 及各种特殊类型片内程序存储器的发展,加之外围接口不断进入片内,推动了单片机"单片"应用结构的发展。特别是 I^2C、SPI 等串行总线的引入,可以使单片机的引脚设计得更少,单片机系统结构更加简化及规范化。

1.4　AVR 单片机介绍

1997 年,由 ATMEL 公司挪威设计中心的 A 先生与 V 先生利用 ATMEL 公司的 Flash 新技术,共同研发出 RISC 精简指令集的高速 8 位单片机,简称 AVR。

2006 年,ATMEL 继 AVR(8 位 MCU)之后,推出的 32 位 AVR,ATMEL 独立研发(这点与 ARM 不同),它也不同于其他 32 位的 ARM。

2008 年,ATMEL 公司推出 AVR XMEGA 单片机系列,这是其成功的 AVR 单片机系列的重要新成员。AVR XMEGA 的系统性能扩展了 8 位单片机的市场领域。

1. AVR 单片机家族

AVR 单片机系列齐全,可适用于各种不同场合的要求。AVR 单片机有 5 个子系列,如图 1-4-1 所示。

> tinyAVR,Flash 容量 1～16 KB,8～32引脚封装。

> megaAVR,Flash 容量 4～256 KB,28～100 引脚封装。

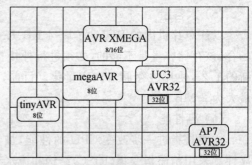

图 1-4-1　AVR 单片机系列图示

> AVR XMEGA,Flash 容量 16～384 KB,44～100 引脚封装。

> AVR32 UC3,Flash 容量 64～512 KB,48～144 引脚封装。

> AVR32 AP7,在 150 MHz 下 210 DMIPS 的计算能力,196～256 引脚封装。

2. AVR XMEGA 系列单片机

XMEGA 系列单片机的闪存容量 16～384 KB 不等,采用 44～100 引脚的封装,工作电压为 1.6～3.6 V,32 MHz 频率下处理性能可达到 32 MIPS。XMEGA 器件是通用的单片机,适合各种应用,包括音响设备、ZigBee 无线设备、功率工具、医疗设备、板卡控制器、网络设备、仪表、光收发器、电机控制、白色家电以及任何电池供电的产品。

3. AVR XMEGA 系列单片机的特点

①第 2 代超低功耗的 picoPower™ 技术。

picoPower 技术可以应用在单片机激活模式和睡眠模式下,嵌入式开发者可以在不降低性能的前提下降低功耗。低功耗示意图如图 1-4-2 所示。

真正的 1.6 V 工作电压指包括 ADC、DAC、Flash 和 EEPROM 操作以及内部振荡电路在内的所有功能都可在 1.6 V 电压下运行。在手机等电池供电设备中,XMEGA 器件可连接一个 1.8 V(±10%)的稳压电源,以节省成本和延长电池寿命。

图 1-4-2 低功耗示意图

在维持 RAM 和寄存器内容的掉电模式下,电流消耗为 100 nA。

实时时钟由一个 32 kHz 晶振实现,功耗仅为 650 nA。

②创新的事件系统(event system)可实现不依赖 CPU 的高速外设间通信。

就像人体的条件反射能力一样,创新的 XMEGA 事件系统可在不使用 CPU 或 DMA 资源的情况下完成外设之间的通信,这可确保获得可以预计和快速的响应。多达 8 个在外设中同时发生的事件或中断条件能够自动在其他外设中引发响应。这个事件系统消除了因多中断和(或)频繁触发中断造成的瓶颈效应,事件处理无需运用任何软件,而且关键任务的延时时间比任何中断响应时间都要短。事件系统示意图如图 1-4-3 所示。

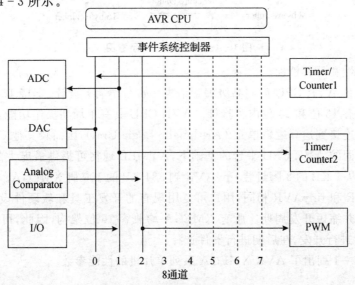

图 1-4-3 事件系统示意图

5

③4 通道 DMA 控制器。

4 通道 DMA 控制器可实现不依赖 CPU 的高速数据传输率,从而大幅提升了性能。XMEGA 中的 DMA 控制器能够处理所有数据存储器与外设之间的传输。

④高速 12 位 ADC 与 DAC。

XMEGA 模/数转换器具有 12 位分辨率,采样率高达每秒 200 万次,并具有过采样(oversampling)的硬件支持,因而无需额外增加成本,即可将分辨率提高到 16 位,与传统 MCU 相比,可实现最快采样率以及最精确的结果。该转换器备有可编程增益级、差分输入、温度传感器,以及精确的内部电压参考,无需外接部件并可节省成本。AVR XMEGA 还配有最高 1 Msps 的 12 位数/模转换器(DAC)以及先进的模拟比较器。

⑤高速加密技术支持 AES 和 DES。

XMEGA 备有一个支持高级加密标准(AES)和数据加密标准(DES)的硬件加密引擎。该加密引擎可将加密后的数据通信速度从 10 kbps 提高到 2 Mbps,效率优于软件方案。加密技术示意图如图 1-4-4 所示。AVR XMEGA 可用于长时间电池供电应用,例如,收费公路标签、无线传感器节点和 ZigBee 高带宽加密数据通信设备等解决方案。

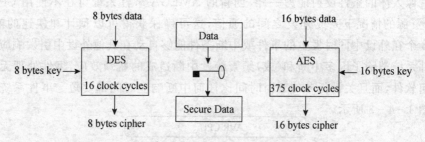

图 1-4-4 加密技术示意图

⑥兼容性和可移植性。

这种 8 位 AVR CPU 面向高级编程语言(如 C 语言)设计,支持 16 位和 32 位运算以及具有 16 位和 24 位内存指针。AVR CPU 具有单周期操作功能,并有 32 个工作寄存器连接到运算逻辑单元(Arithmetic Logic Unit),因而较其他 CPU 的效率更高。在稳固的 AVR CPU 平台的基础下,ATMEL 现在可提供最庞大的代码兼容器件系列,从 1 KB 的 8 脚封装 tinyAVR 到 384 KB 的 100 脚 XMEGA。AVR CPU 与 megaAVR 和 tinyAVR 相同,用户可复用现有的开发工具和软硬件设计,这有助于节省成本并缩短开发周期。所有 XMEGA 均兼容 16 位架构,因此,可利用 ATxmega128A1 进行开发,在后期进行器件选择。

表 1-4-1 列出了 AVR XMEGA 系列单片机的性能参数。

表1-4-1 AVR XMEGA 系列单片机性能参数表

芯片	Status	Flash/KB	Boot code/B	EEPROM/KB	SRAM/KB	DMA/channel	Event/channel	I/O	16位 Timers	PWM (channel)	RTC 16位	RTC 32位	SPI	TWI (I2C)	USART	12位 ADC	12位 DAC	模拟比较器	中断	外部中断	VCC Range/V	Clock Speed/MHz	封装
ATxmega64A1	I	64	4	2	4	4	8	78	8	24	Y		4	4	8	2×8	2×2	4	122	78	1.6~3.6	32	TQFP100,BGA100
ATxmega128A1	I	128	8	2	8	4	8	78	8	24	Y		4	4	8	2×8	2×2	4	122	78	1.6~3.6	32	TQFP100,BGA100
ATxmega192A1	I	192	8	4	16	4	8	78	8	24	Y		4	4	8	2×8	2×2	4	122	78	1.6~3.6	32	TQFP100,BGA100
ATxmega256A1	I	256	8	4	16	4	8	78	8	24	Y		4	4	8	2×8	2×2	4	122	78	1.6~3.6	32	TQFP100,BGA100
ATxmega384A1	I	384	8	4	32	4	8	78	8	24	Y		4	4	8	2×8	2×2	4	122	78	1.6~3.6	32	TQFP100,BGA100
ATxmega64A3	I	64	4	2	4	4	8	50	7	22	Y		3	2	7	2×8	1×2	4	102	50	1.6~3.6	32	TQFP64,QFN64
ATxmega128A3	I	128	8	2	8	4	8	50	7	22	Y		3	2	7	2×8	1×2	4	102	50	1.6~3.6	32	TQFP64,QFN64
ATxmega192A3	I	192	8	4	16	4	8	50	7	22	Y		3	2	7	2×8	1×2	4	102	50	1.6~3.6	32	TQFP64,QFN64
ATxmega256A3B	I	256	8	4	16	4	8	49	7	22		Y	3	2	6	2×8	1×2	4	102	49	1.6~3.5	32	TQFP64,QFN64
ATxmega256A3	I	256	8	4	16	4	8	50	7	22	Y		3	2	7	2×8	1×2	4	102	50	1.6~3.6	32	TQFP64,QFN64
ATxmega16A4	F	16	4	1	2	4	8	34	5	16	Y		2	2	5	1×12	1×2	2	77	34	1.6~3.6	32	TQFP44,QFN44
ATxmega32A4	F	32	4	1	4	4	8	34	5	16	Y		2	2	5	1×12	1×2	2	77	34	1.6~3.6	32	TQFP44,QFN44
ATxmega64A4	F	64	4	2	4	4	8	34	5	16	Y		2	2	5	1×12	1×2	2	77	34	1.6~3.6	32	TQFP44,QFN44
ATxmega128A4	F	128	8	2	8	4	8	34	5	16	Y		2	2	5	1×12	1×2	2	77	34	1.6~3.6	32	TQFP44,QFN44
ATxmega64D3	F	64	4	2	4	4	4	50	5	18	Y		2	1	3	1×16		2	67	50	1.6~3.6	32	TQFP64,QFN64
ATxmega128D3	F	128	8	2	8	4	4	50	5	18	Y		2	1	3	1×16		2	67	50	1.6~3.6	32	TQFP64,QFN64
ATxmega192D3	F	192	8	2	16	4	4	50	5	18	Y		2	1	3	1×16		2	67	50	1.6~3.6	32	TQFP64,QFN64
ATxmega256D3	F	256	8	4	16	4	4	50	5	18	Y		2	1	3	1×16		2	67	50	1.6~3.6	32	TQFP64,QFN64
ATxmega16D4	F	16	4	1	2	4	4	34	4	14	Y		2	1	2	1×12		2	55	34	1.6~3.6	32	TQFP44,QFN44
ATxmega32D4	F	32	4	1	2	4	4	34	4	14	Y		2	1	2	1×12		2	55	34	1.6~3.6	32	TQFP44,QFN44

第 2 章

ATMEL XMEGA A 硬件结构

2.1 概 述

1. 结构和主要特点

XMEGA A 是一个基于 AVR 先进的精简指令集(RISC)结构的 8/16 位 CMOS 微处理器的集合,它具有低功耗、高性能和外设丰富的特点。凭借单时钟周期指令执行时间,XMEGA A 的数据吞吐率高达 1 MIPS/MHz,从而可以减弱系统在功耗和处理速度之间的矛盾。图 2-1-1 为 ATxmega32A4 框图。

AVR CPU 将一个丰富的指令集与 32 个通用工作寄存器相结合。32 个寄存器直接与运算器(ALU)相连,允许在一个时钟周期,一条指令中访问两个独立的寄存器。这种结构大大提高了代码效率,数据吞吐率比基于普通的单累加器或 CISC 的微控制器快很多倍。

XMEGA A 设备有以下的特点:Flash 可同时读/写且在系统可编程,内部 EEPROM 和 SRAM,4 通道 DMA 控制器,8 通道事件系统和可编程多级中断控制器,多达 78 个通用 I/O 口,16 位或 32 位实时计数器(RTC),多达 8 个带有比较模式和 PWM 的 16 位定时器/计数器,多达 8 个通用同步异步收发器(USART),多达 4 个 I^2C 和兼容 SMBUS 的双线串行接口(TWI),4 个串行外设接口(SPI),AES 和 DES 加密引擎,两个 8 通道、12 位的模拟/数字转换器,可选差分输入和可编程增益控制,4 个独立 A/D 通道,两个 2 通道 12 位的 D/A,4 个带窗口模式的模拟比较器,带内部独立振荡器的可编程看门狗定时器,精确的内部振荡器,带锁相环和预分频器,可以进行掉电检测。

两种编程与调试的接口:一种是两线快速接口(PDI),另一种是符合 IEEE std. 1149.1 标准的 JTAG 测试接口。

XMEGA A 有 5 种降低功耗的模式可选。

➢ 空闲模式,CPU 停止工作,允许 SRAM、DMA 控制器、事件系统、中断控制器和所有外设正常工作。

➢ 掉电模式,保存 SRAM 和寄存器的数据,关闭振荡器和其他功能,TWI、引脚中断或复位恢复原态。

➢ 省电模式,异步实时计数器正常运行,其他进入睡眠状态。

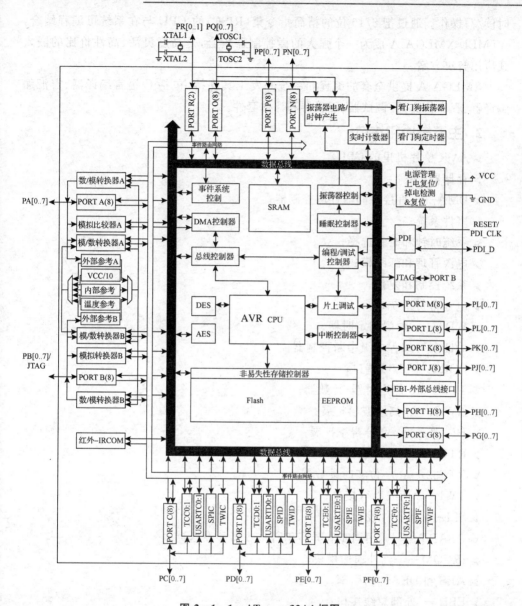

图 2-1-1　ATxmega32A4 框图

> 待机模式,只有晶体振荡器运行,其余功能模块处于休眠状态,器件功耗低,同时具有从外部晶振快速启动的能力。

> 扩展的待机状态下,主振荡器和异步计数器继续运行。为了进一步降低功耗,在激活模式和空闲、睡眠模式下,每一个外设时钟可以单独停止。

　　XMEGA A 使用了 ATMEL 的高密度非易失性存储器技术。程序闪存可以通过 PDI 或 JTAG 在系统内部再次编程。设备里运行的引导程序可以使用任一接口下载应用程序到闪存里。引导区内的引导程序在程序区更新后继续运行,真正的同时读/写操作。通过把 8/16 位的精简指令集(RISC)的 CPU 与在系统可编程结合，ATMEL XMEGA A 成为一个强大的微控制器集合，是高度灵活、高性价比的嵌入式应用解决方案。

　　XMEGA A 提供全套的编程和系统开发工具支持，包括 C 语言编译器、宏汇编编译器、程序仿真器/调试器、编程器和评估套件。

2. 主要模块和接口

- AVR 单片机里的 CPU；
- 存储器；
- DMA——直接存储器存取控制器；
- 事件系统；
- 系统时钟和时钟选择；
- 电源管理和睡眠模式；
- 系统控制和复位；
- 电池备份系统；
- WDT——看门狗定时器；
- 中断和可编程多级中断控制器；
- PORT——I/O 端口；
- TC——16 位定时器/计数器；
- AWeX——高级波形扩展；
- Hi - Res——高分辨率扩展；
- RTC——实时计数器；
- RTC32——32 位实时计数器；
- TWI——两线串行接口；
- SPI——串行外设接口；
- USART——通用同步和异步串行接收器和发送器；
- IRCOM——红外通信模块；
- AES 和 DES 加密引擎；
- EBI——外部总线接口；
- ADC——模拟/数字转换器；
- DAC——数字/模拟转换器；
- AC——模拟比较器；
- IEEE 1149.1 JTAG 接口；
- PDI——编程和调试接口。

3. 封装和引脚功能

AVR XMEGA 封装及引脚图，详见光盘附录 G 中的内容。

2.2　AVR CPU

1. 特　点

➢ 8/16 位高性能 AVR 精简指令集微处理器：138 条指令，硬件乘法器；

➢ 32×8 通用工作寄存器（直接与 ALU 相连）；

➢ 内存堆栈；

➢ 可访问 I/O 存储空间的栈指针；

➢ 直接地址访问的高达 16 MB 程序内存和 16 MB 数据内存；

➢ 真正的 16/24 位访问 16/24 位 I/O 寄存器；

➢ 有效支持 8 位、16 位和 32 位运算；

➢ 系统重要功能的配置更改保护。

2. 概　述

XMEGA 使用 8/16 位 AVR CPU。CPU 的主要功能是确保程序正确的执行。CPU 可以访问内存、执行运算并控制外设。

3. 结构概述

为了使性能和并行处理最优化，AVR 对程序和数据使用了内存和总线分开的哈佛架构，如图 2-2-1 所示。程序区中的指令通过单级流水执行。当一条指令在执行时，会从程序内存中预读取下一条指令。这种方法使每一个时钟周期都在执行指令。

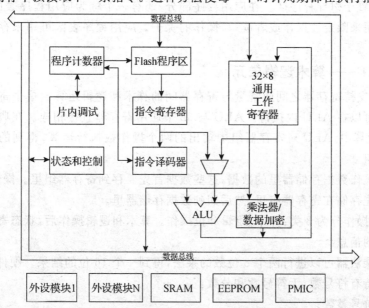

图 2-2-1　AVR 结构框图

ALU 支持寄存器之间或常量与寄存器间的算术和逻辑运算。单个寄存器的运算同样可以在运算器内执行。算术运算后,状态寄存器会更新,反应运算结果的信息。

ALU 与通用寄存器组直接相连。32 个 8 位通用工作寄存器都有一个时钟周期的访问时间让 ALU 在寄存器间或寄存器与立即数之间操作。32 个寄存器中有 6 个可以用作指向程序和数据空间的 3 个 16 位地址指针,这样可以使地址运算效率更高。

内部存储空间是线性的,并且按照规则进行映射。数据存储器空间和程序存储空间是两个不同的存储空间。

数据存储器空间被分为 I/O 寄存器和静态随机存储器(SRAM)。另外,EEPROM可以映射到数据存储空间内。

所有的 I/O 状态和控制寄存器位于数据存储空间内的最下面的 4 KB 内,称为 I/O 存储空间。最下面的 64 个地址可以直接访问,位于数据空间的地址是 0x00～0x3F。剩下的是扩充的 I/O 存储空间,范围为 0x40～0x1FFF,这些 I/O 寄存器必须用 load(LD/LDS/LDD)和 store(ST/STS/STD)指令访问。

SRAM 保存数据,但不能执行代码。通过 AVR 结构支持的 5 种不同的寻址模式可以轻松地进行访问。SRAM 的起始地址是 0x2000。

数据地址 0x1000～0x1FFF 是映射 EEPROM 的保留地址。

程序存储空间被分为应用程序区和引导程序区两个部分。这两部分都有专门的锁定位用来限定读操作或者读/写操作的保护。用于对应用程序区自编程的 SPM 指令,必须置于引导程序区。在应用程序部分,还有一个称为应用程序表区,有专门的锁定位用来限定读操作或者读/写操作的保护。应用程序表区可用来存储程序代码或数据。

4. ALU——算术逻辑单元

ALU 支持寄存器之间或常量与寄存器间的算术和逻辑运算。单个寄存器的运算同样也可以在 ALU 内执行。ALU 与 32 个通用寄存器直接相连。在典型的单周期 ALU 运算中,ALU 对寄存器组中输出的两个操作数执行运算,得到的结果存回到寄存器组。

为了操作数据存储器里的数据,这些数据首先要存到寄存器组里。操作结束后,数据可以先存储在寄存器组里,然后回到数据存储器里。

ALU 操作分为 3 类:算术、逻辑和位操作。算术和逻辑操作后,状态寄存器更新运算结果的信息。

硬件乘法器可以进行两个 8 位数的乘法,得到一个 16 位的结果。硬件乘法器的操作数支持有符号数、无符号数和分数:

➢ 无符号整数;

➢ 有符号整数;

➤ 有符号整数和无符号整数；

➤ 无符号分数；

➤ 有符号分数；

➤ 有符号分数和无符号分数。

一次相乘运算需要两个 CPU 时钟周期。

5. 程序流

复位后,程序开始从程序地址 0 处执行。程序流是由条件转移、无条件转移和过程调用指令控制的,可以对整个地址空间直接寻址。很多指令有一个单独的 16 位的字格式。每一个程序存储地址包含一个 16 位或 32 位指令。程序计数器(PC)会记录取得指令的地址位置。当中断和子程序调用时,返回的地址储存在堆栈里。

当一个有效的中断产生时,为了执行中断处理子程序,PC 会转到真正的中断向量。硬件会自动清除相应的中断标志。

灵活的中断控制器有专门的控制寄存器,状态寄存器里有全局中断使能位。每个中断在中断向量表里都有独立的中断向量,从位于程序区的地址 0 处的复位向量开始。所有的中断有一个可编程的中断等级。在每个级别中,中断优先级和地址位置一致,低地址中断向量优先级更高。

6. 指令执行时序

AVR CPU 由 CPU 时钟 clk_{CPU} 驱动,芯片内部不对此时钟进行分频。图 2-2-2 说明了 Harvard 结构决定的并行取指和指令执行,以及可以进行快速访问的寄存器组的概念。这是一个基本的流水线的概念,性能高达 1 MIPS/MHz,具有优良的性价比、功能/时钟比、功能/功耗比。

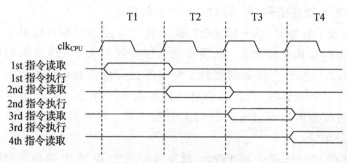

图 2-2-2　并行取指和指令执行

图 2-2-3 表示的是寄存器组内部访问时序。在一个时钟周期内 ALU 可以同时对两个寄存器操作数进行操作,同时将结果保存到目的寄存器中去。

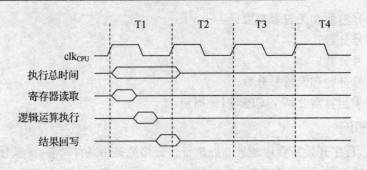

图 2 - 2 - 3　单时钟周期 ALU 操作

7. 状态寄存器

状态寄存器(SREG)反映了最近执行的算术或逻辑运算结果的信息,这些信息可以用来改变程序流程以实现条件操作。如指令集所述,所有 ALU 运算都将影响状态寄存器的内容。在很多情况下就不需要专门的比较指令了,从而使系统运行更快速,代码效率更高。状态寄存器在进入中断或中断结束后不会自动存储,必须由程序控制。状态寄存器可以通过 I/O 空间访问。

8. 堆栈和堆栈指针

堆栈主要用来存储临时数据、中断和子程序的返回地址。堆栈指针(SP)总是指向堆栈的顶部。它由两个 8 位的可访问的 I/O 存储空间的寄存器执行。数据在栈中的推入弹出由 PUSH 和 POP 指令控制。堆栈是向下生长的,这意味着新数据推入堆栈时堆栈指针的数值会减少。从栈内释放一个数据会增加栈指针。栈指针在复位后会自动加载,初始值是 SRAM 内的最高地址。如果栈指针要改变,它的地址必须超过 0x2000,而且要在子程序执行和中断产生前定义。

调用中断或子程序时,返回地址会自动入栈。返回的地址可以是 2 个或 3 个字节,取决于设备的存储空间大小。若设备的程序空间不大于 128 KB,返回的地址是 2 个字节的,那么栈指针会自动调整为 2 个字节。若设备的程序内存大于 128 KB,返回地址就是 3 个字节的,栈指针会自动调整为 3 个字节。当使用中断返回指令(RETI)或子过程返回指令(RET)分别从中断和子过程返回时,返回地址会从栈中弹出,堆栈指针加 2。

当有数据在 PUSH 指令下进栈时,栈指针会减 1,在 POP 指令下出栈时栈指针会加 1。

为了防止误用,从程序中修改栈指针时,SPL 写入会自动取消至少接下来的 4 条指令,或直到下一次 I/O 存储空间写入数据。

9. 通用寄存器组

寄存器组包含 32 个 8 位通用寄存器,如图 2 - 2 - 4 所示。为了达到需要的性能和灵活性,它支持以下的输入/输出方案:

➢ 输出1个8位操作数,输入1个8位结果;

➢ 输出2个8位操作数,输入1个8位结果;

➢ 输出2个8位操作数,输入1个16位结果;

➢ 输出1个16位操作数,输入1个16位结果。

	7　　0	地址	
通用工作寄存器	R0	0x00	
	R1	0x01	
	R2	0x02	
	…		
	R13	0x0D	
	R14	0x0E	
	R15	0x0F	
	R16	0x10	
	R17	0x11	
	…		
	R26	0x1A	X-寄存器低字节
	R27	0x1B	X-寄存器高字节
	R28	0x1C	Y-寄存器低字节
	R29	0x1D	Y-寄存器高字节
	R30	0x1E	Z-寄存器低字节
	R31	0x1F	Z-寄存器高字节

图2-2-4　AVR CPU通用工作寄存器的结构

大多数操作寄存器的指令都可以直接访问所有的寄存器,而且多数这样的指令的执行时间为单个时钟周期。

寄存器组具有单独的地址空间,所以寄存器组不能像内存空间那样访问。

寄存器R26～R31除了用作通用寄存器外,还可以组成指向内存空间的16位地址指针。这3个地址寄存器称作X-、Y-和Z-寄存器,如图2-2-5所示。Z-寄存器还可用于读取或写Flash存储空间、签名行、熔丝和锁定位。

位(单个寄存器)	7	R27	0	7	R26	0
X-寄存器		XH			XL	
位(X-寄存器)	15		8	7		0
位(单个寄存器)	7	R29	0	7	R28	0
Y-寄存器		YH			YL	
位(Y-寄存器)	15		8	7		0
位(单个寄存器)	7	R31	0	7	R30	0
Z-寄存器		ZH			ZL	
位(Z-寄存器)	15		8	7		0

图2-2-5　X-、Y-与Z-寄存器

在不同的寻址模式中,这些地址寄存器可以实现固定偏移量、自动加1和自动减1功能。具体细节请参见指令集。

10. RAMP 和扩展的间接寄存器

为了访问超过 64 KB 的程序存储空间或内存空间,地址或地址指针必须超过 16 位。这可以通过将一个寄存器与 X-、Y-或 Z-中的一个结合来实现,这个寄存器包含 24 位地址或地址指针的最高有效字节(MSB)。

这些寄存器只有在具备外部总线接口(EBI)或程序存储/内存空间超过 64 KB 的设备上才可用。对于这些设备,寄存器中只能使用能够寻址整个存储空间的那些位数。

(1)RAMPX、RAMPY 和 RAMPZ 寄存器

RAMPX、RAMPY 和 RAMPZ 寄存器分别与 X-、Y-和 Z-寄存器相连,使整个数据内存空间的间接地址为 64 KB~16 MB,如图 2-2-6 所示。

位(单个寄存器)	7	0	7	0	7	0
	RAMPX		XH		XL	
位(X-指针)	23	16	15	8	7	0

位(单个寄存器)	7	0	7	0	7	0
	RAMPY		YH		YL	
位(Y-指针)	23	16	15	8	7	0

位(单个寄存器)	7	0	7	0	7	0
	RAMPZ		ZH		ZL	
位(Z-指针)	23	16	15	8	7	0

图 2-2-6　RAMPX+X、RAMPY+Y 和 RAMPZ+Z 寄存器

当读(ELPM)和写(SPM)程序存储单元超过程序存储区的第一个 128 KB, RAMPZ 与 Z-寄存器相连形成 24 位的地址。LPM 不受 RAMPZ 设置的影响。

(2)RAMPD 寄存器

该寄存器与操作数相连使超过 64 KB 的数据存储空间可以直接寻址。将 RAMPD 和操作数结合可以形成 24 位的地址,如图 2-2-7 所示。

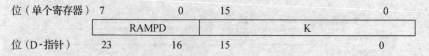

位(单个寄存器)	7	0	15	0
	RAMPD		K	
位(D-指针)	23	16	15	0

图 2-2-7　RAMPD+K 寄存器

(3)EIND——扩展的间接寄存器

EIND 与 Z-寄存器相连,间接跳转和调用能够在超过程序存储区的第一个 128 KB(64K 字)寻址,如图 2-2-8 所示。

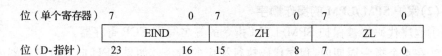

位（单个寄存器）	7	0	7	0	7	0
		EIND		ZH		ZL
位（D-指针）	23	16	15	8	7	0

图 2-2-8　EIND+Z 寄存器

11. 访问 16 位寄存器

AVR 数据总线是 8 位的，所以要访问 16 位寄存器需要原子操作。这些寄存器必须是使用两个读或写操作按字节访问的。当读取时，高字节缓冲；写入时，低字节开始缓冲。一个 16 位寄存器与 8 位数据总线以及一个临时寄存器相连，作为 16 位总线。这样在读取或写入 16 位寄存器时，它的低字节和高字节能同时访问。

进行写操作时，16 位寄存器的低字节要比高字节先写。低字节被写入临时寄存器。当高字节写入时，在同一个时钟周期里临时寄存器里的内容会复制到 16 位寄存器的低字节里。

进行读操作时，16 位寄存器的低字节要比高字节先读。当 CPU 读取低字节时，高字节同时会被复制到临时寄存器。当要读取高字节时，再从临时寄存器中读出来。

16 位寄存器在读/写操作时，若有中断被触发并尝试访问这个 16 位寄存器，则会打乱操作顺序。为了防止这种情况的发生，可以在读或写 16 位寄存器时关闭中断。

临时寄存器可以直接在程序中读取或写入。

访问 24 位和 32 位寄存器

要对 24 位和 32 位寄存器进行读/写访问，方式是与 16 位寄存器相同的，24 位寄存器需要 2 个临时寄存器，32 位寄存器需要 3 个临时寄存器。写操作时最低有效字节要先写，读操作时要先读。

12. 配置改变保护

系统中关键的 I/O 寄存器的设置可以免受意外的改变。SPM 指令和 LPM 指令可不被意外执行，读签名时也可以受保护。这些通过配置改变保护寄存器（CCP）实现。只在向 CPU 的 CCP 寄存器写签名后，受保护的 I/O 寄存器或者某一位才发生改变，受保护的指令才被执行。不同的签名在寄存器描述里有详细介绍。

有两种操作模式，一种是保护 I/O 寄存器，一种是保护 SPM/LPM 指令的执行。

(1)保护 I/O 寄存器的操作顺序

①程序代码将被保护 I/O 寄存器的签名写入 CCP 寄存器。

②在 4 个指令周期内，写适当的数据到被保护 I/O 寄存器。大多数被保护寄存器中还包含一个可使能或者更改使能位，这个位要在写入数据时同时置 1。如果 CPU 向 I/O 寄存器或数据存储区写数据或者执行 SPM、LPM 和 SLEEP 指令时，改变保护会立即失效。

(2)保护 SPM/LPM 的操作顺序

①程序代码将被保护 SPM/LPM 指令的签名写入 CCP 寄存器。

②在 4 个指令周期内,程序代码执行相应的指令。如果 CPU 向 I/O 寄存器或数据存储区写数据或者执行 SLEEP 指令时,改变保护会立即失效。

一旦正确的签名写入了 CPU,中断就会被忽略。任何中断请求(包括非可屏蔽中断)都会一直处于等待状态。CPP 周期过后,等待中的中断会根据它们的级别和优先级执行。DMA 请求仍在使用状态,但不影响配置改变保护的实现。DMA 写的签名会被忽略。

13. 熔丝锁

系统的某些关键功能可以通过编程熔丝位使得相应的 I/O 寄存器更改失效。这样做的话,用户在程序中就不能改变寄存器,熔丝锁只能由外部编程器重新编程。

14. 寄存器描述

(1)CCP——配置改变保护寄存器(图 2-2-9)

位	7	6	5	4	3	2	1	0	
+0x04				CCP[7:0]					CCP
读/写	W	W	W	W	W	W	R/W	R/W	
初始值	0	0	0	0	0	0	0	0	

图 2-2-9　配置改变保护寄存器

Bit 7:0—CCP[7:0]:配置改变保护。CCP 寄存器必须写入正确的签名,在 4 个 CPU 指令周期内,受保护的 I/O 寄存器才发生更改,受保护的指令才执行。在这段时间里所有的中断都被忽略。过后中断会被 CPU 自动重新执行一遍。当受保护的 I/O 寄存器签名写入,CCP[0]的读取值为 1。同样当受保护的 SPM/LPM 签名被写入,CCP[1]的读取值为 1。CCP[7:2]读取值一直为 0。表 2-2-1 列出了不同模式下的签名。

表 2-2-1　CPU 改变保护

签　名	组配置	描　述
0x9D	SPM	受保护的 SPM/LPM 指令
0xD8	IOREG	受保护的 I/O 寄存器

(2)RAMPD——扩展的直接地址寄存器(图 2-2-10)

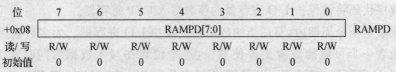

位	7	6	5	4	3	2	1	0	
+0x08				RAMPD[7:0]					RAMPD
读/写	R/W	R/W	R/W	R/W	R/W	R/W	R/W	R/W	
初始值	0	0	0	0	0	0	0	0	

图 2-2-10　扩展的直接地址寄存器

该寄存器与设备上的整个数据存储空间超过 64 KB 的直接地址(LDS/STS)操作数连接。当访问低于 64 KB 的内存地址时,不使用该寄存器。如果内存和扩展的内存少于 64 KB,该寄存器也不可用。

Bit 7:0—RAMPD[7:0]:扩展的直接地址位。这些位是 24 位地址的 8 个最高有效位。寄存器中只能使用能够寻址整个存储空间的那些位数。不用的位通常置零。

(3)RAMPX——扩展的 X-指针寄存器(图 2-2-11)

位	7	6	5	4	3	2	1	0	
+0x09				RAMPX[7:0]					RAMPX
读/写	R/W	R/W	R/W	R/W	R/W	R/W	R/W	R/W	
初始值	0	0	0	0	0	0	0	0	

图 2-2-11　扩展的 X-指针寄存器

该寄存器与 X-寄存器连接,设备上的整个内存地址超过 64 KB,也可以间接寻址(LD/LDD/ST/STD)。当访问低于 64 KB 的内存地址时,该寄存器不使用。如果包含扩展的内存少于 64 KB,该寄存器不可用。

Bit 7:0—RAMPX[7:0]:扩展的 X-指针地址位。这些位是 24 位地址的 8 个最高有效位。寄存器中只能使用能够寻址整个存储空间的那些位数。不用的位通常置零。

(4)RAMPY——扩展的 Y-指针寄存器(图 2-2-12)

位	7	6	5	4	3	2	1	0	
+0x0A				RAMPY[7:0]					RAMPY
读/写	R/W	R/W	R/W	R/W	R/W	R/W	R/W	R/W	
初始值	0	0	0	0	0	0	0	0	

图 2-2-12　扩展的 Y-指针寄存器

该寄存器与 Y-寄存器连接,设备上的整个内存地址超过 64 KB,也可以间接寻址(LD/LDD/ST/STD)。当访问低于 64 KB 的内存地址时,该寄存器不使用。如果包含扩展的内存少于 64 KB 该寄存器不可用。

Bit 7:0—RAMPY[7:0]:扩展的 Y-指针地址位。这些位是 24 位地址的 8 个最高有效位。寄存器中只能使用能够寻址整个存储空间的那些位数。不用的位通常置零。

(5)RAMPZ——扩展的 Z-指针寄存器(图 2-2-13)

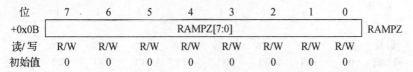

位	7	6	5	4	3	2	1	0	
+0x0B				RAMPZ[7:0]					RAMPZ
读/写	R/W	R/W	R/W	R/W	R/W	R/W	R/W	R/W	
初始值	0	0	0	0	0	0	0	0	

图 2-2-13　扩展的 Z-指针寄存器

　　该寄存器与 Z-寄存器连接,设备上的整个内存地址超过 64 KB 也可以间接寻址(LD/LDD/ST/STD)。当读(ELPM)程序存储区和写(SPM)程序存储区超过程序存储区的第一个 128 KB 时,RAMPZ 与 Z-寄存器相连使用。当访问低于 64 KB 的内存地址/程序存储位置时,该寄存器不使用。如果包含扩展的内存少于 64 KB,该寄存器也不可用。

　　Bit 7:0——RAMPZ[7:0]:扩展的 Z-指针地址位。这些位是 24 位地址的 8 个最高有效位。寄存器中只能使用能够寻址整个存储空间的那些位数。不用的位通常置零。

(6)EIND——扩展的间接寄存器(图 2-2-14)

位	7	6	5	4	3	2	1	0	
+0x0C				EIND [7:0]					EIND
读/写	R/W	R/W	R/W	R/W	R/W	R/W	R/W	R/W	
初始值	0	0	0	0	0	0	0	0	

图 2-2-14　扩展的间接寄存器

　　该寄存器与 Z-寄存器一起使整个程序存储空间超过 128 KB 的程序内存可以实现扩展间接跳转(EIJMP)和调用(ECALL)。低于 128 KB 时,该寄存器不使用。如果设备的程序存储区低于 128 KB,该寄存器也不可用。

　　Bit 7:0——EIND[7:0]:扩展的间接地址位。这些位是 24 位地址的 8 个最高有效位。寄存器中只能使用能够寻址整个存储空间的那些位数。不用的位通常置零。

(7)SPL——栈指针寄存器 L(图 2-2-15)

位	7	6	5	4	3	2	1	0	
+0x0D				SP[7:0]					SPL
读/写	R/W	R/W	R/W	R/W	R/W	R/W	R/W	R/W	
初始值	0/1	0/1	0/1	0/1	0/1	0/1	0/1	0/1	

图 2-2-15　栈指针寄存器 L

　　SPH 和 SPL 寄存器一起表示 16 位 SP。SP 指向栈的顶部。重置后栈指针指向 SRAM 内部最高地址。

　　Bit 7:0——SP[7:0]:栈指针寄存器低字节。这些位存储 16 位栈指针的 8 位最低有效位。

(8)SPH——栈指针寄存器 H(图 2-2-16)

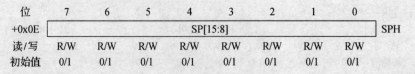

位	7	6	5	4	3	2	1	0	
+0x0E				SP[15:8]					SPH
读/写	R/W	R/W	R/W	R/W	R/W	R/W	R/W	R/W	
初始值	0/1	0/1	0/1	0/1	0/1	0/1	0/1	0/1	

图 2-2-16　栈指针寄存器 H

Bit 7:0——SP[7:0]:栈指针寄存器高字节。这些位存储 16 位栈指针的 8 位最高有效位。

(9)SREG——状态寄存器(图 2 - 2 - 17)

SREG 储存包含执行算术和逻辑指令的结果的相关信息。

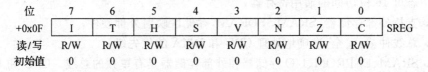

位	7	6	5	4	3	2	1	0	
+0x0F	I	T	H	S	V	N	Z	C	SREG
读/写	R/W	R/W	R/W	R/W	R/W	R/W	R/W	R/W	
初始值	0	0	0	0	0	0	0	0	

图 2 - 2 - 17　状态寄存器

Bit 7—I：全局中断使能。I 置位时使能全局中断。单独的中断使能由其他独立的控制寄存器控制。如果 I 清零,则不论单独中断标志置位与否,都不会产生中断。任意一个中断发生后 I 清零,而执行 RETI 指令后,I 恢复置位以使能中断。I 也可以通过 SEI 和 CLI 指令来置位和清零。

Bit 6—T：位拷贝存储。位拷贝指令位加载(BLD)和储存(BST)使用 T 位作为操作位的来源和目的地。寄存器组中一个寄存器的位可以使用 BST 指令复制到 T 位,T 位可以通过 BLD 指令复制到寄存器组中一个寄存器中的位。

Bit 5—H：半进位标志。半进位标志 H 表示算术操作发生了半进位。此标志对于 BCD 运算非常有用。

Bit 4—S：符号位,S＝N ⊕ V。S 为负数标志 N 与 2 的补码溢出标志 V 的异或。

Bit 3—V：2 的补码溢出标志。支持 2 的补码运算。

Bit 2—N：负数标志。表明算术或逻辑操作结果为负。

Bit 1—Z：零标志。表明算术或逻辑操作结果为零。

Bit 0—C：进位标志。表明算术或逻辑操作发生了进位。

2.3　存储器

1. 特　点

(1)Flash 编程存储器

➤ 线性地址空间;

➤ 在系统可编程;

➤ 自编程和 Boot Loader 支持;

➤ 存储程序代码的应用程序区;

➤ 应用程序表区,可存储程序代码或数据;

➤ 每一个区有单独的锁定位和保护;

➤ 内建的对选定的某一个区进行快速 CRC 校验。

(2)数据存储

➤ 线性地址空间;

- ➤ 单周期 CPU 访问；
- ➤ SRAM；
- ➤ EEPROM：字节和页访问，可选间接载入和存储的存储区映射；
- ➤ I/O 存储器：所有的外设与模块的配置和状态寄存器，用于存储全局变量或标志可 16 位访问的通用寄存器；
- ➤ 支持外部存储器：SRAM，SDRAM，存储区映射外部硬件；
- ➤ 总线仲裁：安全、准确地处理 CPU 和 DMA 的优先级；
- ➤ SRAM、EEPROM、I/O 存储器和外部存储器具有单独的总线。CPU 和 DMA 同时进行总线访问。

(3)用来存储工厂程序化数据的产品签名

- ➤ 每个微控制器设备类型都有设备 ID；
- ➤ 每个设备有序列号；
- ➤ ADC，DAC 和温度传感器校准数据。

(4)用户签名

- ➤ 大小为一个 Flash 页；
- ➤ 可在程序中读取和写入；
- ➤ 芯片擦除后内容可保存。

2. 概　述

AVR 结构有两个主要存储器空间，即程序存储空间和数据存储空间。可执行代码只能存在程序存储空间，而数据在两个存储空间都可以存储。数据存储空间还包括 SRAM 和用来存储非易失性数据的 EEPROM。所有的存储器空间都是线性的平面结构。非易失性存储器空间可以锁定写与读/写操作，这使得程序的访问更加安全。

3. Flash 程序存储器

XMEGA 包含片内在系统可重复编程的 Flash 存储器。外部程序可以通过 PDI 或通过 CPU 运行程序来访问 Flash 存储器。

所有 AVR 指令是 16 或 32 位，每个 Flash 存储单元是 16 位的。Flsah 存储器分为两个主要部分，应用程序区和引导区，如图 2-3-1 所示。不同部分的大小根据设备而不同，但是固定的。它们有

图 2-3-1　Flash 存储区

各自的锁定位,可以设置不同级别的保护。基于 SPM 指令的应用程序写 Flash 操作必须从引导程序区执行。

应用程序区包含一个有单独锁定设置的应用程序表区,可以用来安全地存储非易失性数据。

(1)应用程序区

应用程序区用来存储可执行的应用程序代码。这部分的保护级别可从引导区锁定位设置。由于 SPM 指令不能从应用程序区执行,所以该部分不能存储任何 Boot Loader 代码。

(2)应用程序表区

该部分为应用程序区的一部分,可以用来存储数据。大小与引导区相同。保护级别可以在引导区锁定位设置。应用程序区与应用程序表区,不同的保护级别保证了程序存储器的存储安全。如果该部分不用来存储数据,应用程序代码也可以放在这里。

(3)引导区

当应用程序区存放应用程序代码时,引导程序必须位于引导区,因为 SPM 指令只有从引导区执行才能编程 Flash。SPM 指令可以访问整个 Flash,包括引导区。保护级别可以在引导区锁定位设置。如果该区不用来存储引导程序,应用程序代码可以放在这里。

(4)生产签名行

该存储区专门用来存储工厂编程数据。它包括振荡器和模拟模块等功能的校准数据。复位后一些校准数据会自动载入到相应的模块或外设单元中。其他数据需要从签名存储器读取再通过程序写入相应的外设寄存器。关于温度、参考电压等详细校准信息,请参考设备数据手册。

生产签名行还存储了用来识别每个微控制器设备类型的设备 ID 和唯一的序号。序号由生产批号、晶片号码和晶片坐标构成。

生产签名行不能写入或擦除,但它可以从程序或外部程序读取。

(5)用户签名行

该存储区是一个单独的可从程序或外部程序完全访问(读和写)的存储区。用户签名行是一个 Flash 页,用于用户参数存储,例如:校准数据、自定义序列号、设备识别号和随机码等。擦除 Flash 的指令不能擦除该存储区,擦除需要一个专门的擦除命令。这确保了多种编程、擦除和片内调试时,进行正确的存储。

4. 熔丝和锁定位

熔丝位用来设置重要的系统功能,只能从外部编程接口写入。应用程序可以读取熔丝位。熔丝位还可用来配置复位源,如掉电检测、看门狗、上电配置、JTAG 使能位和 JTAG 用户 ID。

锁定位用来设定 Flash 各个部分的保护级别,可以阻止读或写的代码。锁定位可以从外部编程接口或应用程序来设定一个更严格的保护级别,而不能设置较低的保护级别。只有芯片擦除指令可以擦除锁定位。当 Flash 存储器其他部分被擦除后锁定位才被擦除。

熔丝位和锁定位都可以重复编程,未编程的熔丝位或锁定位置为 1,编程后为 0。

5. 数据存储器

数据存储器包括 I/O 存储区、可映射 EEPROM 存储区、内部 SRAM 和外部存储区,如图 2-3-2 所示。

I/O 存储器、EEPROM 和 SRAM 对所有 XMEGA 设备都有同样的起始地址。外部存储器(如果有的话)起始地址在内部数据 SRAM 的末尾,结束地址为 0xFFFFFF。

SRAM 保存数据,但不能执行代码。通过 AVR 结构支持的 5 种不同的寻址模式可以轻松地进行访问。SRAM 的起始地址是 0x2000。数据地址 0x1000～0x1FFF 是映射 EEPROM 的保留地址。

6. 内部数据 SRAM

内部数据 SRAM 映射在数据存储器空间,起始地址为 16 位地址 0x2000。CPU 可以通过加载(LD/LDS/LDD)和储存(ST/STS/STD)指令访问 SRAM。

7. EEPROM

XMEGA 用 EEPROM 存储器储存非易失性数据。它既可以通过独立的数据空间寻址(默认),还可以通过存储器映射到普通数据空间访问。EEPROM 存储器支持字节和页访问。

EEPROM 地址空间可以选择映射到数据存储器空间,使 EEPROM 可以高效的读取和加载缓冲。这样可以使 EEPROM 通过 load 和 store 指令访问。EEPROM 存储器映射的 16 位起始地址为 0x1000。

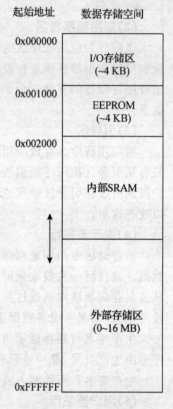

图 2-3-2　数据存储映射

8. I/O 存储空间

所有外设和模块(包括 CPU)的状态和配置寄存器可以通过数据存储器空间的 I/O 存储器寻址。

所有 I/O 空间(0x00～0xFFF)可通过 load(LD/LDS/LDD)和 store(ST/STS/STD)指令在 32 个通用寄存器和 I/O 寄存器之间传输数据。

I/O 空间最下面的 64 个地址(0x00～0x3F)可以使用 IN 和 OUT 指令直接访问寄存器。

I/O 空间最下面的 32 个地址(0x00~0x1F)可以使用位操作指令和校验指令。

I/O 存储器空间地址的最低 16 个地址是为通用 I/O 寄存器保留。这些寄存器可以用来存储信息,尤其是存储全局变量和标志位,因为它们可以通过 SBI、CBI、SBIS 和 SBIC 指令直接访问。

9. 外部存储空间

XMEGA 最多可用 4 个端口连接外部存储器,支持外设 SRAM、SDRAM 和存储映射的外围设备,例如 LCD 显示器或其他设备,详见 2.23 节。外部存储空间地址从内部 SRAM 的末端开始。

10. 数据存储和总线仲裁

由于数据存储由 4 个独立的存储空间组成,不同的总线主机(CPU、DMA 读和 DMA 写)可以同时访问不同的存储区。如图 2-3-3 所示,在 CPU 可以访问外部存储空间的同时,DMA 控制器可以将数据从内部 SRAM 传到 I/O 存储空间。

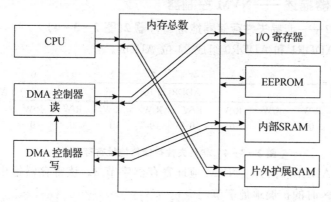

图 2-3-3　总线访问

总线优先级

当多个主机要访问同一个总线,以下是从高到低的优先级顺序。

➢ 正在进行访问的总线主机。

➢ 正在进行突发传输的总线主机:当 DMA 控制寄存器读/写访问同一个数据存储器空间时,访问交替进行。

➢ 需要突发访问的总线主机:CPU 有优先权。

➢ 需要访问总线的总线主机:CPU 有优先权。

11. 存储器时序

读写访问 I/O 存储器需要 1 个 CPU 周期。写 SRAM 需要 1 个周期,读 SRAM 需要 2 个周期。突发读(DMA)时,新数据在每个周期都可用。EEPROM 页载入(写)要 1 个周期,读要 3 个周期。突发读,新数据每 2 个周期可用。外部存储器读或写要用多个周期。周期的多少取决于存储器的类型和外部总线接口的配置。

12. 设备 ID 寄存器

每个设备都有 3 字节的 ID 来标识设备。这些寄存器会标识 ATMEL 为设备厂商,标识设备类型。用一个单独的寄存器来存储设备的修订号。

13. JTAG 使能寄存器

通过程序可以禁用 JTAG 接口,防止外部 JTAG 访问存储器,直到设备下次复位或从程序中启用。只要 JTAG 不可用,JTAG 用的 I/O 引脚可以用作普通 I/O 接口。

14. I/O 存储保护寄存器

设备的一些功能在某些应用中,安全性是很重要的。考虑到这一点,可以锁定与事件系统(Event System)和高级波形扩展(AWEX)的 I/O 寄存器。一旦使能锁定,所有相关的 I/O 寄存器都不能在程序中更改。锁定寄存器本身受配置更改保护机制保护,详见 2.2 节的配置更改保护。

15. 寄存器描述——NVM 控制器

(1)ADDR2——非易失性存储器地址寄存器 2(图 2-3-4)

ADDR2、ADDR1 和 ADDR0 组成 24 位 ADDR。

位	7	6	5	4	3	2	1	0	
+0x02				ADDR[23:16]					ADDR2
读/写	R/W	R/W	R/W	R/W	R/W	R/W	R/W	R/W	
初始值	0	0	0	0	0	0	0	0	

图 2-3-4　非易失性存储器地址寄存器 2

Bit 7:0—ADDR[23:16]:NVM 地址寄存器字节 2。该寄存器给出在访问应用程序区或引导区时的扩展地址字节。

(2)ADDR1——非易失性存储器地址寄存器 1(图 2-3-5)

位	7	6	5	4	3	2	1	0	
+0x01				ADDR[15:8]					ADDR1
读/写	R/W	R/W	R/W	R/W	R/W	R/W	R/W	R/W	
初始值	0	0	0	0	0	0	0	0	

图 2-3-5　非易失性存储器地址寄存器 1

Bit 7:0—ADDR[15:8]:NVM 地址寄存器字节 1。该寄存器给出在访问应用程序区或引导区时的地址高字节。

(3)ADDR0——非易失性存储器地址寄存器 0(图 2-3-6)

位	7	6	5	4	3	2	1	0	
+0x00				ADDR[7:0]					ADDR0
读/写	R/W	R/W	R/W	R/W	R/W	R/W	R/W	R/W	
初始值	0	0	0	0	0	0	0	0	

图 2-3-6　非易失性存储器地址寄存器 0

Bit 7:0—ADDR[7:0]:NVM 地址寄存器字节 0。该寄存器给出在访问应用程序区或引导区时的地址低字节。

(4)DATA2——非易失性存储器数据寄存器字节 2(图 2-3-7)

DATA2、DATA1 和 DATA0 寄存器组成 24 位 DATA。

位	7	6	5	4	3	2	1	0	
+0x06				DATA[23:16]					DATA2
读/写	R/W	R/W	R/W	R/W	R/W	R/W	R/W	R/W	
初始值	0	0	0	0	0	0	0	0	

图 2-3-7　非易失性存储器数据寄存器字节 2

Bit 7:0—DATA[23:16]:NVM 数据寄存器 2。当在应用程序区、引导区或两者一起运行 CRC 校验时,该寄存器给出数据值的字节 2。

(5)DATA1——非易失性存储器数据寄存器 1(图 2-3-8)

位	7	6	5	4	3	2	1	0	
+0x05				DATA[15:8]					DATA1
读/写	R/W	R/W	R/W	R/W	R/W	R/W	R/W	R/W	
初始值	0	0	0	0	0	0	0	0	

图 2-3-8　非易失性存储器数据寄存器 1

Bit 7:0—DATA[15:8]:NVM 数据寄存器 1。当访问应用程序区、引导区时,该寄存器给出数据值的字节 1。

(6)DATA0——非易失性存储器数据寄存器 0(图 2-3-9)

位	7	6	5	4	3	2	1	0	
+0x04				DATA[7:0]					DATA0
读/写	R/W	R/W	R/W	R/W	R/W	R/W	R/W	R/W	
初始值	0	0	0	0	0	0	0	0	

图 2-3-9　非易失性存储器数据寄存器 0

Bit 7:0—DATA[7:0]:NVM 数据寄存器 0。当访问应用程序区、引导区时,该寄存器给出数据值的字节 0。

(7)CMD——非易失性存储器命令寄存器(图 2-3-10)

位	7	6	5	4	3	2	1	0	
+0x0A	-				CMD[6:0]				CMD
读/写	R	R	R/W	R/W	R/W	R/W	R/W	R/W	
初始值	0	0	0	0	0	0	0	0	

图 2-3-10　非易失性存储器命令寄存器

Bit 7—保留。

Bit 6:0—CMD[6:0]:NVM 命令。这些位定义了 Flash 的编程命令。第 6 位用来表示外部编程命令。

(8)CTRLA——非易失性存储器控制寄存器 A(图 2-3-11)

位	7	6	5	4	3	2	1	0	
+0x0B	–	–	–	–	–	–	–	CMDEX	CTRLA
读/写	R	R	R	R	R	R	R	S	
初始值	0	0	0	0	0	0	0	0	

图 2-3-11 非易失性存储器控制寄存器 A

Bit 7:1—保留。

Bit 0—常数存储器命令执行位。对该位置位,执行 CMD 寄存器里的命令。它受配置更改保护机制(CCP)保护。

(9)CTRLB——非易失性存储器控制寄存器 B(图 2-3-12)

位	7	6	5	4	3	2	1	0	
+0x0C	–	–	–	–	EEMAPEN	FPRM	EPRM	SPMLOCK	CTRLB
读/写	R	R	R	R	R/W	R/W	R/W	R/W	
初始值	0	0	0	0	0	0	0	0	

图 2-3-12 非易失性存储器控制寄存器 B

Bit 7:4—保留。

Bit 3—EEMAPEN:EEPROM 数据存储器映射使能位。对该位置位,使 EEPROM 映射到数据存储空间,可以使用 load 和 store 指令来访问 EEPROM。

Bit 2—FPRM:Flash 功耗减少模式。对该位置位,可以使 Flash 存储器节能。没访问的部分会关闭,就像进入睡眠模式一样。如果代码从应用程序区运行,引导程序区会关闭,反之亦然。如果需要访问已关闭的存储区,唤醒需要 6 个 CPU 时钟。

Bit 1—EPRM:EEPROM 功耗减少模式。对该位置位,可以使 Flash 存储器节能,就像进入睡眠模式一样。如果需要访问,唤醒需要 6 个 CPU 时钟。

Bit 0—SPMLOCK:SPM 锁定位。对该位置位,可以防止自编程。该位可以通过复位来清除,但不能从程序中清除。该位受配置更改保护机制(CCP)保护。

(10)INTCTRL——非易失性存储器中断控制寄存器(图 2-3-13)

位	7	6	5	4	3	2	1	0	
+0x0D	–	–	–	–	SPMLVL[1:0]		EELVL[1:0]		INTCTRL
读/写	R	R	R	R	R/W	R/W	R/W	R/W	
初始值	0	0	0	0	0	0	0	0	

图 2-3-13 非易失性存储器中断控制寄存器

Bit 7:4—保留。

Bit 3:2—SPMLVL[1:0]:SPM 准备好中断级别。这些位使能 SPM 准备好中断,并可以选择中断级别。当 STATUS 寄存器里 BUSY 标志位为 0 时,中断被触发。在执行 NVM 命令前不要使能 SPM 中断,因为 BUSY 标志位在 NVM 命令触发前始终为 0。由于中断触发是级别中断,中断处理程序中要禁用本中断。

Bit 1:0—EELVL:EEPROM 准备好中断级别。这些位使能 EEPROM 准备好中断,并可以选择中断级别。当 STATUS 寄存器里 BUSY 标志位为 0 时,中断被触发。在执行 NVM 命令前不要使能 EEPROM 中断,因为 BUSY 标志位在 NVM 命令触发前始终为 0。由于中断触发是级别中断,中断处理程序中要禁用本中断。

(11)STATUS——非易失性存储器状态寄存器(图 2-3-14)

位	7	6	5	4	3	2	1	0	
+0x04	BUSY	FBUSY	–	–	–	–	EELOAD	FLOAD	STATUS
读/写	R	R	R	R	R	R	R	R	
初始值	0	0	0	0	0	0	0	0	

图 2-3-14　非易失性存储器状态寄存器

Bit 7—NVMBUSY:非易失性存储器忙。NVMBUSY 标志表明了 NVM 存储器(Flash,EEPROM,Lock-bits)是否正在使用。一旦一个操作开始,该标志会置位并一直保持到操作结束。当操作结束后该标志会自动清除。

Bit 6—FBUSY:Flash 忙。FBUSY 标志表明 Flash 操作(页擦除或页写入)是否开始。一旦操作开始,FBUSY 标志就置位,应用程序区就不能访问。该位在操作结束后会自动清除。

Bit 5:2—保留。

Bit 1—EELOAD:EEPROM 页缓冲器有效加载。EELOAD 标志表明 EEPROM 临时缓冲页加载了一个或多个数据。EEPROM 加载命令触发后,字节写入 NVMDR 中或映射到数据存储空间的 EEPROM 缓冲加载操作执行,EELOAD 标志置位,直到写入 EEPROM 页或执行页缓冲清除操作。

Bit 1—FLOAD:Flash 页缓冲器有效加载。FLOAD 标志表明 Flash 临时缓冲页加载了一个或多个数据。Flash 加载命令触发后,字节写入 NVMDR 中,FLOAD 标志置位,直到执行页缓冲清除操作。

(12)LOCKBITS——非易失性存储器锁定位寄存器(图 2-3-15)

位	7	6	5	4	3	2	1	0	
+0x07	BLBB[1:0]		BLBA[1:0]		BLBAT[1:0]		LB[1:0]		LOCKBITS
读/写	R	R	R	R	R	R	R	R	
初始值	1	1	1	1	1	1	1	1	

图 2-3-15　非易失性存储器锁定位寄存器

该寄存器直接映射 NVM 锁定位到 I/O 存储器空间,可以从程序直接读取。

16. 寄存器描述——熔丝位和锁定位

(1)FUSEBYTE0——非易失性存储器熔丝位 0,JTAG 用户 ID(图 2 - 3 - 16)

位	7	6	5	4	3	2	1	0	
+0x00				JTAGUID[7:0]					FUSEBYTE0
读/写	R/W	R/W	R/W	R/W	R/W	R/W	R/W	R/W	
初始值	0	0	0	0	0	0	0	0	

图 2 - 3 - 16　非易失性存储器熔丝位 0——JTAG 用户 ID

Bit 7—JTAGUID[7:0]:JTAG 用户 ID。用来给设备设置默认的 JTAG 使用者 ID。重置后,JTAGUID 熔丝位会被加载到 MCU JTAG 用户 ID 寄存器中。

(2)FUSEBYTE1——非易失性存储器熔丝位 1,看门狗配置(图 2 - 3 - 17)

位	7	6	5	4	3	2	1	0	
+0x01		WDWPER[3:0]				WDPER[3:0]			FUSEBYTE1
读/写	R/W	R/W	R/W	R/W	R/W	R/W	R/W	R/W	
初始值	0	0	0	0	0	0	0	0	

图 2 - 3 - 17　非易性存储器熔丝位 1——看门狗配置

Bit 7:4—WDWPER[3:0]:看门狗窗口超时周期。WDWPER 熔丝位用来设置窗口模式中看门狗定时器的关闭窗口的初始值。复位后这些位会自动写入 WPER 位,看门狗窗口模式控制寄存器,详情请参考 2.10 节的 WINCTRL——窗口模式控制寄存器。

BIT 3:0—WDPER[3:0]:看门狗超时周期。WDPER 熔丝位用来设定看门狗超时周期的初始值。复位后这些位会自动写入看门狗控制寄存器的 PER 位,详见 2.10 节的看门狗定时器控制寄存器。

(3)FUSEBYTE2——非易失性存储器熔丝位 2,复位设置(图 2 - 3 - 18)

位	7	6	5	4	3	2	1	0	
+0x02	-	BOOTRST	-	-	-	-	BODPD[1:0]		FUSEBYTE
读/写	R/W	R/W	R/W	R/W	R/W	R/W	R/W	R/W	2
初始值	1	1	1	1	1	1	1	1	

图 2 - 3 - 18　非易失性存储器熔丝位 2——复位设置

Bit 7—保留。

Bit 6—BOOTRST:引导程序区复位向量。该位是可编程的,所以复位向量指向引导区第一个地址。这样设备可以在复位后从引导区开始执行。引导程序区重置熔丝位见表 2 - 3 - 1。

表 2 - 3 - 1　引导程序区重置熔丝位

BOOTRST	复位地址
0	复位向量 ＝ Boot Loader 复位
1	复位向量 ＝ 程序复位（地址为 0x0000）

Bit 5:2—保留。

Bit 1:0—BODPD[1:0]：掉电模式下的 BOD 操作。BODPD 熔丝位设置除了空闲模式以外的所有睡眠模式下的 BOD 操作模式。详见 2.8 节的掉电检测。

表 2 - 3 - 2　睡眠模式下 BOD 操作模式选择

BODPD[1:0]	描　述
00	保留
01	使能 BOD 抽样模式
10	使能 BOD 持续模式
11	关闭 BOD

(4)FUSEBYTE4—非易失性存储器熔丝位 4,启动设置(图 2 - 3 - 19)

位	7	6	5	4	3	2	1	0	
+0x04	－	－	－	RSTDISBL	STARTUPTIME[1:0]		WDLOCK	JTAGEN	FUSEBYTE4
读/写	R/W	R/W	R/W	R/W	R/W		R/W	R/W	
初始值	1	1	1	1	1		1	1	

图 2 - 3 - 19　非易失性存储器熔丝位 4—启动设置

Bit 7:5—保留。

Bit 4—RSTDISBL,外部复位失效位。该位可编程,使外部复位引脚功能失效。设置后,RESET 引脚拉低不会引起外部复位。

Bit 3:2—STARTUPTIME[1:0]：启动时间。STARTUPTIME 熔丝位用来设置从所有复位源释放后到内部复位释放的超时周期。延时计数器使用 1kHz 的超低功耗振荡器。详见 2.8 节的复位顺序。

表 2 - 3 - 3　启动时间

STARTUPTIME[1:0]	1 kHz 超低功耗振荡器周期数
00	64
01	4
10	保留
11	0

Bit 1—WDLOCK:看门狗定时器锁定位。WDLOCK 熔丝位可编程,用来锁定看门狗定时器配置。当该位被编程后,看门狗定时器配置将不能改变,而且看门狗定时器也不能通过程序关闭。同时看门狗 CTRL 寄存器内的 ENABLE 位也将自动置位。看门狗 WINCTRL 寄存器里的 WEN 位不会自动置位,需要在程序里设置。看门狗定时器锁定位见表 2-3-4。

Bit 0—JTAGEN:JTAG 使能位。JTAGEN 熔丝位决定 JTAG 接口是否可用,见表 2-3-5。当 JTAG 接口禁用,所有通过 JTAG 的访问被禁止,设备只能通过 PDI 访问。

表 2-3-4　看门狗定时器锁定位

锁定位	描　述
0	锁定看门狗定时器修改
1	看门狗定时器未锁

表 2-3-5　JTAG 使能位

JTAGEN	描　述
0	JTAG 可用
1	JTAG 不可用

JTAGEN 熔丝位只在有 JTAG 接口的设备上可用。

(5)FUSEBYTE5——非易失性存储器熔丝位 5(图 2-3-20)

位	7	6	5	4	3	2	1	0	
+0x05	–	–	BODACT[1:0]		EESAVE	BODLEVEL[2:0]			FUSEBYTE5
读/写	R/W	R/W	R	R	R/W	R/W	R/W	R/W	
初始值	1	1	–	–	–	–	–	–	

图 2-3-20　非易失性存储器熔丝位 5

Bit 7:6—保留。

Bit 5:4—BODACT[1:0]:动态模式里的 BOD 操作。BODACT 熔丝位设置设备在激活模式和空闲模式时的 BOD 操作模式,见表 2-3-6。详见 2.8 节的掉电检测。

表 2-3-6　激活和空闲模式下的 BOD 操作模式

BODACT[1:0]	描　述
00	保留
01	BOD 工作在抽样模式
10	BOD 持续工作
11	BOD 不可用

Bit 3—EESAVE:芯片擦除时 EEPROM 存储器内容保存。芯片擦除指令通常会擦除 Flash、EEPROM 和内部 SRAM。但通过设置 EESAVE 熔丝位可以使 EEPROM 不被擦除。如果 EEPROM 存储的数据不受程序修订的影响,EEPROM 可以不受芯片擦除指令影响。片擦除指令对 EEPROM 存储器的操作见表 2-3-7。

表 2-3-7　片擦除指令对 EEPROM 存储器的操作

EESAVE	描　述
0	EEPROM 保存
1	EEPROM 不保存

改变 EESAVE 熔丝位可以在写入后立即生效,因此,可以重新设置 EESAVE,而不用重新进入编程模式来更新 EESAVE。

Bit 2:0—BODLEVEL[2:0]:掉电检测电压值。BODLEVEL 熔丝位设置 BOD 电压值。接通电源时设备保持在复位状态直到 VCC 电压达到设定好的 BOD 电压值。因此,要确保 BOD 电压设定比 VCC 电压低,普通操作中 BOD 可以不使用。详见 2.8 节的复位源。关于 BOD 电压值,请参见表 2-8-2。

(6)LOCKBITS—非易失性存储器锁定位寄存器(图 2-3-21)

位	7	6	5	4	3	2	1	0	
+0x07	BLBB[1:0]		BLBA[1:0]		BLBAT[1:0]		LB[1:0]		LOCKBITS
读/写	R/W	R/W	R/W	R/W	R/W	R/W	R/W	R/W	
初始值	1	1	1	1	1	1	-	1	

图 2-3-21　非易失性存储器锁定位寄存器

Bit 7:6—BLBB[1:0]:引导程序区锁定位。这些位设置引导区的锁定模式,见表 2-3-8。即使 BLBB 位是可写的,也只能写入一个更严格的数值,只能通过执行芯片擦除指令重置 BLBB 位。

表 2-3-8　引导区的锁定位

BLBB[1:0]	组配置	描　述
11	NOLOCK	不锁定,对 SPM 和(E)LPM 访问引导区无限制
10	WLOCK	写入锁定,SPM 不允许写入引导区
01	RLOCK	读取锁定,从应用程序区执行(E)LPM 不允许读取引导区。如果中断向量在应用程序区,不可从引导区执行中断
00	RWLOCK	读/写锁定,SPM 不允许写入引导区,从应用程序区执行(E)LPM 不允许读取引导区。如果中断向量在应用程序区,不可从引导区执行中断

Bit 5:4—BLBA[1:0]:应用程序区锁定。这些位设置应用程序区的锁定模式,见表 2-3-9。即使 BLBA 位是可写的,也只能写入一个更严格的数值,只能通过执行芯片擦除指令重置 BLBA 位。

表 2 - 3 - 9　应用程序区的锁定位

BLBA[1:0]	组配置	描　述
11	NOLOCK	不锁定,对 SPM 和(E)LPM 访问应用程序区无限制
10	WLOCK	写入锁定,SPM 不允许写入应用程序区
01	RLOCK	读取锁定,从引导区执行(E)LPM 不允许读取应用程序区。如果中断向量在引导区,从应用程序区执行中断不可用
00	WRLOCK	读/写锁定,SPM 不允许写入应用程序区,从引导程序区执行的(E)LPM 不允许读取应用程序区。如果中断向量在引导区,从应用程序区执行中断不可用

Bit 3:2—BLBAT[1:0]：应用程序表锁定位。这些位设置应用程序表区的锁定模式,见表 2 - 3 - 10。即使 BLBAT 位是可写的,也只能写入一个更严格的数值。只能通过执行芯片擦除指令重置 BLBAT 位。

表 2 - 3 - 10　应用程序表区锁定位

BLBAT[1:0]	组配置	描　述
11	NOLOCK	不锁定,对 SPM 和(E)LPM 访问应用程序表区无限制
10	WLOCK	写入锁定,SPM 不允许写入应用程序表区
01	RLOCK	读取锁定,从引导程序区执行(E)LPM 不允许读取应用程序表区。如果中断向量在引导区,当从应用程序区执行时中断不可用
00	WRLOCK	读/写锁定,SPM 不允许写入应用程序表区,从引导程序区执行(E)LPM 不允许读取应用程序表区。如果中断向量在引导程序区,从应用程序区执行中断不可用

Bit 1:0—LB[1:0]：锁定位。这些位设置编程模式下的 Flash 和 EEPROM 锁定模式,见表 2 - 3 - 11。只能通过外部编程接口写这些位。只能通过执行芯片擦除指令重置 LB 位。

表 2 - 3 - 11　引导区的引导锁定位

LB[1:0]	组配置	描　述
11	NOLOCK3	不锁定,没有存储器被锁定
10	WLOCK	写入锁定,可编程接口的 Flash 和 EEPROM 编程不可用。熔丝位写锁定
00	RWLOCK	读取和写入锁定,Flash 和 EEPROM 的编程和读取/检验不可用。从编程接口读/写锁定位和熔丝位被锁定

17. 寄存器描述——产品签名

(1)RCOSC2M——内部 2 MHz 振荡器校准寄存器(图 2-3-22)

位	7	6	5	4	3	2	1	0	
+0x00				RCOSC2M[7:0]					RCOSC2M
读/写	R	R	R	R	R	R	R	R	
初始值	X	X	X	X	X	X	X	X	

图 2-3-22　内部 2 MHz 振荡器校准寄存器

Bit 7:0—RCOSC2M[7:0]：内部 2 MHz 振荡器校准值。该字节包含了内部 2 MHz 振荡器的校准值。复位时该值自动写入震荡期寄存器 B,详见 2.6 节的振荡器寄存器 B。

(2)RCOSC32K—内部 32.768 kHz 振荡器校准寄存器(图 2-3-23)

位	7	6	5	4	3	2	1	0	
+0x01				RCOSC32K [7:0]					RCOSC32K
读/写	R	R	R	R	R	R	R	R	
初始值	X	X	X	X	X	X	X	X	

图 2-3-23　内部 32.768 kHz 振荡器校准寄存器

Bit 7:0—RCOSC32K[7:0]：内部 32 kHz 振荡器校准值。该字节包含了内部 32.768 kHz 振荡器的校准值。复位时该值自动写入 32.768 kHz 振荡器的振荡期寄存器内,详见 2.6 节的 32 kHz 振荡器校准寄存器。

(3)RCOSC32M—内部 32 MHz RC 振荡器校准寄存器(图 2-3-24)

位	7	6	5	4	3	2	1	0	
+0x02				RCOSC32M[7:0]					RCOSC32M
读/写	R	R	R	R	R	R	R	R	
初始值	X	X	X	X	X	X	X	X	

图 2-3-24　内部 32 MHz RC 振荡器校准寄存器

Bit 7:0—RCOSC32M[7:0]：内部 32 MHz 振荡器校准值。该字节包含了内部 32 MHz 振荡器的校准值。复位时该值自动写入 32 MHz 单位振荡期寄存器 B 内,详见 2.6 节的振荡器寄存器 B。

(4)LOTNUM0——批号寄存器 0(图 2-3-25)

位	7	6	5	4	3	2	1	0	
+0x07				LOTNUM0 [7:0]					LOTNUM0
读/写	R	R	R	R	R	R	R	R	
初始值	X	X	X	X	X	X	X	X	

图 2-3-25　批号寄存器 0

LOTNUM0、LOTNUM1、LOTNUM2、LOTNUM3、LOTNUM4 和 LOT-NUM5 组成了每个设备的批号。与晶片号码和晶片坐标一起组成了设备的唯一序号。

Bit 7:0—LOTNUM0[7:0]，批号字节 0。该字节包含设备的批号 0。

(5)LOTNUM1——批号寄存器 1(图 2-3-26)

位	7	6	5	4	3	2	1	0	
+0x07				LOTNUM1[7:0]					LOTNUM1
读/写	R	R	R	R	R	R	R	R	
初始值	X	X	X	X	X	X	X	X	

图 2-3-26　批号寄存器 1

Bit 7:0—LOTNUM1[7:0]，批号字节 1。该字节包含设备的批号 1。

(6)LOTNUM2——批号寄存器 2(图 2-3-27)

位	7	6	5	4	3	2	1	0	
+0x08				LOTNUM2 [7:0]					LOTNUM2
读/写	R	R	R	R	R	R	R	R	
初始值	X	X	X	X	X	X	X	X	

图 2-3-27　批号寄存器 2

Bit 7:0—LOTNUM2[7:0]，批号字节 2。该字节包含设备的批号 2。

(7)LOTNUM3——批号寄存器 3(图 2-3-28)

位	7	6	5	4	3	2	1	0	
+0x09				LOTNUM3 [7:0]					LOTNUM3
读/写	R	R	R	R	R	R	R	R	
初始值	X	X	X	X	X	X	X	X	

图 2-3-28　批号寄存器 3

Bit 7:0—LOTNUM3[7:0]，批号字节 3。该字节包含设备的批号 3。

(8)LOTNUM1——批号寄存器 4(图 2-3-29)

位	7	6	5	4	3	2	1	0	
+0x0A				LOTNUM4 [7:0]					LOTNUM4
读/写	R	R	R	R	R	R	R	R	
初始值	X	X	X	X	X	X	X	X	

图 2-3-29　批号寄存器 4

Bit 7:0—LOTNUM4[7:0]，批号字节 4。该字节包含设备的批号 4。

(9)LOTNUM1——批号寄存器 5(图 2 - 3 - 30)

位	7	6	5	4	3	2	1	0	
+0x0B				LOTNUM5 [7:0]					LOTNUM5
读/写	R	R	R	R	R	R	R	R	
初始值	X	X	X	X	X	X	X	X	

图 2 - 3 - 30　批号寄存器 5

Bit 7:0—LOTNUM5 [7:0],批号字节 5。该字节包含设备的批号 5。

(10)WAFNUM—晶片号码寄存器(图 2 - 3 - 31)

位	7	6	5	4	3	2	1	0	
+0x10				WAFNUM [7:0]					WAFNUM
读/写	R	R	R	R	R	R	R	R	
初始值	X	X	X	X	X	X	X	X	

图 2 - 3 - 31　晶片号码寄存器

Bit 7:0—WAFNUM [7:0],晶片号码。该字节包含每个设备的晶片号码。与批号和晶片坐标一起提供了每个设备的唯一序号。

(11)COORDX0——晶片坐标 X 寄存器 0(图 2 - 3 - 32)

COORDX0、COORDX1、COORDY0 和 COORDY1 包含了每个设备中晶片的 X 和 Y 坐标。与批号和晶片号一起提供了每个设备的唯一的标识符或序号。

位	7	6	5	4	3	2	1	0	
+0x12				COORDX [7:0]					COORDX
读/写	R	R	R	R	R	R	R	R	
初始值	X	X	X	X	X	X	X	X	

图 2 - 3 - 32　晶片生标 X 寄存器 0

Bit 7:0—COORDX [7:0],晶片坐标 X 字节 0。该字节包含设备中晶片坐标 X 的字节 0。

(12)COORDX1——晶片坐标 X 寄存器 1(图 2 - 3 - 33)

位	7	6	5	4	3	2	1	0	
+0x13				COORDX1 [7:0]					COORDX1
读/写	R	R	R	R	R	R	R	R	
初始值	X	X	X	X	X	X·	X	X	

图 2 - 3 - 33　晶片坐标 X 寄存器 1

Bit 7:0—COORDX1 [7:0],晶片坐标 X 字节 1。该字节包含设备中晶片坐标 X 的字节 1。

(13)COORDY0——晶片坐标 Y 寄存器 0(图 2-3-34)

位	7	6	5	4	3	2	1	0	
+0x14				COORDY0 [7:0]					COORDY0
读/写	R	R	R	R	R	R	R	R	
初始值	X	X	X	X	X	X	X	X	

图 2-3-34　晶片坐标 Y 寄存器 0

Bit 7:0—COORDY0 [7:0],晶片坐 Y 字节 0。该字节包含设备中晶片坐标 Y 的字节 0。

(14)COORDY 1——晶片坐标 Y 寄存器 1(图 2-3-35)

位	7	6	5	4	3	2	1	0	
+0x15				COORDY1 [7:0]					COORDY1
读/写	R	R	R	R	R	R	R	R	
初始值	X	X	X	X	X	X	X	X	

图 2-3-35　晶片坐标 Y 寄存器 1

Bit 7:0—COORDY1 [7:0],晶片坐标 Y 字节 1。该字节包含设备中晶片坐标 Y 的字节 1。

(15)ADCACAL0——ADCA 校准寄存器 0(图 2-3-36)

ADCACAL0 和 ADCACAL1 包含了模/数转换器 A(ADCA)的校准值。在设备进行生产测试时,校准值就确定了。校准字节不会自动载入 ADC 校准寄存器,必须通过程序实现。

位	7	6	5	4	3	2	1	0	
+0x20				ADCACAL0 [7:0]					ADCACAL0
读/写	R	R	R	R	R	R	R	R	
初始值	X	X	X	X	X	X	X	X	

图 2-3-36　ADCA 校准寄存器 0

Bit 7:0—ADCACAL0[7:0],ADCA 校准字节 0。该字节包含 ADCA 校准数据的字节 0,必须载入 ADCA CALL 寄存器。

(16)ADCACAL1——ADCA 校准寄存器 1(图 2-3-37)

位	7	6	5	4	3	2	1	0	
+0x21				ADCACAL1 [7:0]					ADCACAL1
读/写	R	R	R	R	R	R	R	R	
初始值	X	X	X	X	X	X	X	X	

图 2-3-37　ADCA 校准寄存器 1

Bit 7:0—ADCACAL1 [7:0],ADCA 校准字节 1。该字节包含 ADCA 校准数据的字节 1,必须载入 ADCA CALH 寄存器。

38

(17)ADCBCAL0——ADCB 校准寄存器 0(图 2-3-38)

ADCBCAL0 和 ADCBCAL1 包含了模/数转换器 B(ADCB)的校准值。在设备进行生产测试时,校准值就确定了。校准字节不会自动载入 ADC 校准寄存器,必须通过程序实现。

位	7	6	5	4	3	2	1	0	
+0x20				ADCBCAL0 [7:0]					ADCBCAL0
读/写	R	R	R	R	R	R	R	R	
初始值	X	X	X	X	X	X	X	X	

图 2-3-38　ADCB 校准寄存器 0

Bit 7:0—ADCBCAL0 [7:0],ADCB 校准字节 0。该字节包含 ADCB 校准数据的字节 0,必须载入 ADCB CALL 寄存器。

(18)ADCBCAL1——ADCB 校准寄存器 1(图 2-3-39)

位	7	6	5	4	3	2	1	0	
+0x21				ADCBCAL1 [7:0]					ADCBCAL1
读/写	R	R	R	R	R	R	R	R	
初始值	X	X	X	X	X	X	X	X	

图 2-3-39　ADCB 校准寄存器 1

Bit 7:0—ADCBCAL1 [7:0],ADCB 校准字节 1。该字节包含 ADCB 校准数据的字节 1,必须载入 ADCB CALH 寄存器。

(19)TEMPSENSE0—温度传感器校准寄存器 0(图 2-3-40)

TEMPSENSE0 和 TEMPSENSE1 包含了由内部温度传感器进行的温度测量得到的 12 位 ADCA 值。测量值在 85 ℃测试产生,可以用来校准单个或多点温度传感器。

位	7	6	5	4	3	2	1	0	
+0x2E				TEMPSENSE0[7:0]					TEMPSENSE0
读/写	R	R	R	R	R	R	R	R	
初始值		X		X	X	X	X	X	X

图 2-3-40　温度传感器校准寄存器 0

Bit 7:0—TEMPSENSE0 [7:0],温度传感器校准字节 0。该字节包含温度测量的字节 0(8LSB)。

(20)TEMPSENSE1——温度传感器校准寄存器 1(图 2-3-41)

位	7	6	5	4	3	2	1	0	
+0x2F				TEMPSENSE1[7:0]					TEMPSENSE1
读/写	R	R	R	R	R	R	R	R	
初始值	0	0	0	0	X	X	X	X	

图 2-3-41　温度传感器校准寄存器

Bit 7:0—TEMPSENSE1 [7:0],温度传感器校准字节1。该字节包含温度测量的字节1。

(21)DACAGAINCAL——DACA 增益校准寄存器(图 2-3-42)

位	7	6	5	4	3	2	1	0	
+0x30				DACAGAINCAL [7:0]					DACAGAINCAL
读/写	R	R	R	R	R	R	R	R	
初始值	0	0	0	0	X	X	X	X	

图 2-3-42　DACA 增益校准寄存器

Bit 7:0—DACAGAINCAL [7:0],DACA 增益校准字节。该字节包含 DACA 的增益校准值。校准在设备生产测试的时候得出。校准字节不会自动载入 DAC 增益校准寄存器,只能在程序中载入。

(22)DACAOFFCAL——DACA 偏置校准寄存器(图 2-3-43)

位	7	6	5	4	3	2	1	0	
+0x31				DACAOFFCAL[7:0]					DACAOFFCAL
读/写	R	R	R	R	R	R	R	R	
初始值	0	0	0	0	X	X	X	X	

图 2-3-43　DACA 偏置校准寄存器

Bit 7:0—DACAOFFCAL [7:0],DACA 偏置校准字节。该字节包含 DACA 的偏置校准值。DAC 的校准在设备生产测试时得到。校准字节不会自动载入 DAC 偏置校准寄存器,只能在程序中载入。

(23)DACBGAINCAL——DACB 增益校准寄存器(图 2-3-44)

位	7	6	5	4	3	2	1	0	
+0x32				DACBGAINCAL[7:0]					DACBGAINCAL
读/写	R	R	R	R	R	R	R	R	
初始值	0	0	0	0	X	X	X	X	

图 2-3-44　DACB 增益校准寄存器

Bit 7:0—DACBGAINCAL[7:0],DACB 增益校准寄存器。该字节包含 DACB 的增益校准值。DAC 的校准在设备生产测试时得到。校准字节不会自动载入 DAC 增益校准寄存器,只能在程序中载入。

(24)DACBOFFCAL——DACB 偏置校准寄存器(图 2-3-45)

位	7	6	5	4	3	2	1	0	
+0x33				DACBOFFCAL[7:0]					DACBOFFCAL
读/写	R	R	R	R	R	R	R	R	
初始值	0	0	0	0	X	X	X	X	

图 2-3-45　DACB 偏置校准寄存器

Bit 7:0—DACBOFFCAL[7:0],DACB 偏置校准寄存器。该字节包含 DACB 的偏置校准值。DAC 的校准在设备生产测试时得到。校准字节不会自动载入 DAC 增益校准寄存器,只能在程序中载入。

18. 寄存器描述——通用 I/O 存储器(图 2-3-46)

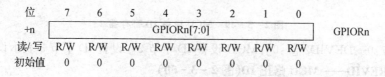

图 2-3-46　通用 I/O 存储器

GPIORn—通用 I/O 寄存器 n。通用寄存器支持位操作,可以用来存储数据,例如全局变量。

19. 寄存器描述——外部存储器

参考 2.23 节的外部总线接口。

20. 寄存器描述——MCU 控制器

(1)DEVID0——MCU 设备 ID 寄存器 0(图 2-3-47)

DEVID0、DEVID1 和 DEVID2 包含 3 字节的信息来识别每个微控制器设备类型。

位	7	6	5	4	3	2	1	0	
+0x00				DEVID0[7:0]					DEVID0
读/写	R	R	R	R	R	R	R	R	
初始值	1/0	1/0	1/0	1/0	1/0	1/0	1/0	1/0	

图 2-3-47　MCB 设备 2D 寄存器 0

Bit 7:0—DEVID0[7:0],MCU 设备 ID 字节 0。该字节被读为 0x1E。这表示设备由 ATMEL 制造。

(2)DEVID1——MCU 设备 ID 寄存器 1(图 2-3-48)

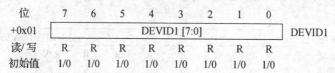

图 2-3-48　MCU 设备 ID 寄存器 1

Bit 7:0—DEVID0[7:0],MCU 设备 ID 字节 1。设备 ID 字节 1 表示设备的 Flash 大小。

AVR XMEGA高性能单片机开发及应用

41

(3)DEVID2——MCU 设备 ID 寄存器 2(图 2-3-49)

位	7	6	5	4	3	2	1	0	
+0x02				DEVID2 [7:0]					DEVID2
读/写	R	R	R	R	R	R	R	R	
初始值	1/0	1/0	1/0	1/0	1/0	1/0	1/0	1/0	

图 2-3-49　MCU 设备 ID 寄存器 2

Bit 7:0—DEVID2 [7:0],MCU 设备 ID 字节 2。设备 ID 字节 2 表示设备编号。

(4)REVID——MCU 修正 ID(图 2-3-50)

位	7	6	5	4	3	2	1	0	
+0x03	–	–	–	–		REVID [3:0]			REVID
读/写	R	R	R	R	R	R	R	R	
初始值	1/0	1/0	1/0	1/0	1/0	1/0	1/0	1/0	

图 2-3-50　MCU 修正 ID

Bit 7:4—保留。

Bit 3:0—REVID[3:0],MCU 修正 ID。这些位包含设备的修正 ID,例如 0=A,1=B 等。

(5)JTAGUID——JTAG 使用者 ID 寄存器(图 2-3-51)

42

位	7	6	5	4	3	2	1	0	
+0x04				JTAGUID[7:0]					JTAGUID
读/写	R	R	R	R	R	R	R	R	
初始值	1/0	1/0	1/0	1/0	1/0	1/0	1/0	1/0	

图 2-3-51　JTAG 使用者 ID 寄存器

Bit 7:0—JTAGUID[7:0],JTAG 用户 ID。JTAGUID 可以用 JTAG 扫描链中的设备 ID 来标识两个不同的设备。JTAGUID 在复位的时候会从 Flash 中加载到这个寄存器。

(6)MCUCR——MCU 控制寄存器(图 2-3-52)

位	7	6	5	4	3	2	1	0	
+0x06				–				JTAGD	MCUCR
读/写	R	R	R	R	R	R	R	R/W	
初始值	0	0	0	0	0	0	0	0	

图 2-3-52　MCU 控制寄存器

Bit 7:1—保留。

Bit 0—JTAGD,JTAG 失效位。该位置位,JTAG 接口不可用。该位受配置更改保护机制保护,详见 2.2 节的配置改变保护。

(7)EVSYSLOCK——事件系统锁定寄存器(图 2 - 3 - 53)

位	7	6	5	4	3	2	1	0	
+0x08	-	-	-	EVSYS1LOCK	-	-	-	EVSYS0LOCK	EVSYS_LOCK
读/写	R	R	R	R/W	R	R	R	R/W	
初始值	0	0	0	0	0	0	0	0	

图 2 - 3 - 53　事件系统锁定寄存器

Bit 7:5—保留。

Bit 4—EVSYS1LOCK。该位置位,可以锁定事件系统中的事件通道 4～7 相关的所有寄存器。下面的寄存器会锁定:CH4MUX,CH4CTRL,CH5MUX,CH5CTRL,CH6MUX,CH6CTRL,CH7MUX,CH7CTRL。该位受配置更改保护机制保护,详见 2.2 节的配置改变保护。

Bit 3:1—保留。

Bit 0—EVSYS0LOCK。该位置位,可以锁定事件系统中的事件通道 0～3 相关的所有寄存器。下面的寄存器会锁定:CH0MUX,CH0CTRL,CH1MUX,CH1CTRL,CH2MUX,CH2CTRL,CH3MUX,CH3CTRL。该位受配置更改保护机制保护,详见 2.2 节的配置改变保护。

(8)AWEXLOCK——高级波形扩展锁定寄存器(图 2 - 3 - 54)

位	7	6	5	4	3	2	1	0	
+0x09	-	-	-	-	-	AWEXELOCK	-	AWEXCLOCK	AWEX_LOCK
读/写	R	R	R	R	R	R/W	R	R/W	
初始值	0	0	0	0	0	0	0	0	

图 2 - 3 - 54　高级波形扩展锁定寄存器

Bit 7:3—保留。

Bit 2—AWEXELOCK,高级波形扩展锁定 TCE0。该位置位,可以锁定 AWEXE 模块使用的定时器/计数器 E0 相关的所有寄存器。该位受配置更改保护机制保护,详见 2.2 节的配置改变保护。

Bit 1—保留。

Bit 0—AWEXCLOCK,先进波形扩展锁定 TCC0。该位置位,可以锁定 AWEXC 模块使用的定时器/计数器 C0 相关的所有寄存器。该位受配置更改保护机制保护,详见 2.2 节的配置改变保护。

2.4　DMA——直接存储访问控制器

1. 特　点

➤ DMA 控制器允许 CPU 介入最少的情况下高速传输:从一个存储区到另一个存储区;从存储器到外设;从外设到存储器;从一个外设到另一个外设。

➢ 4 个单独的 DMA 通道：发送触发器；中断向量；寻址方式。

➢ 单次操作可以传输 1 B～16 MB 数据。

➢ 高达 64 KB 重复块传输。

➢ 1、2、4 或 8 字节突发传输。

➢ 多种寻址模式：静态、递增、递减。

➢ 可选的源地址和目的地址自动加载：突发传输、块传输、事务。

➢ 传输最后可中断。

➢ 可编程控制通道优先权。

2. 概　述

XMEGA DMA 控制器是高灵活的 DMA 控制器，可以在 CPU 介入最少的情况下在存储器和外设传输数据。DMA 控制器有灵活的通道优先权选择、多种寻址模式、双重缓冲能力和块容量较大。

DMA 共有 4 个通道，每个通道都有独立的源地址、目的地址、触发器和块大小。不同的通道还有独立的控制设置、中断设置和中断向量。当一个传输结束或 DMA 控制器发现错误时，会产生中断请求。当 DMA 通道需要数据传输时，总线仲裁允许 DMA 控制器在 AVR CPU 不使用数据总线的时候传输数据。突发传输大小为 1、2、4 或 8 字节。寻址方式可以是静态的、递增的或递减的。在突发传输和块传输结束后，自动加载源地址和目的地址。程序中，外设和事件都可以触发 DMA 传输。

3. DMA 传输

在存储器和外设之间一次完整的 DMA 读和写操作称为 DMA 传输。传输以数据块为单位，大小（传输字节的个数）从程序中选择，由块大小和重复计数器的设置来控制。每个块传输被分为更小的突发传输，如图 2-4-1 所示。

(1)块传输和重复块传输

传输块的大小由块传输计数寄存器设置，可以是 1 B～64 KB 中的任意大小。

重复计数器可以在传输结束前设置许多重复的块传输。数目是 1～255，当设置重复计数为 0 时，重复次数不限。

(2)突发传输

因为 ACR CPU 和 DMA 控制器使用同一个数据总线，所以块传输被分为许多突发传输，突发传输可以选择 1、2、4 或 8 字节。这意味着，如果 DMA 获得数据总线控制权，它会一直占有该总线，直到所有数据传送完。

总线仲裁器控制 DMA 控制器和 AVR CPU 何时使用总线。CPU 总是有优先权，所以只要 CPU 需要访问总线，突发传输必须等待。当 CPU 执行写或读 SRAM、I/O 存储器、EEPROM 和外部总线接口的数据时，需要访问总线。更多关于存储器访问总线仲裁请参考 2.3 节的数据存储器。

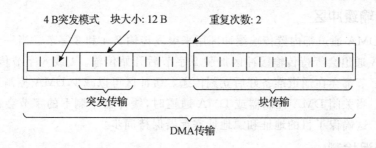

图 2 - 4 - 1 DMA 传输

4. 传输触发器

只有当 DMA 传输请求被检测到 DMA 才能开始传输。传输请求可以由程序、外设或事件来触发。每个 DMA 通道有专门的来源触发器。每个设备可用的触发器来源也许是不同的，这取决于设备中的模块或外设。对不存在模块或外设的设备作为传输触发器是没有效果的，所有的传输触发器请参考 2.4 节的 DMA 通道触发源。

默认情况下，一次触发启动一次块传输操作。传输会一直进行到块传送完成。传送后，通道等待下一次触发，然后启动下一次块传输。单次短传输，可以选择突发传输触发器而不能选择块传输触发器。一次新的触发会启动一次新的突发传输。在重复模式下，下一次块传输不需要触发，上一个块传送完后马上开始传送下一个。

如果触发源在传输进行时产生一个传输请求，请求会被挂起，直到正在进行的传输结束。因为只能有一个挂起的传输请求会保持，所以当存在一个挂起的请求时，又有其他请求产生，这些请求会全部丢失。

5. 寻 址

DMA 传输的源地址和目的地址可以静态、递增或是递减的，可单独设置。当地址是递增或递减时，默认每次访问后更新地址。初始源地址和目的地址存在 DMA 控制器中，所以源地址和目的地址可以单独配置成以下情况下的重加载：突发传输后、块传输后、会话传输后、不重加载。

6. 通道间的优先权

如果同时有多个通道要求传送数据，这就需要一个优先机制来决定哪一个通道传输数据。程序可以决定一个或多个通道是固定的优先权还是采用循环机制的优先权。循环机制就是最后传送的通道有最低的优先权。

7. 双重缓冲

为了可以连续的传输，可以将两个通道联合使用，这样第二个通道在第一个通道传输结束后会接管下面的传输，反之亦然。这称为双重缓冲。当第一个通道的传送结束后第二个通道就可用了。

8. 传输缓冲区

每个 DMA 通道都内置传输缓冲区用来突发传输 2、4 和 8 字节。当一个传输触发后,DMA 通道会等待传输缓冲区加载 2 字节后开始传输。4 或 8 字节传输时,任何剩余的字节都会在通道准备好后立刻传送。缓冲区可以减少 DMA 控制器占用总线的时间。当关闭 DMA 控制器或 DMA 通道时,缓冲器中剩下的字节会在关闭前完成传输。这确保了目的地址和源地址寄存器保持同步。

9. 错误检测

DMA 控制器可以检测错误的操作。每个 DMA 通道会单独检测错误情况,以下是几种错误的情况:

①写入 EEPROM 映射的存储空间。

②当 EEPROM 关闭(进入睡眠)时读取 EEPROM。

③传输时,程序中关闭了 DMA 控制器或正在使用的通道。

10. 软件复位

DMA 控制器和 DMA 通道都可以在程序中复位。DMA 控制器复位后,所有关于 DMA 控制器的寄存器被清空。软件复位只有在 DMA 控制器关闭的时候可用。若 DMA 通道复位,所有关于 DMA 通道的寄存器被清空。软件复位只有在 DMA 通道关闭的时候可用。

11. 保　护

为了确保安全操作,当 DMA 正在传输时,通道的寄存器将处于保护状态。当 DMA 通道忙标志(CHnBUSY)置位,用户只能修改下面的寄存器和位:

➢ CTRL 寄存器;

➢ INTFLAGS 寄存器;

➢ TEMP 寄存器;

➢ 通道 CTRL 寄存器的 CHEN、CHRST、TRFREQ 和 REPEAT 位;

➢ TRIGSRC 寄存器。

12. 中　断

DMA 控制器可以在 DMA 通道检测到错误或一次传输结束时生成中断。每个 DMA 通道有各自的中断向量、错误和传输结束中断标志位。

无论是重复传输与否,传输结束标志位会在每一次块传输结束后置位。

13. 寄存器描述——DMA 控制器

(1)CTRL——DMA 控制寄存器(图 2 - 4 - 2)

Bit 7—ENABLE,DMA 使能位。该位置位,使能 DMA 控制器。DMA 控制器使能后,该位写入 0,在内部传送缓冲区数据传送完之后,DMA 才会终止。

Bit 6—RESET,DMA 软件复位。该位置位,启动软件复位。当复位完成后,该位自动清除。只有在 DMA 控制器关闭时(ENABLE＝0),这一位才能置 1。

Bit 5:4—保留。

Bit 3:2—DBUFMODE[1:0],DMA 双缓冲模式。这些位可以使能不同通道的双缓冲,见表 2-4-1。

位	7	6	5	4	3	2	1	0	
+0x00	ENABLE	RESET	–	–	DBUFMODE[1:0]		PRIMODE[1:0]		CTRL
读/写	R/W	R/W	R	R	R/W	R/W	R/W	R/W	
初始值	0	0	0	0	0	0	0	0	

图 2-4-2　DMA 控制寄存器

表 2-4-1　DMA 双缓冲设置

DBUFMODE[1:0]	组配置	描　述
00	不可用	没有双缓冲可用
01	CH01	通道 0 和 1 使用双缓冲
10	CH23	通道 2 和 3 使用双缓冲
11	CH01CH23	通道 0,1,2 和 3 均可使用双缓冲

Bit 1:0—PRIMODE[1:0],DMA 通道优先模式。这些位设置通道的优先权,见表 2-4-2。

表 2-4-2　DMA 通道优先权设置

PRIMODE[1:0]	组配置	描　述
00	RR0123	循环
01	CH0RR23	通道 0＞循环通道(通道 1,2,3)
10	CH01RR23	通道 0＞通道 1＞循环通道(通道 2,3)
11	CH0123	通道 0＞通道 1＞通道 2＞通道 3

(2)INTFLAGS——DMA 中断状态寄存器(图 2-4-3)

位	7	6	5	4	3	2	1	0	
+0x04	CH3 ERRIF	CH2 ERRIF	CH1 ERRIF	CH0 ERRIF	CH3 TRNFIF	CH2 TRNFIF	CH1 TRNFIF	CH0 TRNFIF	INTFLAGS
读/写	R/W	R/W	R/W	R/W	R/W	R/W	R/W	R/W	
初始值	0	0	0	0	0	0	0	0	

图 2-4-3　DMA 中断状态寄存器

Bit 7:4—CHnERRIF[3:0],DMA 通道 n 错误中断标志。如果 DMA 通道 n 发现错误,CHnERRIF 标志会设置。向该位写 1 会清除标志。

Bit 3:0—CHnTRNFIF[3:0],DMA 通道 n 传输结束中断标志。当通道 n 的传

输结束后,CHnTRFIF 标志会设置。如果使能了无限制的重复计数,该标志会在每个块传输结束后置位。向该位写 1 会清除标志。

(3)STATUS——DMA 状态寄存器(图 2 - 4 - 4)

位	7	6	5	4	3	2	1	0	
+0x05	CH3 BUSY	CH2 BUSY	CH1 BUSY	CH0 BUSY	CH3 PEND	CH2 PEND	CH1 PEND	CH0 PEND	STATUS
读/写	R	R	R	R	R	R	R	R	
初始值	0	0	0	0	0	0	0	0	

图 2 - 4 - 4 DMA 状态寄存器

Bit 7:4—CHnBUSY[3:0],DMA 通道繁忙。当通道 n 开始一个 DMA 传输,CHnBUSY 标志会置位。该标志在 DMA 通道关闭、通道 n 传输结束中断标志置位或 DMA 通道 n 错误中断标志置位时自动清除。

Bit 3:0—CHnPEND[3:0],DMA 通道挂起。如果块传输在 DMA 通道 n 挂起,该标志会置位。该标志会在块传输开始或传输被终止时自动清空。

(4)TEMPH——DMA 临时寄存器 H(图 2 - 4 - 5)

位	7	6	5	4	3	2	1	0	
+0x07	DMTEMP [15:8]								TEMPH
读/写	R/W	R/W	R/W	R/W	R/W	R/W	R/W	R/W	
初始值	0	0	0	0	0	0	0	0	

图 2 - 4 - 5 DMA 临时寄存器 H

Bit 7:0—TEMP[7:0],DMA 临时寄存器。在读和写 DMA 控制器中的 24 位寄存器时,使用该寄存器。当 CPU 写入字节 2 时,24 位寄存器的字节 2 被储存。当 CPU 读字节 1 时,字节 2 存储在这个寄存器中。也可在程序中读取或写入。

读写 24 位寄存器有一些特别要注意的地方,详见 2.2 节的访问 16 位寄存器。

(5)TEMPL——DMA 临时寄存器 L(图 2 - 4 - 6)

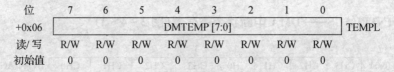

位	7	6	5	4	3	2	1	0	
+0x06	DMTEMP [7:0]								TEMPL
读/写	R/W	R/W	R/W	R/W	R/W	R/W	R/W	R/W	
初始值	0	0	0	0	0	0	0	0	

图 2 - 4 - 6 DMA 临时寄存器 L

Bit 7:0—TEMP[7:0],DMA 临时寄存器 0。该寄存器在读 24 位或 16 位寄存器时使用。16 位 / 24 位寄存器的字节 1 在 CPU 读字节 0 时存储在这里。也可在程序中读取或写入。

读写 16 位/ 24 位寄存器有一些特别要注意的地方,详见 2.2 节的访问 16 位寄存器。

14. 寄存器描述——DMA 通道

(1)CTRLA——DMA 通道控制寄存器 A(图 2-4-7)

位	7	6	5	4	3	2	1	0	
+0x00	CHEN	CHRST	REPEAT	TRFREQ	-	SINGLE	BURTLEN[1:0]		CTRLA
读/写	R/W	R/W	R/W	R/W	R	R/W	R/W	R/W	
初始值	0	0	0	0	0	0	0	0	

图 2-4-7　DMA 通道控制寄存器 A

Bit 7—CHEN,DMA 通道使能位。DMA 通道是否可由该位设置。该位在传输结束后会自动清除。如果 DMA 通道使能后,对该位写入 0,在传送缓冲区数据传输完毕之前,DMA 传送不会终止。

Bit 6—CHRST,DMA 通道软复位。对该位置位,使能通道复位。该位在复位结束后自动清除。该位只能在 DMA 通道关闭(CHEN=0)时才能置位。

Bit 5—REPEAT,DMA 通道重复模式。对该位置位,使能重复模式。在重复模式中,在最后一次块传输开始时,硬件会清除该位。在设置 REPEAT 位前要配置 REPCNT 寄存器。

Bit 4—TRFREQ,DMA 通道传输请求。对该位置位,请求 DMA 通道传送数据。在数据传输开始时,该位自动清除。只有在通道使能时,置位才有效。

Bit 3—保留。

Bit 2—SINGLE,DMA 通道单次数据传输。对该位置位,可触发单次数据传输模式。通道会对 BURSTLEN 字节进行突发传输。在通道忙时,该位无法更改。

Bit 1:0—BURSTLEN[1:0],DMA 通道突发模式。这些位选择 DMA 通道突发模式,见表 2-4-3。在通道忙时,该位无法更改。

表 2-4-3　DMA 通道突发模式

BURSTLEN[1:0]	组配置	描　述
00	1 字节	1 字节的突发模式
01	2 字节	2 字节的突发模式
10	4 字节	4 字节的突发模式
11	8 字节	8 字节的突发模式

(2)CTRLB——DMA 通道控制寄存器 B(图 2-4-8)

位	7	6	5	4	3	2	1	0	
+0x04	CHBUSY	CHPEND	ERRIF	TRNIF	ERRINTLVL[1:0]		TRNINTLVL[1:0]		CTRLB
读/写	R	R	R/W	R/W	R/W	R/W	R/W	R/W	
初始值	0	0	0	0	0	0	0	0	

图 2-4-8　DMA 通道控制寄存器 B

Bit 7—CHBUSY，DMA 通道忙。当通道 n 开始一个 DMA 传输，CHBUSY 标志会置位。该标志在 DMA 通道关闭、通道 n 传输结束中断标志置位或 DMA 通道错误中断标志置位时自动清除。

Bit 6—CHPEND，DMA 通道挂起。如果 DMA 通道块传输挂起，该标志会置位。该标志会在块传输开始或传输被终止时自动清除。

Bit 5—ERRIF，DMA 通道错误中断标志。如果 DMA 通道发现错误，ERRIF 标志会被置位，可选择产生中断。因为 DMA 通道错误中断与 DMA 通道传输结束中断共享中断地址，ERRIF 在中断向量被执行时不会自动清除。向该位写 1 会清除该标志。

Bit 4—TRNIF，DMA 通道传输结束中断标志。当通道的传输结束后，TRNIF 标志会置位，可选择产生中断。单次或者重复传输，该标志会在每个块传输结束后置位。因为 DMA 通道传输结束中断和通道错误中断共享中断地址，TRNIF 在中断向量被执行时不会自动清除。向该位写 1 会清除该标志。

Bit 3:2—ERRINTLVL[1:0]，DMA 通道错误中断级别。这些位选择 DMA 通道传输错误中断的级别。ERRIF 置位后，可以触发 DMA 通道错误中断。

Bit 1:0—TRNINTLVL[1:0]，DMA 通道传输结束中断级别。这些位选择 DMA 通道传输结束中断的级别。TRNIF 置位后，可以触发 DMA 通道传输结束中断。

(3)ADDRCTRL——DMA 通道地址控制寄存器(图 2 - 4 - 9)

位	7	6	5	4	3	2	1	0	
+0x02	SRCRELOAD[1:0]		SRCDIR[1:0]		DETRELOAD[1:0]		DESTDIR[1:0]		ADDRCTRL
读/写	R/W	R/W	R/W	R/W	R	R/W	R/W	R/W	
初始值	0	0	0	0	0	0	0	0	

图 2 - 4 - 9　DMA 通道地址控制寄存器

Bit 7:6—SRCRELOAD[1:0]，DMA 通道源地址重载。这些位选择 DMA 通道源地址重载模式，见表 2 - 4 - 4。在通道忙时，这些位无法更改。

表 2 - 4 - 4　DMA 通道源地址重载设置

SRCRELOAD[1:0]	组配置	描　述
00	无	不重载
01	块	DMA 通道源地址寄存器在每次块传输后载入初始值
10	突发	DMA 通道源地址寄存器在每次突发传输后载入初始值
11	事务	DMA 通道源地址寄存器在每次传输后载入初始值

Bit 5:4—SRCDIR[1:0]，DMA 通道源地址模式。这些位选择 DMA 通道源地址模式，见表 2 - 4 - 5。在通道忙时，这些位无法更改。

表 2 - 4 - 5　DMA 通道源地址模式设置

SRCDIR[1:0]	组配置	描　述
00	FIXED	固定
01	INC	递增
10	DEC	递减
11	—	保留

Bit 3:2—DESTRELOAD[1:0],DMA 通道目的地址重载。这些位选择 DMA 通道目的地址重载模式,见表 2 - 4 - 6。在通道忙时,这些位无法更改。

表 2 - 4 - 6　DMA 通道目的地址重载设置

DESTRELOAD[1:0]	组配置	描　述
00	无	不重载
01	块	DMA 通道目的地址寄存器在每次块传输后载入初始值
10	突发	DMA 通道目的地址寄存器在每次突发传输后载入初始值
11	传输	DMA 通道目的地址寄存器在每次传输后载入初始值

Bit 1:0—DESTDIR[1:0],DMA 通道目的地址模式。这些位选择 DMA 通道目的地址模式,见表 2 - 4 - 7。在通道忙时,这些位无法更改。

表 2 - 4 - 7　DMA 通道目的地址模式设置

DESTDIR[1:0]	组配置	描　述
00	FIXED	固定
01	INC	递增
10	DEC	递减
11	—	保留

(4)TRIGSRC——DMA 通道触发源(图 2 - 4 - 10)

位	7	6	5	4	3	2	1	0	
+0x03				TRIGSRC[7:0]					TRIGSRC
读/写	R/W	R/W	R/W	R/W	R/W	R/W	R/W	R/W	
初始值	0	0	0	0	0	0	0	0	

图 2 - 4 - 10　DMA 通道触发源

Bit 7:0—TRIGSRC[7:0],DMA 通道触发源选择。这些位选择 DMA 通道的触发源。TRIGSRC = 0 意味着触发源不可用。对每个触发源来说,TRIGSRC 寄存器的值是模块或外设的基本值和偏置值的和。表 2 - 4 - 8 列出了所有模块和外设的基本值,表 2 - 4 - 9～表 2 - 4 - 12 列出了不同模块和外设的偏置值。设备中没有的外设或模块,相应的传输触发器将不存在。

表 2 - 4 - 8　所有模块和外设的 DMA 触发源和基本值

TRIGSRC 基本值	组配置	描　　述
0x00	OFF	只在程序中触发
0x01	SYS	系统 DMA 触发基本值
0x10	ADCA	ADCA DMA 触发基本值
0x15	DACA	DACA DMA 触发基本值
0x20	ADCB	ADCB DMA 触发基本值
0x25	DACB	DACB DMA 触发基本值
0x40	TCC0	定时器/计数器 C0 DMA 触发基本值
0x46	TCC1	定时器/计数器 C1 触发基本值
0x4A	SPIC	SPIC DMA 触发基本值
0x4B	USARTC0	USART C0 DMA 触发基本值
0x4E	USARTC1	USART C1 DMA 触发基本值
0x60	TCD0	定时器/计数器 D0 DMA 触发基本值
0x66	TCD1	定时器/计数器 D1 DMA 触发基本值
0x6A	SPID	SPI D DMA 触发基本值
0x6B	USARTD0	USART D0 DMA 触发基本值
0x6E	USARTD1	USART D1 DMA 触发基本值
0x80	TEC0	定时器/计数器 E0 DMA 触发基本值
0x86	TCE1	定时器/计数器 E1 DMA 触发基本值
0x8A	SPIE	SPI E DMA 触发基本值
0x8B	USARTE0	USART E0 DMA 触发基本值
0x8E	USARTE1	USART E1 DMA 触发基本值
0xA0	TCF0	定时器/计数器 F0 DMA 触发基本值
0xA6	TCF1	定时器/计数器 F1 DMA 触发基本值
0xAA	SPIF	SPI F DMA 触发基本值
0xAB	USARTF0	USART F0 DMA 触发基本值
0xAE	USARTF1	USART F1 DMA 触发基本值

表 2 - 4 - 9　事件系统触发器的 DMA 触发源和偏置值

TRGSRC 偏置值	组配置	描　　述
+0x00	CH0	事件通道 0
+0x01	CH1	事件通道 1
+0x02	CH2	事件通道 2

表 2 - 4 - 10　DAC 和 ADC 触发器的 DMA 触发源和偏置值

TRGSRC 偏置值	组配置	描　述
＋0x00	CH0	ADC/DAC 通道 0
＋0x01	CH1	ADC/DAC 通道 1
＋0x02	CH2①	ADC 通道 2
＋0x03	CH3	ADC 通道 3
＋0x04	CH4②	ADC 通道 0,1,2,3

① DAC 只有通道 0 和通道 1 存在,可用来触发;

② 通道 4 即通道 0~3 一起触发。

表 2 - 4 - 11　定时器/计数器触发器的 DMA 触发源和偏置值

TRGSRC 偏置值	组配置	描　述
＋0x00	OVF	上溢/下溢
＋0x01	ERR	错误
＋0x02	CCA	比较或捕获通道 A
＋0x03	CCB	比较或捕获通道 B
＋0x04	CCC①	比较或捕获通道 C
＋0x05	CCD	比较或捕获通道 D

① CC 通道 C 和 D 触发器只在定时器/计数器 0 中存在。

表 2 - 4 - 12　DMA 触发源 USART 触发器的偏置值

TRGSRC 偏置值	组配置	描　述
0x00	RXC	接收完成
0x01	DRE	数据寄存器为空

(5)TRFCNTH——DMA 通道块传输计数寄存器 H(图 2 - 4 - 11)

TRFCNTH 和 TRFCNTL 寄存器一起组成了 16 位的 TRFCNT。TRFCNT 定义了一次块传输中的字节数目。TRFCNT 的值在每次通道读取数据后会递减。当 TRFCNT 为零时,该寄存器会重新加载上一次写入它的值。

读/写 16 位值需要特别注意一些事情,详见 2.2 节的访问 16 位寄存器。

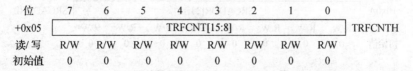

图 2 - 4 - 11　DMA 通道块传输计数寄存器 H

Bit 7:0—TRFCNT[15:8],DMA 通道 n 块传输计数寄存器高字节。这些位是 16 位块传输计数寄存器的 8 个最高有效位。

默认寄存器的值是 0x1。如果用户写入 0x0 并激活 DMA 触发器,DMA 会传输 0xFFFF 次。

(6)TRFCNTL——DMA 通道块传输计数寄存器 L(图 2 - 4 - 12)

位	7	6	5	4	3	2	1	0	
+0x04				TRFCNT [7:0]					TRFCNTL
读/写	R/W	R/W	R/W	R/W	R/W	R/W	R/W	R/W	
初始值	1	1	1	1	1	1	1	1	

图 2 - 4 - 12　DMA 通道块传输计数寄存器 L

Bit 7:0—TRFCNT[7:0],DMA 通道 n 块传输计数寄存器低字节。这些位是 16 位块传输计数寄存器的 8 个最低有效位。

默认寄存器的值是 0x1。如果用户写入 0x0 并激活 DMA 触发器,DMA 会传输 0xFFFF 次。

(7)REPCNT——DMA 通道重复计数寄存器

位	7	6	5	4	3	2	1	0	
+0x06				REPCNT [7:0]					REPCNT
读/写	R/W	R/W	R/W	R/W	R/W	R/W	R/W	R/W	
初始值	0	0	0	0	0	0	0	0	

图 2 - 4 - 13　DMA 通道重复计数寄存器

REPCNT 寄存器会记录块传输的次数。每次块传输该寄存器会递减。

在重复模式下(参考 2.4 节的 ADDRCTRL),该寄存器用来控制重复传输何时结束。有限次重复传输,该计数器会在每次块传输后递减。当计数减到 0,传输结束,通道关闭。无限制重复模式下,该寄存器值要设为 0。

(8)SRCADDR2——DMA 通道源地址 2(图 2 - 4 - 14)

SRCADDR0、SRCADDR1 和 SRCADDR2 组成了 24 位 DMA 通道源地址——SRCADDR。SRCADDR 会根据 SRCDIR 位的设置自动增加或减少。

读/写 24 位值有一些需要注意的地方,详见 2.2 节的访问 24 位和 32 位寄存器。

位	7	6	5	4	3	2	1	0	
+0x0A				SRCADDR[23:16]					SRCADDR2
读/写	R/W	R/W	R/W	R/W	R/W	R/W	R/W	R/W	
初始值	0	0	0	0	0	0	0	0	

图 2 - 4 - 14　DMA 通道源地址 2

Bit 7:0—SRCADDR[23:16],DMA 通道源地址 2。这些位为 24 位源地址的字节 2。

(9)SRCADDR1——DMA 通道源地址 1(图 2 - 4 - 15)

位	7	6	5	4	3	2	1	0	
+0x09				SRCADDR[15:8]					SRCADDR1
读/写	R/W	R/W	R/W	R/W	R/W	R/W	R/W	R/W	
初始值	0	0	0	0	0	0	0	0	

图 2 - 4 - 15　DMA 通道源地址 1

Bit 7:0—SRCADDR[15:8],DMA 通道源地址 1。这些位为 24 位源地址的字节 1。

(10)SRCADDR0——DMA 通道源地址 0(图 2 - 4 - 16)

位	7	6	5	4	3	2	1	0	
+0x08				SRCADDR[7:0]					SRCADDR0
读/写	R/W	R/W	R/W	R/W	R/W	R/W	R/W	R/W	
初始值	0	0	0	0	0	0	0	0	

图 2 - 4 - 16　DMA 通道源地址 0

Bit 7:0—SRCADDR[7:0],DMA 通道源地址 0。这些位为 24 位源地址的字节 0。

(11)DESTADDR2——DMA 通道目的地址 2(图 2 - 4 - 17)

DESTADDR0、DESTADDR1 和 DESTADDR2 组成了 24 位 DMA 通道源地址——DESTADDR。DESTADDR 会根据 DESTDIR 位的设置自动增加或减少。

读/写 24 位值有一些需要注意的地方,详见 2.2 节的访问 24 位和 32 位寄存器。

位	7	6	5	4	3	2	1	0	
+0x0E				DESTADDR[23:16]					DESTADDR2
读/写	R/W	R/W	R/W	R/W	R/W	R/W	R/W	R/W	
初始值	0	0	0	0	0	0	0	0	

图 2 - 4 - 17　DMA 通道目的地址 2

Bit 7:0—DESTADDR[23:16],DMA 通道目的地址 2。这些位为 24 位源目的地址的字节 2。

(12)DESTADDR1——DMA 通道目的地址 1(图 2 - 4 - 18)

位	7	6	5	4	3	2	1	0	
+0x0D				DESTADDR[15:8]					DESTADDR1
读/写	R/W	R/W	R/W	R/W	R/W	R/W	R/W	R/W	
初始值	0	0	0	0	0	0	0	0	

图 2 - 4 - 18　DMA 通道目的地址 1

Bit 7:0—DESTADDR[15:8],DMA 通道目的地址 1。这些位为 24 位目的地址的字节 1。

(13)DESTADDR0——DMA 通道目的地址 0(图 2 - 4 - 19)

位	7	6	5	4	3	2	1	0	
+0x0C				DESTADDR[7:0]					DESTADDR0
读/写	R/W	R/W	R/W	R/W	R/W	R/W	R/W	R/W	
初始值	0	0	0	0	0	0	0	0	

图 2 - 4 - 19　DMA 通道目的地址 0

Bit 7:0—DESTADDR[7:0],DMA 通道目的地址 0。这些位为 24 位目的地址的字节 0。

2.5　事件系统

1. 特　点

➢ 内部外设间通信和发送信号。

➢ CPU 和 DMA 独立操作。

➢ 8 个事件通道允许同时进行 8 个信号路由。

➢ 外设间 100% 可预知的时序。

➢ 事件可由以下情况产生:定时器/计数器(TCxn)、实时计数器(RTC)、模/数转换(ADCx)、端口(PORTx)、系统时钟(ClkSYS)。

➢ 事件可用于:定时器/计数器(TCxn)、模/数转换(ADCx)、数/模转换(DACx)、DMA 控制器、端口。

➢ 高级功能:程序(CPU)产生事件、正交解码、数字滤波。

➢ 激活模式和空闲模式下有效。

2. 概　述

事件系统用来进行外设间通信,如图 2 - 5 - 1 所示。它可以使一个外设状态的改变自动触发其他外设的行为。这是个简单但强大的系统,可以允许外设自主控制而不需要中断、CPU 或 DMA。

外设中状态变化的指示被称为事件。事件使用专用的路由网络在外设间传递,称为事件路由网络。

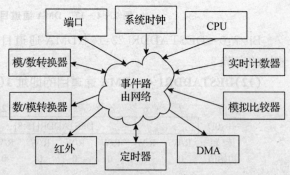

图 2 - 5 - 1　事件系统概述和连接的外设

CPU 不是事件系统的一部分,但它可以从程序或使用片上调试系统手动产生事件。

事件系统在激活和空闲模式下工作。

3. 事　件

事件分为两类:信号事件和数据事件。信号事件只会指示状态的改变,数据事件包含额外的信息。

产生事件的外设称为事件生成器。每个外设,例如定时器/计数器可以有多个事件源,定时器比较匹配或定时器溢出。使用事件的外设称为事件使用者,触发的行为称为事件行为,如图 2－5－2 所示。

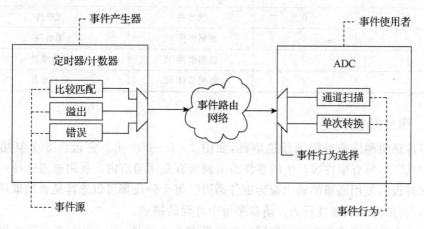

图 2－5－2　事件源、事件生成器、事件使用者和事件行为

事件可以通过向 STROBE 和 DATA 寄存器写值来手动生成。

(1)信号事件

信号事件是事件的最基本类型。一个信号事件除了带有外设变化的指示外不含任何的信息。大多数外设只能生成和使用信号事件。除非额外的说明,所有出现的"事件"均理解为信号事件。

(2)数据事件

数据事件与信号事件的区别就是它包含了事件使用者解码用来选择事件行为的额外信息。

事件路由网络可以将所有事件发送到事件使用者。只能使用信号事件的事件使用者,解码能力有限,不能充分利用数据。关于事件使用者如何解码数据事件,请参考表 2－5－1。

能利用数据事件的事件使用者也能使用信号事件。这是可以配置的,具体到某个模块关于事件配置的详细描述。

(3)手动产生事件

可以通过写入 DATA 和 STROBE 寄存器手动产生事件,可以在程序中,或者片上调试时直接访问寄存器。必须先写 DATA 寄存器,再写 STROBE 寄存器后将触发事件。每个通道在这两个寄存器占有一个位,通道 n 占有第 n 位。可以同时写入多个位来实现多个通道同时产生事件。

手动产生事件将持续一个时钟周期，在这个周期内会覆盖其他的事件。当手动产生事件时，没有事件的事件通道会让其他事件通过。表2-5-1指出了不同的事件如何手动生成和如何解码。

表 2-5-1 手动产生事件和解码事件

STROBE	DATA	数据事件使用者	信号事件使用者
0	0	无事件	无事件
0	1	数据事件 01	无事件
1	0	数据事件 02	信号事件
1	1	数据事件 03	信号事件

4. 事件路由网络

事件路由网络在外设间传递事件，如图2-5-3所示。它包含8个复用通道（CHnMUX），所有事件源产生的事件路由到所有复用通道内。复用通道选择一个事件传到外设。复用通道的输出视为事件通道。每个外设都可以选择是否用事件触发事件行为，如何触发事件行为。请参考每个外设的描述。

有8个复用通道意味着可以同时传递最多8个事件，也可以在多个通道里传递一个事件。

不是所有 XMEGA 都拥有所有的外设，所以没有相应外设的设备不能使用和产生相应的事件。

5. 事件时序

一个事件通常持续1个外设时钟周期，但有些事件源，如I/O引脚的低电平会持续产生事件。除非说明，一个事件持续1个外设时钟周期。

从事件产生到其他外设中事件行为的触发最多需要2个时钟周期，从事件发生到事件在第1个时钟的上升沿注册到路由网络需要1个时钟周期。将事件从事件通道传到事件使用者需要1个额外的时钟周期。

6. 滤 波

每个事件通道都有一个数字滤波器。当使用滤波器时，在配置的数个系统时钟周期内进行采样的值必须相同才能被接受，这主要用来检测引脚电平变化这类事件。

7. 正交解码器

事件系统包含3个正交解码器（QDECs）。事件系统可以解码I/O引脚的输入，产生数据事件发送给定时器/计数器来触发相应的事件行为：递增、递减和重置。表2-5-2概述了哪种正交解码数据事件可用，如何解码和如何产生。QDECs和相关的特点、控制和状态寄存器在事件通道0、2和4中可用。

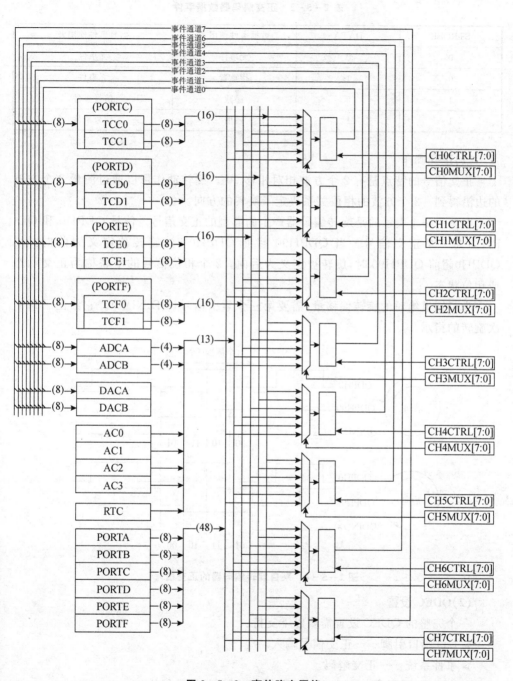

图 2 − 5 − 3　事件路由网络

表 2－5－2　正交解码器数据事件

STROBE	DATA	数据事件使用者	信号事件使用者
0	0	无事件	无事件
0	1	指重置	无事件
1	0	递减	信号事件
1	1	递增	信号事件

(1)正交操作

正交信号的特点是有 2 个方波相对相移 90°。旋转动作可以通过测量 2 个方波的边沿得到。2 个方波的相位关系决定了旋转的方向。

图 2－5－4 表示的是旋转编码器产生的典型的正交信号。信号 QDPH0 和 QD-PH90 是 2 个正交信号。当 QDPH90 超前 QDPH0 时,旋转被定义为前向。当 QDPH0 超前 QDPH90 时,旋转被定义为后向。2 个相位信号的串联称为正交状态或相位状态。

为了知道绝对的旋转偏移量,需要第三个索引信号(QDINDX)。它给出了每一次旋转的指示。

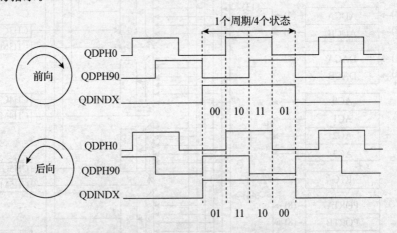

图 2－5－4　来自旋转编码器的正交信号

(2)QDEC 设置

一个完整的 QDEC 设置需要以下支持:

➤ I/O 端口引脚——正交信号输入。

➤ 事件系统——正交解码。

➤ 定时器/计数器——向上、向下计数和可选的计数复位。

下面的步骤要用来 QDEC 设置:

➤ 在一个端口选择 2 个相邻的引脚作为 QDEC 相位输入。

- ➢ 设置 QDPH0 和 QDPH90 的引脚方向为输入。
- ➢ 设置 QDPH0 和 QDPH90 的引脚配置为低电平感知。
- ➢ 选择 QDPH0 引脚为一个事件通道 n 的输入。
- ➢ 使事件通道正交解码和数字滤波。
- ➢ 可选的：设置 QDEC 指针（QINDX）；选择第三个引脚作为 QINDX 输入；设置 QINDX 输入的方向；设置 QINDX 的引脚配置为双沿感知；选择 QINDX 作为事件通道 n+1 的输入；对事件通道 n+1 中正交指针使能位置位；选择事件通道 n+1 选择指针识别模式。
- ➢ 为定时器/计数器设置正交解码作为事件行为。
- ➢ 选择事件通道 n 为事件源。
- ➢ 设置定时器/计数器的周期寄存器为（'直线计数'×4−1）（正交编码器直线计数）。
- ➢ 通过设置 CLKSEL 为 CLKSEL_DIV1 启动定时器/计数器。

QDPH0 和 QDPH90 中正交编码器的角度可以直接从定时器/计数器的计数寄存器中读出。如果指针被识别时，计数寄存器与 BOTTOM 值不同会产生错误标志。同样，如果计数器位置经过 BOTTOM 值，而没识别指针也会产生错误标志。

8. 寄存器描述

(1)CHnMUX——事件通道 n 复用寄存器(图 2−5−5)

位	7	6	5	4	3	2	1	0	
				CHnMUX [7:0]					CHnMUX
读/写	R/W	R/W	R/W	R/W	R/W	R/W	R/W	R/W	
初始值	0	0	0	0	0	0	0	0	

图 2−5−5　事件通道 n 复用寄存器

Bit 7:0—CHnMUX[7:0]，通道复用器。这些位选择事件源，见表 2−5−3。该表对所有 XMEGA 设备有效，不管有无相关外设。选择不存在的外设时，数据源和寄存器为 0 时结果相同。当该寄存器为 0 时没有事件被路由。手动生成的事件与 CHnMUX 寄存器无关，即使寄存器为 0 也会路由事件。

表 2−5−3　CHnMUX[7:0]位设置

CHnMUX[7:4]	CHnMUX[3:0]				组配置	事件源
0000	0	0	0	0		空(只能手动产生事件)
0000	0	0	0	1		(保留)
0000	0	0	1	X		(保留)
0000	0	1	X	X		(保留)
0000	1	0	0	0	RTC_OVF	RTC 溢出

CHnMUX[7:4]	CHnMUX[3:0]				组配置	事件源
0000	1	0	0	1	RTC_CMP	RTC 比较匹配
0000	1	0	1	X		（保留）
0000	1	1	X	X		（保留）
0001	0	0	0	0	ACA_CH0	ACA 通道 0
0001	0	0	0	1	ACA_CH1	ACA 通道 1
0001	0	0	1	0	ACA_WIN	ACA 窗口
0001	0	0	1	1	ACB_CH0	ACB 通道 0
0001	0	1	0	0	ACB_CH1	ACB 通道 1
0001	0	1	0	1	ACB_WIN	ACB 窗口
0001	0	1	1	X		（保留）
0001	1	X	X	X		（保留）
0010	0	0	n		ADCA_CHn	ADCA 通道 n（n＝0，1，2 或 3）
0010	0	1	n		ADCB_CHn	ADCB 通道 n（n＝0，1，2 或 3）
0010	1	X	X	X		（保留）
0011	X	X	X	X		（保留）
0100	X	X	X	X		（保留）
0101	0	n			PORTA_PINn[①]	PORTA 引脚 n（n＝0，1，2…或 7）
0101	1	n			PORTB_PINn[①]	PORTB 引脚 n（n＝0，1，2…或 7）
0110	0	n			PORTC_PINn[①]	PORTC 引脚 n（n＝0，1，2…或 7）
0110	1	n			PORTD_PINn[①]	PORTD 引脚 n（n＝0，1，2…或 7）
0111	0	n			PORTE_PINn[①]	PORTE 引脚 n（n＝0，1，2…或 7）
0111	1	n			PORTF_PINn[①]	PORTF 引脚 n（n＝0，1，2…或 7）
1000	M				PRESCALER_M	clk_{PER} 由 M 分频（M＝1 到 32768）
1001	X	X	X	X		（保留）
1010	X	X	X	X		（保留）
1011	X	X	X	X		（保留）
1100	0	E			见表 2 - 5 - 4	定时计数器 C0 事件类型 E
1100	1	E			见表 2 - 5 - 4	定时计数器 C1 事件类型 E
1101	0	E			见表 2 - 5 - 4	定时计数器 D0 事件类型 E
1101	1	E			见表 2 - 5 - 4	定时计数器 D1 事件类型 E
1110	0	E			见表 2 - 5 - 4	定时计数器 E0 事件类型 E
1110	1	E			见表 2 - 5 - 4	定时计数器 E1 事件类型 E
1111	0	E			见表 2 - 5 - 4	定时计数器 F0 事件类型 E
1111	1	E			见表 2 - 5 - 4	定时计数器 F1 事件类型 E

① PORTS 如何产生事件见"端口事件"。

表 2 - 5 - 4　定时器/计数器事件

T/C 事件 E			组配置	事件类型
0	0	0	TCxn_OVF	溢出（x = C, D, E 或 F）(n= 0 或 1)
0	0	1	TCxn_ERR	错误（x = C, D, E 或 F）(n= 0 或 1)
0	1	X		（保留）
1	0	0	TCxn_CCA	捕获比较器 A（x = C, D, E 或 F）(n= 0 或 1)
1	0	1	TCxn_CCA	捕获比较器 B（x = C, D, E 或 F）(n= 0 或 1)
1	1	0	TCxn_CCA	捕获比较器 C（x = C, D, E 或 F）(n= 0 或 1)
1	1	1	TCxn_CCA	捕获比较器 D（x = C, D, E 或 F）(n= 0 或 1)

(2)CHnCTRL——事件通道 n 控制寄存器(图 2 - 5 - 6)

位	7	6	5	4	3	2	1	0	
	－	QDIRM[1:0]		QDIEN	QDEN	DIGFILT[2:0]			CHnCTRL
读/写	R	R/W	R/W	R/W	R/W	R/W	R/W	R	
初始值	0	0	0	0	0	0	0	0	

图 2 - 5 - 6　事件通道 n 控制寄存器

Bit 7—保留。

Bit 6:5—QDIRM[1:0],正交解码索引识别模式。这些位选择 QDPH0 和 QD-PH90 信号的正交状态,有效的指索引信号被识别,数据事件根据表 2 - 5 - 5 给出。这些位只有在带有连接索引信号的正交编码时才需要设置。

这些位只在 CH0CTRL、CH2CTRL 和 CH4CTRL 下可用。

表 2 - 5 - 5　QDIRM 位设置

QDIRM[1:0]		索引识别状态
0	0	{ QDPH0 , QDPH90 } = 0b00
0	1	{ QDPH0 , QDPH90 } = 0b01
1	0	{ QDPH0 , QDPH90 } = 0b10
1	1	{ QDPH0 , QDPH90 } = 0b11

Bit 4—QDIEN,正交解码索引使能位。该位置位,使能事件通道作为 QDEC 索引信号源,索引数据事件也被使能。这些位只在 CH0CTRL、CH2CTRL 和 CH4CTRL 中可用。

Bit 3—QDEN,正交解码使能位。该位置位,使能 QDEC 操作。这些位只在 CH0CTRL、CH2CTRL 和 CH4CTRL 中可用。

Bit 2:0—DIGFILT[2:0],数字滤波器系数。这些位设置数字滤波的长度。数个系统时钟周期内用相同的电平值按照 DIGFILT 定义的次数进行采样。

表 2 - 5 - 6　数字滤波器系数

DIGFILT[2:0]	组配置	描　述
000	1SAMPLE	1 次采样
001	2SAMPLES	2 次采样
010	3SAMPLES	3 次采样
011	4SAMPLES	4 次采样
100	5SAMPLES	5 次采样
101	6SAMPLES	6 次采样
110	7SAMPLES	7 次采样
111	8SAMPLES	8 次采样

(3)STROBE——事件选通寄存器(图 2 - 5 - 7)

位	7	6	5	4	3	2	1	0	
+0x10				STROBE [7:0]					STROBE
读/写	R/W	R/W	R/W	R/W	R/W	R/W	R/W	R/W	
初始值	0	0	0	0	0	0	0	0	

图 2 - 5 - 7　事件选通寄存器

如果 STROBE 寄存器第 n 位被写入 1,事件通道会根据 STROBE[n]和相应的 DATA[n]位触发事件。

一个信号事件会在一个外设时钟周期内产生。

(4)DATA——事件数据寄存器(图 2 - 5 - 8)

位	7	6	5	4	3	2	1	0	
+0x11				DATA [7:0]					DATA
读/写	R/W	R/W	R/W	R/W	R/W	R/W	R/W	R/W	
初始值	0	0	0	0	0	0	0	0	

图 2 - 5 - 8　事件数据寄存器

该寄存器储存手动产生数据事件时的数据。在 STROBE 寄存器前,必须先写该寄存器。

2.6　系统时钟与时钟选项

1. 特　点

➢ 快速的启动时间。

➢ 安全切换运行的时钟。

➢ 内部振荡器:32 MHz 带校准 RC 振荡器;2 MHz 带校准振荡器;32.768 kHz

带校准振荡器；32 kHz 超低功耗振荡器(ULP)，1 kHz 输出。

➢ 外部时钟选择：0.4～16 MHz 晶体振荡器；32.768 kHz 晶体振荡器；外部时钟。

➢ 内部或外部时钟带有锁相环(PLL)，时钟可以 1～31 倍频。

➢ 时钟分频器，1～2 048 分频。

➢ 快速外设时钟，运行速度是 CPU 时钟的 2 倍或 4 倍。

➢ 自动校准内部振荡器。

➢ 晶体振荡器失效检测。

2. 概　述

XMEGA 具有灵活的时钟系统，支持多种时钟源。高频锁相环和时钟分频器可以产生较宽范围的时钟频率。校准功能可自动校准内部振荡器。晶振失效监视可以发出非屏蔽中断，如果外部振荡器失效，自动切换到内部振荡器。

复位后，设备始终是从 2 MHz 内部振荡器开始运行。正常操作过程中，系统时钟源和分频值可以在程序中随时修改。

图 2－6－1 描述了 XMEGA 的时钟系统。通过进入睡眠模式或省电模式，CPU 时钟和外设时钟可以停止。

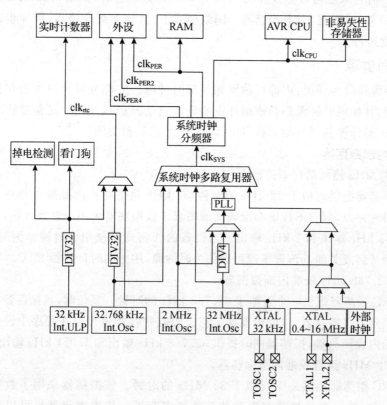

图 2－6－1　时钟系统、时钟源与时钟分配

3. 时钟分配

(1)系统时钟 clk$_{SYS}$

系统时钟是主系统时钟的输出。系统时钟经过分频器后提供除了异步时钟以外的所有内部。

(2)CPU 时钟 clk$_{CPU}$

CPU 时钟给 CPU 和非易失性存储提供时钟。CPU 时钟停止,CPU 将停止执行指令。

(3)外设时钟 clk$_{PER}$

大多数外设和系统中的模块使用外设时钟,包括 DMA 控制器,事件系统,中断控制器,外部总线接口和 RAM。这个时钟始终与 CPU 时钟同步,但 CPU 时钟关闭时,它也会运行。

(4)外设 2x /4x 时钟 clk$_{PER2}$ /clk$_{PER4}$

可以在 2 倍或 4 倍 CPU 时钟频率下运行的模块可以使用外设 2x/4x 时钟。

(5)异步时钟 clk$_{ASY}$

RTC 时钟来源可以是外部 32.768 kHz 晶体振荡器、内部 32.768 kHz 晶体振荡器的 32 分频,或者是 ULP 振荡器。睡眠模式下,其他始终会停止,但异步时钟允许 RTC 继续运行。

4. 时钟源

时钟源被分为两类:内部振荡器和外部时钟源。大部分时钟源可以在程序中开启或关闭,其他的时钟源则是依据外设的设置自动开启或关闭。设备复位后会从内部 2 MHz 晶体振荡器开始运行,DFLL 和 PLL 默认被关闭。

(1)内部振荡器

① 32 kHz 超低功耗振荡器。

该振荡器提供近似于 32 kHz 的时钟,32 kHz 超低功耗内部振荡器是一种功耗非常低的时钟源,但它不提供高准确度的需求。该振荡器采用内置预分频,振荡器同时提供 32 kHz 输出和 1 kHz 输出。当设备的任何外设使用该时钟作为时钟源时,它会自动开启或关闭。该振荡器可以作为时钟源,用于实时计数器 RTC。

② 32.768 kHz 校准内部振荡器。

该 RC 振荡器提供一个近似于 32.768 kHz 的时钟。复位时,该振荡器自动加载校准数值到校准寄存器,以确保准确运行。校准寄存器也可以在程序中设置。该振荡器采用内置预分频,振荡器同时提供 32.768 kHz 输出和 1.024 kHz 输出。

③ 32 MHz 运行校准内部振荡器。

该 RC 振荡器提供一个近似于 32 MHz 的时钟。该振荡器采用了数字锁相环(DFLL),复位时,自动加载校准数值到校准寄存器。校准寄存器也可以在程序中设置。

④ 2 MHz 运行校准内部振荡器。

该 RC 振荡器提供一个近似于 2 MHz 的时钟。该振荡器采用了数字锁相环 (DFLL)，复位时，自动加载校准数值到校准寄存器。校准寄存器也可以在程序中设置。

(2)外部时钟源

XTAL1 和 XTAL2 引脚可以用来驱动外部振荡器，石英晶体振荡器或陶瓷振荡器。XTAL1 引脚作为外部时钟信号的输入。TOSC1 和 TOSC2 引脚专门用于驱动 32.768 kHz 晶体振荡器。

① 0.4～16 MHz 晶体振荡器。

这种振荡器可以工作在 4 种不同的模式下，对于不同的频率进行最优化选择，如图 2-6-2 所示的是典型的晶体振荡器连接方法。

为了满足连接晶体所需的电容量，增加了两个电容 C_1 和 C_2。

② 外部时钟输入。

使用外部时钟源驱动设备，XTAL1 引脚必须按图 2-6-3 所示进行连接，在这种模式下，XTAL2 可以作为通用 I/O 引脚。

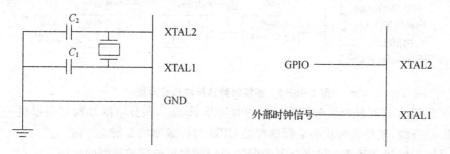

图 2-6-2 晶体振荡器连接示意图   图 2-6-3 外部时钟启动连接示意图

③ 32.768 kHz 晶体振荡器。

32.768 kHz 晶体振荡器通过 TOSC1 和 TOSC2 引脚连接。低功耗模式下，TOSC2 引脚上电压小范围的摆动是允许的，该振荡器可以用作系统时钟、RTC 和 DFLL 的时钟源。如图 2-6-4 所示是典型连接。

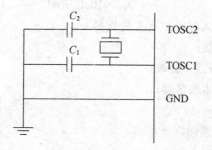

图 2-6-4 32.768 kHz 晶体振荡器连接示意图

为了满足连接晶体所需的电容量,增加了两个电容 C_1 和 C_2。

5. 系统时钟选择和预分频器

所有校准的内部振荡器、外部时钟源(XOSC)和锁相环 PLL 输出都可作为系统时钟源。正常操作过程中,系统时钟源和分频值可以在程序中随时修改。内置的硬件保护可以阻止不安全的时钟切换。选择一个不稳定的或者是失效的振荡器作为时钟源是不允许的。使正在运行的振荡器停止也是不允许的。每个振荡器都有一个状态标志,读取相应标志位可以查看振荡器是否就绪。

如图 2-6-5 所示,系统时钟在到达 CPU 和外设之前可以通过预分频模块将系统时钟进行 1～1 024 分频,正常操作过程中,预分频器设置可以在程序中进行改变。第一阶段,预分频器 A 进行 1～512 分频,然后预分频器 B 和 C 可对其进行 1～4 分频。当改变预分频器设置时,分频器可以保证输出的时钟是一致的,不会出现差错或产生其他频率。预分频器总是在最慢时钟的上升沿处更新。

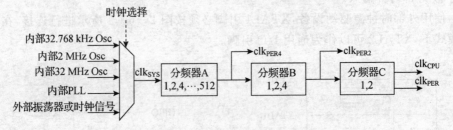

图 2-6-5　系统时钟选择和预分频器

预分频 A 将系统时钟分频后得到的时钟是 clk$_{PER4}$,预分频器 B 和 C 可以进一步对 clk$_{PER4}$ 分频,使外设模块的运行速度是 CPU 时钟频率的 2 倍或 4 倍。

系统时钟选择和预分频寄存器的配置受到配置更改保护机制的保护。

6. 可倍频 1～31X 的锁相环

内置锁相环电路(PLL)可用于产生高频系统时钟,PLL 倍频因子从 1～31 可选,输出频率 f_{OUT} 由输入频率 f_{IN} 乘以倍频因子 PLL_FAC 得到。锁相环电路 PLL 最小输出频率为 10 MHz。

$$f_{OUT} = f_{IN} \times PLL\_FAC$$

锁相环电路 PLL 输入时钟源有 4 种选择:

➢ 2 MHz 内置振荡器;

➢ 32 MHz 内置振荡器 4 分频;

➢ 0.4～16 MHz 晶体振荡器;

➢ 外部时钟。

使能 PLL 电路必须遵循以下步骤:

① 使能参考时钟源;

② 设置倍频因子并选择 PLL 参考时钟;

③ 等待时钟稳定运行；

④ 使能 PLL 电路。

当 PLL 电路处于运行状态中，硬件能够确保 PLL 电路配置不被改变。进行新的配置之前，必须先关闭 PLL 电路。

如果没有选择时钟源或 PLL 处于锁定状态，则 PLL 电路不能使用。

使用 PLL 或 DFLL，以上条件必须满足。

7. DFLL 2 MHz 和 DFLL 32 MHz

两个内置数字频率锁相环电路（DFLL）可以提高 2 MHz 和 32 MHz 内置振荡器的精度。DFLL 将振荡器频率和更加准确的参考时钟作比较，自动校准振荡器。

参考时钟源有以下几种选择：

➤ 内部带校准的 32.768 kHz 振荡器。

➤ 与 TOSC 引脚相连的 32.768 kHz 晶体振荡器。

DFLL 将参考时钟 32 分频后得到 1.024 kHz 参考时钟，该参考时钟由每个 DFLL 独立选择。过程如图 2-6-6 所示。

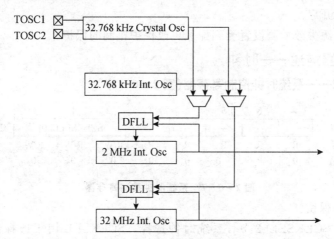

图 2-6-6　DFLL 参考时钟选择

DFLL 使能后，对振荡器的每个时钟周期进行计数。在每个参考时钟边沿，比较计数值以确定参考时钟和参考频率 1 kHz 之间较为理想的固定关系。内部振荡器运行速度过快或过慢，DFLL 会相应的减小或增加校准寄存器的值，使之能够适应振荡器的频率。DFLL 启动后，DFLL 校准寄存器中的值不能在程序中更改。

理想的计数值代表的是每一个参考时钟周期内，记载到 DFLL 振荡器比较寄存器中的周期数，在程序中更改寄存器中的值，可以改变带校准的内部振荡器的频率。

振荡器停止后，DFLL 会停止运行进入睡眠模式，唤醒之后，DFLL 继续使用进入睡眠前的校准值进行校准。由于复位后，默认值会加载到 DFLL 校准寄存器中，因此，DFLL 进入睡眠模式之前必须先关闭，唤醒后要重新使能。

DFLL 关闭后,可以在程序中更改振荡器 DFLL 校准寄存器的值,进行手动校准。

8. 外部时钟源故障检测

为了处理外部时钟源的失效,内置检测电路时刻监视 XOSC 引脚上的振荡器。外部时钟源失效检测默认被关闭,使用之前必须在程序中开启。当外部振荡器或时钟作为系统时钟而停止运行时,设备将会进行以下操作:

➢ 时钟切换到 2 MHz 内部振荡器,独立于任何时钟系统的锁定设置。

➢ 将振荡器控制寄存器和系统时钟选择寄存器还原为默认值。

➢ 对外部时钟源失效检测中断标志位置位。

➢ 产生非屏蔽中断(NMI)。

假设外部振荡器没有用于系统时钟源而失效,如果系统时钟可以继续正常运行,那么外部振荡器将会被关闭。

如果外部时钟低于 32 kHz,为了避免不正确的检测,应当关闭失效检测。

如果失效检测机制开启,在下次复位之前不能关闭。

进入睡眠模式,外部时钟或振荡器停止,失效检测会自动关闭,从睡眠模式唤醒时会自动使能开启。

外部时钟源失效检测设置受到配置更改保护机制的保护。

9. 寄存器描述——时钟

(1)CTRL——系统时钟控制寄存器(图 2 – 6 – 7)

位	7	6	5	4	3	2	1	0	
+0x00	–	–	–	–	–	SCLKSEL[2:0]			CTRL
读/写	R	R	R	R	R	R/W	R/W	R/W	
初始值	0	0	0	0	0	0	0	0	

图 2 – 6 – 7　系统时钟控制寄存器

Bit 7:3—保留。

Bit 2:0—SCLKSEL[2:0],系统时钟选择。SCLKSEL 用于选择系统时钟源。表 2 – 6 – 1列出的是所有不同的选择,改变系统时钟将会分别占用旧时钟源和新时钟源的 2 个时钟周期。这些位受到配置更改保护机制的保护。如果新的时钟源不稳定,SCLKSEL 则不会改变。

表 2 – 6 – 1　系统时钟选项

SCLKSEL[2:0]	组配置	描　述
000	RC2 MHz	2 MHz 内部晶振
001	RC32 MHz	32 MHz 内部晶振
010	RC32 kHz	32 kHz 内部晶振
011	XOSC	外部晶振时钟

SCLKSEL[2:0]	组配置	描　述
100	PLL	锁相环
101	—	保留
110	—	保留
111	—	保留

(2)PSCTRL——系统时钟预分频器寄存器(图 2 - 6 - 8)

位	7	6	5	4	3	2	1	0	
+0x01	–			PSADIV[4:0]			PSBCDIV		PSCTRL
读/写	R	R/W	R/W	R/W	R/W	R/W	R/W	R/W	
初始值	0	0	0	0	0	0	0	0	

图 2 - 6 - 8　系统时钟预分频器寄存器

Bit 7—保留。

Bit 6:2—PSADIV[4:0],预分频器 A 分频因子,设置预分频器 A 的分频比率,见表 2 - 6 - 2。相对于系统时钟 clk_{SYS},PSADIV 可以改变 clk_{PER4} 时钟的时钟频率。

表 2 - 6 - 2　预分频器 A 分频因子

PSADIV[4:0]	组配置	描　述
00000	1	不分频
00001	2	2 分频
00011	4	4 分频
00101	8	8 分频
00111	16	6 分频
01001	32	32 分频
01011	64	64 分频
01101	128	128 分频
01111	256	256 分频
10001	512	512 分频
10101		保留
10111		保留
11001		保留
11011		保留
11101		保留
11111		保留

Bit 1:0—PSBCDIV,预分频器 B 和 C 分频因子。PSBCDIV 设置预分频器 B 和 C 的分频比率,见表 2 - 6 - 3。相对于时钟 clk_{PER4},预分频器 B 设置时钟 clk_{PER2} 的时

钟频率；相对于时钟 clk_{PER2}，预分频器 C 设置 clk_{PER} 和 clk_{CPU} 的时钟频率。

表 2 - 6 - 3　预分频器 B 和 C 分频因子

PSBCDIV[1:0]	组配置	预分频器 B 分频	预分频器 C 分频
00	1_1	不分频	不分频
01	1_2	不分频	2 分频
10	4_1	4 分频	不分频
11	2_2	2 分频	2 分频

(3)LOCK——系统时钟锁定寄存器(图 2 - 6 - 9)

位	7	6	5	4	3	2	1	0	
+0x02	–	–	–	–	–	–	–	LOCK	LOCK
读/写	R	R	R	R	R	R	R	R/W	
初始值	0	0	0	0	0	0	0	0	

图 2 - 6 - 9　系统时钟锁定寄存器

Bit 7:1—保留。

Bit 0—LOCK,时钟系统锁存。当 LOCK 位设置为 1 时,CTRL 和 PSCTRL 寄存器设置不能改变,并且系统时钟选择和预分频器设置在下次复位前无法更改。该位受到配置更改保护机制的保护。

(4)RTCCTRL——RTC 控制寄存器(图 2 - 6 - 10)

位	7	6	5	4	3	2	1	0	
+0x03	–	–	–	–	RTCSRC[2:0]			RTCEN	RTCCTRL
读/写	R	R	R	R	R/W	R/W	R/W	R/W	
初始值	0	0	0	0	0	0	0	0	

图 2 - 6 - 10　RTC 控制寄存器

Bit 7:4—保留。

Bit 3:1—RTCSRC[2:0],RTC 时钟源,用于选择 RTC 的时钟源,见表 2 - 6 - 4。

表 2 - 6 - 4　RTC 时钟源

RTCSRC[2:0]	组配置	描　述
000	ULP	由内部 32 kHz ULP 产生 1 kHz
001	TOSC	由 TOSC 引脚上的 32.768 kHz 晶振产生 1.024 kHz
010	RCOSC	由内部 32.768 kHz RC 振荡器产生 1.024 kHz
011	—	保留
100	—	保留
101	TOSC32	由 TOSC 引脚上的 32.768 kHz 晶振产生的 32.768 kHz

RTCSRC[2:0]	组配置	描　述
110	—	保留
111	—	保留

Bit 0—RTCEN,时钟源使能。RTCEN 位置 1,使能所选时钟源,为 RTC 提供时钟。

10. 寄存器描述——振荡器

(1)CTRL——振荡器控制寄存器(图 2 - 6 - 11)

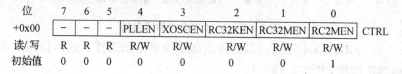

图 2 - 6 - 11 振荡器控制寄存器

Bit 7:5—保留。

Bit 4—PLLEN,PLL 使能。该位使能 PLL。PLL 使能之前,应当配置所需的倍频因子和输入源。

Bit 3—XOSCEN,外部振荡器使能。该位使能所选的外部时钟源。

Bit 2—RC32KEN,32.768 kHz 内部 RC 振荡器使能。该位使能 32.768 kHz 内部 RC 振荡器,被选择作为系统时钟源之前,振荡器必须能够稳定运行。

Bit 1—RC32MEN,32 MHz 内部 RC 振荡器使能。该位使能 32 MHz 内部 RC 振荡器,被选择作为系统时钟源之前,该振荡器进入稳定运行状态需要有一定过渡时间。

Bit 0—RC2MEN,2 MHz 内部 RC 振荡器使能。该位使能 2 MHz 内部 RC 振荡器,被选择作为系统时钟源之前,该振荡器进入稳定运行状态需要有一定过渡时间。寄存器中 RC2MEN 位默认置位,2 MHz 内部 RC 振荡器默认处于使能状态。

(2)STATUS——振荡器状态寄存器(图 2 - 6 - 12)

位	7	6	5	4	3	2	1	0	
+0x01	–	–	–	PLLRDY	XOSCRDY	RC32KRDY	R32MRDY	RC2MRDY	STATUS
读/写	R	R	R	R	R	R	R	R	
初始值	0	0	0	0	0	0	0	0	

图 2 - 6 - 12 振荡器状态寄存器

Bit 7:5—保留。

Bit 7:5—PLL 就绪状态位。当 PLL 锁定选择的频率,可作为系统时钟源,该标志位置位。

Bit 7:5—外部时钟源就绪状态位。当外部时钟源处于稳定状态,可作为系统时钟源,该标志位置位。

Bit 2—RC32KRDY,32.768 kHz 内部 RC 振荡器就绪标志位。当 32.768 kHz

73

内部 RC 振荡器处于稳定状态,可作为系统时钟源,该标志位置位。

Bit 1—RC32MRDY,32 MHz 内部 RC 振荡器就绪标志位。当 32 MHz 内部 RC 振荡器处于稳定状态,可作为系统时钟源,该标志位置位。

Bit 0—RC2MRDY,2MHz 内部 RC 振荡器就绪标志位。当 2 MHz 内部 RC 振荡器处于稳定状态,可作为系统时钟源,该标志位置位。

(3)XOSCCTRL——XOSC 控制寄存器(图 2 - 6 - 13)

位	7	6	5	4	3	2	1	0	
+0x02	FRQRANGE[1:0]		X32KLPM	–	XOSCSEL[3:0]				XOSCCTRL
读/写	R/W	R/W	R/W	R/W	R/W	R/W	R/W	R/W	

图 2 - 6 - 13　XOSC 控制寄存器

Bit 7:6—FRQRANGE[1:0],晶体振荡器频率范围选择。这两位用于选择晶体振荡器的频率范围,见表 2 - 6 - 5。

表 2 - 6 - 5　振荡器频率范围选择

FRQRANGE[1:0]	组配置	频率范围/MHz	推荐电容 C_1,C_2 大小/pF
00	04TO2	0.4～2	100
01	2TO9	2～9	15
10	9TO12	9～12	15
11	12TO16	12～16	10

Bit 5—X32KLPM,32.768 kHz 晶体振荡器低功耗模式选择该位置位,使能 32.768 kHz 晶体振荡器,设备进入低功耗模式下运行,这会减小 TOSC2 引脚电压的摆动范围。

Bit 4—保留。

Bit 3:0—XOSCSEL[3:0],晶体振荡器选择。这 4 位用于选择连接 XTAL 和 TOSC 引脚振荡器的类型及启动时间,见表 2 - 6 - 6。如果外部时钟或外部振荡器被选择作为系统时钟源,配置无法再次改变。

表 2 - 6 - 6　外部振荡器选择与启动时间

XOSCSEL[3:0]	组配置	选择时钟源	启动时间
0000	EXTCLK	外部时钟	6 CLK
0010	32 kHZ	32.768 kHz TOSC	16K CLK
0011	XTAL_256CLK[①]	0.4～16 MHz XTAL	256 CLK
0111	XTAL_1KCLK[②]	0.4～16 MHz XTAL	1K CLK
1011	XTAL_16KCLK	0.4～16 MHz XTAL	16K CLK

① 当启动时间对应用程序不是那么重要时才能使用,这些选项不适用于晶体振荡器。

② 这些选项主要应用于陶瓷共振器,确保启动过程中频率稳定。对于启动过程中启动时间对应用程序不是那么重要时也可以使用。

(4)XOSCFAIL——XOSC 故障检测寄存器(图 2 - 6 - 14)

位	7	6	5	4	3	2	1	0	
+0x03	–	–	–	–	–	–	XOSCFDIF	XOSCFDEN	XOSCFAIL
读/写	R	R	R	R	R	R	R/W	R/W	
初始值	0	0	0	0	0	0	0	0	

图 2 - 6 - 14　XOSC 故障检测寄存器

Bit 7:2—保留。

Bit 1—XOSCFDIF,外部晶振失效检测中断标志位。如果外部时钟源失效检测使能,检测到失效时,XOSCFDIF 标志位置位。该位写入 1 会清除中断标志位 XOSCFDIF。如果该标志位置位,使能外部时钟源,再次检测到晶振失效,检测电路会再次申请中断。

Bit 0—XOSCFDEN,失效检测使能。对该标志位置位,使能失效检测监视器,如果 XOSCFDIF 位置位,将产生非屏蔽中断。该受配置更改保护机制的保护,一旦使能,只能在下一次复位后进行重设。

位	7	6	5	4	3	2	1	0	
+0x04				RC32KCAL[7:0]					RC32KCAL
读/写	R/W	R/W	R/W	R/W	R/W	R/W	R/W	R/W	
初始值	X	X	X	X	X	X	X	X	

图 2 - 6 - 15　32 kHz 振荡器校准寄存器

(5)RC32KCAL——32 kHz 振荡器校准寄存器(图 2 - 6 - 15)

Bit 7:0—RC32KCAL[7:0],32.768 kHz 内部振荡器校准寄存器。该寄存器用于校准 32.768 kHz 内部振荡器。复位时,工厂校准值自动加载到该寄存器,使振荡器输出接近于 32.768 kHz 的频率。正常操作过程中,可以在程序中修改寄存器中的校准值。

(6)PLLCTRL——PLL 控制寄存器(图 2 - 6 - 16)

位	7	6	5	4	3	2	1	0	
+0x05	PLLSRC[1:0]		–			PLLFAC[4:0]			PLLCTRL
读/写	R/W	R/W	R	R/W	R/W	R/W	R/W	R/W	
初始值	0	0	0	0	0	0	0	0	

图 2 - 6 - 16　PLL 控制寄存器

Bit 7:6—PLLSRC[1:0],时钟源 PLLSRC 位选择 PLL 的输入来源,见表 2 - 6 - 7。

Bit 5—保留。

表 2 - 6 - 7　PLL 时钟来源

CLKSRC[1:0]	组配置	PLL 输入源
00	RC2M	2 MHz 内部 RC 振荡器
01	—	保留
10	RC32M	32 MHz 内部 RC 振荡器
11	XOSC	外部时钟源①

① 32 kHz TOSC 不能作为 PLL 的输入源。外部时钟若作为输入源最小为 0.4 MHz。

Bit 4:0—PLLFAC[4:0],倍频因子。PLLFAC 位选择 PLL 的倍频因子。倍频因子的范围在 1x～31x。输出频率不能超过 200 MHz。PLL 最小输出频率为 10 MHz。

(7)DFLLCTRL——DFLL 控制寄存器(图 2 - 6 - 17)

位	7	6	5	4	3	2	1	0	
+0x06	–	–	–	–	–	–	R32MCREF	RC2MCREF	DFLLCTRL
读/写	R	R	R	R	R	R	R/W	R/W	
初始值	0	0	0	0	0	0	0	0	

图 2 - 6 - 17　DFLL 控制寄存器

Bit 7:2—保留。

Bit 1—RC32MCREF,32 MHz 校准参考。该位用来选择 32 MHz DFLL 的校准来源。默认该位为 0,选择 32.768 kHz 内部 RC 振荡器。如果该位为 1,连接到 TOSC 32.768kHz 晶体振荡器选择作为参考。当参考时钟源选择 32 MHz 时,CTRL 寄存器的 XOSCEN 位必须使能外部振荡器,XOSCCTRL 寄存器的 XOSCLSEL 位必须设为 32.768 kHz TOSC。

Bit 0—RC2MCREF,2 MHz 校准参考。该位用来选择 32 MHz DFLL 的校准来源。默认该位为 0,选择 32.768 kHz 内部 RC 振荡器。如果该位为 1,连接到 TOSC 32.768 kHz 晶体振荡器选择作为参考。当参考时钟源选择 32 MHz 时,CTRL 寄存器的 XOSCEN 位必须使能外部振荡器,XOSCCTRL 寄存器的 XOSCLSEL 位必须设为 32.768 kHz TOSC。

11. 寄存器描述——DFLL 32M /DFLL 2M

(1)CTRL——DFLL 控制寄存器(图 2 - 6 - 18)

位	7	6	5	4	3	2	1	0	
+0x00	–	–	–	–	–	–	–	ENABLE	CTRL
读/写	R	R	R	R	R	R	R	R/W	
初始值	0	0	0	0	0	0	0	0	

图 2 - 6 - 18　DFLL 控制寄存器

Bit 7：1—保留。

Bit 0—ENABLE，DFLL 使能。该位置位，使能 DFLL，自动校准内部振荡器。

(2)CALA——校准寄存器 A(图 2 - 6 - 19)

CALA 和 CALB 寄存器保存 13 位 DFLL 校准值用来自动校准内部振荡器。DFLL 关闭时，校准寄存器可以从程序中修改，进行手动校准。

位	7	6	5	4	3	2	1	0	
+0x02				CALL[7:0]					CALA
读/写	R	R	R/W	R/W	R/W	R/W	R/W	R/W	
初始值	0	1	0	0	0	0	0	0	

图 2 - 6 - 19　校准寄存器 A

Bit 7：0—CALL[7:0]，DFLL 校准。这些位包含振荡器的校准值中 7 个最低有效位。复位后 CALL 设为中间值，运行时用来改变振荡器的频率。在 DFLL 使能后，这些位受 DFLL 控制。

(3)CALB——校准寄存器 B(图 2 - 6 - 20)

位	7	6	5	4	3	2	1	0	
+0x03	–	–	–			CALH[12:8]			CALB
读/写	R	R	R	R/W	R/W	R/W	R/W	R/W	
初始值	0	0	0	X	X	X	X	X	

图 2 - 6 - 20　校准寄存器 B

Bit 7：4—保留。

Bit 4：0—CALH[12:8]，DFLL 校准位。这些位包含振荡器的校准值中 6 个最高有效的位(MSB)。复位时，工厂校准值从设备签名行加载到该寄存器，设置振荡器频率近似为标称频率。这些位在运行校准时不会改变。

(4)COMP0——振荡器比较寄存器 0(图 2 - 6 - 21)

COMP0、COMP1 和 COMP2 组成寄存器值 COMP，用来存储振荡器比较值。复位时 COMP 会载入默认值。可以在程序中修改这些位，使振荡器调到与标称频率不同的频率。这些位只能在 DFLL 关闭时修改。

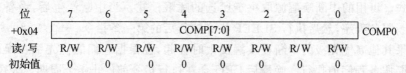

位	7	6	5	4	3	2	1	0	
+0x04				COMP[7:0]					COMP0
读/写	R/W	R/W	R/W	R/W	R/W	R/W	R/W	R/W	
初始值	0	0	0	0	0	0	0	0	

图 2 - 6 - 21　振荡器比较寄存器 0

Bit 7：0—COMP[7:0]。COMP 寄存器低字节。

(5)COMP1——振荡器比较寄存器 1(图 2 - 6 - 22)

Bit 7：0—COMP[15:8]。COMP 寄存器中间字节。

位	7	6	5	4	3	2	1	0	
+0x05				COMP[15:8]					COMP1
读/写	R/W	R/W	R/W	R/W	R/W	R/W	R/W	R/W	
初始值	0	0	0	0	0	0	0	0	

图 2-6-22　振荡器比较寄存器 1

(6)COMP2——振荡器比较寄存器 2(图 2-6-23)

Bit 7:0—COMP[23:16]。COMP 寄存器高字节。

位	7	6	5	4	3	2	1	0	
+0x06				COMP[23:16]					COMP2
读/写	R/W	R/W	R/W	R/W	R/W	R/W	R/W	R/W	
初始值	0	0	0	0	0	0	0	0	

图 2-6-23　振荡器比较寄存器 2

2.7　电源管理和睡眠

1. 特　点

➢ 5 种睡眠模式:空闲模式、掉电模式、省电模式、待机模式、扩展的待机模式。
➢ 降低功耗寄存器可以关闭没有使用的外设的时钟。

2. 概　述

XMEGA 提供不同的睡眠模式,程序可以根据应用要求控制时钟来降低功耗。睡眠模式通过关闭不使用的模块来降低功耗。设备进入睡眠模式后,程序执行停止,中断和复位可以唤醒设备。对于未使用的外设,时钟可以在正常模式或睡眠模式下停止,这样的电源管理比单独的睡眠模式更有利于降低功耗。

3. 睡眠模式

睡眠模式用来停止微控制器里的外设和时钟来减少功耗。XMEGA 有 5 种不同的睡眠模式。SLEEP 指令专门用来启动睡眠模式,在执行 SLEEP 指令前要先配置睡眠模式。可用的中断唤醒源取决于所选的睡眠模式。当中断产生后,设备会首先执行中断服务程序,然后执行 SLEEP 指令执行后的第一条指令。

如果其他高优先级的中断在唤醒发生时挂起,会根据它们的优先级在唤醒中断执行中断服务程序前执行。唤醒后 CPU 会在执行指令前停止 4 个周期。表 2-7-1 展示了不同睡眠模式和激活的时钟域、振荡器和唤醒源。

表 2-7-1　不同睡眠模式的活动时钟域和唤醒源

模 式	激活的时钟域			振荡器		唤醒源			
睡眠模式	CPU时钟	外围时钟	RTC时钟	系统时钟源	RTC时钟源	异步端口中断	TWI地址匹配中断	实时时钟中断	所有中断
空闲		X	X	X	X	X	X	X	X
掉电						X	X		
省电			X		X	X	X	X	
等待				X			X		
扩展的待机			X	X	X		X	X	

唤醒时间取决于睡眠模式和主时钟源。系统时钟源的启动时间要增加到睡眠模式的唤醒时间里。关于不同振荡器的启动时间请参考 2.6 节。

(1)空闲模式

空闲模式下 CPU 和非易失性存储器停止（任何正在进行的程序会执行完成），但所有的外设包括中断控制器、事件系统和 DMA 控制器继续运行。任何中断请求会唤醒设备。

(2)掉电模式

掉电模式下所有系统时钟源包括实时计数器时钟源都将停止，只允许异步模块工作。只有两线接口地址匹配中断和异步端口中断可以唤醒 MCU。

(3)省电模式

省电模式与掉电模式只有一点不同：如果实时计数器（RTC）使能，它在睡眠时仍然运行。设备可以通过 RTC 溢出或比较匹配中断唤醒。

(4)待机模式

该模式与掉电模式只有一点不同：使能的系统时钟源会保持运行，而 CPU、外设和 RTC 时钟停止。这可以减少唤醒时间。

(5)扩展的待机模式

该模式与省电模式只有一点不同：使能的系统时钟源会保持运行，而 CPU 和外设时钟停止。这可以减少唤醒时间。

4. 功耗控制寄存器

功耗控制（PR）寄存器提供了停止个别外设时钟的方法。外设的当前状态会被冻结，相关的 I/O 寄存器不能读或写。外设使用的资源仍会被占据，因此大部分情况下外设应该在停止时钟前关闭使能。使能外设时钟，外设会恢复到停止前的状态，这可以用在空闲模式和激活模式来降低总的功耗。在其他所有的睡眠模式中，外设时钟停止。

某些外设设备没有的话，在功耗控制寄存器里设置相关位是无效的。

5. 寄存器描述——睡眠模式

CTRL——睡眠控制寄存器(图 2-7-1)

位	7	6	5	4	3	2	1	0	
+0x00	–	–	–	–	SMODE[2:0]			SEN	CTRL
读/写	R	R	R	R	R/W	R/W	R/W	R/W	
初始值	0	0	0	0	0	0	0	0	

图 2-7-1　睡眠控制寄存器

Bit 7:4—保留。

Bit 3:1—SMODE[2:0],睡眠模式选择,用来选择睡眠模式,见表 2-7-2。

表 2-7-2　睡眠模式

SMODE[2:0]	SEN	组配置	描　述
XXX	0	OFF	睡眠模式未使能
000	1	IDLE	空闲模式
001	1	—	保留
010	1	PDOWN	掉电模式
011	1	PSAVE	省电模式
100	1	—	保留
101	1	—	保留
110	1	STDBY	待机模式
111	1	ESTDBY	扩展的待机模式

Bit 0—SEN,睡眠使能位。MCU 进入睡眠模式前,SE 必须置位。为了确保没有意外情况,建议在 SLEEP 指令的前一条指令置位 SEN,唤醒后立即清除 SEN。

6. 寄存器描述——功耗控制

(1)PRGEN——通用功耗控制寄存器(图 2-7-2)

位	7	6	5	4	3	2	1	0	
+0x00	–	–	–	AES	EBI	RTC	EVSYS	DMA	PRGEN
读/写	R	R	R	R/W	R/W	R/W	R/W	R/W	
初始值	0	0	0	0	0	0	0	0	

图 2-7-2　通用功耗控制寄存器

Bit 7:5—保留。

Bit 4—AES,AES 模块。对 AES 置位会停止 AES 模块的时钟。为保证正确操作,该位清除后外设需要重新启动。

Bit 3—EBI,外部总线接口。对 EBI 置位会停止外部总线接口的时钟。为保证正确操作,该位清除后外设需要重新启动。注意不是所有设备都有 EBI。

Bit 2—RTC,实时计数器。对 RTC 置位会停止实时计数器的时钟。为保证正确操作,该位清除后外设需要重新启动。

Bit 1—EVSYS,事件系统。对 EVSYS 置位会停止事件系统的时钟。该位清除后模块状态和停止前一样。

Bit 0—DMA,DMA 控制器。对 DMA 置位会停止 DMA 控制器的时钟。该位只有 DMA 控制器关闭时才能设置。

(2)PRPA /B——端口功耗控制 A /B 寄存器(图 2 - 7 - 3)

位	7	6	5	4	3	2	1	0	
+0x01/+0x02	–	–	–	–	–	DAC	ADC	AC	PRPA/B
读/写	R	R	R	R	R	R/W	R/W	R/W	
初始值	0	0	0	0	0	0	0	0	

图 2 - 7 - 3　端口功耗控制 A/B 寄存器

Bit 7:3—保留。

Bit 2—DAC,DAC 功耗控制。对 DAC 置位会停止 DAC 的时钟。在关闭前 DAC 应该处于关闭状态。

Bit 1—ADC,ADC 功耗控制。对 ADC 置位会停止 ADC 的时钟。在关闭前 ADC 应该处于关闭状态。

Bit 0—AC,功耗控制模拟比较器。对 DAC 置位会停止模拟比较器的时钟。在关闭前 AC 应该处于关闭状态。

(3)PRPC /D /E /F——端口功耗控制 C /D /E /F 寄存器(图 2 - 7 - 4)

位	7	6	5	4	3	2	1	0	
	–	TWI	USART1	USART0	SPI	HIRES	TC1	TC0	PRPC/D/E/F
读/写	R	R/W	R/W	R/W	R/W	R/W	R/W	R/W	
初始值	0	0	0	0	0	0	0	0	

图 2 - 7 - 4　端口功耗控制 C/D/E/F 寄存器

Bit 7—保留。

Bit 6—TWI,两线接口。对 TWI 置位会停止两线接口的时钟。为保证正确操作,该位清除后外设需要重新启动。

Bit 5—USART1。对 USART1 置位会停止 USART1 的时钟。为保证正确操作,该位清除后外设需要重新启动。

Bit 4—USART0。对 USART0 置位会停止 USART0 的时钟。为保证正确操作,该位清除后外设需要重新启动。

Bit 3—SPI,串行外设接口。对 SPI 置位会停止 SPI 的时钟。为保证正确操作,该位清除后外设需要重新启动。

Bit 2—HIRES,高分辨率扩展。对 HIRES 置位会停止定时器/计数器高分辨率扩展的时钟。为保证正确操作,该位清除后外设需要重新启动。

Bit 1—TC1,定时器/计数器 1。对 TC1 置位会停止定时器/计数器 1 的时钟。该位清除后模块状态和停止前一样。

Bit 0—TC0,定时器/计数器 0。对 TC0 置位会停止定时器/计数器 0 的时钟。该位清除后模块状态和停止前一样。

2.8　系统复位

1. 特　点

➢ 上电复位;

➢ 掉电检测复位;

➢ 软件复位;

➢ 外部复位;

➢ 看门狗复位;

➢ 编程和调试接口复位。

2. 概　述

复位系统会触发系统的复位操作,初始化设备,所有 I/O 寄存器被设为初始值,程序从复位向量处开始执行。复位控制器是异步的,所以不需要任何时钟的辅助。

XMEGA 有几个不同的复位源,如果同时有超过 1 个复位源生效,设备会保持在复位状态直到所有复位信号释放。所有的复位信号释放后启动默认振荡器,并且在内部复位释放和设备运行前校准。

复位系统有一个状态寄存器,每个复位源在里面都有各自的标志位。上电复位后状态寄存器被清除,所以该寄存器会指示在最后上电复位后,是哪一个复位源产生了复位信息。软件复位功能可以在程序中产生系统复位,如图 2-8-1 所示。

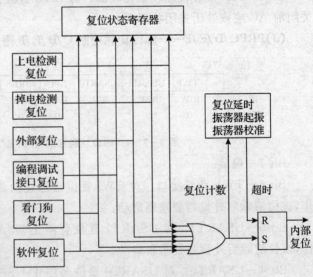

图 2-8-1　系统复位

3. 复位顺序

任何复位源产生复位请求都会立即生效,只要请求是有效的,复位状态会保持。当所有复位请求释放后,设备进行内部复位、设备启动前要经过 3 个阶段:复位计数器延时、振荡器启动、振荡器校准。

如果这时又产生一个复位请求,复位顺序会重新开始。

(1)复位计数器延时

复位计数器延时是从所有复位请求释放到复位计数器超时的时钟周期数,时钟周期数是可编程的,见表 2 - 8 - 1。复位计数器时钟源来自 1 kHz 超低功耗(ULP)内部振荡器,超时前的周期数目由 STARTUPTIME 熔丝位设置。

表 2 - 8 - 1　复位计数器延时

SUT[1:0]	1 kHz ULP 晶振时钟周期个数
00	64
01	4
10	保留
11	0

(2)振荡器启动

复位计数器延时后,默认 2 MHz 内部 RC 振荡器启动。启动到时钟稳定需要 6 个时钟周期。

(3)振荡器校准

默认振荡器稳定后,振荡器校准值会从非易失性存储器载入到振荡器校准寄存器里,这需要经过 24 个时钟周期。2 MHz、32 MHz 和 32 kHz 内部 RC 振荡器都会被校准。完成这些后设备会启动并开始执行程序。

4. 复位源

(1)上电复位(见图 2 - 8 - 2)

当检测到电源电压值(V_{CC})在上电斜率范围(V_{POSR})内增加时,如图 2 - 8 - 3 所示,上电检测电路触发上电复位(POR)。V_{CC} 不再增加或 V_{CC} 电平达到上电门限电压(V_{POT})电平时,上电复位会释放。

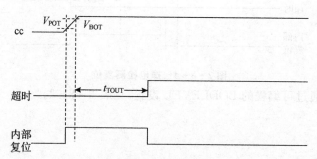

图 2 - 8 - 2　上电复位(POR)

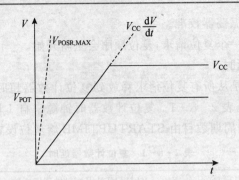

图 2 - 8 - 3　上电斜率范围中正增加的 V_{CC} 斜率

V_{CC} 下降到 V_{POT} 时 POR 会触发复位。V_{POT} 电平低于设备运行电压的最小值,只具有关闭电源功能而不能保证其他安全操作。掉电检测(BOD)必须使能,才能确保安全操作并检测 V_{CC} 电压是否低于最小操作电压。

上电复位后只有上电复位标志置位。即使 BOD 电路在使用,掉电复位标志也会置位。

上电检测电路不是用来检测 V_{CC} 电压是否下降的。掉电检测必须使能,才能检测 V_{CC} 电压的下降,即使 V_{CC} 电平低于 V_{POT} 电平。

(2)掉电检测(见图 2 - 8 - 4)

掉电检测电路监控 V_{CC} 电平是否比配置的触发电平 V_{BOT} 高。当 BOD 使能时,如果 V_{CC} 电平保持时间低于触发电平 t_{BOD},BOD 复位会触发。复位一直保持有效,直到 V_{CC} 电平再次高于触发电平。

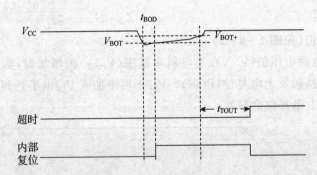

图 2 - 8 - 4　掉电检测复位

触发电平通过可编程的 BODLEVEL 设置,见表 2 - 8 - 2。

表 2 - 8 - 2　可编程 BODLEVEL 设置

BODLEVEL[2:0]	V_{BOT}/V	BODLEVEL[2:0]	V_{BOT}/V
111	1.6	011	2.4
110	1.8	010	2.7
101	2.0	001	2.9
100	2.2	000	3.2

注：① 这里的值只是标称值,最大值和最小值请查阅设备数据手册。

② 只有离开编程模式后改变的熔丝位才会起作用。

BOD 电路有 3 种操作模式。

➤ 关闭模式:该模式下不会监控 V_{CC} 电平,只适用于电源稳定的情况。

➤ 使能模式:该模式下 V_{CC} 电平被一直监控,V_{CC} 低于 V_{BOT} 的持续时间超过 t_{BOD} 后触发掉电复位。

➤ 采样模式:该模式下 BOD 电路会对 V_{CC} 电平采样,周期与超低功耗(ULP)振荡器的 1 kHz 输出相同。抽样间隔时间内 BOD 是关闭的。该模式相比使能模式会降低功耗,但在 1 kHz ULP 输出 2 个上升沿之间的 V_{CC} 电平降低不会被检测到。如果在该模式下检测到掉电,BOD 电路设为使能模式来确保设备一直处于复位状态,直到 V_{CC} 高于 V_{BOT}。

BODACT 熔丝位设置在激活模式和空闲模式下的 BOD 模式,BODPD 熔丝位设置除了空闲模式之外的其他睡眠模式下的 BOD 模式。BOD 设置熔丝位解码,见表 2 - 8 - 3。

表 2 - 8 - 3　BOD 设置熔丝位解码

BODACT[1:0]/ BODPD[1:0]	模　式	BODACT[1:0]/ BODPD[1:0]	模　式
00	保留	10	使能模式
01	采样模式	11	关闭模式

(3)外部复位

外部复位电路与外部 RESET 引脚相连。在 RESET 引脚低于 RESET 引脚门限电压 V_{RST} 并持续至少 t_{EXT} 时,外部复位触发。只要引脚电压不超过 V_{RST},复位一直存在。复位引脚包含一个内部上拉电阻。外部复位描述如图 2 - 8 - 5 所示。

(4)看门狗复位

看门狗定时器(WDT)用来监控程序的正确执行。如果 WDT 在一个可编程超时周期内没有清零,会触发看门狗复位。看门狗复位的有效保持时间是 2 MHz 内部 RC 振荡器 1～2 个时钟周期,如图 2 - 8 - 6 所示。

关于如何配置和使用 WDT,请参考 2.10 节的看门狗定时器。

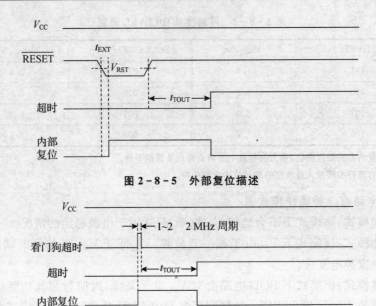

图 2-8-5 外部复位描述

图 2-8-6 看门狗复位

(5)软件复位

软件复位可以通过在程序中对复位控制寄存器的软件复位位置位来触发系统复位。寄存器写操作完成后,复位会占用 1~2 个 CPU 时钟周期。从软件复位发出请求到触发复位任何指令都不能执行。软件复位如图 2-8-7 所示。

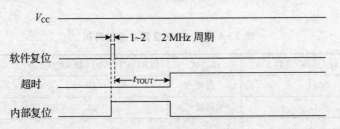

图 2-8-7 软件复位

(6)编程和调试接口复位

编程和调试接口复位用来在外部编程和调试时复位设备,它使用一个单独的复位源。该复位源只能从调试器和编程器进入。

5. 寄存器描述

(1)STATUS——复位状态寄存器(图 2-8-8)

Bit 7:6,保留。

Bit 5—SRF,软件复位标志。软件复位发生时该位置位。上电复位或向该位写 1 会清除该标志。

位	7	6	5	4	3	2	1	0	
+0x00	–	–	SRF	PDIRF	WDRF	BORF	EXTRF	PORF	STATUS
读/写	R	R	R/W	R/W	R/W	R/W	R/W	R/W	
初始值	–	–	–	–	–	–	–	–	

图 2-8-8　复位状态寄存器

Bit 4—PDIRF,编程和调试接口复位标志。编程接口复位发生时该位置位。上电复位或向该位写 1 会清除该标志。

Bit 3—WDRF,看门狗复位标志。看门狗复位发生时该位置位。上电复位或向该位写 1 会清除该标志。

Bit 2—BORF,掉电复位标志。掉电复位发生时该位置位。上电复位或向该位写 1 会清除该标志。

Bit 1—EXTRF,外部复位标志。外部复位发生时该位置位。上电复位或向该位写 1 会清除该标志。

Bit 0—PORF,上电复位标志。上电复位或向该位写 1 会清除该标志。

(2)CTRL——复位控制寄存器(图 2-8-9)

Bit 7:1—保留。

Bit 0—SWRST,软件复位。

对该位置位,触发软件复位。该位受配置更改保护机制保护。

位	7	6	5	4	3	2	1	0	
+0x01	–	–	–	–	–	–	–	SWRST	CTRL
读/写	R	R	R	R	R	R	R	R/W	
初始值	0	0	0	0	0	0	0	0	

图 2-8-9　复位控制寄存器

2.9　备用电池系统

1. 特　点

从电池供电专用引脚 V_{BAT} 提供备用电池:超低功耗 32 位实时计数器;32.768 kHz 晶体振荡器,带失效检测;两个备用电池相关的寄存器。

自动转换主电源到备用电池电源:掉电检测(BOD)。

自动转换备用电池电源到主电源:掉电复位(BOR)释放后,设备复位;上电复位(POR)和 BOR 释放后,设备复位。

2. 概　述

备用电池系统可以使电源在主电源和备用电池电源间自动转换。

备用电池模块提供了备用电池与专用的 V_{BAT} 电源引脚间的连接,这可以保证给

32 位实时计数器、32.768 kHz 晶体振荡器和两个备用电池寄存器提供电源。

主电源一旦丢失,设备立刻能检测到并自动使用 V_{BAT} 引脚的备用电池电源。主电源恢复后,等待 POR 和 BOR 全部释放,备用电池模块会自动切换到主电源。BOD 用来检测 V_{CC} 电压,必须使能 BOD,这是电源自动选择的前提条件。

从 V_{BAT} 运行时,32 位实时计数器(RTC)必须用在 TOSC1 和 TOSC2 引脚间相连的 32.768 kHz 晶体振荡器输出的 1 Hz 或 1.024 kHz 计时。关于 32 位 RTC 详见 2.17 节的 32 位实时计数器。

3. 备用电池模块

备用电池模块和它的电源域实现如图 2-9-1 所示。

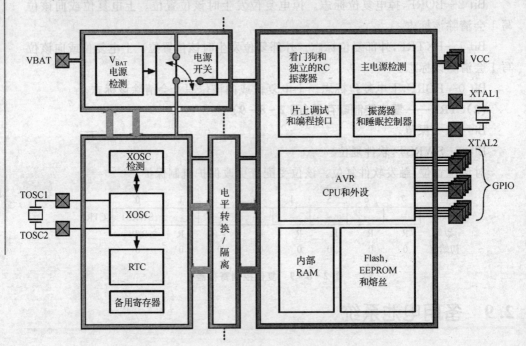

图 2-9-1 备用电池模块和它的电源域实现

备用电池模块包含以下内容:

➢ V_{BAT} 电源管理确保操作正确,并检测备用电池电源的掉电,包括备用电池上电检测(BBPOD)和备用电池掉电采样检测(BBBOD)。

➢ 电源转换器用来在主电源和 V_{BAT} 引脚间的备用电池电源转换。

➢ 32.768 kHz 晶体振荡器(XOSC),输出为 32.768 kHz、1.024 kHz 和 1 Hz。

➢ XOSC 晶体振荡器失效检测。

➢ 32 位实时计数器。

➢ 2 个备用电池寄存器。

当主电源恢复或设备复位后,程序必须要设置模块的访问使能位才能访问备用电池模块。

(1)备用电池上电检测

当电源连接到 V_{BAT} 引脚时,备用电池上电检测电路置位 POD 标志(BBPODF)。32 kHz 晶体振荡器、振荡器失效检测和实时计数器在使用前必须使能。

(2)备用电池掉电检测

备用电池掉电检测(BBBOD)确保在振荡器停止前检测电池电源掉电。当 V_{BAT} 引脚电压低于 BBBOD 门限电压时,BOD 标志(BBBODF)置位。

BBBOD 按 1 Hz 抽样,该超低功耗振荡器设计只用来检测 V_{BAT} 引脚电压电平的缓慢变化。

设备从主电源运行时 BBBOD 会关闭。主电源 BOD 检测掉电后,备用电池模块开始提供电源。

4. 主电源掉电

主电源低于设置的 BOD 门限电压时,设备会:

① 选择备用电池模块,从 V_{BAT} 引脚提供电源,BBBOD 打开。

② 忽略任何输入到备用电池模块的信号。

③ 设备中只能由 V_{CC} 供电的部分会复位。

5. 主电源复位和启动顺序

备用电池系统增加了几个关于主电源复位和启动顺序的注意事项。在主电源复位后每次启动应该:

① 读取 BBPWR 标志,检查 V_{BAT} 引脚上电源是否充足。

② 读取 BBPODF 和 BBBODF 标志,检查备用电池模块状态。

③ 设置访问使能位(ACCEN),允许访问备用电池模块。

根据备用电池模块的状态,有 2 个不同的步骤。

(1)备用电池使能位

如果 BBPODF 或 BBBODF 没有置位,表示备用电池模块没有丢失。设备应:

① 置位访问使能位(ACCEN)。

② 读取 XOSC 失效标志,检查 32 kHz 晶体振荡器的状态。

XOSC 失效标志清零后,完毕。

如果 XOSC 失效标志置位,表示备用电池模块的外部振荡器失效。程序需要假设 RTC 计数器无效并采取适当措施。

(2)备用电池失效和不可用

如果 BBPODF 或 BBBODF 置位,表示在设备的其他部分没有上电的时候 V_{BAT} 引脚的电压下降了,需要做以下步骤:

① 设置 ACCEN 位,申请复位。

② 使能晶体振荡器。

③ 等待晶体振荡器准备标志置位。

④ 使能 XOSC 失效检测。

⑤ 配置并使能 RTC32。

6. 寄存器描述

(1)CTRL——备用电池控制寄存器(图 2-9-2)

位	7	6	5	4	3	2	1	0	
+0x00	–	–	–	XOSCSEL	XOSCEN	XOSCFDEN	ACCEN	RESET	CTRL
读/写	R	R	R	R/W	R/W	R/W	R/W	R/W	
初始值	0	0	0	0	0	0	0	0	

图 2-9-2　备用电池控制寄存器

Bit 7:5—保留。

Bit 4—XOSCSEL,32 kHz 晶体振荡器输出选择。该位选择 32.768 kHz 晶体振荡器的时钟输出,用来作为 32 位实时计数器的时钟输入。默认该位为 0,1 Hz 的时钟输出作为 RTC 的输入。设置为 1 会选择 1.024 kHz 时钟输出作为 RTC 时钟输入。晶体振荡器在输入有效前必须使能。当 XOSCEN 置位时,该位不可更改。

Bit 3—XOSCEN,晶体振荡器使能位。对该位置位,使能 32.768 kHz 晶体振荡器,默认输出为 1 Hz。对该位清零没有作用。在备用电池复位被触发前,振荡器使能一直有效。

Bit 2—XOSCFDEN,晶体振荡器失效检测使能位。对该位置位,使能 32.768 kHz 晶体振荡器失效检测。对该位清零无作用。在备用电池 RESET 触发前一直有效。

Bit 1—ACCEN,备用电池模块访问使能位。对该位置位,使能备用电池模块的访问。主电源复位后,该位必须置位才能访问备用电池的功能,设置除了 BBPODF、BBBODF 和 BBPWR 标志以外的寄存器。

Bit 0—RESET,备用电池复位。对该位置位,备用电池模块强制复位。对该位清零无作用。同时对 XOSCEN 或 XOSCDEN 位置 1 会导致 RESET 位不可写。该位置位后,状态寄存器里的 XOSCEN、XOSCFDEN、XOSCSEL 和 XOSCRDY 位会被清零。

以上这些位受配置更改保护机制保护。

(2)STATUS——备用电池状态寄存器(图 2-9-3)

位	7	6	5	4	3	2	1	0	
+0x01	BBPWR	–	–	–	XOSCRDY	XOSCFAIL	BBBODF	BBPODF	STATUS
读/写	R/W	R	R	R	R/W	R/W	R/W	R/W	
初始值	0	0	0	0	X	X	0	0	

图 2-9-3　备用电池状态寄存器

Bit 7—BBPWR,备用电池电源。主电源上电时会自动检测 V_{BAT} 引脚是否有电源。V_{BAT} 引脚被检测到没有电源时,BBPWR 标志置位。向该位写 1 会清除该标志。

Bit 6:4—保留。

Bit 3—XOSCRDY,晶体振荡器准备。当 32 kHz 晶体振荡器稳定并准备被使用时,该位置位。向该位写 1 会清除该标志。

Bit 2—XOSCFAIL,晶体振荡器失效。如果 32 kHz 晶体振荡器失效,该标志置位。通过申请备用电池模块复位可以清除该标志。

Bit 1—BBBODF,备用电池掉电检测标志。当备用电池模块由 V_{BAT} 引脚供电时,如果备用电池 BOD 检测到掉电,该标志置位。向该位写 1 会清除该标志。BBPWR 置位时 BBBODF 标志无效。

Bit 0—BBPODF,备用电池上电检测标志。当备用电池模块由 V_{BAT} 引脚供电时,如果检测到备用电池上电,该标志置位。向该位写 1 会清除该标志。BBPWR 置位时 BBPODF 标志无效。

(3)BACKUP0——备用电池寄存器 0(图 2 - 9 - 4)

位	7	6	5	4	3	2	1	0	
+0x02				BACKUP0[7:0]					BACKUP0
读/写	R/W	R/W	R/W	R/W	R/W	R/W	R/W	R/W	
初始值	X	X	X	X	X	X	X	X	

图 2 - 9 - 4　备用电池寄存器 0

Bit 7:0—BACKUP0,备用电池寄存器 0。该寄存器用来在主电源丢失前存储数据到备用电池模块。

(4)BACKUP1——备用电池寄存器 1(图 2 - 9 - 5)

位	7	6	5	4	3	2	1	0	
+0x03				BACKUP1[7:0]					BACKUP1
读/写	R/W	R/W	R/W	R/W	R/W	R/W	R/W	R/W	
初始值	X	X	X	X	X	X	X	X	

图 2 - 9 - 5　备用电池寄存器 1

Bit 7:0—BACKUP1,备用电池寄存器 1。该寄存器用来在主电源丢失前存储数据到备用电池模块。

2.10　WDT——看门狗定时器

1. 特　点

➤ 11 种可选的超时周期,从 8 ms 到 8 s。

➤ 两种操作模式:标准模式、窗口模式。

➤ 参考时钟为 1 kHz 超低功耗振荡器。

➤ 配置锁定。

2. 概　述

看门狗定时器(WDT)是用来监控程序的正确执行的,使系统可以从错误状态中恢复,如代码跑飞。WDT 是个定时器,用预先设定的超时周期配置,启动后会不断运行。如果 WDT 在超时周期内没有清零,它会触发系统复位。WDT 是通过执行WDR 指令实现复位的。

WDT 在窗口模式下可以让使用者定义一个时隙,WDT 必须在时隙内复位。如果 WDT 复位太早或太晚,系统会触发复位操作。

WDT 可以在所有电源模式下运行。它从独立于 CPU 的时钟源运行,即使系统时钟不可用时,它仍能触发系统复位。

配置更改保护机制可以确保 WDT 设置不会随意改变。另外,看门狗设置可以通过熔丝位锁定。

3. 正常模式

正常模式下,WDT 是单一的超时周期,如图 2-10-1 所示。如果在超时发生前WDT 没有通过在程序中复位,就会触发系统复位。WDT 超时周期(TO_{WDT})从 8 ms到 8 s,有 11 种选择。WDT 可在周期内的任何时刻清零。每次复位后,新的超时周期开始计数。默认的超时周期由熔丝位设置。

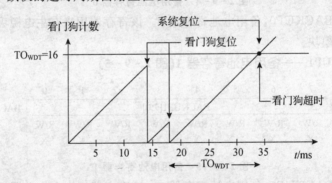

图 2-10-1　正常模式

4. 窗口模式

如图 2-10-2 所示,窗口模式中,WDT 使用两种不同的超时周期,一个"关闭的"窗口超时周期(TO_{WDTW})和一个正常超时周期(TO_{WDT})。关闭的窗口超时周期定义了 8 ms~8 s 的持续时间,这段时间内 WDT 不能复位。如果 WDT 在这段时间内复位,WDT 会触发系统复位。正常 WDT 超时周期也是 8 ms~8 s,WDT 可以在这段"开放"周期内复位。开放周期和关闭周期一起,所以整个超时周期的持续时间是两者的和。默认关闭窗口超时周期由熔丝位控制。

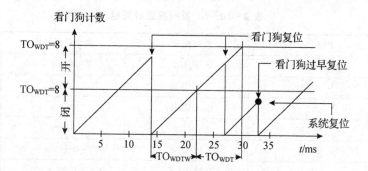

图 2 - 10 - 2　窗口模式

5. 看门狗计数器时钟

WDT 由内部 32 kHz 超低功耗振荡器的 1 kHz 输出计时。因为是超低功耗设计,所以振荡器不是十分精确,各个设备间的超时周期不完全一样。如果程序设计中用到 WDT 时,必须要清楚设备间的差异,确保超时周期的值对所有的设备都适合。

6. 配置保护和锁定

WDT 有两层安全机制使其设置不会无意中被改变。

第一层机制是配置更改保护机制,改变 WDT 控制寄存器需要一定步骤。另外,新配置写入控制寄存器时,寄存器的更改使能位必须同时写入。

第二个机制是通过设置 WDT 锁定熔丝位来锁定配置。当熔丝位置位后,看门狗定时器控制寄存器不能被改变,因此 WDT 不能从程序中关闭。系统复位后 WDT 会重新配置。如果设置了 WDT 熔丝位,窗口模式超时周期不能更改,但窗口模式是可以关闭或者使能的。

7. 寄存器描述

(1)CTRL——看门狗定时器控制寄存器(图 2 - 10 - 3)

位	7	6	5	4	3	2	1	0	
+0x00	–	–	PER[3:0]				ENABLE	CEN	CTRL
读/写（未锁定）	R	R	R/W	R/W	R/W	R/W	R/W	R/W	
读/写（锁定）	R	R	R	R	R	R	R	R	
初始值	0	0	X	X	X	X	X	0	

图 2 - 10 - 3　看门狗定时器控制寄存器

Bits 7:6—保留。

Bits 5:2—PER[3:0],看门狗超时周期。这些位设置看门狗超时周期,即1 kHz ULP振荡器的周期数目,见表 2 - 10 - 1。在窗口模式下这些位设置开放的窗口周期。这些位的初始值由看门狗超时周期熔丝位(WDP)设置,在上电时载入。

要改变这些位的值 CEN 位必须同时写为 1。这些位受配置更改保护机制保护。

表 2 - 10 - 1　看门狗超时周期

PER[3:0]	组配置	典型超时时间
0000	8CLK	8 ms
0001	16CLK	16 ms
0010	32CLK	32 ms
0011	64CLK	64 ms
0100	125CLK	0.125 s
0101	250CLK	0.25 s
0110	500CLK	0.5 s
0111	1KCLK	1.0 s
1000	2KCLK	2.0 s
1001	4KCLK	4.0 s
1010	8KCLK	8.0 s
1011		保留
1100		保留
1101		保留
1110		保留
1111		保留

　　Bit 1—ENABLE,看门狗使能位。该位使能 WDT。为了改变该位的值,看门狗控制寄存器中的 CEN 位必须同时写 1。这些位受配置更改保护机制保护。

　　Bit 0—CEN,看门狗改变使能位。该位使能,CTRL 寄存器中的配置可以被更改。只有在该位为 1 时,更改才能生效。这些位受配置更改保护机制保护。

位	7	6	5	4	3	2	1	0	
+0x01	–	–	WPER[3:0]				WEN	WCEN	WINCTRL
读/写(未锁定)	R	R	R/W	R/W	R/W	R/W	R/W	R/W	
读/写(锁定)	R	R	R	R	R	R	R/W	R/W	
初始值	0	0	X	X	X	X	X	0	

图 2 - 10 - 4　窗口模式控制寄存器

(2)WINCTRL——窗口模式控制寄存器(图 2 - 10 - 4)

　　Bit 7:6—保留。

　　Bit 5:2—WPER[3:0],看门狗窗口模式超时周期。这些位设置关闭窗口周期,即 1 kHz ULP 振荡器在窗口模式下的周期数目,见表 2 - 10 - 2。这些位的初始值由看门狗超时周期熔丝位(WDP)设置,在上电时载入。这些位受配置更改保护机制保护。

　　在普通模式下不使用这些位。

要改变这些位的值 WCEN 位必须同时写 1。这些位受配置更改保护机制保护。

表 2 - 10 - 2　看门狗关闭窗口周期

WPER[3:0]	组配置	典型窗口关闭时间
0000	8CLK	8 ms
0001	16CLK	16 ms
0010	32CLK	32 ms
0011	64CLK	64 ms
0100	125CLK	0.125 s
0101	250CLK	0.25 s
0110	500CLK	0.5 s
0111	1KCLK	1.0 s
1000	2KCLK	2.0 s
1001	4KCLK	4.0 s
1010	8KCLK	8.0 s
1011		保留
1100		保留
1101		保留
1110		保留
1111		保留

Bit 1—WEN,看门狗窗口模式使能位。该位使能看门狗窗口模式。为了更改这一位的值,WCEN 位必须同时写为 1。该位受配置更改保护机制保护。

Bit 0—WCEN,看门狗窗口模式改变使能位。该位使 WINCTRL 中的配置可以被更改。只有在该位为 1 时改变才能生效。该位受配置更改保护机制保护,并不受 WDT 锁定熔丝位保护。

(3)STATUS——看门狗状态寄存器(图 2 - 10 - 5)

位	7	6	5	4	3	2	1	0	
+0x02	–	–	–	–	–	–	–	SYNCBUSY	STATUS
读/写	R	R	R	R	R	R	R	R	
初始值	0	0	0	0	0	0	0	0	

图 2 - 10 - 5　看门狗状态寄存器

Bit 7:1—保留。

Bit 0—SYNCBUSY。当向 CTRL 或 WINCTRL 寄存器写入时,WDT 需要和其他的时钟同步。同步时 SYNCBUSY 位置位。该位在同步结束后自动清零。只有看门狗定时器的使能位置位时同步才发生。

2.11　中断和可编程多级中断控制器

1. 特　点

> 每个中断有单独的中断向量;
> 中断响应时间短;
> 可编程多级中断控制器:3 个中断级别、低级中断可选优先权(循环或固定)、不可屏蔽中断(NMI);
> 中断向量可移动到 Boot 区。

2. 概　述

中断信号指示外设状态的改变,可用来改变程序的运行状态。外设可以有一个或多个中断,这些中断都是单独使能的。当中断使能后,中断条件出现后会产生相应的中断请求。所有的中断有各自的中断向量地址。

可编程多级中断控制器(PMIC)处理中断请求,并根据不同中断级别和中断优先权对请求进行排序。当一个中断请求被 PMIC 确认,程序计数器会指向中断向量,并执行中断处理程序。

所有的外设可将中断分为 3 种优先级级别:低级别,中级别,高级别。中级别中断会打断低级别中断处理程序,高级别中断会打断中级别和低级别中断处理程序。中断优先权由中断向量地址决定,地址越低优先权越高。低优先权中断由循环调度机制来保证所有中断在一定时间内都能得到执行。

3. 操　作

任何中断的产生前提是使能全局中断。通过设置 CPU 状态寄存器中的全局中断使能位(I)来实现。当一个中断被确认后,I 位将不会被清除。在相应级别的中断产生前,要使能中断级别。

当中断使能后,中断条件出现,PMIC 会收到中断请求。根据中断级别和中断优先权,中断被确认或保持挂起,直到它有被处理的优先权。当中断请求被确认后,程序计数器更新,指向中断向量。中断向量一般跳转到中断处理程序。从中断处理程序返回后,程序从处理中断前的地址继续运行。

PMIC 状态寄存器包含一些状态信息,用来确保当 RETI(中断返回)指令执行后 PMIC 回到正确的中断级别。从中断返回后会给 PMIC 提供在进入中断前的信息。状态寄存器(SREG)不会根据中断请求自动存储。RET(子程序返回)指令不能用来从中断处理程序程序返回,因为它不能再返回后提供 PMIC 中断之前的信息。

4. 中　断

所有的中断和复位向量在程序存储空间都有各自的程序向量地址。复位向量占有最低的地址。所有中断都分配了各自的控制位来设置中断级别,这些位在各外设

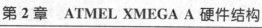

的中断控制寄存器里。

所有的中断有相应的中断标志。当中断条件出现后，无论相应的中断是否使能，中断标志会置位。大多数中断的中断标志在执行中断向量时会自动清除。向中断标志位写 1 也会清除该标志。一些中断标志在执行中断向量时并不能清除，还有一些是当寄存器被访问时，中断标志清除。这在各个中断标志里有具体的描述。

如果一个中断条件产生的同时有另一个高优先权的中断正在执行或挂起，中断标志会置位并保持到该中断有优先权被执行。如果一个中断条件产生而相应的中断没有使能，中断标志会置位并保存到该中断使能或者在程序中清除。同样，如果全局中断没有使能，一个或多个中断条件产生，相应的中断标志会置位并保持到全局中断使能。所有挂起的中断根据优先权依次执行。

执行锁定区的代码时，中断会被阻止，如引导锁定位。这提高了程序的安全性，详见存储器编程中关于锁定位的设置。

当配置更改保护寄存器写入正确的签名后，中断在最多 4 个 CPU 时钟周期后会自动禁用。

(1)NMI——不可屏蔽中断

总中断使能位 I 的设置与 NMI 无关，NMI 也不会改变 I 位。其他中断不能中断 NMI 中断处理程序。如果有多个 NMI 同时发出请求，会根据它们的中断向量地址决定优先权，地址越低优先权越高。

(2)中断响应时间

中断响应时间最少需要 5 个 CPU 时钟周期。在这段时间内程序计数器入栈，5 个时钟周期后中断向量开始执行。跳转到中断处理程序要 3 个时钟周期。

如果在执行一个多周期指令时产生中断，中断会在指令结束后开始生效。如果在睡眠模式产生中断，中断响应时间会增加 5 个时钟周期。另外，响应时间会增加所选睡眠模式的启动时间。

从中断处理程序返回需要 5 个时钟周期。在这 5 个时钟周期内，程序计数器出栈，栈指针增加。

5. 中断级别

各个中断源有独立的中断级别。PMIC 在接收中断请求的同时也接收了中断级别。表 2-11-1 列出了中断级别和相应位的值。

表 2-11-1　中断级别

中端级别配置	组配置	描　述
00	OFF	中断未使能
01	LO	低级别中断
10	MED	中级别中断
11	HI	高级别中断

一个中断请求的中断级别会和中断控制器中当前中断的级别和状态进行比较。高级别的中断请求会打断任何正在进行的比它级别低的中断的中断处理程序。从高级别中断处理程序返回后会继续执行比它级别低的中断处理程序。

6. 中断优先权

在每个中断级别中,所有的中断又有一个优先权。当多个中断请求挂起时,先确认哪个中断由中断级别和优先权一起决定。中断有静态和动态(循环)的优先权机制。高级别、中级别中断和 NMI 一直使用静态优先权,低级别中断可以选择采用静态或者动态优先权机制。

(1)静态优先权

中断向量(IVEC)位于固定的地址,如图 2-11-1所示。静态优先权下,中断向量地址决定了同一中断级别下的优先权,中断向量的地址越低优先权越高。关于各模块和外设的中断向量基址,以及中断向量的偏移地址,详见附录 C。

(2)循环调度

为了解决低级别中断在静态优先权模式下无法被执行的问题,PMIC 可以采用循环调度的方法,如图 2-11-2 所示。此模式下最后执行的低级别中断的中断向量地址在下一次多个低级别中断发送请求时优先权最低。

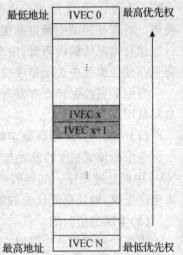

图 2-11-1　静态优先权

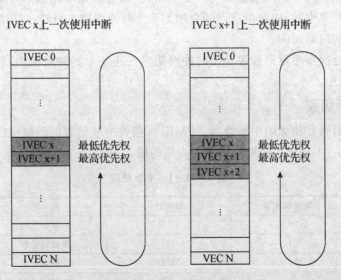

图 2-11-2　循环调度

7. 在应用区和引导区间移动中断向量

可以把中断向量由默认的应用区移动到引导区的起始位置。

8. 寄存器描述

(1)STATUS——PMIC 状态寄存器(图 2 - 11 - 3)

位	7	6	5	4	3	2	1	0	
+0x00	NMIEX	–	–	–	–	HILVLEX	MEDLVLEX	LOLVLEX	STATUS
读/写	R	R	R	R	R	R	R	R	
初始值	0	0	0	0	0	0	0	0	

图 2 - 11 - 3　PMIC 状态寄存器

Bit 7—NMIEX,不可屏蔽中断执行。该位在执行 NMI 时置位。从中断处理程序返回(RETI)时该位会被清除。

Bit 6:3—保留。

Bit 2—HILVLEX,高级别中断执行。该位在高级别中断执行或中断处理程序被 NMI 打断时置位。从中断处理程序返回(RETI)时该位会被清除。

Bit 1—MEDLVLEX,中级别中断执行。该位在中级别中断执行或中断处理程序被更高级别的中断打断时置位。从中断处理程序返回(RETI)时该位会被清除。

Bit 0—LOLVLEX,低级别中断执行。该位在低级别中断执行或中断处理程序被更高级别的中断打断时置位。从中断处理程序返回(RETI)时该位会被清除。

(2)INTPRI——PMIC 优先权寄存器(图 2 - 11 - 4)

位	7	6	5	4	3	2	1	0	
+0x01				INTPRI[7:0]					INTPRI
读/写	R/W	R/W	R/W	R/W	R/W	R/W	R/W	R/W	
初始值	0	0	0	0	0	0	0	0	

图 2 - 11 - 4　PMIC 优先权寄存器

Bit 7:0—INTPRI,中断优先权。循环调度模式下,该寄存器存储最后执行的低级别中断的中断向量。存储的中断向量在下一次低级别中断挂起时优先权最低。从程序中可以很容易地访问该寄存器,改变优先级队列。循环调度关闭时,寄存器不会重新加载初始值,所以再次使用静态优先权时,该寄存器必须写 0。

(3)CTRL——PMIC 控制寄存器(图 2 - 11 - 5)

位	7	6	5	4	3	2	1	0	
+0x02	RREN	IVSEL	–	–	–	HILVLEN	MEDLVLEN	LOLVLEN	CTRL
读/写	R/W	R/W	R	R	R	R/W	R/W	R/W	
初始值	0	0	0	0	0	0	0	0	

图 2 - 11 - 5　PMIC 控制寄存器

Bit 7—RREN,循环调度使能。该位置位时低级别中断使用循环调度机制。清除后为静态优先权机制。

Bit 6—IVSEL，中断向量表位置选择。当 IVSEL 为 0 时，中断向量位于 Flash 存储器的起始地址；当 IVSEL 为 1 时，中断向量转移到 Boot 区的起始地址。绝对地址请参考设备数据手册。该位受配置更改保护机制保护，详见 2.2 节的配置改变保护。

Bit 5：3—保留。

Bit 2—HILVLEN，高级别中断使能位。该位置 1 后高级别中断可用。清零后高级别中断请求被忽略。

Bit 1—MEDLVLEN，中间级别中断使能位。该位置 1 后中间级别中断可用。清零后中间级别中断请求被忽略。

Bit 0—LOLVLEN，低级别中断使能位。该位置 1 后低级别中断可用。清零后低级别中断请求被忽略。

2.12　I/O 端口

1. 特　点

➢ 每个引脚都可自由配置输入和输出。

➢ 专门的引脚配置寄存器，灵活配置引脚。

➢ 同步或异步输入检测（端口中断和事件）。

➢ 异步发送唤醒信号。

➢ 高度可配置的输出驱动和拉设置：推拉输出电路、上拉/下拉、线与、线或、总线保持器、I/O 反转。

➢ 转换率控制。

➢ 灵活的引脚屏蔽。

➢ 单步配置多个引脚。

➢ 支持读—修改—写（RMW）。

➢ 专门的寄存器用于对输出寄存器 OUT 和方向寄存器 DIR 进行取反、清零、置位操作。

➢ 端口引脚可输出时钟。

➢ 事件通道 0 可在端口 pin 7 输出。

➢ 可将端口寄存器（虚拟端口）映射到具有位操作功能的 I/O 存储空间。

2. 概　述

XMEGA 有灵活的通用 I/O(GPIO)端口。每个端口从引脚 0 到引脚 7 共 8 个引脚，每个引脚可被配置为输入或输出。端口还有以下功能：中断、同步/异步输入检测和异步发送唤醒信号。

　　每个引脚可以有各自的功能,但也可以单步配置使多个引脚具有相同的配置。所有端口作为通用 I/O 端口时都可以读—修改—写(RMW)。一个引脚的方向改变不会无意地改变其他引脚的方向,包括输出时改变驱动方式和输入时配置上拉或下拉电阻等操作。图 2-12-1 是 I/O 引脚的功能和控制引脚的寄存器。

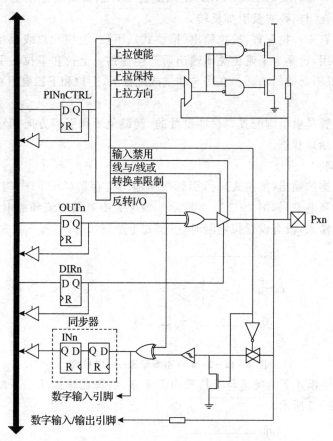

图 2-12-1　通常 I/O 引脚功能

3. 使用 I/O 引脚

　　I/O 引脚的使用是由程序控制的。每个端口有一个数据方向寄存器(DIR)和数据输出值寄存器(OUT),用来控制端口引脚。数据输入寄存器(IN)用来读取端口引脚。另外,每个引脚有一个引脚配置寄存器(PINnCTRL)来配置引脚。

　　引脚的方向由 DIR 寄存器中的 DIRn 位控制。DIRn 为 1 时引脚 n 为输出引脚,为 0 时为输入引脚。

　　引脚方向为输出时,输出寄存器(OUT)中的 OUTn 位用来设置引脚的值。OUTn 写入 1,引脚 n 输出高电平,写入 0 输出低电平。

　　输入寄存器(IN)用来读引脚的输出值。无论引脚方向是输出还是输入,引脚的值都可以读,除非数字输入被关闭。

复位时各引脚为高阻态,即使此时并没有时钟在运行。

4.I/O 引脚配置

引脚 n 配置寄存器(PINnCTRL)用来配置 I/O 引脚的其他功能。一个引脚可设为推拉输出、线与线或及引脚反转。

推拉输出有 4 种拉配置:推拉输出(推拉式)、下拉、上拉和总线保持。总线保持两种方向均可用,这是为了避免关闭输出后产生振荡。上拉和下拉在引脚为输入时使用,可以降低不必要的功耗。在线与和线或配置下,上拉和下拉电阻在输入和输出时均可用。

因为拉配置是由引脚配置寄存器设置的,就避免了在引脚方向和输出电平变化时产生瞬时的端口状态。

(1)推拉输出

当配置为推拉输出(推拉式)时,引脚根据输出寄存器(OUT)中相应位的设置,输出低电平或高电平,如图 2-12-2 所示。该配置中对漏电流和源电流没有限制。如果引脚设为输入,没有设置拉电阻时,引脚处于浮空状态。

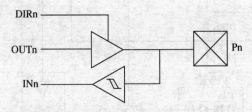

图 2-12-2　I/O 引脚配置——推拉式

① 下拉:该模式下的配置与推拉输出差不多,引脚在输入状态下配置为内部下拉,如图 2-12-3 所示。

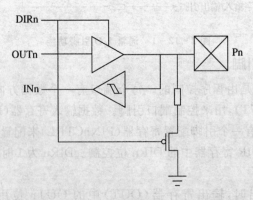

图 2-12-3　I/O 引脚配置——下拉(输入时)

② 上拉:该模式下配置与推拉输出差不多,引脚在输入状态下配置为内部上拉,如图 2-12-4 所示。

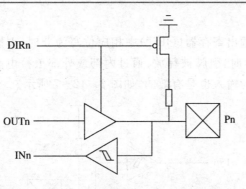

图 2-12-4　I/O 引脚配置——上拉(输入时)

(2)总线保持器

　　引脚配置为总线保持时,提供了一个弱总线保持,如图 2-12-5 所示,在引脚不再驱动为任何逻辑状态时,保持引脚的逻辑电平。如果引脚/总线的最后电平为 1,总线保持会使用内部上拉电阻来保持高电平。如果引脚/总线的最后电平为 0,总线保持会使用内部下拉电阻来保持低电平。

　　总线保持的弱输出与最后输出电平有同样的逻辑电平。最后电平为 1 时保持上拉,为 0 时保持下拉。

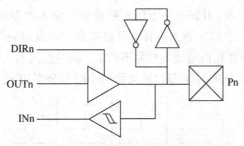

图 2-12-5　I/O 引脚配置——总线保持

(3)线　或

　　线或配置下,当输出寄存器(OUT)中相应位写为 1 时,引脚输出高电平;写为 0 时引脚被释放,通过内部或外部下拉电阻拉低。如果使用的是内部下拉,引脚方向设为输入也是有效的,如图 2-12-6 所示。

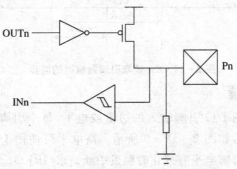

图 2-12-6　输出配置——线或,可选下拉

AVR XMEGA 高性能单片机开发及应用

(4)线　与

线与配置下,当输出寄存器(OUT)中相应位写为 0 时,引脚为低电平。当输出寄存器(OUT)写入 1 时,引脚被释放,通过内部或外部上拉电阻拉高。如果使用内部上拉,引脚方向设为输入也是有效的,如图 2-12-7 所示。

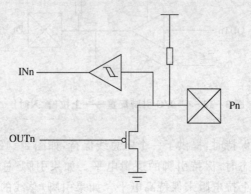

图 2-12-7　输出配置——线与,可选上拉

5. 读取引脚电平值

引脚电平值可以从输入寄存器(IN)中读取,这与引脚数据方向无关,如图 2-12-1 所示。如果数字输入关闭,引脚电平值则不能读取。输入寄存器(IN)的各个位与其前面的锁存器组成了一个同步器。这样就可以避免在内部时钟状态发生改变的短时间范围内由于引脚电平变化而造成的信号不稳定。其缺点是引入了延时。图 2-12-8 为读取引脚电平时同步器的时序图。最大和最小时延分别用 $t_{pd,max}$ 和 $t_{pd,min}$ 表示。

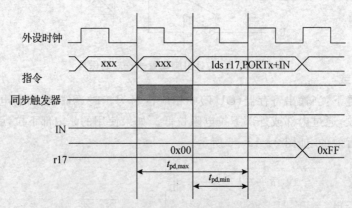

图 2-12-8　读取引脚数据时的同步

6. 输入感知配置

输入感知可以检测 I/O 引脚输入的边沿或电平,每个引脚都可以检测上升沿、下降沿、双沿或低电平,如图 2-12-9 所示。高电平可使用 I/O 输入反转来检测。输入感知还可用来在引脚电平有变化时触发中断请求(IREQ)。

I/O 引脚支持同步和异步输入感知。同步感知需要外设时钟，异步感知不需要任何时钟。

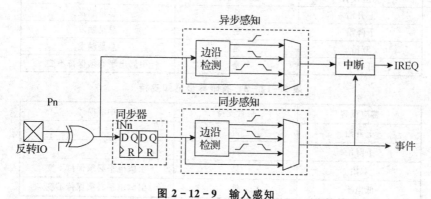

图 2-12-9　输入感知

7. 端口中断

每个端口有两个中断向量，可以配置引脚用来触发中断请求。在使用前要使能端口中断。哪种感知可以产生中断决定于使用同步输入感知还是异步输入感知。

同步感知下所有的感知配置都可以产生中断。对于边沿感知，引脚电平值的变化需要外设时钟抽样一次后才能产生中断。

异步感知下只有每个端口的引脚 2 才具有完全的异步感知功能，即在边沿感知时，引脚 2 会感知到所有的边沿变化，总是会触发中断请求。其他引脚支持有限的异步感知，即出现边沿变化时，在设备唤醒、时钟出现前要一直保持才能被检测到。如果引脚电平值在设备启动前恢复为初始值，设备会唤醒，但是不能产生中断请求。

低电平总是能被所有引脚检测到，即使外设时钟不存在。如果引脚配置为低电平感知，只要引脚为低电平中断就会触发。激活模式下低电平要保持到当前指令执行结束才能产生中断。所有睡眠模式下，设备唤醒前要一直保持低电平才能产生中断。如果低电平在启动完成前消失，设备会唤醒但无中断产生。

表 2-12-1、表 2-12-2 和表 2-12-3 列出了多种输入感知配置下中断的触发。

表 2-12-1　同步感知支持

感应设置	是否支持	中断描述
上升沿	是	总是触发
下降沿	是	总是触发
双沿	是	总是触发
低电平	是	引脚电平必须保持不变

表 2 – 12 – 2 全功能异步感知

感应设置	是否支持	中断描述
上升沿	是	总是触发
下降沿	是	总是触发
双沿	是	总是触发
低电平	是	引脚电平必须保持不变

表 2 – 12 – 3 有限异步感知支持

感应设置	是否支持	中断描述
上升沿	否	—
下降沿	否	—
双沿	是	引脚电平必须保持不变
低电平	是	引脚电平必须保持不变

8. 端口事件

端口引脚发生变化时可以产生事件。感知配置决定了引脚何时产生事件。产生事件需要外设时钟,所以不能产生异步事件。对于边沿感知,必须由外设时钟对改变的引脚电平值抽样一次才能产生事件。

电平感知时,引脚值为低电平不会产生事件,高电平会持续不断的产生事件。要想在低电平时产生事件,引脚配置必须要使I/O反转。

9. 端口第二功能

除了通用 I/O 功能之外,大多数端口引脚都具有第二功能。当外设需要引脚时,可能会覆盖正常端口的引脚电平值。一个外设如何覆写和使用引脚请参考具体某个外设的描述。

图 2 – 12 – 10 为端口覆

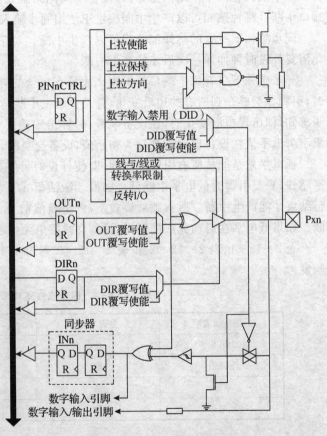

图 2 – 12 – 10 端口覆写逻辑

写逻辑。这些信号是在外设和端口引脚间的内部信号,不能在程序中访问。

10. 转换率控制

每个 I/O 引脚都可单独实现转率控制,这会增加 $50\%\sim150\%$ 的上升/下降时间,具体数值由电压、温度和负载决定。

11. 时钟和事件输出

可以将外设时钟信号和事件通道 0 的信号输出到引脚,输出引脚是在程序中选择的。如果事件通道 0 产生事件,在整个事件的持续过程可以在引脚上观察到。通常只需要 1 个外设时钟周期。

12. 多个配置

MPCMASK 可以给引脚配置寄存器设置一位掩码。当在 MPCMASK 中对第 n 位置位,PINnCTRL 就增加到引脚配置掩码中。接下来向端口的任一个引脚配置寄存器写操作,同样的值会写入配置掩码的那个引脚的配置寄存器中。MPCMASK 寄存器在向引脚配置寄存器写操作结束后会自动清空。

13. 虚拟端口寄存器

虚拟端口寄存器使扩充 I/O 存储空间内的端口寄存器可以映射到 I/O 存储空间里。映射一个端口后,向虚拟端口寄存器写操作就相当于对相应的真实端口的寄存器进行相同的操作。这样就可以使用 I/O 存储器中可以使用的位操作指令,如 IN 和 OUT 指令。有 4 个虚拟端口,所以可以同时虚拟映射 4 个端口。映射寄存器为 IN、OUT、DIR 和 INTFLAGS。

14. 寄存器描述——端口

(1)DIR——数据方向寄存器(图 2-12-11)

位	7	6	5	4	3	2	1	0	
+0x00				DIR[7:0]					DIR
读/写	R/W	R/W	R/W	R/W	R/W	R/W	R/W	R/W	
初始值	0	0	0	0	0	0	0	0	

图 2-12-11　数据方向寄存器

Bit 7:0—DIR[7:0],数据方向。该寄存器为端口的各个引脚设定数据方向。如果 DIRn 写为 1,引脚 n 就作为输出引脚;如果写为 0,引脚 n 就作为输入引脚。

(2)DIRSET——方向置位寄存器(图 2-12-12)

位	7	6	5	4	3	2	1	0	
+0x01				DIRSET[7:0]					DIRSET
读/写	R/W	R/W	R/W	R/W	R/W	R/W	R/W	R/W	
初始值	0	0	0	0	0	0	0	0	

图 2-12-12　方向置位寄存器

Bit 7:0—DIRSET[7:0],方向置位。该寄存器用来代替读—修改—写,可以设置某个引脚作为输出。向某一位写1,就会在 DIR 寄存器里对相应位写1。读该寄存器会返回 DIR 寄存器的值。

(3)DIRCLR——方向清零寄存器(图2-12-13)

位	7	6	5	4	3	2	1	0	
+0x02				DIRCLR[7:0]					DIRCLR
读/写	R/W	R/W	R/W	R/W	R/W	R/W	R/W	R/W	
初始值	0	0	0	0	0	0	0	0	

图2-12-13 方向清零寄存器

Bit 7:0—DIRCLR[7:0],方向清零。该寄存器用来代替读—修改—写,设置某个引脚为输入。向某位写1就会清除 DIR 寄存器里的相应位。读该寄存器会返回 DIR 寄存器的值。

(4)DIRTGL——方向取反寄存器(图2-12-14)

位	7	6	5	4	3	2	1	0	
+0x03				DIRTGL[7:0]					DIRTGL
读/写	R/W	R/W	R/W	R/W	R/W	R/W	R/W	R/W	
初始值	0	0	0	0	0	0	0	0	

图2-12-14 方向取反寄存器

Bit 7:0—DIRTGL[7:0],方向取反。该寄存器用来代替读—修改—写,设置某个引脚方向取反。向某一位写1就会取反 DIR 寄存器里的相应位。读该寄存器会返回 DIR 寄存器的值。

(5)OUT——数据输出寄存器(图2-12-15)

位	7	6	5	4	3	2	1	0	
+0x04				OUT[7:0]					OUT
读/写	R/W	R/W	R/W	R/W	R/W	R/W	R/W	R/W	
初始值	0	0	0	0	0	0	0	0	

图2-12-15 数据输出寄存器

Bit 7:0—OUT[7:0],端口输出值。该寄存器设置端口引脚的输出值。如果 OUTn 写为1,引脚 n 为高电平,写为0 则为低电平。只有引脚方向为输出时,设置才有效。

(6)OUTSET——输出置位寄存器(图2-12-16)

位	7	6	5	4	3	2	1	0	
+0x05				OUTSET[7:0]					OUTSET
读/写	R/W	R/W	R/W	R/W	R/W	R/W	R/W	R/W	
初始值	0	0	0	0	0	0	0	0	

图2-12-16 输出置位寄存器

Bit 7:0—OUTSET[7:0],输出置位。该寄存器用来代替读—修改—写,可以设置某个引脚输出高电平。向某一位写1,就会在 OUT 寄存器里对相应位写1。读该寄存器会返回 OUT 寄存器的值。

(7)OUTCLR——输出清零寄存器(图 2-12-17)

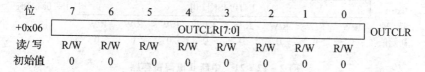

图 2-12-17　输出清零寄存器

Bit 7:0—OUTCLR[7:0],输出清零。该寄存器用来代替读—修改—写,可以设置某个引脚输出低电平。向某一位写1,就会对 OUT 寄存器里相应清零。读该寄存器会返回 OUT 寄存器的值。

(8)OUTTGL——输出取反寄存器(图 2-12-18)

位	7	6	5	4	3	2	1	0	
+0x07				OUTTGL[7:0]					OUTTGL
读/写	R/W	R/W	R/W	R/W	R/W	R/W	R/W	R/W	
初始值	0	0	0	0	0	0	0	0	

图 2-12-18　输出取反寄存器

Bit 7:0—OUTTGL[7:0],输出取反。该寄存器用来代替读—修改—写,设置某个引脚输出值取反。向某一位写1,就会取反 OUT 寄存器里的相应位。读该寄存器会返回 OUT 寄存器的值。

(9)IN——数据输入寄存器(图 2-12-19)

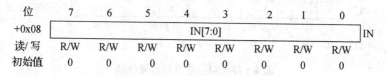

图 2-12-19　数据输入寄存器

Bit 7:0—IN[7:0],端口数据输入值。该寄存器给出了数字输入使能时端口的当前值。INn 即端口引脚 n 上的值。

(10)INTCTLR——中断控制寄存器(图 2-12-20)

位	7	6	5	4	3	2	1	0	
+0x09	–	–	–	–	INT1LVL[1:0]		INT0LVL[1:0]		INTCTLR
读/写	R	R	R	R	R/W	R/W	R/W	R/W	
初始值	0	0	0	0	0	0	0	0	

图 2-12-20　中断控制寄存器

Bit 7:4—保留。

109

Bit 3:2/1:0—INTnLVL[1:0],中断 n 级别。这些位使能端口中断 n 的中断请求,并选择中断级别,关于中断级别的描述请参考 2.11 节。

(11)INT0MASK——中断 0 掩码寄存器(图 2-12-21)

位	7	6	5	4	3	2	1	0	
+0x0A				INT0MSK[7:0]					INT0MASK
读/写	R/W	R/W	R/W	R/W	R/W	R/W	R/W	R/W	
初始值	0	0	0	0	0	0	0	0	

图 2-12-21　中断 0 掩码寄存器

Bit 7:0—INT0MSK[7:0],中断 0 掩码寄存器。这些位用来设置哪些引脚用作端口中断 0 的中断源。如果 INT0MASKn 写为 1,则引脚 n 用作中断源。每个引脚的输入感知配置由 PINnCTRL 寄存器决定。

(12)INT1MASK——中断 1 掩码寄存器(图 2-12-22)

位	7	6	5	4	3	2	1	0	
+0x0B				INT1MSK[7:0]					INT1MAS
读/写	R/W	R/W	R/W	R/W	R/W	R/W	R/W	R/W	K
初始值	0	0	0	0	0	0	0	0	

图 2-12-22　中断 1 掩码寄存器

Bit 7:0—INT1MASK[7:0],中断 1 掩码寄存器。这些位用来设置哪些引脚用来作端口中断 1 的中断源。如果 INT1MASKn 写为 1,则引脚 n 用作中断源。每个引脚的输入感知配置由 PINnCTRL 寄存器决定。

(13)INTFLAGS——中断标志寄存器(图 2-12-23)

位	7	6	5	4	3	2	1	0	
+0x0C	−	−	−	−	−	−	INT1IF	INT0IF	INTFLAGS
读/写	R	R	R	R	R	R	R/W	R/W	
初始值	0	0	0	0	0	0	0	0	

图 2-12-23　中断标志寄存器

Bit 7:2—保留。

Bit 1:0—INTnIF,中断 n 标志。根据引脚的输入感知配置,当作为中断 n 的中断源的引脚发生相应的电平变化时,中断 n 标志置位。向该标志位写 1 会清除该标志。

(14)PINnCTRL——引脚 n 配置寄存器(图 2-12-24)

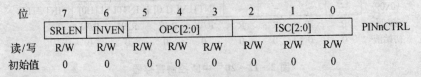

位	7	6	5	4	3	2	1	0	
	SRLEN	INVEN	OPC[2:0]			ISC[2:0]			PINnCTRL
读/写	R/W	R/W	R/W	R/W	R/W	R/W	R/W	R/W	
初始值	0	0	0	0	0	0	0	0	

图 2-12-24　引脚 n 配置寄存器

Bit 7—SRLEN,转换率控制。该位会限制引脚 n 的转率。

Bit 6—INVEN,I/O 反转使能位。该位会使引脚 n 的输出和输入数据反转。

Bit 5:3—OPC,输出和拉配置。这些位会根据表 2 - 12 - 4 对引脚 n 进行输出拉拉配置。

表 2 - 12 - 4 输出/拉配置

OPC[2:0]	组配置	描 述	
		输出配置	上拉配置
000	TOTEM	推拉输出	(N/A)
001	BUSKEEPER	推拉输出	总线保持
010	PULLDOWN	推拉输出	下拉(输入时)
011	PULLUP	推拉输出	上拉(输入时)
100	WIREDOR	线或	(N/A)
101	WIREDAND	线与	(N/A)
110	WIREDORPULL	线或	下拉
111	WIREDANDPULL	线与	上拉

Bit 2:0—ISC[2:0],输入/感知配置。这些位对引脚 n 进行输入和感知配置,见表 2 - 12 - 5。感知配置决定引脚如何触发端口中断和事件。当输入缓冲没有禁用时,施密特触发器对输入进行抽样(同步的),可以从输入寄存器(IN)读取。

表 2 - 12 - 5 输入/感知配置

ISC[2:0]	组配置	描 述
000	双沿	感知双沿
001	上升沿	感知上升沿
010	下降沿	感知下降沿
011	电平	感知低电平
100		保留
101		保留
110		保留
111	输入缓冲关闭	输入缓冲关闭

注:① 低电平引脚电平值不会产生事件,高电平引脚电平值会持续产生事件。

② 只有端口 A~F 支持输入缓冲禁用。

15. 寄存器描述——多端口的配置

(1)MPCMASK——多引脚配置掩码寄存器(图 2 - 12 - 25)

位	7	6	5	4	3	2	1	0	
+0x00				MPCMASK[7:0]					MPCMASK
读/写	R/W	R/W	R/W	R/W	R/W	R/W	R/W	R/W	
初始值	0	0	0	0	0	0	0	0	

图 2 - 12 - 25　多引脚配置掩码寄存器

Bit 7:0—MPCMASK[7:0],多引脚配置掩码。该寄存器可以使一个端口中的多个引脚在同一时间被配置。向第 n 位写 1,使引脚成为多引脚配置的一部分。当对一个 PINnCTRL 寄存器进行写操作时,该值会写入所有配置掩码的引脚的 PINnCTRL 寄存器中。没有必要写 MPCMASK 寄存器中设置掩码的引脚对应的 PINnCTRL 寄存器。该寄存器在所有配置掩码的 PINnCTRL 寄存器写完后会自动清除。

(2)VPCTRLA——虚拟端口映射控制寄存器 A(图 2 - 12 - 26)

位	7	6	5	4	3	2	1	0	
+0x02		VP1MAP[3:0]				VP0MAP[3:0]			VPCTRLA
读/写	R/W	R/W	R/W	R/W	R/W	R/W	R/W	R/W	
初始值	0	0	0	0	0	0	0	0	

图 2 - 12 - 26　虚拟端口映射控制寄存器 A

Bit 7:4—VP1MAP,虚拟端口 1 映射。这些位设置哪个端口映射到虚拟端口 1。寄存器 DIR、OUT、IN 和 INTFLAGS 也会被映射。访问虚拟端口寄存器与访问真实的端口寄存器是一样的。配置见表 2 - 12 - 6。

Bit 3:0—VP0MAP,虚拟端口 0 映射。这些位设置哪个端口映射到虚拟端口 0。寄存器 DIR、OUT、IN 和 INTFLAGS 也会被映射。访问虚拟端口寄存器与访问真实的端口寄存器是一样的。配置见表 2 - 12 - 6。

(3)VPCTRLB——虚拟端口映射控制寄存器 B(图 2 - 12 - 27)

位	7	6	5	4	3	2	1	0	
+0x03		VP3MAP[3:0]				VP2MAP[3:0]			VPCTRLB
读/写	R/W	R/W	R/W	R/W	R/W	R/W	R/W	R/W	
初始值	0	0	0	0	0	0	0	0	

图 2 - 12 - 27　虚拟端口映射控制寄存器 B

Bit 7:4—VP3MAP,虚拟端口 3 映射。这些位设置哪个端口映射到虚拟端口 3。寄存器 DIR、OUT、IN 和 INTFLAGS 也会被映射。访问虚拟端口寄存器与访问真实的端口寄存器是一样的。配置见表 2 - 12 - 6。

Bit 3:0—VP2MAP,虚拟端口 2 映射。这些位设置哪个端口映射到虚拟端口 2。寄存器 DIR、OUT、IN 和 INTFLAGS 也会被映射。访问虚拟端口寄存器与访问真实的端口寄存器是一样的。配置见表 2 - 12 - 6。

表 2 - 12 - 6　虚拟端口映射

VPnMAP[3:0]	组配置	描　述
0000	PORTA	端口 A 映射到虚拟端口 n
0001	PORTB	端口 B 映射到虚拟端口 n
0010	PORTC	端口 C 映射到虚拟端口 n
0011	PORTD	端口 D 映射到虚拟端口 n
0100	PORTE	端口 E 映射到虚拟端口 n
0101	PORTF	端口 F 映射到虚拟端口 n
0110	PORTG	端口 G 映射到虚拟端口 n
0111	PORTH	端口 H 映射到虚拟端口 n
1000	PORTJ	端口 J 映射到虚拟端口 n
1001	PORTK	端口 K 映射到虚拟端口 n
1010	PORTL	端口 L 映射到虚拟端口 n
1011	PORTM	端口 M 映射到虚拟端口 n
1100	PORTN	端口 N 映射到虚拟端口 n
1101	PORTP	端口 P 映射到虚拟端口 n
1110	PORTQ	端口 Q 映射到虚拟端口 n
1111	PORTR	端口 R 映射到虚拟端口 n

(4)CLKEVOUT——时钟和事件输出寄存器(图 2 - 12 - 28)

位	7	6	5	4	3	2	1	0	
+0x04	–	–	EVOUT[1:0]		–	–	CLKOUT[1:0]		CLKEVOUT
读/写	R	R	R/W	R/W	R	R	R/W	R/W	
初始值	0	0	0	0	0	0	0	0	

图 2 - 12 - 28　时钟和事件输出寄存器

Bit 7:6—保留。

Bit 5:4—EVOUT[1:0],事件输出端口。这些位设置事件系统中事件通道 0 的输出端口,配置见表 2 - 12 - 7。所选端口的第 7 引脚(pin 7)会一直被占用,CLKOUT 位设置的引脚要与 EVOUT 不重复。发送事件信号的引脚要设置为输出方向。

表 2 - 12 - 7　事件通道 0 输出配置

EVOUT[1:0]	组配置	描　述
00	OFF	事件输出关闭
01	PC7	事件通道 0 的输出端口为端口 C 第 7 引脚(pin 7)
10	PD7	事件通道 0 的输出端口为端口 D 第 7 引脚(pin 7)
11	PE7	事件通道 0 的输出端口为端口 E 第 7 引脚(pin 7)

Bits 3:2—保留。

Bit 1:0—CLKOUT[1:0],时钟输出端口。这些位设置外设时钟的输出端口,配置见表2-12-8。所选端口的第7引脚(pin 7)会一直被占用。时钟输出会覆盖事件通道0的输出,因此如果两者设置的输出端口相同,会观测到外设时钟。时钟输出引脚要配置为输出方向。

表2-12-8 时钟输出配置

EVOUT[1:0]	组配置	描 述
00	OFF	时钟输出关闭
01	PC7	时钟输出到端口C第7引脚(pin 7)
10	PD7	时钟输出到端口C第7引脚(pin 7)
11	PE7	时钟输出到端口C第7引脚(pin 7)

16. 寄存器描述——虚拟端口

(1)DIR——数据方向(图2-12-29)

位	7	6	5	4	3	2	1	0	
+0x00				DIR[7:0]					DIR
读/写	R/W	R/W	R/W	R/W	R/W	R/W	R/W	R/W	
初始值	0	0	0	0	0	0	0	0	

图2-12-29 数据方向

Bit 7:0—DIR[7:0],数据方向寄存器。该寄存器为映射到"VPCTRLA——虚拟端口映射控制寄存器A"或"VPCTRLB——虚拟端口映射控制寄存器B"的端口引脚设置数据方向。当端口映射到虚拟端口时,访问该寄存器与访问真实的方向寄存器(DIR)一样。

(2)OUT——数据输出寄存器(图2-12-30)

位	7	6	5	4	3	2	1	0	
+0x01				OUT[7:0]					OUT
读/写	R/W	R/W	R/W	R/W	R/W	R/W	R/W	R/W	
初始值	0	0	0	0	0	0	0	0	

图2-12-30 数据输出寄存器

Bit 7:0—OUT[7:0],数据输出值。该寄存器为映射到"VPCTRLA——虚拟端口映射控制寄存器A"或"VPCTRLB——虚拟端口映射控制寄存器B"的端口引脚设置输出值。当端口映射到虚拟端口时,访问该寄存器与访问真实的输出寄存器(OUT)一样。

(3)IN——数据输入寄存器(图 2-12-31)

位	7	6	5	4	3	2	1	0	
+0x02				IN[7:0]					IN
读/写	R/W	R/W	R/W	R/W	R/W	R/W	R/W	R/W	
初始值	0	0	0	0	0	0	0	0	

图 2-12-31　数据输入寄存器

Bit 7:0—IN[7:0],数据输入值。该寄存器为映射到"VPCTRLA——虚拟端口映射控制寄存器 A"或"VPCTRLB——虚拟端口映射控制寄存器 B"的端口存储引脚的输入值。当端口映射到虚拟端口时,访问该寄存器与访问真实的输入寄存器(IN)一样。

(4)INTFLAGS——中断标志寄存器(图 2-12-32)

位	7	6	5	4	3	2	1	0	
+0x03	–	–	–	–	–	–	INT1IF	INT0IF	INTFLAGS
读/写	R	R	R	R	R	R	R/W	R/W	
初始值	0	0	0	0	0	0	0	0	

图 2-12-32　中断标志寄存器

Bit 7:2—保留。

Bit 1:0—INTnIF,中断 n 标志。根据映射到虚拟端口的真实端口引脚的输入感知配置,当作为中断 n 的中断源的引脚发生相应的电平变化时,中断 n 标志置位。向该标志位写 1 会清除该标志。访问该寄存器与访问实际 INTFLAGS 寄存器一样。

2.13　TC——16 位定时器/计数器

1. 特　点

➢ 16 位定时器/计数器;

➢ 双缓冲计时周期设定;

➢ 4 组比较/捕捉(CC)通道(A、B、C、D);

➢ 所有的比较和捕捉通道都是双缓冲;

➢ 波形产生:单斜率脉宽调制、双斜率脉宽调制、频率产生;

➢ 输入捕捉:带有噪声消除的输入捕获、频率捕捉、脉冲宽度捕获;

➢ 32 位的输入捕捉方向控制;

➢ 定时器溢出和定时器错误中断/事件;

➢ 每一个 CC 通道有一个比较匹配或捕捉中断/事件;

➢ 支持 DMA 操作;

➢ Hi-Res—高分辨率扩展:增大 PWM/FRQ 的分辨率 4 倍;

➢ AWeX—高级波形扩展:4 个死区时间插入单元,带有独立的高端、低端设置;事件控制的故障保护;单通道输入多个输出操作;模式产生。

2. 概　述

XMEGA 有一组高级灵活的 16 位定时器/计数器(TC)。它的基本功能包括准确的计时、频率和波形的产生、事件管理及数字信号的时间测量。高分辨率扩展(Hi-Res)和高级波形扩展(AWeX)可以和定时器/计数器配合使用,轻松地产生复杂和专门的频率、波形。图 2-13-1 表示的是 16 位定时器/计数器的扩展和与其密切相关的外设(灰色)的框图。

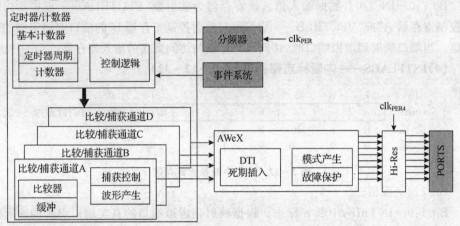

图 2-13-1　16 位定时器/计数器和与其密切相关的外设

定时器/计数器包含一个基本的计数器和几个比较/捕捉(CC)通道,其相关定义见表 2-13-1。这个基本的计数器可以用来对时钟周期或事件计数,带有方向控制和周期设定。CC 通道可以配合基本的计数器做比较匹配控制、波形产生(FRQ 或 PWM)以及各种输入捕获操作。

表 2-13-1　定时器/计数器的相关定义

名　称	描　述
BOTTOM	当计数值为 0 的时候,定时器/计数器达到 BOTTOM
MAX	当计数值为 0xFFFF 的时候,定时器/计数器达到最大值 MAX
TOP	当计数值与计数最大值相等的时候,定时器/计数器到达 TOP。TOP 值可以与周期值(PER)或者比较通道 A(CCA)的捕获值相同。这由波形产生模式来选择
UPDATE	当计数值到达 BOTTOM 或者 TOP 时(取决于波形产生模式),定时器/计数器进行更新

比较和捕捉不能同时使用,即一个定时器/计数器不能同时完成波形产生和捕获操作。当用于比较操作时,CC 通道被看作是比较通道。当用于捕获操作时,CC 通道都被称为捕获通道。

定时器/计数器分为两类:定时器/计数器 0 有 4 个通道,定时器/计数器 1 有 2 个通道。因此,所有关于通道 3 和通道 4 的寄存器,寄存器的某些位只存在于定时器/计数器 0。

所有的定时器/计数器单元都被连接到外设时钟预分频器、事件系统以及相应的GPIO端口。

某些定时器/计数器带有扩展功能。定时器/计数器的扩展功能只有这些定时器/计数器具备。高级波形扩展（AWeX）可用于死区时间插入、模式产生和故障保护。高级波形扩展只对定时器/计数器0可用。

从定时器/计数器输出的波形，可以在到达端口之前选择通过一个高分辨率扩展（Hi-Res）。这个扩展，工作在高达4倍的外设时钟频率，可以提高4倍的分辨率。所有的定时器/计数器都具有高分辨率扩展。

一般来说，当定时器/计数器的时钟是由内部时钟源来控制的时候，则称为定时器；如果时钟来自外部（从一个事件），则称为计数器。

3. 框 图

定时器/计数器不带扩展的详细框图如图2-13-2所示。

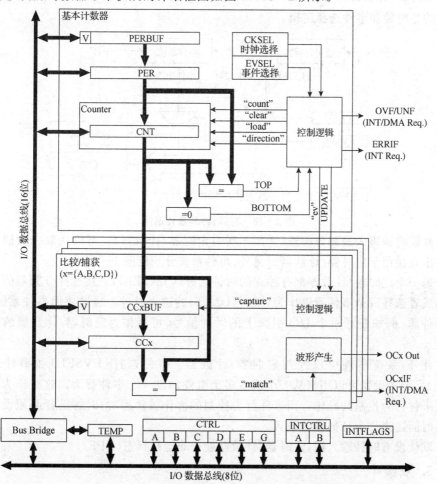

图 2-13-2　定时器/计数器不带扩展的详细框图

计数寄存器(CNT)、周期寄存器(PER 和 PERBUF)、比较捕获寄存器(CCx 和 CCxBUF)都是 16 位的寄存器。

在正常操作期间,计数值不断与 0 和周期值(PER)作比较,以确定计数器是否达到 TOP 或者 BOTTOM。

计数值也不断与 CCx 寄存器作比较。这些比较器可用来产生中断请求或请求 DMA 传输,也可以为事件系统产生事件。波形产生模式使用比较器来设定波形周期或脉冲宽度。

外设时钟或者从事件系统来的事件可以用于控制计数器。事件系统也被用作输入捕获源。结合事件系统的正交解码功能(QDEC),定时器/计数器可以用于高速正交解码。

4. 时钟源和事件源

定时器/计数器的时钟源可以使用外设时钟(clk$_{PER}$)或者事件系统,图 2 - 13 - 3 表示的是时钟和事件选择逻辑。

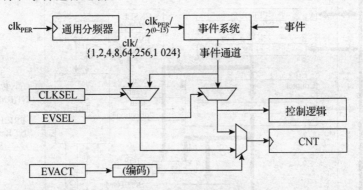

图 2 - 13 - 3　时钟和事件选择

外设时钟进入通用分频器(适用于所有定时器/计数器)。可以选取分频器的一个输出直接用于定时器/计数器。另外,事件系统分频范围 $1 \sim 2^{15}$。

每一个定时器/计数器都有独立的时钟选择(CLKSEL),直接选择分频器的一个输出或者选择一个事件通道作为计数器(CNT)的输入时钟。通过使用事件系统,任何事件源,例如任意一个 I/O 引脚上的时钟信号,可以作为定时器/计数器的时钟输入。

此外,系统事件可以控制定时器/计数器。事件选择(EVSEL)和事件行为(EVACT)的设置可以用来从一个或者多个事件触发一个事件行为。这被称为计数器受事件行为控制的操作。当事件行为控制的操作被使用时,时钟选择必须设置为使用时间通道作为计数器的输入。

默认没有时钟输入源,定时器/计数器处于非运行状态(OFF)。

5. 双缓冲

周期寄存器(PER)和 CCX 寄存器都是双缓冲的寄存器。每一个缓冲寄存器都有一个独立的缓冲有效标志位(BV),表明该缓冲区包含一个有效缓冲数据,例如当一个新的数据被加载到周期寄存器或者比较寄存器里。当周期寄存器和 CC 通道来作比较时,数据写入缓冲寄存器后,缓冲有效标志位(BV)被置位,在 UPDATE 后该位清除。图 2 - 13 - 4 表示的是比较寄存器的双缓冲。

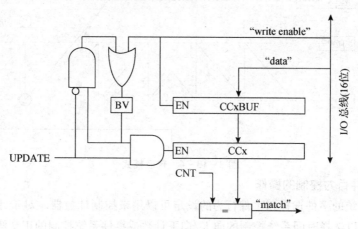

图 2 - 13 - 4　周期和比较值的双缓冲

当 CC 通道用来做捕获操作时,一个类似双缓冲的机制被使用。缓冲有效标志位(BV)在捕获事件中的置位如图 2 - 13 - 5 所示。对于捕获操作,缓冲寄存器和相应的 CCX 寄存器的工作机制类似于 FIFO。当 CC 寄存器为空或者被读取的时候,缓冲寄存器中的所有内容将传送到 CC 寄存器。缓冲有效标志位(BV)被传送到 CCx 中断标志位(IF),该位被置位并且产生选择的中断。

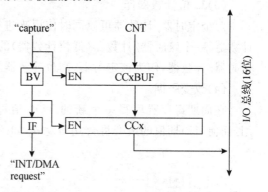

图 2 - 13 - 5　捕获双缓冲

在 I/O 寄存器地址映射中,CCx 寄存器和 CCxBUF 寄存器都是可用的。这将允许初始化和绕过缓冲寄存器及双缓冲功能。

6. 计数操作

计数器的清除、重加载、递增或递减都依赖于定时器/计数器的每一个时钟输入。

(1)一般操作

一般操作时,计数器将会按照方向位(DIR)的设定对输入时钟向一个方向计数,直到计数值到达 TOP 或者 BOTTOM。

当向上计数且到达 TOP 时,计数器将会在下一个时钟到来时被设为 0。当向下计数且到达 BOTTOM 时,计数器将加载周期寄存器(PER)的值。

如图 2 - 13 - 6 所示,当计数器在运行的时候可以修改计数值。写入访问的优先级比计数、清除或重加载的优先级要高,将立即生效。计数器计数方向也可以在正常运行时改变。当使用计数器的捕获通道时,必须使用一般操作。

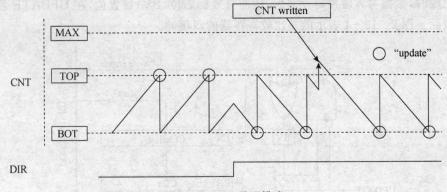

图 2-13-6 普通模式

(2)事件行为控制的操作

事件系统的事件选择和事件行为的设定可以用来控制计数器。对于计数器来说,时间行为可以选择时间系统控制的向上/向下计数或事件系统控制的正交解码计数。

(3)32 位计数操作

两个定时器/计数器可以同时使用来进行 32 位的计数操作。使用两个定时器/计数器,一个定时器/计数器(低位计数器)的溢出事件可通过事件系统路由到另一个定时器/计数器,作为该定时器(高位计数器)的时钟输入。

(4)改变周期

在周期寄存器里写一个新的 TOP 值可以改变计数周期。如果双缓冲没有使用,任何对周期值的改变将会立即生效,如图 2-13-7 所示。

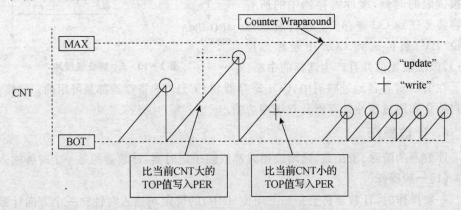

图 2-13-7 不使用缓冲改变周期

当双缓冲使用的时候,缓冲寄存器可以在任一时刻写入,但是周期寄存器总是在"update"的时候更新,如图 2-13-8 所示。这样可以防止计数器向上计数直到 MAX 才归零和产生奇怪的波形。

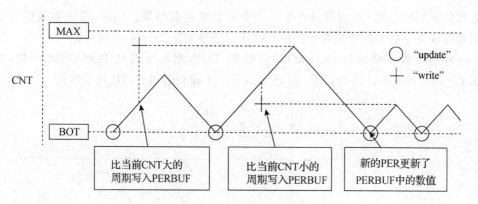

图 2 - 13 - 8　使用缓冲改变周期

7. 捕获通道

CC 通道可以用作捕获通道,对外部事件进行捕获,给它们一个时间戳表明发生的时间,如图 2 - 13 - 9 所示。当使用捕获功能时,必须使用计数器的一般操作。

事件可以用来触发捕获,例如,任何从事件系统来的事件包括任何引脚的变化都可以触发一个捕获操作。从事件源选择设置里选择一个触发 CC 通道 A 的事件通道,接下来这个事件通道将触发一个已经配置的 CC 通道。例如,设定事件源为事件通道 2,将导致 CC 通道 A 被连接到事件通道 2,CC 通道 B 被连接到事件通道 3 等,依此类推。

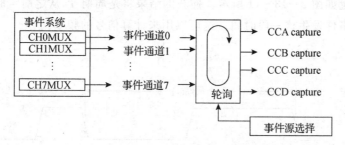

图 2 - 13 - 9　捕获操作选择事件源

定时器/计数器的事件行为设定将决定捕获操作的类型。CC 通道使用之前,必须单独使能。当捕获条件发生时,定时器/计数器将把事件发生时计数寄存器的当前计数值复制到被使能的 CCx 寄存器。当 I/O 引脚作为事件的捕获源时,该引脚必须配置为边沿检测。如果设置的周期寄存器的值比 0x8000 小,捕获完成后将把 I/O 引脚的电平变化存储在捕获寄存器的最高位(MSB)。如果捕获寄存器的最高位为 0,意味着产生了一个下降沿捕获。如果最高位是 1,则产生了一个上升沿捕获。三种不同类型的沿变化都可以捕获。

(1)输入捕获

事件行为选择输入捕获,使得被使能的捕获通道对事件产生输入捕获。中断标志置位表明相应的 CC 寄存器产生了一个有效的捕获结果。同样,缓冲有效标志意味着缓冲寄存器中的数据有效。输入捕获双缓冲如图 2 - 13 - 5 所示。

计数器将不断地从 BOTTOM 计数到 TOP,然后重新从 BOTTOM 计数,如图 2 - 13 - 10所示。图 2 - 13 - 10 还表示了一个捕获通道的四次捕获事件。

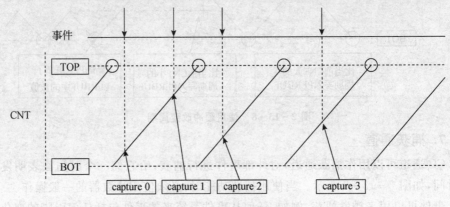

图 2 - 13 - 10　输入捕获计时

(2)频率捕获

事件行为选择频率捕获,被使能的捕获通道产生输入捕获并在上升沿事件后重新启动。定时器/计数器使用捕获来直接测量信号的周期或频率。对外部信号进行两次周期测量如图 2 - 13 - 11 所示。捕获的结果将是周期 T,从之前定时器/计数器重新启动到事件发生这一段时间。这可以用来计算信号的频率:

$$f = \frac{1}{T}$$

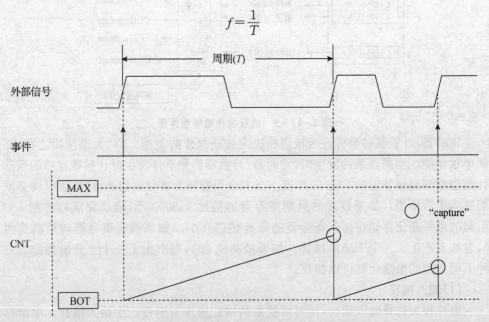

图 2 - 13 - 11　对外部信号进行两次周期测量

由于所有的捕获通道使用相同的计数器（CNT），在同一个时刻只能使能一个通道。如果两个捕获通道使用不同的输入源，两个输入源的上升沿事件都会使计数器重新启动，输入捕获的结果将没有意义。

（3）脉宽捕获

事件行为选择脉宽捕获，使得被使能的捕获通道在下降沿事件执行输入捕获并在上升沿时间后重新启动捕获操作。计数器将在每一个脉冲的开始从 0 计数并且在每一脉冲的结束产生捕获。事件源必须是一个 I/O 引脚并且引脚的检测配置必须设置为产生双沿事件。图 2-13-12 显示的例子是对外部信号脉宽的两次测量。

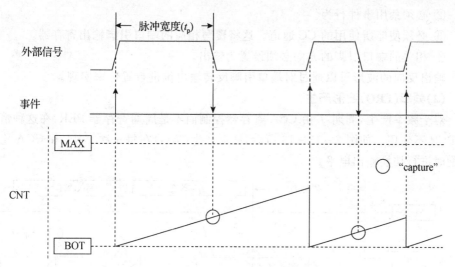

图 2-13-12　外部信号的脉宽捕获

（4）32 位输入捕获

两个定时器/计数器可以同时使用来进行真正的 32 位输入捕获。在一个典型的 32 位输入捕获程序中，低位计数器的溢出事件通过事件系统可以作为高位计数器的输入时钟。由于所有的事件都是流水线结构的，高位定时器将在低位计数器溢出发生后的一个外设时钟周期内被更新。为了弥补这种延时，高位计数器的捕获事件必须同样被延时，这可以通过对高位计数器的事件延时位置位来实现。

（5）捕获溢出

定时器/计数器可以检测到任意一个输入捕获通道的溢出。在缓冲有效标志和捕获中断标志被置位并且一个新的捕获事件被检测到的情况下，新捕获的计数值没有地方可以存储。如果一个缓冲溢出被检测到，新的数据将被拒绝，错误中断标志被置位并且将产生可选的中断。

8. 比较通道

每个比较通道不断比较计数值（CNT）和 CCx 寄存器的值。如果 CNT 与 CCx 相等，比较器产生一个匹配。匹配将在下一个时钟周期对 CC 通道的中断标志置位，同时将产生事件和可选的中断。比较缓冲寄存器提供与周期缓冲相同的双缓冲能力。双缓冲使 CCx 寄存器与缓冲寄存器的数据同步。根据定时器/计数器的控制逻辑，UPDATE 将在 TOP 或者 BOTTOM 发生。双缓冲这种同步防止产生一段奇怪的信号——非对称的 PWM/FRQ 脉冲，从而使输出没有毛刺信号。

(1)波形产生

比较通道可以用来在相应的端口引脚上产生波形。为了使连接的端口引脚上的波形可见，必须满足以下要求：

① 必须选择波形产生模式。

② 必须禁用事件行为。

③ 必须使能所使用的 CC 通道。这将覆写相应的端口引脚输出寄存器。

④ 相关的端口引脚的方向必须设置为输出。

输出反向的波形可以通过对端口引脚反转输出位进行置位来实现。

(2)频率(FRQ)波形产生

对于频率产生，周期 T 由 CCA 寄存器控制而不是周期寄存器 PER，在这种情况下 PER 不使用。如图 2-13-13 所示，波形产生(WG)在每一次 CNT 和 CCA 比较匹配时进行切换输出电平。

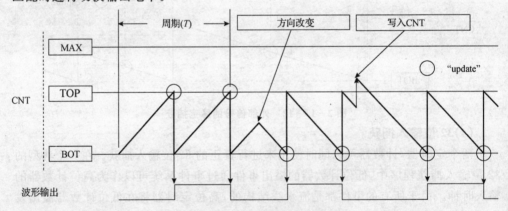

图 2-13-13 频率波形产生

当 CCA 设置为 0(0x0000)时，产生的波形频率最大，是外设时钟频率(f_{PER})的一半。当使用高分辨率扩展(Hi-Res)时，也同样适用，因为这只会增大分辨率，而不是频率。波形的频率(f_{FRQ})定义为如下公式：

$$f_{FRQ} = \frac{f_{PER}}{2N(CCA+1)}$$

式中，N 代表使用的预分频因子(1、2、4、8、64、256、1 024 或者事件通道 n)。

(3)单斜率 PWM 的产生

对于单斜率 PWM 的产生，周期(T)由 PER 寄存器控制，而 CCx 寄存器控制波形产生(WG)输出的占空比。图 2-13-13 表示的是计数器如何从 BOTTOM 计数到 TOP,然后又从 BOTTOM 重新开始计数的。波形产生(WG)输出在 CNT 和 CCx 寄存器比较匹配时被置位,在 TOP 时清除。

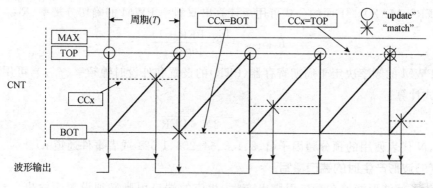

图 2 - 13 - 14　单斜率脉宽调制

周期寄存器 PER 决定 PWM 的分辨率。最小分辨率是 2 位(PER=0x0003),最大分辨率是 16 位(PER=MAX)。

下面的公式可用于计算单斜率 PWM 的确切分辨率($R_{\mathrm{PWM\_SS}}$):

$$R_{\mathrm{PWM\_SS}} = \frac{\log(\mathrm{PER}+1)}{\log 2}$$

单一迟缓的 PWM 频率($f_{\mathrm{PWM\_SS}}$)决定于周期寄存器(PER)的设置和外设时钟频率(f_{PER}),可用下面的公式计算:

$$f_{\mathrm{PWM\_SS}} = \frac{f_{\mathrm{PER}}}{N(\mathrm{PER}+1)}$$

式中,N 代表使用的预分频因子(1、2、4、8、64、256、1 024 或者事件通道 n)。

(4)双斜率 PWM 的产生

对于双斜率 PWM 的产生,周期 T 由周期寄存器 PER 控制,同时 CCx 寄存器控制输出波形的占空比。图 2 - 13 - 15 表示的是对于双斜率 PWM,计数器如何反复地从 BOTTOM 计数到 TOP,然后从 TOP 计数到 BOTTOM。波形产生的输出在 BOTTOM 时被置位,在向上计数比较匹配时清除,在向下计数比较匹配时被置位。

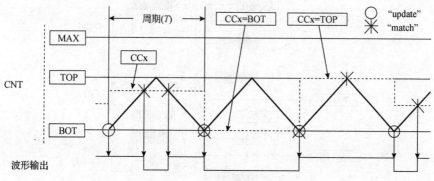

图 2 - 13 - 15　双斜率脉宽调制

与单斜率 PWM 相比,采用双斜率 PWM 将降低最大运行频率。周期寄存器 PER 决定 PWM 的分辨率。最小分辨率是 2 位(PER＝0x0003),最大分辨率是 16 位(PER＝MAX)。下面的公式可用于计算出双斜率 PWM 的确切分辨率(R_{PWM_DS}):

$$R_{PWM\_DS}=\frac{\log(PER+1)}{\log2}$$

PWM 的频率决定于周期寄存器(PER)的设置和外设时钟频率(f_{PER}),可用下面的公式计算:

$$f_{PWM\_DS}=\frac{f_{PER}}{2N \cdot PER}$$

式中,N 代表使用的预分频因子(1、2、4、8、64、256、1 024 或者事件通道 n)。

(5)波形产生时的端口覆写

为了使波形能够在端口引脚上产生,相应的端口引脚必须设置为输出。当 CC 通道被使能(CCENx)并且一种波形产生模式被选择时,定时器/计数器将覆写端口引脚的值。图 2-13-16 表示的是定时器/计数器 0 和 1 的端口覆写。定时器/计数器 0 的 CC 通道 A～D 将覆写相应端口的引脚(Pxn)0～3 的输出值(OUTxn)。定时器/计数器 1 的 CC 通道 A 和 B 将覆写相应端口的引脚 4 和 5。使能端口引脚的 I/O 反转使能位(INVENxn)将反转相应的输出波形。

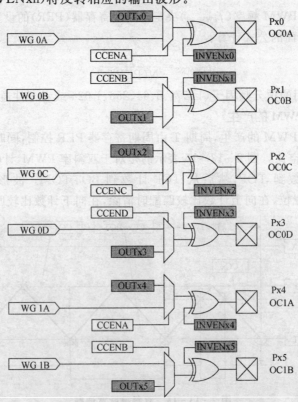

图 2-13-16　定时器/计数器 0 和 1 的端口覆写

9. 中断和事件

T/C 可以产生中断和事件。计数器可以在溢出/下溢时产生一个中断,每个 CC 通道有一个单独的中断用来比较或捕获。对于所有能产生中断的条件,都可以产生事件。

10. DMA 支持

中断标志可以用来触发的 DMA 传输。表 2－13－2 列出了 T/C 可用的触发,DMA 清除触发的行为。

表 2－13－2　DMA 请求的来源

请　求	确　认	评　论
OV/UNFIF	DMA 控制器写入 CNT DMA 控制器写入 PER DMA 控制器写入 PERBUF	—
ERRIF	N/A	
CCxIF	DMA 控制器访问 CCx DMA 控制器访问 CCxBUF	输入捕获操作 输出比较操作

11. 定时器/计数器的命令

可以通过软件的方式给定时器/计数器一组命令来立即改变模块的状态。这些命令提供的直接控制有更新、重新启动和复位信号。

更新命令具有和更新条件发生相同的效果。如果锁住更新位被置位,更新命令将被忽略。软件可以通过下发重新启动命令强制当前波形周期重新启动。在这种情况下,计数值、计数方向以及所有的比较输出都被设置为零。

复位命令将所有定时器/计数器寄存器设置为初始值。复位命令只能在定时器/计数器不运行(OFF)的时候使用。

12. 寄存器描述

(1)CTRLA——控制寄存器 A(图 2－13－17)

位	7	6	5	4	3	2	1	0	
+0x00	－	－	－	－	CLKSEL[3:0]				CTRLA
读/写	R	R	R	R	R/W	R/W	R/W	R/W	
初始值	0	0	0	0	0	0	0	0	

图 2－13－17　控制寄存器 A

Bit 7:4—保留。

Bit 3:0—CLKSEL[3:0],时钟选择。这些位根据表 2－13－3 选择定时器/计数器的时钟源。当高分辨率扩展使能时,CLKSEL = 0001 必须被置位,以确保波形发生器输出正确的波形。

表 2 - 13 - 3　时钟选择

CLKSEL[3:0]	组配置	描　述
0000	OFF	空(即定时器/计数器处于关闭状态)
0001	DIV1	不分频
0010	DIV2	2 分频
0011	DIV4	4 分频
0100	DIV8	8 分频
0101	DIV64	64 分频
0110	DIV256	256 分频
0111	DIV1024	1 024 分频
1xxx	EVCHn	事件通道 n, n= [0,…,7]

(2)CTRLB——控制寄存器 B(图 2 - 13 - 18)

位	7	6	5	4	3	2	1	0	
+0x01	CCDEN	CCCEN	CCBEN	CCAEN	–	WGMODE[2:0]			CTRLB
读/写	R/W	R/W	R/W	R/W	R	R/W	R/W	R/W	
初始值	0	0	0	0	0	0	0	0	

图 2 - 13 - 18　控制寄存器 B

Bit 7:4—CCxEN,比较或捕获使能。在使用 FRQ 或 PWM 波形产生模式时,对这些位置位,将覆写端口输出寄存器对应的 OCn 引脚的输出。当输入捕捉操作被选择时,CCxEN 位可以使能对应 CC 通道的捕获操作。

Bit 3—保留。

Bit 2:0—WGMODE[2:0],波形产生模式。这些位用来根据表 2 - 13 - 4 选择波形产生模式,并且控制计数器的计数顺序、TOP 值、UPDATE 条件、中断/事件的条件产生波形的类型。

一般工作模式时没有波形产生。对于其他所有模式,如果 CCxEN 位已被置位使能,波形发生器的输出结果将只被引导到相应的端口引脚。该端口引脚的方向必须设置为输出。

表 2 - 13 - 4　定时器波形产生模式

WGMODE[2:0]	组配置	操　作	Top	Update	溢出/事件
000	NORMAL	Normal	PER	TOP	TOP
001	FRQ	FRQ	CCA	TOP	TOP
010		保留	—	—	—
011	SS	单斜率 PWM	PER	BOTTOM	BOTTOM

WGMODE[2:0]	组配置	操　作	Top	Update	溢出/事件
100		Reserved	—	—	—
101	DS_T	双斜率 PWM	PER	BOTTOM	TOP
110	DS_TB	双斜率 PWM	PER	BOTTOM	TOP
111	DS_B	双斜率 PWM	PER	BOTTOM	BOTTOM

(3)CTRLC——控制寄存器 C(图 2 - 13 - 19)

位	7	6	5	4	3	2	1	0	
+0x02	–	–	–	–	CMPD	CMPC	CMPB	CMPA	CTRLC
读/写	R	R	R	R	R/W	R/W	R/W	R/W	
初始值	0	0	0	0	0	0	0	0	

图 2 - 13 - 19　控制寄存器 C

Bit 7:4—保留。

Bit 3:0—CMPx,比较输出值。当定时器/计数器处于"关闭"状态时,这些位允许直接改变波形发生器的输出比较值。这是用来在定时器/计数器不运行时置位或清除波形产生输出值的。

(4)CTRLD——控制寄存器 D(图 2 - 13 - 20)

位	7	6	5	4	3	2	1	0	
+0x03	EVACT[2:0]			EVDLY	EVSEL[3:0]				CTRLD
读/写	R/W	R/W	R/W	R/W	R/W	R/W	R/W	R/W	
初始值	0	0	0	0	0	0	0	0	

图 2 - 13 - 20　控制寄存器 D

Bit 7:5—EVACT[2:0],事件行为。这些位设置了定时器的事件行为,见表 2 - 13 - 5。事件源选择设置将决定在这种情况下哪一个事件源或者其他源来控制事件行为。

表 2 - 13 - 5　定时器的事件行为选择

EVACT[2:0]	组配置	事件行为
000	OFF	没有
001	CAPT	输入捕获
010	UPDOWM	外部控制的向上/下计数
011	QDEC	正交解码
100	RESTART	重启波形周期
101	FRQ	频率捕获
110	PW	脉宽捕获
111		保留

选择任何的捕获事件行为都将改变 CCx 寄存器和相关的状态及用作捕获的控制位的行为。错误状态标志（ERRIF）在此配置中表示一个缓冲溢出。

Bit 4—EVDLY，定时器延时事件。当此位被置位，所选事件源被延时一个外设时钟周期。此功能是为 32 位输入捕捉操作设置的。当通过事件系统级联两个计数器时，添加事件的延时是必要的，可以弥补插入的传播时延。

Bit 3:0—EVSEL[3:0]，定时器事件源选择。这些位用来选择定时器/计数器的事件通道源。为了使选择的事件通道生效，事件行为位（EVACT）必须按照表 2-13-6 进行设置。当事件行为设置为捕获操作，所选的事件通道 n 将是 CC 通道 A 的事件源。事件通道(n+1)%8、(n+2)%8 和(n+3)%8 将是 CC 通道 B、C 和 D 的事件源。

表 2-13-6　定时器的事件源选择

EVSEL[3:0]	组配置	事件源
0000	OFF	空
0001		保留
0010		保留
0011		保留
0100		保留
0101		保留
0110		保留
0111		保留
1xxx	CHn	事件通道 n, n={0,…,7}

(5)CTRLE——控制寄存器 E（图 2-13-21）

位	7	6	5	4	3	2	1	0	
+0x04	–	–	–	–	–	–	–	BYTEM	CTRLE
读/写	R	R	R	R	R	R	R	R/W	
初始值	0	0	0	0	0	0	0	0	

图 2-13-21　控制寄存器 E

Bit 7:1—保留。

Bit 0—BYTEM，字节模式。使能 BYTEM，设置定时器/计数器为（8 位）模式。当任何一个 16 位定时器/计数器寄存器被访问时，设置此位将关闭临时寄存器（TEMP）的更新。此外，每个计数时钟后，该计数器寄存器（CNT）的高字节将被设置为 0。

(6)INTCTRLA——中断使能寄存器 A（图 2-13-22）

Bit 7:4—保留。

Bit 3:2—ERRINTLVL[1:0]，定时器错误中断级别。这些位使能定时器错误中断，并选择中断级别，中断级别的描述参考 2.11 节。

Bit 1:0—OVFINTLVL[1:0],定时器溢出/下溢中断级别。这些位使能定时器溢出/下溢中断,并选择中断级别,中断级别的描述参考 2.11 节。

位	7	6	5	4	3	2	1	0	
+0x06	–	–	–	–	ERRINTLVL[1:0]		OVFINTLVL[1:0]		INTCTRLA
读/写	R	R	R	R	R/W	R/W	R/W	R/W	
初始值	0	0	0	0	0	0	0	0	

图 2-13-22　中断使能寄存器 A

(7)INTCTRLB——中断使能寄存器 B(图 2-13-23)

位	7	6	5	4	3	2	1	0	
+0x07	CCDINTLVL[1:0]		CCCINTLVL[1:0]		CCBINTLVL[1:0]		CCAINTLVL[1:0]		INTCTRLB
读/写	R/W	R/W	R/W	R/W	R/W	R/W	R/W	R/W	
初始值	0	0	0	0	0	0	0	0	

图 2-13-23　中断使能寄存器 B

Bit 7:0—CCxINTLVL[1:0],定时器比较/捕获中断级别。这些位使能定时器比较/捕获中断,并选择中断级别,中断级别的描述参考 2.11 节。

(8)CTRLFCLR /CTRLFSET——控制寄存器 F 清零/置位(图 2-13-24)

位	7	6	5	4	3	2	1	0	
+0x08	–	–	–	–	CMD[1:0]		LUPD	DIR	CTRLFCLR
读/写	R	R	R	R	R	R	R/W	R/W	
初始值	0	0	0	0	0	0	0	0	

位	7	6	5	4	3	2	1	0	
+0x09	–	–	–	–	CMD[1:0]		LUPD	DIR	CTRLFSET
读/写	R	R	R	R	R/W	R/W	R/W	R/W	
初始值	0	0	0	0	0	0	0	0	

图 2-13-24　控制寄存器下清零/置位

该寄存器映射到两个 I/O 内存的地址,当写入的时候,一个是清零寄存器(CTRLxCLR),一个是置位寄存器(CTRLxSET)。读这两个内存地址返回结果。在置位寄存器中,对一个位写 1,对应的寄存器中该位置位;在清零寄存器中,对一个位写 1,对应的寄存器中该位清零。寄存器的每一个位的置位或清零不必通过读—修改—写来操作。

Bit 7:4—保留。

Bit 3:2—CMD[1:0],定时器/计数器命令。这些命令位可以通过软件来控制定时器的更新、重新启动和复位。这些命令位读取值总是 0。

表 2 - 13 - 7 命令选择

CMD	组配置	命令行为
00	NONE	没有
01	UPDATE	强制更新
10	RESTART	强制重启
11	RESET	强制硬复位（T/C 处于非"关闭"状态时将被忽略）

Bit 1—LUPD,锁定更新。当此位被置位,缓冲的寄存器将不会执行更新,即使一个 UPDATE 的条件已经发生。锁定更新时确保所有缓冲寄存器,包括 DTI 缓冲,在执行更新前是有效的。当输入捕获使能时,这一位没有作用。

Bit 0—DIR,计数方向。当这一位为 0 的时候,计数方向是向上的(不断增加),1 代表向下计数(不断减小)状态。通常这一位在硬件上受控于波形产生模式,或者事件行为,但是这一位也可以通过软件方式更改。

(9)CTRLGCLR /CTRLGSET——控制寄存器 G 清零 /置位(图 2 - 13 - 25)

位	7	6	5	4	3	2	1	0	
+0x0A/+0x0B	-	-	-	CCDBV	CCCBV	CCBBV	CCABV	PERBV	CTRLGCLR/SET
读/写	R	R	R	R/W	R/W	R/W	R/W	R/W	
初始值	0	0	0	0	0	0	0	0	

图 2 - 13 - 25 控制寄存器 G 清零/置位

访问这类寄存器,请参照"CTRLFCLR/CTRLFSET——控制寄存器 F 清零/置位"。

Bit 7:5—保留。

Bit 4:1—CCxBV,比较/捕获缓冲有效。当有新值写入相应的 CCxBUF 寄存器后,这些位被置位。这些位在 UPDATE 条件发生后自动清除。

注意:当使用输入捕获操作时,该位在捕获事件发生时置位。如果相应的 CCxIF 被清除,该位将清除。

Bit 0—PERBV,周期缓冲有效。当有新值写入相应的 PERBUF 寄存器后,这些位在 UPDATE 条件发生后自动清除。

(10)INTFLAGS——中断标志寄存器(图 2 - 13 - 26)

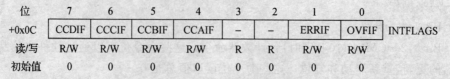

位	7	6	5	4	3	2	1	0	
+0x0C	CCDIF	CCCIF	CCBIF	CCAIF	-	-	ERRIF	OVFIF	INTFLAGS
读/写	R/W	R/W	R/W	R/W	R	R	R/W	R/W	
初始值	0	0	0	0	0	0	0	0	

图 2 - 13 - 26 中断标志寄存器

Bit 7:4—CCxIF,比较/捕获通道中断标志。当比较匹配或相应的 CC 通道发生了输入捕获事件时,比较/捕获中断标志(CCxIF)被置位。

对于除了捕获以外的其他所有操作模式,当计数寄存器(CNT)和相应的比较寄存器(CCx)之间发生比较匹配时,CCxIF 将被置位。当相应的中断向量被执行时,CCxIF 自动清除。

对于输入捕获操作,如果相应的比较缓冲寄存器包含了有效数据,CCxIF 将被置位(例如,CCxBV 被置位时)。当 CCx 寄存器被读取后,该标志将被清除。在这种操作模式下,执行中断向量并不会清除该标志。该标志也可以通过向该位的地址写 1 来清除。

CCxIF 标志可用于请求 DMA 传输。DMA 读取或写入相应的 CCX 或 CCx-BUF 将清除 CCxIF 并释放请求。

Bit 3:2—保留。

Bit 1—ERRIF,错误中断标志。ERRIF 的置位取决于不同模式的多种场合。

在 FRQ 或 PWM 波形产生模式下,ERRIF 在 AWeX 扩展的故障保护功能检测到故障时置位。对于没有使用 AWeX 扩展的定时器/计数器,在 FRQ 或 PWM 波形产生模式下永远不会置位。

对于捕获操作,如果任何一个 CC 通道的缓冲溢出,ERRIF 将被置位。

对于受事件控制的 QDEC 操作,一个不正确的索引信号出现时,ERRIF 将被置位。如果相应的中断向量被执行,ERRIF 将自动清除。该标志也可以通过向该位的地址写 1 来清除。

Bit 0—OVFIF:溢出/下溢中断标志。OVFIF 标志在到达 TOP(溢出)或 BOTTOM(下溢)条件时置位,这决定于波形模式的设置。如果相应的中断向量被执行,ERRIF 将自动清除。该标志也可以通过向该位的地址写 1 来清除。OVFIF 标志可用于请求 DMA 传输。DMA 写入 CNT 或 PER/ PERBUF 将清除 OVFIF 标志。

(11)TEMP——16 位访问的临时寄存器(图 2 - 13 - 27)

TEMP 寄存器用于 16 位单个周期从 CPU 对 16 位定时器/计数器寄存器访问。DMA 控制器有一个单独的临时存储寄存器。对于所有 16 位定时器/计数器只有一个共用的 TEMP 寄存器。

位	7	6	5	4	3	2	1	0	
+0x0F				TEMP[7:0]					TEMP
读/写	R/W	R/W	R/W	R/W	R/W	R/W	R/W	R/W	
初始值	0	0	0	0	0	0	0	0	

图 2 - 13 - 27　16 位访问的临时寄存器

(12)CNTH——计数寄存器 H(图 2 - 13 - 28)

CNTH 和 CNTL 这一对寄存器代表 2~15 位的 CNT。CNT 包含的是定时器/计数器的 16 位计数值。CPU 和 DMA 的写访问优先于对计数器计数、清除或计数器重加载。

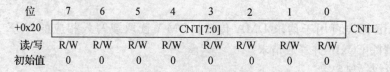

图 2 - 13 - 28　计数寄存器 H

Bit 7:0—CNT [15:8]。这些位包含的是 16 位计数器计数值的高 8 位。

(13)CNTL——计数寄存器 L(图 2 - 13 - 29)

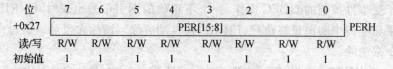

图 2 - 13 - 29　计数寄存器 L

Bit 7:0—CNT [7:0]。这些位包含的是 16 位计数器计数值的低 8 位。

(14)PERH——周期寄存器 H(图 2 - 13 - 30)

PERH 和 PERL 这一对寄存器代表的是 16 位的 PER 值。PER 包含的是定时器/计数器的 TOP 值。

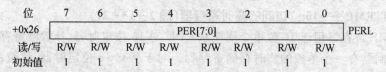

图 2 - 13 - 30　周期寄存器 H

Bit 7:0—PER [15:8]。这些位包含的是 16 位周期值的高 8 位。

(15)PERL——周期寄存器 L(图 2 - 13 - 31)

位	7	6	5	4	3	2	1	0	
+0x26				PER[7:0]					PERL
读/写	R/W	R/W	R/W	R/W	R/W	R/W	R/W	R/W	
初始值	1	1	1	1	1	1	1	1	

图 2 - 13 - 31　周期寄存器 L

Bit 7:0—PER [7:0]。这些位包含的是 16 位周期值的低 8 位。

(16)CCxH——比较或捕获寄存器 n H(图 2 - 13 - 32)

CCxH 和 CCxL 这一对寄存器代表的是 16 位的 CCx 值。这两个寄存器根据不同的操作模式,有两种功能。

对于捕获操作,这些寄存器构成第二级缓冲和 CPU、DMA 的访问点。

对于比较操作,这些寄存器不断与计数值(CNT)比较。通常比较器的输出用作波形产生。

当更新条件发生时,CCx 与相应 CCxBUF 寄存器的缓冲值更新。

位	7	6	5	4	3	2	1	0	
				CCx[15:8]					CCxH
读/写	R/W	R/W	R/W	R/W	R/W	R/W	R/W	R/W	
初始值	0	0	0	0	0	0	0	0	

图 2-13-32 比较或捕获寄存器 nH

Bit 7:0—CCx [15:8]。这些位包含的是 16 位比较/捕获寄存器的高 8 位。

(17)CCxL——比较或捕获寄存器 n L(图 2-13-33)

位	7	6	5	4	3	2	1	0	
				CCx[7:0]					CCxL
读/写	R/W	R/W	R/W	R/W	R/W	R/W	R/W	R/W	
初始值	0	0	0	0	0	0	0	0	

图 2-13-33 比较或捕获寄存器 nL

Bit 7:0—CCx [7:0]。这些位包含的是 16 位比较/捕获寄存器的低 8 位。

(18)PERBUFH——定时器/计数器周期缓冲寄存器 H(图 2-13-34)

PERBUFH 和 PERBUFL 这一对寄存器代表的是 16 位的 PERBUF 值。这个 16 位的寄存器作为周期寄存器(PER)的缓冲。使用 CPU 或 DMA 访问这两个寄存器的任何一个都会影响 PERBUFV 标志。

位	7	6	5	4	3	2	1	0	
+0X37				PERBUF[15:8]					PERBUFH
读/写	R/W	R/W	R/W	R/W	R/W	R/W	R/W	R/W	
初始值	1	1	1	1	1	1	1	1	

图 2-13-34 定时器/计数器周期缓冲寄存器 H

Bit 7:0—PERBUF [15:8]。这些位包含的是 16 位周期缓冲寄存器的高 8 位。

(19)PERBUFL——定时器/计数器周期缓冲寄存器 L(图 2-13-35)

位	7	6	5	4	3	2	1	0	
+0X36				PERBUF[7:0]					PERBUFL
读/写	R/W	R/W	R/W	R/W	R/W	R/W	R/W	R/W	
初始值	1	1	1	1	1	1	1	1	

图 2-13-35 定时器/计数器周期缓冲寄存器 L

Bit 7:0—PERBUF [7:0]。这些位包含的是 16 位周期缓冲寄存器的低 8 位。

(20)CCxBUFH——比较或捕获缓冲寄存器 H(图 2-13-36)

CCxBUFH 和 CCxBUFL 这一对寄存器代表的是 16 位的 CCxBUF 值。这个 16 位寄存器作为与之相关联的比较/捕获寄存器(CCx)的缓冲。使用 CPU 或 DMA 访问这两个寄存器的任何一个都会影响对应的 CCxBV 标志。

Bit 7:0—CCxBUF [15:8]。这些位包含的是 16 位比较或捕获缓冲寄存器的高 8 位。

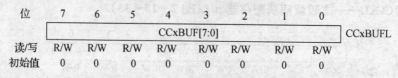

图 2 - 13 - 36　比较或捕获寄存器 H

(21)CCxBUFL——比较或捕获缓冲寄存器 L(图 2 - 13 - 37)

位	7	6	5	4	3	2	1	0	
				CCxBUF[7:0]					CCxBUFL
读/写	R/W	R/W	R/W	R/W	R/W	R/W	R/W	R/W	
初始值	0	0	0	0	0	0	0	0	

图 2 - 13 - 37　比较或捕获缓冲寄存器 L

Bit 7:0—CCxBUF [7:0]。这些位包含的是 16 位比较或捕获缓冲寄存器的低8位。

2.14　AWeX——高级波形扩展

1. 特　点

➤ 4 个死区插入(DTI)单元(8 pin):8 位分辨率;独立的高低边死区插入设置;死区双缓冲;死区内可中止定时器(可选)。

➤ 时间控制的故障保护。

➤ 单一通道多重输出(BLDC 控制)。

➤ 双缓冲的模式产生。

➤ 高分辨率扩展增加 PWM/FRQ 4 倍分辨率。

2. 概　述

高级波形扩展(AWeX)为定时器的波形产生模式(WG)提供了额外的功能。AWeX 简单而稳定地实现了电机(交流电机、无刷直流电机、开关磁阻电机及步进电机)的复杂控制和功率控制。

如图 2-14-1 所示,当 AWeX 功能被使能时,定时器 0 的每一个波形输出被分离成互补的一对输出。

这些输出对经过死区插入单元,可以产生正向低端和反向高端切换时的死区时间。死区插入单元将会根据端口设定覆写端口值。可以设置 I/O 的 INVEN 位使最后的输出反转。

模式产生单元可以在它连接的端口上产生一个同步的位。此外,比较通道 A 的输出波形可以分配给所有端口的引脚上,并且覆写端口值。当模式产生单元使能时 DTI 将被忽略。故障保护单元连接到事件系统,任何满足触发故障的事件,将停止

AWeX 输出。

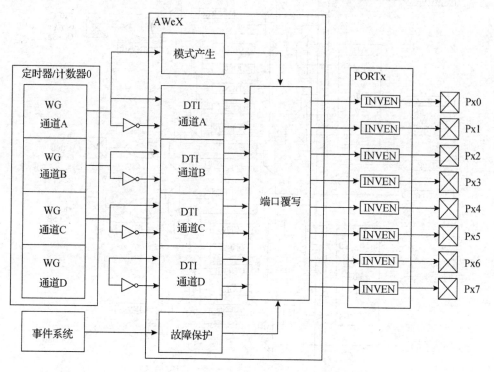

图 2 - 14 - 1　高级波形扩展及与之相关外设

3. 端口覆写

所有定时器/计数器的共同扩展功能就是覆写端口逻辑值。图 2 - 14 - 2 表示的是端口覆写逻辑的原理图。当死区使能位 DTIENx 被置位时,定时器/计数器扩展功能控制相应通道的一对引脚。

在这种条件下,输出覆写使能位(OOE)控制 CCxEN。注意,定时器 1(TCx1)仍可被使用,即使 DTI 通道 A、B、D 被使能。

4. 死区插入

死区插入(DTI)单元可以在正向低端(LS)和反向高端(HS)输出低的时候,产生关闭时间。这一"关闭"的时间称为死区时间,死区时间插入确保 LS 和 HS 的切换不同时进行。

死区插入(DTI)单元有 4 个相同的产生器,对应定时器/计数器的每一个通道。

图 2 - 14 - 3 表示的是一个死区时间产生的框图。死区时间寄存器定义了死区时间持续的外设时钟周期的个数,对 4 个通道是相同的。高端和低端拥有独立的死区时间设置,并且死区时间寄存器是双缓冲的。

AVR XMEGA高性能单片机开发及应用

138

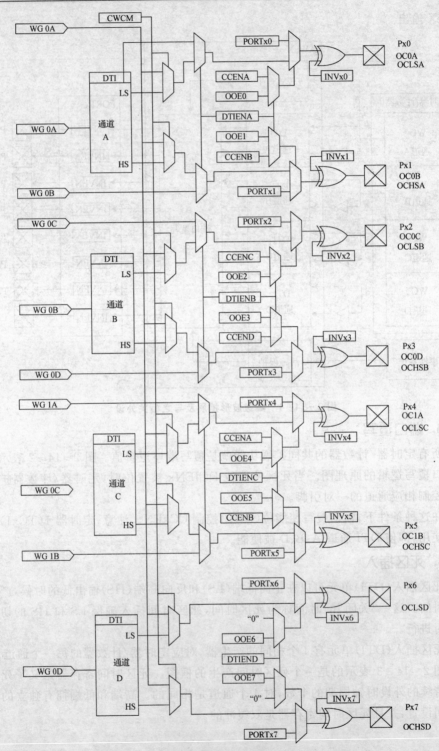

图 2 - 14 - 2　定时器/计数器扩展和端口覆写逻辑

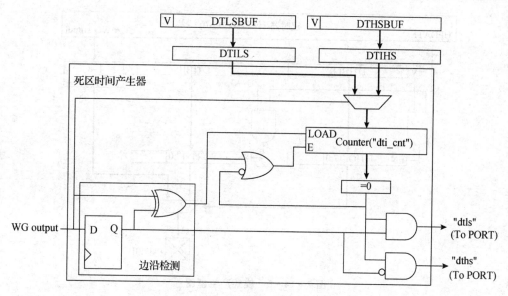

图 2 - 14 - 3　死区时间产生框图

如图 2 - 14 - 4 所示,8 位死区时间计数器(dti_cnt)对每一个外设时钟周期递减计数,直至达到零。一个非零的计数值将会迫使低端和高端进入各自的关闭状态。

当检测到输出变化时,死区时间计数器会根据输入的边沿重新加载 DTx 寄存器的数值。上升沿启动加载 DTLS 寄存器的值到计数器,下降沿启动加载 DTHS 寄存器的值到计数器。

139

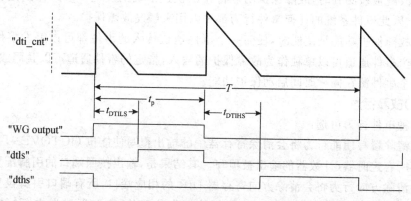

图 2 - 14 - 4　死区时间产生计数图

5. 模式产生

模式产生扩展复用 DTI 寄存器在连接的端口上产生一个同步的位模式,模式产生框图如图 2 - 14 - 5 所示。此外 CC 通道 A 的波形输出可以分配给所有端口的引脚上,并且覆写端口值。

这些功能主要用于处理在无刷直流电机和步进电机的换向。

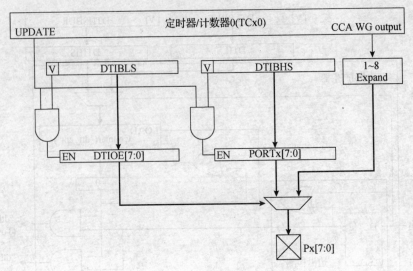

图 2 − 14 − 5　模式产生框图

多路器将从 CCA 通道输出波形到 OOE 被置位的相应端口引脚。其他类型定时器/计数器双缓冲寄存器的更新与波形生成模式设置的 UPDATE 条件同步。如果应用程序不要求提供同步,应用程序代码可以简单地直接访问 DTIOE 和 PORTx 寄存器。模式发生器的输出端口上的引脚方向寄存器必须置位,波形才可见。

6. 故障保护

当故障被检测到时,故障保护功能将作出快速准确的反应。故障保护是受事件控制的,因此事件系统的任何事件行为都可以用来触发故障保护。

当故障保护功能被使能时,任何一个事件通道传入的事件都可以触发事件的行为。每个事件通道可以单独作为故障保护的输入,指定的事件通道可以共同或运算,允许多个事件源在同一时间启动保护功能。

(1)故障行为

两种事件行为可选:

➤ 清除覆写使能行为将会清除寄存器中的输出覆写使能位 OUTOVEN,并禁止所有定时器/计数器的输出被覆写。其结果是,输出按照端口的引脚配置。

➤ 清除方向行为将会清除方向寄存器 DIR 的相应端口,所有端口引脚设置为三态输入。当故障检测到时,故障保护标志位置位,定时器错误中断标志位置位,可选的中断产生。

从时间产生到故障保护触发事件行为最多需要两个外设时钟周期。故障保护是完全独立的 CPU 和 DMA,但它需要外设时钟来运行。

(2)故障恢复模式

故障发生后,即当故障状态不再有效时,AWeX 和定时器/计数器有两种选择可以从故障状态恢复正常运作。两种不同的模式可供选择:

> 在锁存模式,波形输出将处于故障状态直到故障状态不再有效,并且故障标志 FDF 已经由软件清零。当这些条件都满足时,波形输出将在下次 UPDATE 条件发生后正常运行。

> 在逐周期波形输出模式,波形输出将处于故障状态直到故障状态不再有效。当这个条件得到满足,波形输出将在下次 UPDATE 条件发生后正常运行。

当进入故障状态,并且此时清除覆写使能被选择,OUTOVEN [7:0] 位将在下一次 UPDATE 条件发生后重新分配一个值。在模式产生模式,寄存器会根据 DTLSBUF 寄存器的值来恢复。否则,寄存器将根据被使能的 DTI 通道来恢复。

当进入故障状态,并且此时清除方向行为被选择,相应的 DIR [7:0] 位在模式产生模式,寄存器会根据 DTLSBUF 寄存器的值来恢复。引脚对相应的功能按照 DTI 通道来恢复。

在 UPDATE 条件时恢复正常操作和定时器/计数器 UPDATE 相同。

(3)更改保护

为了在故障保护时避免发生意外更改,AWeX 的所有控制寄存器可以受到保护,这是通过写相应的锁定寄存器来实现的。

当设置锁定位时,控制寄存器 A、输出覆写使能寄存器和故障保护事件掩码寄存器将不能更改。

为了在故障发生时,事件系统通道配置可以受到保护,通过写相应的事件系统锁定寄存器来实现。

(4)片内调试

当故障检测使能后,片内调试(OCD)系统从调试器接收一个中断请求,这种情况会被默认功能作为故障源。当一个 OCD 中断请求被接受,AWeX 及相应的定时器/计数器将进入故障状态,指定的错误行为将被执行。

当 OCD 退出中断条件,正常运作将会重新启动。在逐周期模式,波形将开始在退出中断后的第一次更新(UPDATE)条件后输出。而在锁存模式下,在输出被恢复之前,故障状态标志必须用软件清零。此功能保证了在中断后输出波形进入安全状态。

此功能可以禁用。

7. 寄存器描述

(1)CTRL——控制寄存器(图 2 - 14 - 6)

位	7	6	5	4	3	2	1	0	
+0x00	–	–	PGM	CWCM	DTICCDEN	DTICCCEN	DTICCBEN	DTICCAEN	CTRL
读/写	R	R	R/W	R/W	R/W	R/W	R/W	R/W	
初始值	0	0	0	0	0	0	0	0	

图 2 - 14 - 6　控制寄存器

Bit 7:6—RES,保留。

Bit 5—PGM,模型产生模式。设置这一位将使能模型产生模式。如果使能的话将覆写 DTI 输出,模型产生模式将复用死区插入使用的寄存器。

Bit 4—CWCM,普通波形通道模式。如果这一位被置位,比较捕获通道 CCA 的输出将作为死区插入产生单元的输入。CC 通道 B、C、D 将被忽略。

Bit 3:0—DTICCxEN,死区插入 CCx 使能。如果这些位被置位,将在相应的 CC 通道上产生死区时间,并覆写端口输出。

(2)FDEMASK——故障检测掩码寄存器(图 2 - 14 - 7)

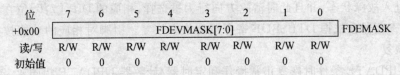

位	7	6	5	4	3	2	1	0	
+0x00				FDEVMASK[7:0]					FDEMASK
读/写	R/W	R/W	R/W	R/W	R/W	R/W	R/W	R/W	
初始值	0	0	0	0	0	0	0	0	

图 2 - 14 - 7　故障检测掩码寄存器

Bit 7:0—FDEVMASK[7:0],故障检测掩码。这些位使能相应的事件通道作为故障输入源。从所有事件通道来的事件将进行或运算,允许故障检测在同一时间有多个来源。当故障被检测到,故障检测标志位置位,故障检测行为(FDACT)将被执行。

(3)FDCTRL——故障检测控制寄存器(图 2 - 14 - 8)

位	7	6	5	4	3	2	1	0	
+0x03	–	–	–	FDDBD	–	FDMODE	FDACT[1:0]		FDCTRL
读/写	R	R	R	R/W	R	R/W	R/W	R/W	
初始值	0	0	0	0	0	0	0	0	

图 2 - 14 - 8　故障检测控制寄存器

Bit 7:5—RES,保留。

Bit 4—FDDBD,调试中断故障检测。默认情况下,当此位被清零,故障保护启用,OCD 中断请求被视为一个故障。当此位被置位,OCD 中断请求将不再是一个故障条件。

Bit 3—RES,保留。

Bit 2—FDMODE,故障保护重启模式。该位设置故障保护重启模式。当此位清零时,锁存模式被使用;而当此位置位时,逐周期模式被使用。

在锁存模式,波形输出将处于故障状态直到故障状态不再有效,并且故障标志已经由软件清零。当这些条件都满足时,波形输出将在下次 UPDATE 条件发生后正常运行。

在逐周期波形输出模式,波形输出将处于故障状态直到故障状态不再有效。当这个条件得到满足,波形输出将在下次 UPDATE 条件发生后正常运行。

Bit 1:0—FDACT[1:0],故障保护行为。这些位定义了故障条件检测到后将按照表 2-14-1 来执行。

表 2-14-1　故障行为

FDACT[1:0]	组配置	描　述
00	NONE	空(默认保护关闭)
01	CLEAROE	清除所有覆写使能位(OUTOVEN),即关闭输出覆写
11	CLEARDIR	清除所有使能的 DTI 通道的方向位(DIR),即三态输出

(4)STATUS——状态寄存器(图 2-14-9)

位	7	6	5	4	3	2	1	0	
+0x04	–	–	–	–	–	FDF	DTHSBUFV	DTLSBUFV	STATUS
读/写	R	R	R	R	R	R/W	R/W	R/W	
初始值	0	0	0	0	0	0	0	0	

图 2-14-9　状态寄存器

Bit 7:3——RES,保留。

Bit 2——FDF,故障检测标志。检测到故障检测条件时此标志置位,即当由 FDEVMASK 使能的事件通道中有一个事件被检测到。这个标志也可通过向该位写 1 来清零。

Bit 1——DTHSBUFV,死区时间高端缓冲有效。如果这位置位,相应的 DT 缓冲区被写入并包含在更新条件下将被复制到 DTHS 寄存器的有效数据。如果该位清零,将不实施任何行为。所连接的定时器/计数器的更新锁(LUPD)标志也影响到死区时间缓冲区的更新。

Bit 0——DTLSBUFV,死区时间低端缓冲有效。如果这位置位,相应的 DT 缓冲区被写入并包含在更新条件下将被复制到 DTLS 寄存器的有效数据。如果该位清零,将不实施任何行为。所连接的定时器/计数器的更新锁(LUPD)标志也影响到死区时间缓冲区的更新。

(5)DTBOTH——死区时间双端并发写寄存器(图 2-14-10)

位	7	6	5	4	3	2	1	0	
+0x06				DTBOTH[7:0]					DTBOTH
读/写	R/W	R/W	R/W	R/W	R/W	R/W	R/W	R/W	
初始值	0	0	0	0	0	0	0	0	

图 2-14-10　死区时间双端并发写寄存器

Bit 7:0——DTBOTH,死区时间双端。写入该寄存器将会在同一时间更新 DTHS 和 DTLS 寄存器。例如,同时进行 I/O 访问。

(6)DTBOTHBUF——死区时间双端并发写缓冲寄存器(图 2-14-11)

位	7	6	5	4	3	2	1	0	
+0x07				DTBOTHBUF[7:0]					DTBOTHBUF
读/写	R/W	R/W	R/W	R/W	R/W	R/W	R/W	R/W	
初始值	0	0	0	0	0	0	0	0	

图 2-14-11　死区时间双端并发写缓冲寄存器

Bit 7:0—DTBOTHBUF,死区时间双端缓冲。写入该寄存器将会在同一时间更新 DTHSBUF 和 DTLSBUF 寄存器。例如,同时进行 I/O 访问。

(7)DTLS——死区时间低端寄存器(图 2-14-12)

位	7	6	5	4	3	2	1	0	
+0x08				DTLS[7:0]					DTLS
读/写	R/W	R/W	R/W	R/W	R/W	R/W	R/W	R/W	
初始值	0	0	0	0	0	0	0	0	

图 2-14-12　死区时间低端寄存器

Bit 7:0—DTLS,死区时间低端。该寄存器控制低端的外设时钟数目。

(8)DTHS——死区时间高端寄存器(图 2-14-13)

位	7	6	5	4	3	2	1	0	
+0x09				DTHS[7:0]					DTHS
读/写	R/W	R/W	R/W	R/W	R/W	R/W	R/W	R/W	
初始值	0	0	0	0	0	0	0	0	

图 2-14-13　死区时间高端寄存器

Bit 7:0—DTHS,死区时间高端。该寄存器控制高端的外设时钟数目。

(9)DTLSBUF——死区时间低端缓冲寄存器(图 2-14-14)

位	7	6	5	4	3	2	1	0	
+0x0A				DTLSBUF[7:0]					DTLSBUF
读/写	R/W	R/W	R/W	R/W	R/W	R/W	R/W	R/W	
初始值	0	0	0	0	0	0	0	0	

图 2-14-14　死区时间低端缓冲寄存器

Bit 7:0—DTLSBUF,死区时间低端缓冲。该寄存器是 DTLS 寄存器的缓冲。如果双缓冲被使用,这个寄存器中的有效值将在 UPDATE 条件下复制到 DTLS 寄存器中。

(10)DTHSBUF——死区时间高端缓冲寄存器(图 2-14-15)

位	7	6	5	4	3	2	1	0	
+0x0B				DTHSBUF[7:0]					DTHSBUF
读/写	R/W	R/W	R/W	R/W	R/W	R/W	R/W	R/W	
初始值	0	0	0	0	0	0	0	0	

图 2-14-15　死区时间高端缓冲寄存器

Bit 7:0—DTHSBUF,死区时间高端缓冲。该寄存器是 DTHS 寄存器的缓冲。如果双缓冲被使用,这个寄存器中的有效值将在 UPDATE 条件下复制到 DTHS 寄存器中。

(11)OUTOVEN——输出覆写使能寄存器(图 2 - 14 - 16)

位	7	6	5	4	3	2	1	0	
+0x0C				OUTOVEN[7:0]					OUTOVEN
读/写	R/W①	R/W①	R/W①	R/W①	R/W①	R/W①	R/W①	R/W①	
初始值	0	0	0	0	0	0	0	0	

① 只有故障保护标志位 FDF 位为 0 时才能写入。

图 2 - 14 - 16 输出覆写使能寄存器

Bit 7:0—OUTOVEN[7:0],输出覆写使能。这些位使能相应端口寄存器的输出覆写。例如,一位对一位地对应到引脚所在位置。端口方向并没有被改写。

2.15 Hi-Res——高分辨率扩展

1. 特 点

➤ 增加波形发生器的分辨率 4 倍;
➤ 支持频率产生,单边沿双边沿 PWM 操作;
➤ 支持死期插入(AWeX);
➤ 支持模式产生(AWeX)。

2. 概 述

高分辨率扩展(Hi-Res)可以增加从定时器输出的波形的分辨率 4 倍。它可以使用在频率和 PWM 的产生,以及与其结合的 AWeX 中。高分辨率扩展使用时的定时器操作如图 2 - 15 - 1 所示。

Hi-Res 使用 4 倍的外设时钟。为了能达到 4 倍的外设时钟频率,当 Hi-Res 被使能时,系统时钟分频必须设置。

Hi-Res 的实现是定时器/计数器运行在 4 倍的普通速度下实现的。

当 Hi-Res 被使能时,计数器将会忽略它的最低 2 位,并且对每一个外设时钟计 4 个数。定时器/计数器可以实现上溢/下溢及计数器的高 14 位比较匹配。最低 2 位的计数和比较被接管,在 Hi-Res 运行中从 4 倍时钟里进行比较。

周期寄存器的最低 2 位必须设置为 0 以保证运作正常。当读取计数寄存器时,计数值最低 2 位总为 0。

高分辨率扩展有可以侦测短脉冲防止输出比外设时钟窄的脉冲,例如,比 4 小的比较值将不会有可见输出。

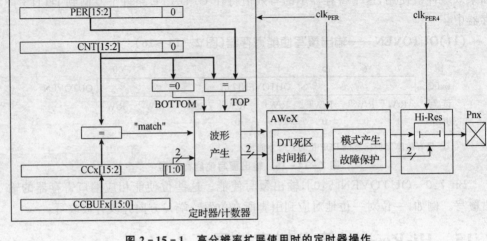

图 2 - 15 - 1　高分辨率扩展使用时的定时器操作

3. 寄存器描述

CTRLA——Hi-Res 控制寄存器 A(图 2 - 15 - 2)

位	7	6	5	4	3	2	1	0	
+0x06	–	–	–	–	–	–	HREN[1:0]		CTRLA
读/写	R	R	R	R	R	R	R/W	R/W	
初始值	0	0	0	0	0	0	0	0	

图 2 - 15 - 2　Hi-Res 控制寄存器 A

Bit 7:2—保留。

Bit 1:0—HREN[1:0],高分辨率扩展使能。根据表 2 - 15 - 1 对一个定时器/计数器设置高分辨率扩展模式。设置 1 位或者 2 位 HREN 位可以为 GPIO 产生高分辨率波形。这意味着如果两个定时器/计数器都用来产生 PWM 或者 FRQ,连接到同一端口的这两个定时器/计数器必须使能 Hi-Res。

表 2 - 15 - 1　高分辨率扩展使能

HREN[1:0]	高分辨率使能
00	空
01	定时计数器 0
10	定时计数器 1
11	定时计数器 0/1

2.16　RTC——实时计数器

1. 特　点

➢ 16 位分辨率；

➢ 可选时钟参考：32.768 kHz、1.024 kHz；

➢ 可编程预分频器；

➢ 1 个比较寄存器；

➢ 1 个周期寄存器；

➢ 定时器溢出清除；

➢ 溢出和比较匹配时可选中断/事件。

2. 概　述

实时计数器(RTC)是一个 16 位计数器，计数参考时钟周期，当它达到已配置的比较值和(或)TOP 值时，将产生一个事件和(或)一个中断请求。如图 2 - 16 - 1 所示，该参考时钟通常产生一个 32.768 kHz 的高精度晶振，设计为低功耗进行了优化。实时计数器通常在低功耗的睡眠模式，每隔一定时间记录时间，唤醒定时装置。

RTC 的参考时钟，可以使用 32.768 kHz 或者 1.024 kHz作为输入。外部 32.768 kHz 晶体振荡器或内部 RC 振荡器 32 kHz 都可以选择作为时钟源。可参

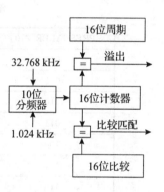

图 2 - 16 - 1　实时计数器概述

考 RTC CTRL 寄存器设置，该实时计数器具有可编程分频器，在到达计数器前对参考时钟进行分频。

RTC 可以产生比较和溢出中断请求和(或)事件。

(1)时钟域

实时计数器是异步的，也就是说它来源于不同于主系统时钟和外设时钟的时钟源。对于控制寄存器和计数寄存器的更新，在寄存器的值更新之前将会占用一些 RTC 时钟，直到配置生效。此同步时间在每个寄存器单独介绍。

(2)中断和事件

实时计数器可以产生中断和事件。当计数器的值等于比较寄存器的值时，RTC 将产生一个比较中断请求和(或)事件。当计数器的值等于周期寄存器的值时，RTC 将产生一个溢出中断请求和(或)事件。溢出也将计数器的值重置为零。

由于异步时钟域，如果周期寄存器的值是 0，事件只会在第三次溢出或比较后才产生。如果周期寄存器的值是 1，事件只会在第二次溢出或比较后才产生。如果周

期寄存器的值大于等于2,事件将会像中断请求一样在每次溢出或比较后产生。

3. 寄存器描述

(1)CTRL——实时计数器控制寄存器(图2-16-2)

位	7	6	5	4	3	2	1	0	
+0x00	–	–	–	–	–	PRESCALER[2:0]			CTRL
读/写	R	R	R	R	R	R/W	R/W	R/W	
初始值	0	0	0	0	0	0	0	0	

图 2-16-2　实时计数器控制寄存器

Bit 7:3—保留。

Bit 2:0—PRESCALER[2:0],RTC 时钟分频因子。这些位设置了 RTC 时钟分频因子,见表 2-16-1。

表 2-16-1　RTC 时钟分频因子

PRESCALER[2:0]	组配置	RTC 时钟分频
000	OFF	无时钟源,RTC 停止
001	DIV1	RTC 时钟不分频
010	DIV2	RTC 时钟 2 分频
011	DIV8	RTC 时钟 8 分频
100	DIV16	RTC 时钟 16 分频
101	DIV64	RTC 时钟 64 分频
110	DIV256	RTC 时钟 256 分频
111	DIV1024	RTC 时钟 1 024 分频

(2)STATUS——实时计数器状态寄存器(图2-16-3)

位	7	6	5	4	3	2	1	0	
+0x01	–	–	–	–	–	–	–	SYNCBUSY	STATUS
读/写	R	R	R	R	R	R	R	R/W	
初始值	0	0	0	0	0	0	0	0	

图 2-16-3　实时计数器状态寄存器

Bit 7:1—保留。

Bit 0—SYNCBUSY,RTC 同步忙标志。当 CNT、CTRL、PER 或 COMP 寄存器忙于在 RTC 时钟和系统时钟同步的时候,这一位会置位。

(3)INTCTRL——实时计数器中断控制寄存器(图2-16-4)

Bit 7:4—保留。

Bit 3:2—COMPINTLVL[1:0],RTC 比较匹配中断使能。这些位使能 RTC 比

较匹配中断,并选择中断级别,中断级别的描述参考 2.11 节。当 INTFLAGS 寄存器的 COMPIF 位被置位时,使能的中断将触发。

Bit 1:0—OVFINTLVL[1:0],RTC 溢出中断使能。这些位使能 RTC 溢出中断,并选择中断级别,中断级别的描述参考 2.11 节。

当 INTFLAGS 寄存器的 OVFIF 位被置位时,使能的中断将触发。

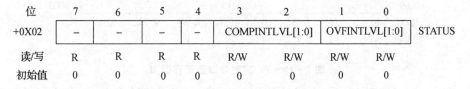

位	7	6	5	4	3	2	1	0	
+0X02	–	–	–	–	COMPINTLVL[1:0]		OVFINTLVL[1:0]		STATUS
读/写	R	R	R	R	R/W	R/W	R/W	R/W	
初始值	0	0	0	0	0	0	0	0	

图 2－16－4　实时计数器中断寄存器

(4)INTFLAGS—RTC 中断标志寄存器(图 2－16－5)

位	7	6	5	4	3	2	1	0	
+0x03	–	–	–	–	–	–	COMPIF	OVFIF	INTFLAGS
读/写	R	R	R	R	R	R	R/W	R/W	
初始值	0	0	0	0	0	0	0	0	

图 2－16－5　中断标志寄存器

Bit 7:2—保留。

Bit 1—COMPIF,RTC 比较匹配中断标志。此标志将在比较匹配的情况发生后置位。RTC 的比较匹配中断向量被执行时,该标志自动清除。该标志也可以通过向该位写 1 来清除。

Bit 0—OVFIF,RTC 溢出中断标志。此标志将在溢出条件发生后置位。RTC 的溢出中断向量被执行时,该标志自动清除。该标志也可以通过向该位写 1 来清除。

(5)TEMP——RTC 临时寄存器(图 2－16－6)

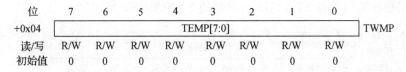

位	7	6	5	4	3	2	1	0	
+0x04				TEMP[7:0]					TWMP
读/写	R/W	R/W	R/W	R/W	R/W	R/W	R/W	R/W	
初始值	0	0	0	0	0	0	0	0	

图 2－16－6　临时寄存器

Bit 7:0—TEMP[7:0]:实时计数器临时寄存器。该寄存器用于 16 位寄存器的访问来获得计数值、比较值和周期寄存器 TOP 值。当低字节是由 CPU 写入时,该 16 位寄存器的低字节存储在这里。当 CPU 读取低字节时,该 16 位寄存器高字节被存储。请参阅 2.2 节的访问 16 位寄存器。

(6)CNTH——实时计数值寄存器 H(图 2－16－7)

CNTH 和 CNTL 这一对寄存器代表了 16 位的 CNT。CNT 对经过预分频的

RTC 时钟的上升沿计数。读/写 16 位值需要特别注意,请参阅 2.2 节的访问 16 位寄存器。

由于 RTC 时钟和系统时钟域需要同步,从更新到生效有两个 RTC 时钟周期的延时。应用程序需要检查 STATUS 寄存器的 SYNCBUSY 标志位。

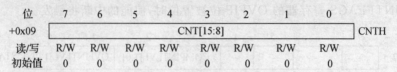

图 2 - 16 - 7　实时计数值寄存器 H

Bit 7:0—CNT[15:8],实时计数值高字节。这些位包含的是 16 位实时计数器计数值的高 8 位。

(7)CNTL——实时计数值寄存器 L(图 2 - 16 - 8)

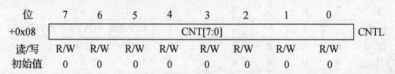

图 2 - 16 - 8　实时计数值寄存器 L

Bit 7:0—CNT[7:0],实时计数值低字节。这些位包含的是 16 位实时计数器计数值的低 8 位。

(8)PERH——实时计数周期寄存器 H(图 2 - 16 - 9)

PERH 和 PERL 这一对寄存器代表 2~15 位的周期值 PER。PER 持续和 CNT 比较,当匹配时 INTFLAGS 寄存器的溢出标志位 OVFIF 将置位并清除 CNT。读/写 16 位值需要特别注意,请参阅 2.2 节的访问 16 位寄存器。

由于 RTC 时钟和系统时钟需要同步,从更新到生效有两个 RTC 时钟周期的延时。应用程序需要检查 STATUS 寄存器的 SYNCBUSY 标志位。

位	7	6	5	4	3	2	1	0	
+0x0B				PER[15:8]					PERH
读/写	R/W	R/W	R/W	R/W	R/W	R/W	R/W	R/W	
初始值	0	0	0	0	0	0	0	0	

图 2 - 16 - 9　实时计数周期寄存器 H

Bit 7:0—PER[15:8],实时计数周期值高字节。这些位包含的是 16 位实时计数器计数周期值的高 8 位。

(9)PERL——实时计数周期寄存器 L(图 2 - 16 - 10)

Bit 7:0—PER[7:0],实时计数周期值低字节。这些位包含的是 16 位实时计数器计数周期值的低 8 位。

位	7	6	5	4	3	2	1	0	
+0x0A				PER[7:0]					PERL
读/写	R/W	R/W	R/W	R/W	R/W	R/W	R/W	R/W	
初始值	0	0	0	0	0	0	0	0	

图 2 – 16 – 10 实时计数周期寄存器 L

(10)COMPH——实时计数比较寄存器 H(图 2 – 16 – 11)

COMPH 和 COMPL 这一对寄存器代表 2～15 位的周期值 COMP。COMP 持续和 CNT 比较,当比较匹配时 INTFLAGS 寄存器的比较标志位 COMPIF 将置位。读/写 16 位值需要特别注意,请参阅 2.2 节的访问 16 位寄存器。

由于 RTC 时钟和系统时钟需要同步,从更新到生效有两个 RTC 时钟周期的延时。应用程序需要检查 STATUS 寄存器的 SYNCBUSY 标志位。

如果比较值 COMP 比周期值 PER 大,将没有比较匹配中断或者事件产生。

位	7	6	5	4	3	2	1	0	
+0x0D				COMP[15:8]					COMPH
读/写	R/W	R/W	R/W	R/W	R/W	R/W	R/W	R/W	
初始值	0	0	0	0	0	0	0	0	

图 2 – 16 – 11 实时计数比较寄存器 H

Bit 7:0—COMP[15:8],实时计数比较值高字节。这些位包含的是 16 位实时计数器计数比较值的高 8 位。

(11)COMPL——实时计数比较寄存器 L(图 2 – 16 – 12)

位	7	6	5	4	3	2	1	0	
+0x0C				COMP[7:0]					COMPL
读/写	R/W	R/W	R/W	R/W	R/W	R/W	R/W	R/W	
初始值	0	0	0	0	0	0	0	0	

图 2 – 16 – 12 实时计数比较寄存器 L

Bit 7:0—COMP[7:0],实时计数比较值低字节。这些位包含的是 16 位实时计数器计数比较值的低 8 位。

2.17 RTC32——32 位实时计数器

1. 特 点

➢ 32 位分辨率;
➢ 可选时钟参考:1.024 kHz、1 Hz;
➢ 1 个比较寄存器;
➢ 1 个周期寄存器;

➢ 定时器溢出清除；

➢ 溢出和比较匹配时可选中断/事件；

➢ 可在 V_{CC} 电源之间动态切换地隔离 V_{BAT} 电源域。

2. 概　述

如图 2-17-1 所示，32 位实时计数器（RTC）是一个 32 位计数器，计数参考时钟周期，当它达到已配置的比较值和（或）TOP 值时，将产生一个事件和（或）一个中断请求。该参考时钟通常产生于一个 32.768 kHz 的高精度晶振，设计为低功耗进行了优化。实时计数器通常在低功耗的睡眠模式，每隔一定时间记录时间，唤醒定时装置。

RTC 的参考时钟，可以使用 1.024 kHz 或 1 Hz（32.768 kHz 分频）作为输入。当计数器的值等于比较寄存器的值时，RTC 将产生一个比较中断请

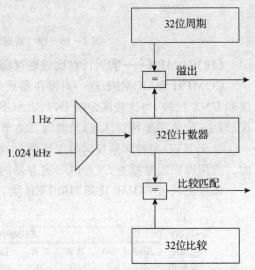

图 2-17-1　32 位实时计数器概述

求和（或）事件。当计数器的值等于周期寄存器的值时，RTC 将产生一个溢出中断请求和（或）事件。溢出也将计数器的值重置为零。

RTC 可以产生比较和溢出中断请求和（或）事件。

(1)时钟选择

这里必须使用外部 32.768 kHz 的晶振作为时钟源。RTC 时钟输入可以是 1.024 kHz 或 1 Hz。

(2)时钟域

实时计数器是异步的，也就是说它来源于不同于主系统时钟和外设时钟的时钟源。对于控制寄存器和计数寄存器的更新，在寄存器的值更新之前将会占用一些 RTC 时钟，直到配置生效。此同步时间在每个寄存器中单独介绍。

当任何控制和计数寄存器被访问（读取或写入）时，外设时钟必须是 RTC 时钟（1.024 kHz 或 1 Hz）的 8 倍，当计数寄存器被写入时速度最低需要 12 倍。

(3)电源域

使用 V_{BAT} 的电源域的 RTC 在没有 V_{CC} 电源时，也可正常工作。当使用 V_{BAT} 电源域时，只有 1 Hz 的时钟源可用。如果 V_{CC} 下降到低于器件的工作电压水平，动态电源切换可以从 V_{CC} 电源域自动切换到 V_{BAT} 电源域。当 V_{CC} 电压恢复正常时，电源自动切换回到 V_{CC}。

(4)中断和事件

实时计数器可以产生中断和事件。当计数器的值等于比较寄存器的值时，RTC

将产生一个比较中断请求和(或)事件。当计数器的值等于周期寄存器的值时,RTC将产生一个溢出中断请求和(或)事件。溢出也将计数器的值重置为零。

　　由于异步时钟域,如果周期寄存器的值是 0,事件只会在第 3 次溢出或比较后才产生。如果周期寄存器的值是 1,事件只会在第 2 次溢出或比较后才产生。如果周期寄存器的值大于等于 2,事件将会像中断请求一样在每次溢出或比较后产生。

3. 寄存器描述

(1)CTRL——控制寄存器(图 2 – 17 – 2)

位	7	6	5	4	3	2	1	0	
+0x00	–	–	–	–	–	–	–	ENABLE	CTRL
读/写	R	R	R	R	R	R	R	R/W	
初始值	0	0	0	0	0	0	0	0	

图 2 – 17 – 2　控制寄存器

Bit 7:1—保留。

Bit 0—ENABLE,RTC 使能。对此位置位将使能 RTC。实时时钟和系统时钟域之间的同步时间(从写寄存器开始到它在 RTC 时钟域生效)是 1.5 倍 RTC 时钟周期,例如,直到 RTC 开始计数。

为了使 RTC 启动计数,PER 寄存器的数值不能是 0。

(2)SYNCCTRL——同步控制/状态寄存器(图 2 – 17 – 3)

位	7	6	5	4	3	2	1	0	
+0x01	–	–	–	SYNCCNT	–	–	–	SYNCBUSY	SYNCCTRL
读/写	R	R	R	R/W	R	R	R	R/W	
初始值	0	0	0	0	0	0	0	0	

图 2 – 17 – 3　同步控制/状态寄存器

Bit 7:5—保留。

Bit 4—SYNCCNT,使能 CNT 寄存器的同步。对此位置位将启动 CNT 寄存器从 RTC 时钟到系统时钟域的同步。同步完成后该位自动清零。

Bit 3:1—保留。

Bit 0—SYNCBUSY,RTC 同步忙标志。当 CNT 或 CTRL 寄存器忙于在 RTC时钟和系统时钟同步的时候,这一位会置位。对 CTRL 寄存器写操作触发 CTRL 同步。对 CNT 寄存器写入高字节触发 CNT 寄存器的同步。

(3)INTCTRL——中断控制寄存器(图 2 – 17 – 4)

Bit 7:4—保留。

Bit 3:2—COMPINTLVL[1:0],RTC 比较匹配中断使能。这些位使能 RTC 比较匹配中断,并选择中断级别,中断级别的描述参考 2.11 节。当 INTFLAGS 寄存器的 COMPIF 位被置位时,使能的中断将触发。

Bit 1:0—OVFINTLVL[1:0],RTC 溢出中断使能。这些位使能 RTC 溢出中断,并选择中断级别,中断级别的描述参考 2.11 节中断和可编程多级中断。

当 INTFLAGS 寄存器的 OVFIF 位被置位时,使能的中断将触发。

位	7	6	5	4	3	2	1	0	
+0x02	–	–	–	–	COMPINTLVL[1:0]		OCINTLVL[1:0]		SYNCCTRL
读/写	R	R	R	R	R/W	R/W	R/W	R/W	
初始值	0	0	0	0	0	0	0	0	

图 2-17-4　中断控制寄存器

(4)INTFLAGS——RTC 中断标志寄存器(图 2-17-5)

位	7	6	5	4	3	2	1	0	
+0x03	–	–	–	–	–	–	COMPIF	OVFIF	SYNCCTRL
读/写	R	R	R	R	R	R	R/W	R/W	
初始值	0	0	0	0	0	0	0	0	

图 2-17-5　RTC 中断标志寄存器

Bit 7:2—保留。

Bit 1—COMPIF,RTC 比较匹配中断标志。此标志将在比较匹配的情况发生后置位。RTC 的比较匹配中断向量被执行时,该标志自动清除。该标志也可以通过向该位写 1 来清除。

Bit 0—OVFIF,RTC 溢出中断标志。此标志将在溢出条件发生后置位。RTC 的溢出中断向量被执行时,该标志自动清除。该标志也可以通过向该位写 1 来清除。

(5)CNT3——计数寄存器 3(图 2-17-6)

寄存器 CNT3、CNT2、CNT1 和 CNT0 代表了 32 位的 CNT。CNT 对经过预分频的 RTC 时钟的上升沿计数。对 CNT3 写操作将触发 CNT 同步新值到 RTC 时钟时钟域。从更新寄存器到新值在 RTC 时钟域生效,需要至少 12 个外设时钟的同步时间。如果同步标志位 SYNCBUSY 被置位,写操作将被阻止。

CNT 值从 RTC 时钟域到系统时钟域的同步是通过向 CTRL 寄存器的 SYNC-CNT 位写 1 来实现的。CNT 寄存器更新同步需要 8 个外设时钟。当写完 CNT 寄存器的高字节后,OVFIF、COMPIF 以及溢出和比较匹配唤醒条件将失效 2 个 RTC 时钟周期。

位	7	6	5	4	3	2	1	0	
+0x07				CNT[31:24]					CNT3
读/写	R/W	R/W	R/W	R/W	R/W	R/W	R/W	R/W	
初始值	0	0	0	0	0	0	0	0	

图 2-17-6　计数寄存器 3

(6)CNT2——计数寄存器 2(图 2 - 17 - 7)

位	7	6	5	4	3	2	1	0	
+0x06				CNT[23:16]					CNT2
读/写	R/W	R/W	R/W	R/W	R/W	R/W	R/W	R/W	
初始值	0	0	0	0	0	0	0	0	

图 2 - 17 - 7　计数寄存器 2

(7)CNT1——计数寄存器 1(图 2 - 17 - 8)

位	7	6	5	4	3	2	1	0	
+0x05				CNT[15:8]					CNT1
读/写	R/W	R/W	R/W	R/W	R/W	R/W	R/W	R/W	
初始值	0	0	0	0	0	0	0	0	

图 2 - 17 - 8　计数寄存器 1

(8)CNT0——计数寄存器 0(图 2 - 17 - 9)

位	7	6	5	4	3	2	1	0	
+0x04				CNT[7:0]					CNT0
读/写	R/W	R/W	R/W	R/W	R/W	R/W	R/W	R/W	
初始值	0	0	0	0	0	0	0	0	

图 2 - 17 - 9　计数寄存器 0

(9)PER3——周期寄存器 3(图 2 - 17 - 10)

寄存器 PER3、PER2、PER1 和 PER0 代表 32 位的 PER 值。PER 持续和 CNT 比较,当匹配时 INTFLAGS 寄存器的溢出标志位 OVFIF 将置位并清除 CNT。周期寄存器只有当 RTC 使能关闭和非同步的时候才可写,例如,当 ENABLE 和 SYNCBUSY 都是 0 的时候。

当写完 PER 寄存器的高字节后,OVFIF、COMPIF 以及溢出和比较匹配唤醒条件将失效 2 个 RTC 时钟周期。

重启后该寄存器为 0x0000,在使能 RTC 启动计数之前要对该寄存器设置非零值。

位	7	6	5	4	3	2	1	0	
+0x0B				PER[31:24]					PER3
读/写	R/W	R/W	R/W	R/W	R/W	R/W	R/W	R/W	
初始值	0	0	0	0	0	0	0	0	

图 2 - 17 - 10　周期寄存器 3

(10)PER2——周期寄存器 2(图 2 - 17 - 11)

位	7	6	5	4	3	2	1	0	
+0x0A				PER[23:16]					PER2
读/写	R/W	R/W	R/W	R/W	R/W	R/W	R/W	R/W	
初始值	0	0	0	0	0	0	0	0	

图 2 - 17 - 11　周期寄存器 2

(11)PER1——周期寄存器1(图2-17-12)

位	7	6	5	4	3	2	1	0	
+0x09				PER[15:8]					PER1
读/写	R/W	R/W	R/W	R/W	R/W	R/W	R/W	R/W	
初始值	0	0	0	0	0	0	0	0	

图 2-17-12　周期寄存器 1

(12)PER0——周期寄存器0(图2-17-13)

位	7	6	5	4	3	2	1	0	
+0x08				PER[7:0]					PER0
读/写	R/W	R/W	R/W	R/W	R/W	R/W	R/W	R/W	
初始值	0	0	0	0	0	0	0	0	

图 2-17-13　周期寄存器 0

(13)COMP3——比较寄存器3(图2-17-14)

寄存器 COMP0、COMP1、COMP2 和 COMP3 代表 32 位的比较值 COMP。COMP 寄存器持续和计数值 CNT 进行比较,比较匹配时将对 INTFLAGS 寄存器的 COMPIF 标志位置位,同时产生中断或事件。

当写完 COMP 寄存器的高字节后,OVFIF、COMPIF 以及溢出和比较匹配唤醒条件将失效 2 个 RTC 时钟周期。

位	7	6	5	4	3	2	1	0	
+0x0F				COMP[31:24]					COMP3
读/写	R/W	R/W	R/W	R/W	R/W	R/W	R/W	R/W	
初始值	0	0	0	0	0	0	0	0	

图 2-17-14　比较寄存器 3

(14)COMP2——比较寄存器2(图2-17-15)

位	7	6	5	4	3	2	1	0	
+0x0E				COMP[23:16]					COMP2
读/写	R/W	R/W	R/W	R/W	R/W	R/W	R/W	R/W	
初始值	0	0	0	0	0	0	0	0	

图 2-17-15　比较寄存器 2

(15)COMP1——比较寄存器1(图2-17-16)

位	7	6	5	4	3	2	1	0	
+0x0D				COMP[15:8]					COMP1
读/写	R/W	R/W	R/W	R/W	R/W	R/W	R/W	R/W	
初始值	0	0	0	0	0	0	0	0	

图 2-17-16　比较寄存器 1

(16)COMP0——比较寄存器 0(图 2 - 17 - 17)

位	7	6	5	4	3	2	1	0	
+0x0C				COMP[7:0]					COMP0
读/写	R/W	R/W	R/W	R/W	R/W	R/W	R/W	R/W	
初始值	0	0	0	0	0	0	0	0	

图 2 - 17 - 17　比较寄存器 0

2.18　TWI——两线串行接口

1. 特　点

➢ 完全独立的主机和从机操作；

➢ 多主机,单主机或仅有从机操作；

➢ 兼容 I^2C；

➢ 兼容 SMBus；

➢ 在系统时钟低频率时支持 100 kHz 和 400 kHz；

➢ 斜率受控的输出驱动器；

➢ 输入过滤器提供噪声抑制；

➢ 7 位硬件地址识别；

➢ 用于存放地址掩码或双地址匹配的地址掩码寄存器；

➢ 支持 10 位寻址；

➢ 提供数量不限的从地址识别；

➢ 从机可以运行在所有的睡眠模式,包括掉电模式；

➢ 支持启动/重复启动和数据位(SMBus)之间的仲裁；

➢ 从机仲裁支持地址解析协议(ARP)(SMBus)。

2. 概　述

两线接口(TWI)是双向的 2 线总线通信,兼容 I^2C 和 SMBus。

连接到总线的设备必须作为一个主机或从机。主机通过总线向从机发送地址启动数据传输,并告诉从机主机是否发送或接收数据。一个总线可以有几个主机,如果两个或更多个主机尝试在同一时间传送数据,将由仲裁程序处理优先级。

在 XMEGA 中,TWI 模块同时具备主机和从机的功能。主机和从机功能上是独立的,可以单独启用。它们有独立的控制寄存器、状态寄存器及中断向量。硬件可以检测到仲裁丢失、错误、总线上的碰撞和时钟保持,并且在主从机各自的状态寄存器中指出。

主机模块包含一个波特率发生器用来产生灵活的时钟。低系统时钟频率下支持 100 kHz 和 400 kHz。快速指令和智能模式可自动触发,以降低软件复杂性。

对于从机,硬件实现 7 位地址和一般地址呼叫。10 位寻址也得到支持。一个专门的地址掩码寄存器可以作为第二个地址匹配寄存器,也可以作为从机的地址掩码寄存器用来匹配地址范围。从机可以运行在所有的睡眠模式,包括掉电模式。睡眠时 TWI 地址匹配从机可以被唤醒,完全可以禁用地址匹配,在程序中进行处理,这使得从机可以检测和响应几个地址。智能模式可自动触发操作,以降低软件复杂性。

TWI 模块包含总线状态逻辑,其收集信息以检测 START 和 STOP 的条件、总线碰撞和错误。这用来在主模式时确定总线状态(空闲、占用、忙碌或未知)。总线状态逻辑可以运行在所有的睡眠模式,包括掉电模式。

可以禁用设备内部 TWI 的驱动,启用 4 线接口来连接外部总线驱动。

3. TWI 总线的定义

两线接口(TWI)是两根双向总线,它包括一个串行时钟线(SCL)和一个串行数据线(SDA),如图 2 - 18 - 1 所示。这两条线是集电极开路(线与),驱动总线的唯一外部元件是上拉电阻(R_p)。当没有 TWI 器件连接到总线时,上拉电阻将提供给总线一个高电平。一个恒流源可以选择作为上拉电阻。

TWI 总线是串行总线上互连多个设备的一个简单而有效的方法。一个设备连接到总线可以是主机或从机,其中主机控制总线和所有的通信。

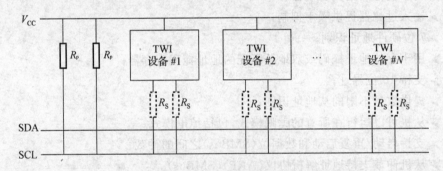

图 2 - 18 - 1　TWI 总线的拓扑

所有连接到总线的从机将被分配一个唯一的地址,主机会用该地址来呼叫从机及启动数据传输。7 位或 10 位寻址都可使用。

多个主机可以连接到同一总线,这被称为多主机环境。仲裁机制可以解决主机之间的总线占用问题,因为任何时刻只能有一个主机占用总线。

一个设备可以同时包含主机和从机的功能,还可以通过响应多个地址来模拟多个从机。

如图 2 - 18 - 2 所示,主机在总线上发出 START 信号以启动数据传输,主机发送带有从机地址(ADDRESS)及主机是否愿意读/写(R/W)的一个数据包。当所有的数据(DATA)传送完后,由主机在总线上发出 STOP 信号以停止数据传输,接收方必须应答(A)或者不应答(NACK)接收到的每个字节。

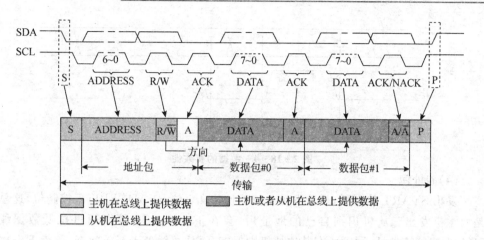

图 2 - 18 - 2　TWI 的传输拓扑图

主机提供了传输所需的时钟信号,而从机可以拉低 SCL、延长时钟周期来降低数据传送速度。

(1)电气特性

XMEGA 的 TWI 符合电气规范及 I²C 和 SMBus 的时序。这些规范不是 100% 兼容,为保证正确的行为,不活跃的总线超时期限应在 TWI 主模式设置。

(2)START 和 STOP 状态

表示数据传输的 START 和 STOP 状态需要两根独立的总线,如图 2 - 18 - 3 所示。主机通过将 SDA 线由高拉低,发出一个 START 状态,而 SCL 线保持高电平。主机通过将 SDA 线由低拉高,发出一个 STOP 状态,而 SCL 线保持高电平。

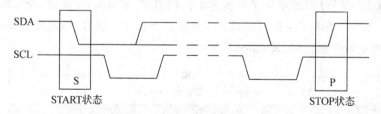

图 2 - 18 - 3　START/STOP 状态

只有一个传输数据时,允许多个 START 状态。在 START 与 STOP 状态之间发出一个新的 START 状态,这被称为 REPEATED START 状态。

(3)位传输

正如图 2 - 18 - 4 所示,SDA 线在 SCL 处于高电平时不能发生电平改变。因此,SDA 的电平只能在 SCL 低电平时发生改变。由 TWI 模块在硬件上保证这一点。

地址和数据包的形成是按位组合的。所有在 TWI 总线上传送的数据包为 9 位,包括 8 位数据位(1 个字节—MSB)及 1 位应答位。所有的从机在 ACK 周期(第 9 个时钟)内通过拉低 SDA 作出应答,保持 SDA 为高不应答。

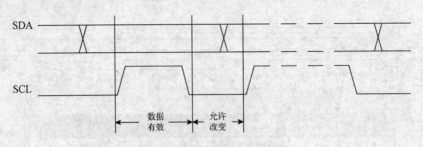

图 2 - 18 - 4　数据的有效性

(4)地址包

发出 START 状态后,接着发出 7 位地址位和 1 位 READ/WRITE 控制位,这总是由主机发出。从机识别自己的地址后,会在下一个 SCL 周期通过拉低数据线 SDA 来应答该地址,同时所有其他从机则保持 TWI 总线处于释放状态,等待下一次 START 状态到来。7 位地址、R/W 位和应答位的组合就是地址数据包。对每一次发出 START 状态后,只能有一个地址数据包,使用 10 位地址时也如此。

R/W 位指明数据传输方向。如果 R/W 是 0,它表明主机是写数据,等待从机发出应答信号后主机会传输数据。相反,如果 R/W 是 1,它表明主机是读操作,等待从机发出应答信号后从机会传输数据。

(5)数据包

所有在 TWI 总线上传送的数据包为 9 位,包括 8 位数据位及 1 位应答位。

(6)传　输

从 START 到 STOP 状态是一个完整的传输,其中间包括任意个 Repeated START 状态。TWI 标准定义了三种基本传输模式:主机写,主机读,合并传输。

图 2 - 18 - 5 说明了主机写模式。主机发送 START 信号后,紧接着发送带有方向位为 0 的地址数据包(ADDRESS＋W)。

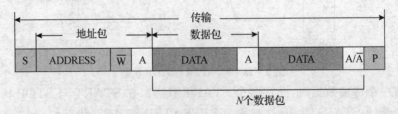

图 2 - 18 - 5　主机发送模式下的数据传输

从机应答地址后,主机就可以开始传输数据(DATA),从机会应答或者不应答(ACK/NACK)每个字节。如果没有数据包要传输,主机直接在地址包后发出 STOP 信号终结数据传输。传输的数据包的数量没有限制。如果从机对数据发出 NACK 应答,主机必须假设从机不能再接收更多的数据了,并终止传输。

图 2 - 18 - 6 说明了主机接收模式下的数据传输。主机发送 START 信号后,紧接着发送带有方向位为 1 的地址数据包(ADDRESS＋R)。被寻址的从机必须应答

主机是否被允许传输。

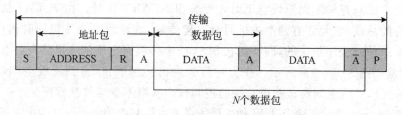

图 2 - 18 - 6　主机读模式的数据传输

如果从机应答了地址,主机可以开始接收从机发来的数据。传输的数据包的数量没有限制。从机发送数据,同时主机对接收的每一个字节数据发出 ACK 或 NACK 应答。主机在终结传输时,发出 NACK 应答,然后才发出 STOP 信号。

图 2 - 18 - 7 说明了合并模式的数据传输。合并传输由几个读/写传输组成,相隔一个 Repeated START 信号。

图 2 - 18 - 7　合并传输

(7)时钟和时钟延长

连接到总线上的所有设备都可以延长时钟信号的低电平来放慢整体时钟频率或在处理数据的同时插入等待信号。需要延长时钟的从机可以在检测到 SCL 线出现低电平后,强制拉低 SCL 线来实现。三种类型的时钟延长如图 2 - 18 - 8 所示。

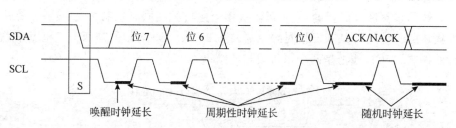

图 2 - 18 - 8　时钟延长

如果从机处于睡眠模式并检测到 START 信号,唤醒周期被延长。

从机可以通过延长时钟周期来放慢总线频率,这使得从机可以运行在一个较低的系统时钟频率。不过,总线的整体性能也下降了。无论是主机还是从机,可以在一个字节的基础上,ACK/NACK 位前或后,随意延长时钟。这为处理传入或准备传出数据,或执行其他关键任务提供了时间。

在从机延长时钟周期的情况下,主机会被强制进入等待状态,直到从机准备好,反之亦然。

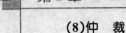

(8)仲　裁

一个主机只有检测到总线空闲时才能发出 START 信号。由于 TWI 总线是一个多主机的总线,它允许有两个主机同时发起传输,这导致多个主机同时占用总线。这是用一个仲裁程序解决的,即不能在 SDA 线上传输高电平的主机将失去总线控制权,其仲裁如图 2-18-9 所示。失去仲裁的主机必须等待,直到总线空闲(即等待 STOP 信号),然后重新尝试获得总线的控制权。从机不参与仲裁程序。

图 2-18-9 显示了两个 TWI 的主机争夺总线控制权的例子。这两个主机都可以发出一个 START 信号,但主机 1 试图传输高电平(第 5 位)时主机 2 正在传输低电平。

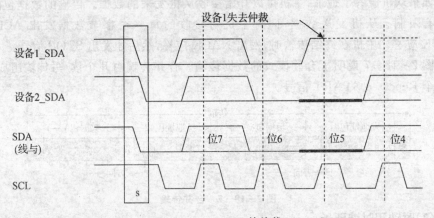

图 2-18-9　TWI 的仲裁

重复 START 信号和数据位之间,STOP 信号和数据位之间,或重复 START 信号和 STOP 信号之间不允许仲裁,需要通过软件进行特殊处理。

(9)同　步

时钟同步算法是必要的,它可以解决多个主机试图同时控制 SCL 线。该算法和前面描述的时钟延长是基于相同的原则。图 2-18-10 表示的是两个主机竞争总线时钟的控制。SCL 线上是两个主机线与的结果。

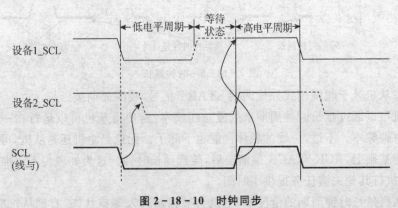

图 2-18-10　时钟同步

SCL 线上由高到低的电平转变会强制总线上的主机拉低,并且开始对低电平计时。不同主机间的低电平时长可能不同。当一个主机(以设备 1 为例)完成了低电平周期会释放 SCL 线。

SCL 线不会跳到高电平,直到所有主机都释放掉 SCL 线。SCL 线将会被保持低电平时间最长的(设备 2)占有。低电平保持时间最短的需要插入等待状态直到时钟释放。在 SCL 线被所有设备释放并且变为高电平后,所有主机开始处于高电平。首先结束高电平状态的主机(设备 1)拉低时钟线,过程开始重复。时钟周期最短的设备决定高电平,而低电平由时钟周期最长的设备决定。

4. TWI 的总线状态逻辑

当主机使能后,总线逻辑持续监测 TWI 总线的活动。在所有睡眠模式,包括电源休眠,仍将保持检测。总线状态逻辑包括 START 和 STOP 条件探测、碰撞检测、总线空闲超时检测和位计数器。这可以用来决定总线的状态。程序可以通过读取主机状态寄存器的总线状态位获得当前总线的状态。总线状态可以是"未知"、"空闲"、"忙"、"占用",由图 2-18-11 所示的状态转移图决定。

系统复位后,总线状态是未知的。总线状态可以通过写入相应的总线状态位强制总线进入空闲状态。如果程序没有

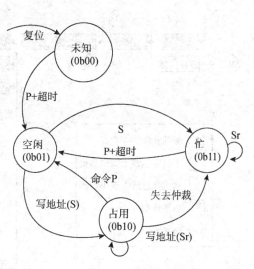

图 2-18-11　总线状态转移图

设置总线的状态,总线会在接收到 STOP 信号后进入空闲状态。如果总线设置了空闲超时,当时间超时,总线进入空闲状态。进入已知的状态后,总线状态不会有其他状态再进入未知状态。只有系统重启或者关闭 TWI 主机模式才会将总线置于未知状态下。

当总线空闲时,就已经为新的数据传输做好准备。如果 START 信号从外部产生,总线开始处于忙状态,直到检测到 STOP 信号。STOP 信号将改变总线进入空闲状态。

如果 START 信号是内部产生,而总线处于闲置状态,此时总线进入占有状态。如果数据传输完成没有受到干扰,例如,没有碰撞检测,主机会发出 STOP 信号,总线回到闲置状态。如果检测到碰撞,仲裁丢失,总线状态变成忙状态,直到检测到 STOP 信号。如果仲裁在重复 START 信号发送期间丢失,一个重复 START 信号将只更改总线状态。

5. TWI 主机操作

TWI 主机是按字节传输数据的,每个字节都会产生中断。主机读和主机写有单独的中断。中断标志也可用于查询操作。ACK / NACK 接收、总线错误、仲裁丢失、时钟保持和总线状态标志都有专门的标志位。

当一个中断标志置位,SCL 线被拉低。这会给主机时间回应或处理任何数据,并在大多数情况下需要程序的协助。图 2 - 18 - 12 显示了 TWI 主机操作,其中菱形符号(SW)表明程序的协助是必需的。清除中断标志,释放 SCL 线。

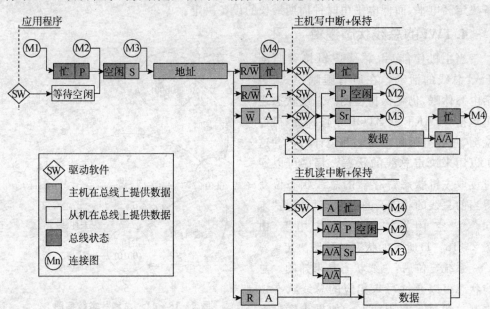

图 2 - 18 - 12　TWI 的主机操作

中断产生的次数保持在最少,以便大多数情况下可以自动处理。快速指令和智能模式可自动触发操作,减少程序的复杂性。

(1)传输地址的数据包

发出一个 START 信号后,主机在写入地址寄存器和方向位后,开始执行总线数据传输。如果 TWI 总线忙,主机会等到总线空闲。当总线空闲时,主机会在发送地址之前,发出一个 START 信号。

根据仲裁和 R/W 的方向位,在以下 4 种不同的情况下,必须在程序里进行处理。

① 情况 1:地址包发送过程中仲裁丢失或总线错误。

如果发送地址数据包时,仲裁丢失,主机写中断标志和仲裁丢失标志都会置位。输出到 SDA 线的串行数据被禁止的同时 SCL 线被释放。主机不再允许执行任何操作,直到总线状态变回闲置。

总线错误和仲裁丢失的情况同样处理,但除了主机写中断标志和仲裁丢失标志

外还会置位总线错误标志。

② 情况 2:地址发送数据包完成—从机没有对地址确认。

如果没有从机应答地址,主机写中断标志和主机接收应答标志置位。这时保持时钟防止总线的进一步操作。

③ 情况 3:地址发送数据包完成—方向位清零。

如果主机收到 ACK,主机写中断标志置位,主机接收应答标志位被清除。这时保持时钟防止总线的进一步操作。

④ 情况 4:地址发送数据包完成—方向位置位。

如果主机收到 ACK,主机准备接收下一个字节的数据。当收到第一个字节,主机读中断标志置位,主机接收应答标志被清除。这时保持时钟防止总线的进一步操作。

(2)传输数据包

假设出现上述情况 3 出现,主机通过写入主机数据寄存器启动数据传输。如果传输成功,从机会返回 ACK 信号。主机写中断标志置位,主机接收应答标志被清除,主机可以准备新的数据发送。在数据传输过程中,主机不断检测总线上的碰撞。

发送下一个数据包之前必须检查收到的应答标志,如果从机发出 NACK 信号,主机不得连续传输数据。

如果检测到碰撞,传输过程中主机仲裁丢失,仲裁丢失标志会置位。

(3)接收数据包

假设上述"情况 4"出现,主机收到来自从机的一个字节。主机读中断标志置位,主机必须准备好接收新的数据。主机必须对每一个字节发出 ACK 或 NACK。NACK 指示无法成功执行,因为可能在传输过程中丢失仲裁。如果检测到碰撞,传输过程中主机仲裁丢失,仲裁丢失标志会置位。

6. TWI 从机操作

TWI 从机在每个字节后都可以产生可选的中断,有单独的从机数据中断和地址/停止中断。中断标志也可用于查询操作。状态标志包括 ACK/NACK 收到、时钟保持、碰撞、总线错误和读/写方向标志。

当中断标志置位,SCL 线被拉低。这将使从机有时间回应或处理任何数据,并在大多数情况下需要程序的协助。图 2 - 18 - 13 表示的是 TWI 从模式运作,其中菱形符号(SW)表明程序的协助是必需的。

中断产生的次数保持在最少,以便大多数情况下可以自动处理。快速指令可自动触发操作,减少程序的复杂性。

混合模式可以使从机对收到的所有地址应答。

AVR XMEGA高性能单片机开发及应用

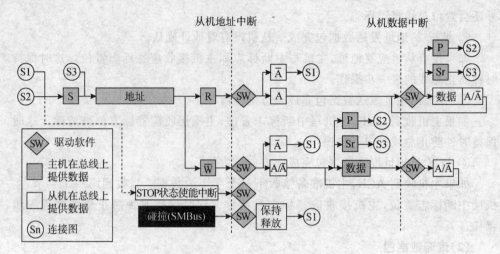

图 2 - 18 - 13　TWI 从模式操作

(1)接收地址数据包

当 TWI 从机配置正确,它将等待检测 START 信号。当检测到信号,接收的连续地址字节被地址匹配逻辑检查,从机将对正确的地址应答。如果收到的地址不匹配,从机将不应答地址并等待一个新的 START 信号。

当 START 信号之后的有效的地址数据包被检测到,从机地址/停止标志置位。总体调用地址也会置位中断标志。

START 信号紧跟着 STOP 信号,这是非法操作,总线错误标志置位。

R/W 方向标志反映了收到的地址包含的方向位。在程序里读取,可以确定目前正在处理的操作类型。

根据 R/W 方向位和总线状态,出现以下 4 种情况,必须在程序里进行处理。

① 情况 1:地址包接收—方向位置位。

如果 R/W 方向标志置位,这表明主机执行读操作。SCL 线被拉低,总线时钟延长。如果从机发送 ACK,从机将硬件上对数据中断标志置位,表明需要传输数据。如果从机发送 NACK,从机将等待新的 START 信号和匹配的地址。

② 情况 2:地址包接收—方向位清零。

如果 R/W 方向标志清零,这表明主机执行写操作。SCL 线被拉低,总线时钟延长。如果从机发送 ACK,从机将等待接收数据。之后会收到数据,重复 START 或 STOP 信号。如果从机发送 NACK,表示从机将等待新的 START 信号和匹配的地址。

③ 情况 3:碰撞。

如果从机无法发送高电平或 NACK 信号,碰撞标志置位,数据和应答输出被禁用。时钟保持被释放。START 或重复 START 信号将被接受。

④ 情况 4:接收到 STOP 信号。

除了有一点不同外,处理同上述情况 1 或 2 是一样的。当接收到 STOP 信号,从机地址/停止标志置位,表明是一个 STOP 信号,而不是地址匹配。

(2)接收数据包

从机知道什么时候地址数据包内 R/W 的方向位为 0。确认后,从机必须准备好接收数据。当一个数据包接收到后,数据中断标志置位,从机必须发送 ACK 或 NACK。发出 NACK 后,从机必须等待 STOP 信号或重复 START 信号。

(3)传输数据包

从机知道地址数据包内 R/W 的方向位为 1。可以通过写从机数据寄存器启动数据发送。当一个数据包发送完成后,数据中断标志置位。如果主机返回 NACK,从机必须停止传输数据,等待 STOP 信号或重复 START 信号。

7. 使能外部驱动接口

可以使用外部驱动接口,这种情况下,内部 TWI 的输入滤波和速率控制被绕过。正常 I/O 引脚的配置由用户程序设置。当使用这个模式时,连接到 TWI 总线的外部接口必须兼容三态驱动。

默认端口引脚 0(Pn0)和引脚 1(Pn1)用于 SDA 和 SCL。外部驱动接口使用端口引脚 0~3 作为 SDA_IN、SCL_IN、SDA_OUT 和 SCL_OUT 信号的传输。

8. 寄存器描述——TWI

CTRL——TWI 公用控制寄存器(图 2 - 18 - 14)

位	7	6	5	4	3	2	1	0	
+0x00	–	–	–	–	–	–	SDAHOLD	EDIEN	CTRL
读/写	R	R	R	R	R	R	R/W	R/W	
初始值	0	0	0	0	0	0	0	0	

图 2 - 18 - 14　TWI 公用控制寄存器

Bit 7:2—保留。

Bit 1—SDAHOLD,SDA 时间保持使能。设置此位为 1,可以在 SCL 下降沿时,保持 SDA。

Bit 0—EDIEN 外部驱动接口使能。此位置位使能外部驱动接口,此位清零则使用普通的 2 线模式,详情见表 2 - 18 - 1。

表 2 - 18 - 1　外部驱动接口使能

EDIEN	模　式	解　释
0	普通 TWI	2 线接口,速率控制和内部滤波
1	外部驱动接口	4 线接口,标准 I/O,无速率控制,无输入滤波

9. 寄存器描述——TWI 主模式

(1)CTRLA——TWI 主模式控制寄存器 A(图 2 - 18 - 15)

Bit 7:6—INTLVL[1:0],中断级别。中断级别(INTLVL)位选择 TWI 主机中

断的中断级别。

Bit 5—RIEN，读取中断使能。RIEN 位置位，将使能读取中断。当状态寄存器读取中断标志(RIF)置位后执行。此外，INTLVL 位必须不为零才能产生中断。

Bit 4—WIEN，写中断使能。WIEN 位置位，使能写中断。当状态寄存器写中断标志(WIF)置位后执行。此外，INTLVL 位必须不为零才能产生中断。

Bit 3—ENABLE，使能 TWI 主模式。ENABLE 位置位，使能 TWI 主模式。

Bit 2:0—保留。

位	7	6	5	4	3	2	1	0	
+0x00	INTLVL[1:0]		RIEN	WIEN	ENABLE	–	–	–	CTRLA
读/写	R/W	R/W	R/W	R/W	R/W	R	R	R	
初始值	0	0	0	0	0	0	0	0	

图 2-18-15　TWI 主模式控制寄存器 A

(2)CTRLB——TWI 主模式控制寄存器 B(图 2-18-16)

位	7	6	5	4		2	1	0	
+0x01	–	–	–	–	TIMEOUT[1:0]		QCEN	SMEN	CTRLB
读/写	R	R	R	R	R/W	R/W	R/W	R/W	
初始值	0	0	0	0	0	0	0	0	

图 2-18-16　TWI 主模式控制寄存器 B

Bit 7:4—保留。

Bit 3:2—TIMEOUT[1:0]，总线超时。TIMEOUT 位置位，使能总线超时。如果总线不活动时间超过了设置的超时时间，总线状态将进入空闲状态。表 2-18-2 列出了超时设置。

表 2-18-2　TWI 主模式总线超时设置

TIMEOUT[1:0]	配　置	描　述
00	关闭	关闭，用于 I^2C
01	50 μs	50 μs，常用于 100 kHz 的 SMBus
10	100 μs	100 μs
11	200 μs	200 μs

Bit 1—QCEN，快速命令使能。QCEN 位置位，使能快速命令。当使能快速命令，从机确认地址后，立即发送 STOP 信号。

Bit 0—SMEN，智能模式使能。SMEN 位置位，使能智能模式。当使能智能模式，应答行为由控制寄存器 C 中的 ACKACT 位设置，读取数据寄存器后立即发送 ACK。

(3)CTRLC——TWI 主模式控制寄存器 C(图 2 - 18 - 17)

位	7	6	5	4	3	2	1	0	
+0x02	–	–	–	–	–	ACKACT	CMD[1:0]		CTRLC
读/写	R	R	R	R	R	R/W	R/W	R/W	
初始值	0	0	0	0	0	0	0	0	

图 2 - 18 - 17　TWI 主模式控制寄存器 C

Bits 7:3—保留。

Bit 2—ACKACT,确认行为。ACKACT 位定义了主机读数据时的应答行为。当 CMD 写入一个命令时应答行为才有效。如果控制寄存器 B 中 SMEN 位置位,确认行为会在数据读取寄存器后执行。表 2 - 18 - 3 列出了应答行为。

Bit 1:0—CMD[1:0],命令。写 CMD 位将触发表 2 - 18 - 4 定义的主机操作。该位读取时始终为零。应答行为只在主机读模式下有效。主机写模式下,命令只会导致重复 START 信号和 STOP 信号。ACKACT 位和 CMD 位可同时写,应答行为将在命令出发之前更新。

表 2 - 18 - 3　ACKACT 位描述

ACKACT	行　为
0	发送 ACK
1	发送 NACK

表 2 - 18 - 4　CMD 位描述

CMD[1:0]	模式	操　作
00	X	保留
01	X	执行应答行为,发出重复 START 信号
10	W	没有操作
10	R	执行应答行为,接收一个字节
11	X	执行应答行为,发出重复 STOP 信号

CMD 位写入命令后,主模式中断标志和 CLKHOLD 标志将清零。

(4)STATUS——主模式状态寄存器(图 2 - 18 - 18)

位	7	6	5	4	3	2	1	0	
+0x03	RIF	WIF	CLKHOLD	RXACK	ARBLOST	BUSERR	BUSSTATE		STATUS
读/写	R/W	R/W	R/W	R/W	R/W	R/W	R/W	R/W	
初始值	0	0	0	0	0	0	0	0	

图 2 - 18 - 18　主模式状态寄存器

Bit 7—RIF,读中断标志。在主机读模式成功接收一个字节后,RIF 位置位。例如,没有丢失仲裁或总线发生错误。向该位写 1 可清除此位。此标志置位,主机将 SCL 线拉低,延长 TWI 的时钟周期。清除中断标志将释放 SCL 线。

此标志在以下情况也会自动清除:

➤ 写地址寄存器;

➤ 写数据寄存器;

➤ 读数据寄存器;

➤ 在控制寄存器 C 中写一个有效的命令。

Bit 6—WIF,写中断标志。在主机写模式下,发送一个字节后,WIF 位置位。写中断标志置位不受总线错误和仲裁丢失的影响。在主机读模式下,发送 NACK 过程中仲裁丢失,以及在总线状态未知的情况下发送 START 信号,WIF 都会置位。对该位写 1 将清零标志。此标志置位,主机将 SCL 线拉低,延长 TWI 的时钟周期。清除中断标志将释放 SCL 线。

该标志也会像 RIF 在一样的情况下自动清除。

Bit 5—CLKHOLD,时钟保持。主机保持 SCL 线低电平,时钟保持(CLKHOLD)标志置位。这是一个只读状态标志。当 RIF 和 WIF 置位时,该位置位。清除中断标志并释放 SCL 线会清除此标志。

该标志也会像 RIF 在一样的情况下自动清除。

Bit 4—RXACK,接收应答。收到的应答(RXACK)标志包含最近一次收到的确认。这是一个只读标志。此标志为 0 表示从机返回 ACK,此标志为 1 表示从机返回 NACK。

Bit 3—ARBLOST,仲裁丢失。如果在传输高数据位,NACK 位,START 信号或重复 START 信号时仲裁丢失,ARBLOST 标志置位。对该位写 1 将清除 ARBLOST 标志。

写地址寄存器会自动清除 ARBLOST 标志。

Bit 2—BUSERR,总线错误。如果总线上有非法操作发生,总线错误(BUSERR)标志置位。如果检测到重复 START 信号或者 STOP 信号,而从之前 START 信号后接收的比特数不是 9 的倍数,总线非法条件发生。对该位写 1 将清除 BUSERR 标志。

写地址寄存器会自动清除 BUSERR 标志。

Bit 1:0—BUSSTATE[1:0],总线状态总线的状态(BUSSTATE)位表示当前 TWI 总线的状态,见表 2-18-5 的定义。总线状态的变化依赖于总线活动。

表 2-18-5　TWI 主模式总线状态

BUSSTATE[1:0]	组配置	描　述
00	UNKNOWN	未知总线状态
01	IDLE	空闲
10	OWNER	占用
11	BUSY	忙

对 BUSSTATE 位写入 01,总线强制进入空闲状态。总线状态逻辑不能强制进入其他任何状态。当主模式被禁用,复位后的总线状态是未知的。

(5)BAUD——TWI 波特率寄存器(图 2 – 18 – 19)

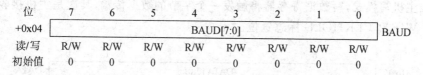

位	7	6	5	4	3	2	1	0	
+0x04				BAUD[7:0]					BAUD
读/写	R/W	R/W	R/W	R/W	R/W	R/W	R/W	R/W	
初始值	0	0	0	0	0	0	0	0	

图 2 – 18 – 19　TWI 波特率寄存器

波特率寄存器定义了系统时钟和 TWI 的总线时钟(SCL)的关系。该频率的关系可表示为以下公式:

$$f_{TWI} = \frac{f_{sys}}{2(5 + TWMBR)} (Hz)$$

波特率寄存器必须设置一个值,TWI 总线时钟频率(f_{TWI})才能根据应用程序的需要等于或小于 100 kHz 或 400 kHz。

$$TWMBR = \frac{f_{sys}}{2 f_{TWI}} - 5$$

波特率寄存器写入时,主模式应禁用。

(6)ADDR——TWI 主模式地址寄存器(图 2 – 18 – 20)

位	7	6	5	4	3	2	1	0	
+0x05				ADDR [7:0]					ADDR
读/写	R/W	R/W	R/W	R/W	R/W	R/W	R/W	R/W	
初始值	0	0	0	0	0	0	0	0	

图 2 – 18 – 20　TWI 主模式地址寄存器

当总线空闲时,地址寄存器写入从机地址和 R/W 位后,将发出一个 START 信号,7 位从机地址和 R/W 位将在总线上传输。如果总线已经占有,将发出一个重复 START 信号。如果之前的数据传输是主机读取而没有发送确认,在重复发送 START 信号前会发送确认信号。

以上操作完成,并且接收到从机 ACK,如果仲裁没有丢失,SCL 线将被拉低,WIF 置位。

如果地址寄存器写入从机地址时,总线状态是未知,WIF 置位并且 BUSERR 标志位也置位。

在地址寄存器写入地址后,所有 TWI 主模式标志位自动清除,这包括 BUSE-RR、ARBLOST、RIF、WIF。地址寄存器可以在任何时候被读取,不干扰正在进行的总线活动。

(7)DATA——TWI 主模式数据寄存器(图 2 – 18 – 21)

数据寄存器用来发送和接收数据。在数据发送时,数据从数据寄存器移位到总线。在数据接收时,数据从总线移位到数据寄存器。这意味着数据寄存器无法在字节传输期间被访问,这在硬件上进行了保护。数据寄存器只能在 SCL 线被拉低的时候被访问。例如 CLKHOLD 置位。

在主机写模式,写数据寄存器将触发一个字节的数据传输,其次是主机接收从机应答。WIF 和 CLKHOLD 标志置位。

位	7	6	5	4	3	2	1	0	
+0x06				DATA [7:0]					DATA
读/写	R/W	R/W	R/W	R/W	R/W	R/W	R/W	R/W	
初始值	0	0	0	0	0	0	0	0	

图 2 - 18 - 21　TWI 主模式数据寄存器

在主机读模式,数据寄存器收到一个字节时,RIF 和 CLKHOLD 标志置位。如果启用智能模式,读取数据寄存器将触发总线执行 CTRLB 寄存器中设置的确认行为(ACKACT)。如果出现总线错误,WIF 和 BUSERR 置位,而不是 RIF 置位。

访问数据寄存器将清除主模式中断标志和 CLKHOLD 标志。

10. 寄存器描述——TWI 从模式

(1)CTRLA——TWI 从模式控制寄存器 A(图 2 - 18 - 22)

位	7	6	5	4	3	2	1	0	
+0x00	INTLVL[1:0]		DIEN	APIEN	ENABLE	PIEN	PMEN	SMEN	CTRLA
读/写	R/W	R/W	R/W	R/W	R/W	R/W	R/W	R/W	
初始值	0	0	0	0	0	0	0	0	

图 2 - 18 - 22　TWI 从模式控制寄存器 A

Bit 7:6—INTLVL[1:0],TWI 从机中断级别。INTLVL 选择用于 TWI 从机中断的中断级别。

Bit 5—DIEN,数据中断使能。DIEN 置位将在 STATUS 寄存器中 DIF 标志置位后启动数据中断。INTLVL 位不能为 0 才能产生中断。

Bit 4—APIEN,地址/停止中断使能。APIEN 置位将在 STATUS 寄存器中 APIF 标志置位后启动地址/停止中断。INTLVL 位不能为 0 才能产生中断。

Bit 3—ENABLE,TWI 从机使能。ENABLE 置位使能 TWI 从模式。当检测到 STOP 信号后,对 PIEN 置位会使 STATUS 寄存器中的 APIF 标志置位。

Bit 1—PMEN,混杂模式使能。通过设置混杂模式使能位(PMEN),从机地址匹配逻辑将回应所有收到的地址。如果此位被清除,地址匹配逻辑使用址寄存器会确定哪些地址是自己的地址。

Bit 0—SMEN,智能模式使能。SMEN 置位使能智能模式。当启用智能模式,读取数据后立即发送 CTRLB 寄存器中设置的确认行为(ACKACT)。

(2)CTRLB——TWI 从模式控制寄存器 B(图 2 - 18 - 23)

Bit 7:3—保留。

Bit 2—ACKACT,确认行为。ACKACT 位定义了从机接收到主机发送的数据或地址后的行为,见表 2 - 18 - 6。确认行为在命令写入 CMD 位后执行。如果 CTR-

LA 寄存器中 SMEN 置位,确认行为在数据寄存器读取后执行。

位	7	6	5	4	3	2	1	0	
+0x0						ACKACT	CMD[1:0]		CTRLB
读/写	R	R	R	R	R	R/W	R/W	R/W	
初始值	0	0	0	0	0	0	0	0	

图 2 - 18 - 23　TWI 从模式控制寄存器 B

表 2 - 18 - 6　TWI 从机确认行为

ACKACT	行　为
0	发送 ACK
1	发送 NACK

　　Bit 1:0—CMD [1:0],命令。写 CMD 位将触发表 2 - 18 - 7 中定义的从机操作。CMD 位是瞬时写入位,读取时总为 0。操作依赖于从机中断标志 DIF 和 APIF。确认行为只有在从机接收到地址或数据时才会执行。

表 2 - 18 - 7　TWI 从机命令

CMD[1:0]	DIR	操　作
00	X	无操作
01	X	保留
10		用来结束传输
	0	等待 START (S/Sr)信号到来后,执行确认行为
	1	等待 START (S/Sr)信号
11		用来回应地址字节(APIF 置位)
	0	成功接收下一个字节,执行确认行为
	1	DIF 置位,执行确认行为
		用来回应地址字节(DIF 置位)
	0	等待下一个字节到来后,执行确认行为
	1	无操作

　　写 CMD 位将自动清除从机中断标志,CLKHOLD 标志并释放 SCL 线。可同时对 ACKACT 位和 CMD 位进行写操作,之后将在命令触发前更新确认行为。

(3)STATUS——TWI 从模式状态寄存器(图 2 - 18 - 24)

位	7	6	5	4	3	2	1	0	
+0x02	DIF	APIF	CLKHOLD	RXACK	COLL	BUSERR	DIR	AP	STATUS
读/写	R/W	R/W	R/W	R/W	R/W	R/W	R/W	R/W	
初始值	0	0	0	0	0	0	0	0	

图 2 - 18 - 24　TWI 从模式状态寄存器

Bit 7—DIF，数据中断标志。一个字节的数据成功接收后，数据中断标志（DIF）将置位，即没有在操作中出现总线碰撞或者总线错误。对该位写 1 将清除 DIF 标志。

当此标志置位时，从机拉低 SCL 线，延长 TWI 的时钟周期。清除中断标志将释放 SCL 线。在 CTRLB 中写入命令到 CMD 位，此标志会自动清除。

Bit 6—APIF，地址/停止中断标志。从机检测接收到一个有效的地址后，地址/停止中断标志（APIF）置位。如果 CTRLA 寄存器中的 PIEN 位设置为 1，则在总线上出现 STOP 信号时，APIF 也会置位。对该位写 1 将清除 APIF 标志。

当此标志置位时，从机拉低 SCL 线，延长 TWI 的时钟周期。清除中断标志将释放 SCL 线。在 CTRLB 中写入命令到 CMD 位，此标志会自动清除。

Bit 5—CLKHOLD，时钟保持。从机拉低 SCL 线时，时钟保持（CLKHOLD）标志置位。这是一个只读状态标志位，当 DIF 或 APIF 置位时，它才会置位。清除中断标志或释放 SCL 线，将间接地清除此标志。

Bit 4—RXACK，接收应答。接收应答标志（RXACK）包含最近从主机收到的确认位。这是一个只读标志。当读取值为 0 的时候，上一次从主机接收到的是 ACK；当读取值为 1 的时候，上一次从主机接收到的是 NACK。

Bit 3—COLL，碰撞。COLL 标志位在从机不能发送一个高电平数据位或者 NACK 时置位。碰撞被检测到后开始普通操作，取消数据位和确认位的输出，并且也没有低电平数据移位到 SDA 线上。对该位写 1 将清除 COLL 标志。

当检测到 START 信号或者重复 START 信号后，此标志会自动清除。

Bit 2—BUSERR，TWI 从总线错误。在数据传输时，总线上出现非法总线状态，BUSERR 位置位。当 START 或 STOP 出现在错误的位置时总线错误就会发生。对该位写 1 将清除 BUSERR 标志。

总线状态逻辑必须被使能才能检测到总线错误，这是在 TWI 主机中设置的。

Bit 1—DIR，读/写方向。DIR 标志反映了上一次从主机收到的地址包中的方向位。当这一位为 1 时，正在进行主机读操作；当这一位为 0，正在进行主机写操作。

Bit 0—AP，从地址/停止。从机地址/停止标志（AP）表示有效的地址或 STOP 信号哪一个造成了上一次 STATUS 寄存器中 APIF 位的置位，见表 2 - 18 - 8。

表 2 - 18 - 8　TWI 从地址/停止

AP	描　述
0	STOP 信号使得 APIF 产生中断
1	地址检测使得 APIF 产生中断

(4)ADDR——TWI 从模式地址寄存器（图 2 - 18 - 25）

这个寄存器包含了 TWI 的从机地址，该地址决定了是否有主机在寻址本机。ADDR[7:1]代表的是从机地址，ADDR[0]代表是否接收广播。当 ADDR[0]为 1

时,表示从机对广播响应。

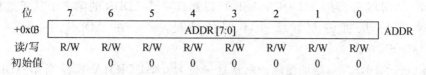

位	7	6	5	4	3	2	1	0	
+0x03				ADDR [7:0]					ADDR
读/写	R/W	R/W	R/W	R/W	R/W	R/W	R/W	R/W	
初始值	0	0	0	0	0	0	0	0	

图 2 - 18 - 25　TWI 从模式地址寄存器

当使用 10 位地址时,地址匹配逻辑在硬件上只能识别 10 位地址中的第一个字节,通过设置地址 ADDR[7:1] ="0b11110nn",'nn'代表从机地址的 8、9 位。接收到的下一个字节是 10 位地址中的 7~0 位,必须在程序中处理。

当地址匹配逻辑检测到一个有效的地址被接收,APIF 置位,DIR 位会更新。如果控制寄存器中的 PMEN 位置位,地址匹配逻辑对 TWI 总线上所有传输的地址响应。ADDR 寄存器在这种模式下不使用。

(5)DATA——TWI 从模式数据寄存器(图 2 - 18 - 26)

位	7	6	5	4	3	2	1	0	
+0x04				DATA [7:0]					DATA
读/写	R/W	R/W	R/W	R/W	R/W	R/W	R/W	R/W	
初始值	0	0	0	0	0	0	0	0	

图 2 - 18 - 26　TWI 从模式数据寄存器

数据寄存器用来发送和接收数据。在数据发送时,数据从数据寄存器移位到总线。在数据接收时,数据从总线移位到数据寄存器。这意味着数据寄存器无法在字节传输期间被访问,这在硬件上进行了保护。数据寄存器只能在 SCL 线被从机拉低的时候被访问。例如 CLKHOLD 置位。

当主机读取从机数据时,要发送的数据必须写入 DATA 寄存器。数据在主机启动时钟后开始传输,接下来,从机接收确认位。DIF 和 CLKHOLD 标志位置位。

当主机写数据到从机时,当在 DATA 寄存器中收到一个字节后,DIF 和 CLK-HOLD 标志位置位。当智能模式使能时,读取 DATA 寄存器会触发 ACKACT 位设定的值来执行。

读取 DATA 寄存器,将会清除从机中断标志和 CLKHOLD 标志位。

(6)ADDRMASK——TWI 的从机地址掩码寄存器(图 2 - 18 - 27)

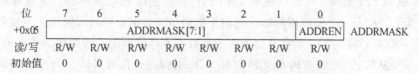

位	7	6	5	4	3	2	1	0	
+0x05			ADDRMASK[7:1]					ADDREN	ADDRMASK
读/写	R/W	R/W	R/W	R/W	R/W	R/W	R/W	R/W	
初始值	0	0	0	0	0	0	0	0	

图 2 - 18 - 27　TWI 的从机地址掩码寄存器

Bit 7:1—ADDRMASK[7:1],读/写方向。根据 ADDREN 位的设置,这些位可以用来当做第二个地址匹配寄存器或者地址掩码寄存器。ADDREN 为 0,ADDR-

MASK 可以加载一个 7 位的掩码,这个 7 位的掩码可以使得 ADDR 寄存器中相应的位失效。ADDREN 为 1,ADDRMASK 可以加载除了 ADDR 的第 2 个从机地址,在这种模式下,从机将拥有 2 个不同的地址,一个在 ADDR 中,另一个在 ADDRMASK 中。

Bit 0—ADDREN,地址使能。默认这一位为 0,ADDRMASK 位当作 ADDR 的地址掩码来使用。如果这一位设置为 1,从机地址匹配逻辑将响应 ADDR 和 ADDR-MASK 中这两个地址。

2.19　SPI——串行外设接口

1. 特　点

➢ 全双工,3 线同步数据传输。
➢ 主机或从机操作。
➢ LSB 首先发送或 MSB 首先发送。
➢ 8 种可编程的比特率。
➢ 传输结束中断标志。
➢ 写碰撞标志检测。
➢ 可以从闲置模式唤醒。
➢ 作为主机时具有倍速模式(CK/2)。

2. 概　述

串行外设接口(SPI)是一种使用 3 线或 4 线的高速同步传输接口。它支持 XMEGA 设备和外设或者 AVR 设备之间的高速通信。SPI 支持全双工传输。

连接到总线的设备必须作为主机或者从机。主机发起和控制总线数据传输。图 2-19-1所示的是主机和从机的连接。系统包括两个移位寄存器和一个主机时钟产生器。主机通过拉低目标从机片选线(SS)初始化通信。主从机在移位寄存器内准备好将要传输的数据。主机产生 SCK 线上需要的时钟。数据在 MOSI 线上总是从主机移位到从机,在 MISO 线上数据总是从从机移位到主机。数据包过后,主机通过拉高 SS 线和从机同步。

XMEGA SPI 模块在传输时是单缓冲的,接收数据时是双缓冲的。这意味着被传输的数据字节在上一个移位周期结束之前不能对 SPI 数据寄存器写操作。当接收数据时,接收的数据必须在下一个字节移入之前从数据寄存器取走。否则数据将会丢失。

在 SPI 从模式,控制逻辑单元将会对 SCK 引脚进行信号采样。为保证准确对时钟信号采样,高低电平周期均比两个 CPU 时钟周期长。

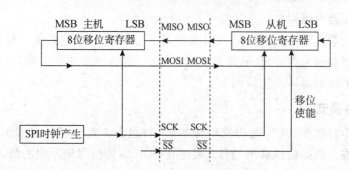

图 2 - 19 - 1　SPI 主从机连接

当 SPI 模块被使能,MOSI、MISO、SCK、SS 引脚的方向将会根据表 2 - 19 - 1 来改变。用户定义的引脚必须在软件中根据应用需要来配置。

表 2 - 19 - 1　SPI 引脚覆写

引　脚	方向,SPI 主机	方向,SPI 从机
MOSI	用户定义	输入
MISO	输入	用户定义
SCK	用户定义	输入
SS	用户定义	输入

3. 主模式

作为主机时,SS 线不会被 SPI 自动控制,SS 引脚必须被配置为方向输出,受用户软件控制。如果总线存在多个从机或者主机,SPI 主机可以使用通用 I/O 来控制总线上多个从机的 SS 线。

向数据寄存器写一个字节将启动 SPI 时钟产生器,硬件将把字节的 8 位移位输出到选择的从机。移位一个字节后,SPI 时钟产生器停止,SPI 中断标志位置位。主机可以继续对写入的新数据进行移位输出,或者将 SS 线拉高来结束数据传输。最后进来的数据将会保留在缓冲寄存器内。

如果 SS 引脚配置为输入,它必须保持高电平来确保主机的数据传输。如果 SS 引脚作为输入,被外部电路拉低,SPI 模块会以为另外一个主机想要控制总线而产生中断。为避免总线竞争,主机将采取的措施为:主机进入从模式;SPI 中断标志置位。

4. 从模式

作为从机时,只要 SS 引脚被拉高,SPI 将保持睡眠模式 MISO 引脚为三态。在这种状态下,软件可以更新数据寄存器的内容,但数据不会因 SCK 引脚上的时钟脉冲把数据移出,直到 SS 引脚被拉低。如果 SS 被拉低,MISO 引脚配置为输出,从机将在第一个 SCK 时钟脉冲后将数据移位输出。当一个字节移位完成后,SPI 中断标志置位。从机会在主机读取数据前继续在数据寄存器存放数据。最后进来的字节将会在缓冲寄存器内保存。

当 SS 被拉高,SPI 逻辑复位,SPI 从机将不会接收到任何数据。移位寄存器内的任何数据都会被丢弃。SS 引脚对于数据包/字节的同步非常有用,可以使从机的位计数器与主机的时钟发生器同步。

5. 数据模式

相对于串行数据,SCK 的相位和极性有 4 种组合。表 2-19-2 表示的是 SPI 的数据传输格式。数据位的移出与移入发生在 SCK 时钟信号的不同的沿,以保证有足够的时间使数据稳定。

表 2-19-2　SPI 模式

模　式	前　沿	后　沿
0	上升沿,采样	下降沿,输出
1	上升沿,输出	下降沿,采样
2	下降沿,采样	上升沿,输出
3	下降沿,输出	上升沿,采样

前沿是一个时钟周期的第一个时钟沿。后沿是一个时钟周期的最后一个时钟沿。SPI 传输格式如图 2-19-2 所示。

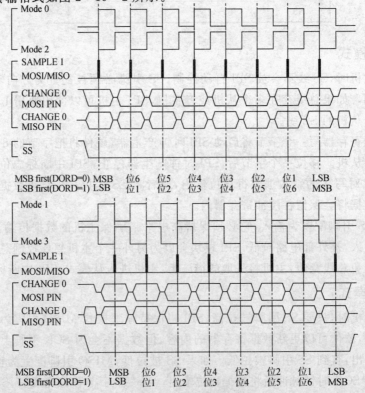

图 2-19-2　SPI 传输格式

6. DMA 支持

SPI 模块的 DMA 支持只有在从机模式下可用。当一个字节数据进入数据寄存器后,SPI 从机就触发一个 DMA 数据传输。还可以设置 XMEGA USART 为 SPI 主模式来获得 DMA 支持。

7. 寄存器描述

(1)CTRL——SPI 控制寄存器(图 2 - 19 - 3)

位	7	6	5	4	3	2	1	0	
+0x00	CLK2X	ENABLE	DORD	MASTER	MODE[1:0]		PRESCALER[1:0]		CTRL
读/写	R/W	R/W	R/W	R/W	R/W	R/W	R/W	R/W	
初始值	0	0	0	0	0	0	0	0	

图 2 - 19 - 3　SPI 控制寄存器

Bit 7—CLK2X,SPI 时钟加倍。当这一位置位时,SPI 速度(SCK 频率)在主机模式时速度加倍(见表 2 - 19 - 4)。

Bit 6—ENABLE,SPI 使能。对这一位置位将使能 SPI 模块。

Bit 5—DORD,数据次序。DORD 置位时数据的 LSB 首先发送;否则数据的 MSB 首先发送。

Bit 4—MASTER,主从模式选择。MASTER 置位选择主模式,MASTER 清零选择从模式。如果 SS 配置为输入而被拉低,此时设置的主模式将被清除。

Bit 3:2—MODE[1:0],SPI 模式。

这些位设置数据传输模式。SCK 的相位和极性的 4 种组合见表 2 - 19 - 3。这决定了一个时钟周期的第一个沿(前沿)是上升沿还是下降沿,数据在前沿和后沿是采样还是输出。

当前沿是上升沿,SCK 在空闲时为低电平。当前沿是下降沿时,SCK 在空闲时为高电平。

表 2 - 19 - 3　SPI 传输模式

MODE[1:0]	组配置	前　沿	后　沿
00	0	上升沿,采样	下降沿,输出
01	1	上升沿,输出	下降沿,采样
10	2	下降沿,采样	上升沿,输出
11	3	下降沿,输出	上升沿,采样

Bit 1:0—PRESCALER[1:0],SPI 时钟分频。这两位决定主机模式下 SCK 的频率。从机模式下没有作用。

表 2 - 19 - 4　SCK 的频率和外设时钟的关系

CLK2X	PRESCALER[1:0]	SCK 频率
0	00	4 分频
0	01	16 分频
0	10	64 分频
0	11	128 分频
1	00	2 分频
1	01	8 分频
1	10	32 分频
1	11	64 分频

(2)INTCTRL——SPI 中断控制寄存器(图 2 - 19 - 4)

位	7	6	5	4	3	2	1	0	
+0x01	–	–	–	–	–	–	INTLVL[1:0]		INTCTRL
读/写	R	R	R	R	R	R	R/W	R/W	
初始值	0	0	0	0	0	0	0	0	

图 2 - 19 - 4　SPI 中断控制寄存器

Bits 7:2—保留。

Bits 1:0—INTLVL[1:0],SPI 中断级别。这两位使能 SPI 中断并选择中断级别。当 STATUS 寄存器的 IF 位被置位时,使能的中断将触发。

(3)STATUS——SPI 状态寄存器(图 2 - 19 - 5)

位	7	6	5	4	3	2	1	0	
+0x02	SPIF	WCOL	–	–	–	–	–	–	STATUS
读/写	R	R	R	R	R	R	R	R/W	
初始值	0	0	0	0	0	0	0	0	

图 2 - 19 - 5　SPI 状态寄存器

Bit 7—IF,SPI 中断标志。当串行传输完毕后,中断标志位置位。如果 SS 在主模式下设为输入且被拉低,该位仍然会置位。中断向量执行后该位自动清零。同时还可以通过在 IF 置位时首次读取状态寄存器,然后访问 DATA 寄存器来清零。

Bit 6—WRCOL,写冲突标志。如果在数据传输过程中,DATA 寄存器被写入数据,则 WRCOL 位会置位。WRCOL 位可以通过在 WRCOL 置位的时候读取状态寄存器,然后访问 DATA 寄存器来清零。

Bit 5:0—保留。

(4)DATA——SPI 数据寄存器(图 2 - 19 - 6)

位	7	6	5	4	3	2	1	0	
+0x03				DATA[7:0]					DATA
读/写	R/W	R/W	R/W	R/W	R/W	R/W	R/W	R/W	
初始值	0	0	0	0	0	0	0	0	

图 2 - 19 - 6　SPI 数据寄存器

　　DATA 寄存器用来发送和接收数据,数据写入该寄存器会启动数据传输,被写入的一个字节数据将会被移出。读取该寄存器会触发移位寄存器接收要读的数据,返回成功接收的数据。

2. 20　通用同步/异步串行接收/发送器

1. 特　点

> 全双工操作(相互独立的接收数据寄存器和发送数据寄存器)。
> 支持同步和异步操作。
> 同步操作时,可主机时钟同步,也可从机时钟同步。
> 独立的高精度波特率发生器。
> 支持 5、6、7、8 和 9 位数据位,1 或 2 位停止位的串行数据帧结构。
> 由硬件支持的奇偶校验位发生和检验。
> 数据溢出检测,帧错误检测。
> 包括错误起始位的检测噪声滤波器和数字低通滤波器。
> 3 个完全独立的中断:TX 发送完成、TX 发送数据寄存器空、RX 接收完成。
> 支持多机通信模式。
> 支持倍速异步通信模式。
> SPI 主模式,3 线同步数据传输:支持所有 4 种 SPI 操作模式(模式 0,1,2,3);LSB 或者 MSB 先发送的数据传输(可配置数据顺序);队列操作(双缓冲);高速操作(f_{XCK},MAX$=f_{PER}/2$)。
> 兼容 IrDA 脉冲调制/解调的红外通信模块。

2. 概　述

　　通用同步/异步串行接收/发送器(USART)是一个高度灵活的串行通信模块。USART 支持全双工通信,同步或者异步操作。USART 可以设置为 SPI 主机用来 SPI 通信。

　　通信是基于帧的,帧结构支持定制很宽的标准。USART 双向缓冲,帧与帧之间连续传输没有任何延时。接收和发送完毕都有单独的中断向量,支持全中断驱动的通信。帧错误和缓冲溢出都可以被硬件检测到并有独立的状态标志位。奇偶校验值的产生和校验也可以使能。

图 2-20-1 表示的是 USART 的框图,主要部分是时钟产生部分、发送和接收部分。

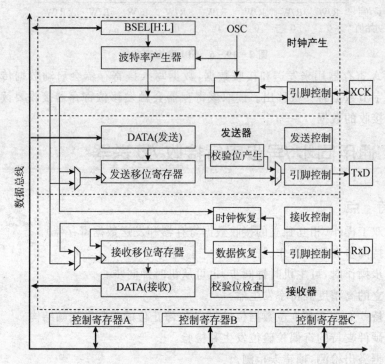

图 2-20-1　USART 的框图

时钟产生逻辑单元有一个分级的波特率产生器可以产生宽范围的 USART 波特率。它同样也包括在同步从机模式操作时外部时钟输入同步逻辑单元。

传送器包括一个只写缓存(DATA)、移位寄存器、奇偶校验产生器及对不同帧格式的控制逻辑单元。写缓存允许帧与帧之间无延时持续发送。

接收器包括一个两级的 FIFO 接收缓存(DATA)、一个移位寄存器。数据和时钟恢复单元保证了同步的准确和异步数据接收时的噪声消除。它包括帧错误、缓冲溢出和校验错误检测。

当 USART 被设置为 SPI 主机兼容模式时,USART 所有特定的逻辑除了发送接收缓存、移位寄存器、波特率产生器外都被禁用。引脚控制和中断产生在两种模式下是完全相同的。寄存器在两种模式下都被使用到。一些功能的设定可能有所不同。

红外模块可以用一个 USART 来实现符合 IrDA 1.4 物理标准的脉冲调制/解调,波特率高达 115.2 kbps。

3. 时钟产生

用来产生波特率、数据移位以及数据位进行采样的时钟是由分级波特率产生器产生或者来自外部时钟的输入。USART 支持 5 种模式的时钟：正常的异步模式,倍速的异步模式,主机同步模式,从机同步模式及 SPI 主模式,如图 2 - 20 - 2 所示。

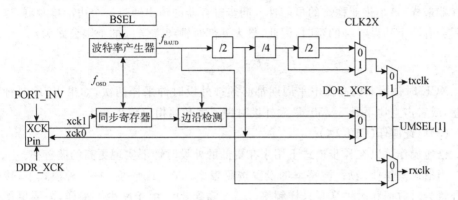

图 2 - 20 - 2　时钟产生逻辑框图

(1)内部时钟产生——分级波特率产生器

分级波特率产生器被用在异步模式下,同步主模式及 SPI 主模式操作的内部时钟产生。产生的输出频率(f_{BAUD})由周期设置(BSEL),可选比例设置(BSACLE)及外设时钟(f_{PER})决定。表 2 - 20 - 1 包含了计算波特率和 BSEL 值的公式。BSEL 可以是 0~4 095 的任何值。它也列出了最大波特率和外设时钟的大小关系。

分级波特率产生器可以用在异步模式操作提高平均分辨率。比例因子(BSCALE)允许波特率左放大或者右缩小。比例因子是正值,会向右增大周期,降低波特率,并不改变分辨率。如果比例因子是负值,分频器使用算法增大分辨率。比例因子可以设为 -7~7 的任何值,0 代表没有分频。比例因子可以设多高是有限制的,2^{BSCALE} 至少是一帧数据所需最小时钟数的 1/2。

表 2 - 20 - 1　波特率计算公式

操作模式	条　件	波特率计算公式	BSEL 计算公式
异步正常速度模式(CLK2X=0)	BSCALE≥0 $f_{BAUD}\leq\dfrac{f_{PER}}{16}$	$f_{BAUD}=\dfrac{f_{PER}}{2^{BSCALE}\cdot16(BSEL+1)}$	$BSEL=\dfrac{f_{PER}}{2^{BSCALE}\cdot16f_{BAUD}}-1$
	$f_{BAUD}\leq\dfrac{f_{PER}}{16}$	$f_{BAUD}=\dfrac{f_{PER}}{16((2^{BSCALE}\cdot BSEL)+1)}$	$BSEL=\dfrac{1}{2^{BSCALE}}(\dfrac{f_{PER}}{16f_{BAUD}}-1)$
异步加倍速度模式(CLK2X=1)	$f_{BAUD}\leq\dfrac{f_{PER}}{8}$	$f_{BAUD}=\dfrac{f_{PER}}{2^{BSCALE}\cdot8\cdot(BSEL+1)}$	$BSEL=\dfrac{f_{PER}}{2^{BSCALE}\cdot8f_{BAUD}}-1$
	$f_{BAUD}\leq\dfrac{f_{PER}}{8}$	$f_{BAUD}=\dfrac{f_{PER}}{8((2^{BSCALE}\cdot BSEL)+1)}$	$BSEL=\dfrac{1}{2^{BSCALE}}(\dfrac{f_{PER}}{8f_{BAUD}}-1)$
同步,SPI主模式	$f_{BAUD}<\dfrac{f_{PER}}{2}$	$f_{BAUD}=\dfrac{f_{PER}}{2\cdot(BSEL+1)}$	$BSEL=\dfrac{f_{PER}}{2f_{BAUD}}-1$

(2)外部时钟

外部时钟用于从模式的同步操作。XCK 输入时钟被外设时钟(f_{PER})通过同步寄存器采样,最小化亚稳态的可能性。同步寄存器的输出通过一个边沿检测器,这个过程会有两个外设时钟的延时,因此,最大外部时钟频率 f_{XCK} 的上限公式为:

$$f_{XCK} < \frac{f_{PER}}{4}$$

XCK 时钟周期的高低电平周期都必须被外设时钟采样两次,如果 XCK 时钟有误差,或者占空比不是 50/50,最大外设时钟速度必须相应减小。

(3)倍速操作(CLK2X)

倍速操作可以在异步模式下用来在更低的外设时钟下实现更高的波特率。

当倍速操作使能后,波特率的设置按照表 2-20-1 所列。在这种模式下,接收部分将会对数据和时钟恢复采样频率(从 16 降到 8)。由于减少了采样,需要更精确的波特率设置和外设时钟。详见后面的"异步数据接收"。

(4)同步时钟操作

当使用同步模式时,XCK 引脚控制时钟是输入(从模式)还是输出(主模式)。相应端口的引脚必须设置为输入(从模式)或者输出(主模式)。XCK 引脚的正常操作将会被覆写。时钟沿和数据采样或数据变化之间的关联是相同的。数据输入(在RxD 引脚上)的采样发生在与数据输出(TxD)发生变化时时钟沿相反的 XCK 时钟沿上,如图 2-20-3 所示。

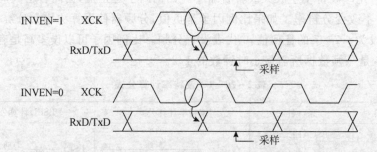

图 2-20-3　同步模式下的 XCK 时序

引脚配置寄存器的反向 I/O(INVEN)位可以设置 XCK 引脚,这可以用来选择使用 XCK 哪一个沿来对数据进行采样,哪一个沿用来改变输出数据。如果INVEN=0,数据将在 XCK 时钟的上升沿发生变化,下降沿进行数据采样。如果INVEN=1,数据将在 XCK 时钟的下降沿发生变化,上升沿进行数据采样。

(5)SPI 时钟产生

对于 SPI 操作,只有主模式才使用内部时钟。这同样适用于 USART 同步主模式,波特率和 BSEL 的设置使用表 2-20-1 中相同的公式。

串行数据传输的 XCK(SCK)的相位和极性有 4 种组合,由时钟相位控制位(UCPHA)和 I/O 引脚反向位(INVEN)决定。数据传输时序图如图 2-20-4 所示。

数据在 XCK 信号的反向时钟沿移位和锁存,保证数据信号的稳定。UCPHA 和 IN-VEN 的设置在表 2-20-2 中列出。在数据传输过程中修改设置这些位会破坏数据的接收和传输。

表 2-20-2　INVEN 和 UCPHA 功能

SPI 模式	INVEN	UCPHA	前　沿	后　沿
0	0	0	上升沿,采样	下降沿,输出
1	0	1	上升沿,输出	下降沿,采样
2	1	0	下降沿,采样	上升沿,输出
3	1	1	下降沿,输出	上升沿,采样

前沿是一个时钟周期的第一个沿,后沿是一个时钟周期的最后一个沿。

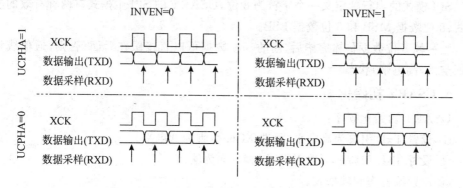

图 2-20-4　UCPHA 和 INVEN 数据传输时序图

4. 帧格式

数据传输是基于帧的,串行帧包括数据字符和同步位(起始位和停止位),以及用来检错的可选校验位。要注意的是,这并不能用于 SPI 操作。

USART 有 30 多种有效的帧格式组合:

➤ 1 个起始位;

➤ 5、6、7、8 或 9 个数据位;

➤ 无,奇校验,偶校验;

➤ 1 或 2 个停止位。

一帧数据从起始位开始,然后是数据的最低位,数据位以数据的最高位结束。如果使能的话,校验位会插在数据位之后,第一个停止位之前。一帧数据可以直接跟在一个起始位或者一帧新数据之后,否则通信线将会返回到空闲(高电平)状态。在图 2-20-5 表示的是可能的数据帧结构组合,方括号中的位是可选的。

图 2-20-5 中,St 为起始位,总是低;(n)为数据位(0~8);P 为校验位,奇校验或者偶校验;Sp 为停止位,总是高;IDLE 指通信线上(RxD 或 TxD)没有传输,空闲

状态总是高。

图 2-20-5　帧格式

(1)校验位的计算

奇偶校验可以用来检查错误,如果选择了偶校验,当所有数据位中"1"的个数为奇数,则校验位为 1;如果选择了奇校验,当所有数据位中"1"的个数为偶数时,校验位为 1。

(2)SPI 帧格式

SPI 模式的串行帧定义一个字符为 8 位,USART 的 SPI 主模式有两种有效的帧格式:8 位数据 MSB 和 8 位数据 LSB。

当一帧 8 位数据传输完毕后,新的一帧数据可以直接跟在后面;否则,通信线将返回空闲(高电平)状态。

5. USART 初始化

USART 初始化顺序:

① 设置 TxD 引脚为高电平,可选 XCK 引脚为低电平。

② 设置 TxD 引脚和可选 XCK 引脚方向为输出。

③ 设置波特率和帧格式。

④ 设置操作模式(在同步模式使能 XCK 引脚为输出)。

⑤ 根据需要使能发送和接收。

对于中断驱动的 USART 操作,在初始化时,全局中断应关闭。在重新配置波特率和帧格式时要确保没有数据在传输。发送和接收完毕中断标志可以用来检查传输是否完成,接收缓存内是否还有未读的数据。

6. 数据发送——USART 发送

发送使能后,TxD 引脚作为 USART 的串行输出,正常端口操作将会被覆写。该引脚的方向必须设置为输出。

(1)发送帧

数据的发送是通过加载要发送的数据到发送缓冲(DATA 寄存器)初始化的。当移位寄存器空,并且准备发送一帧新的数据时,数据将会从发送缓存中转移到移位寄存器。当处于空闲状态(没有数据传输)或者在上一帧数据的最后一个停止位之后,移位寄存器会加载要发送的数据。

当移位寄存器内整个数据帧发送完成并且发送缓存里没有数据时,中断标志位(TXCIF)置位,将会产生选择的中断。

数据发送寄存器(DATA)在数据寄存器空标志位(DREIF)置位时只能写入,这意味着数据寄存器空,为新数据的写入作准备。

当数据位不足 8 位时,写入 DATA 的数据的高位将会被忽略。如果使用 9 位数据,第 9 位数据要在低 8 位写入 DATA 之前写入 TXB8 位。

(2)禁用发送

正在传输及将要传输的数据在没有发送完成之前,禁用发送不会生效。例如,当发送移位寄存器和发送缓存内不包含数据时,当发送禁用后,TxD 引脚将不会被覆写,引脚方向设为输入。

7. 数据接收——USART 接收

当接收使能后,RxD 引脚用来作为接收的输入口。该引脚方向必须设为输入,也就是默认的引脚设置。

(1)接收帧

当检测到有效的起始位后,开始接收数据。起始位后每一位将会按照波特率或者 XCK 时钟来采样,然后移位到移位接收寄存器,直到出现第一个停止位,第二个停止位会被忽略。当接收到第一个停止位接收到并且接收缓冲内有一帧完整的数据时,接收完毕中断标志位(RXCIF)置位,选择的中断将会产生。接收缓存内的数据可通过读 DATA 寄存器获得。在 RXCIF 标志位没有置位时不能读取 DATA 寄存器。当一帧数据少于 8 位时,没有使用的最高位为 0。如果数据为 9 位,在读取 DATA 寄存器之前应先读取 RXB8 位。

(2)接收错误标志

USART 接收模块有 3 个错误标志。帧错误(FERR)、缓冲溢出(BUFOVF)、校验错误(PERR)可通过状态寄存器访问。

错误标志及相应的数据帧位于 FIFO 接收缓存。由于对错误状态的缓存,读取 DATA 寄存器会更改 FIFO 缓存,所以,必须在读取接收缓存 DATA 之前读取状态寄存器。

(3)检查校验位

使能校验后,将会对接收的数据进行计算校验值,与数据中的校验位比较。如果校验发现错误,校验错误标志会置位。

(4)禁用接收

禁用接收会立即生效。接收缓存会清空,正在接收的数据会丢失。

(5)清空接收缓存

如果在正常操作过程中需要清空接收缓存,读 DATA 寄存器直到接收完毕,中断标志位清零。

8. 异步数据接收

USART 包含一个时钟恢复和数据恢复单元用来处理异步数据。时钟恢复单元用于同步 RxD 引脚上接收到的异步串行数据和内部产生的波特率时钟。数据恢复逻辑对接收到的每一位进行采样和低通滤波,提高接收的抗干扰能力。异步接收操作的范围依赖于内部波特率时钟、接收数据帧的波特率、数据帧的位数。

(1)异步时钟恢复

时钟恢复单元同步内部时钟到进来的数据帧。图 2 - 20 - 6 表示的是对数据帧的起始位的采样过程。采样频率是正常模式时波特率的 16 倍,波特率倍速时的 8 倍。

横向箭头表示的是采样过程中的同步的变化。可以注意到在倍速模式时,同步时间更长。当 RxD 线空闲时,采样数据为 0。

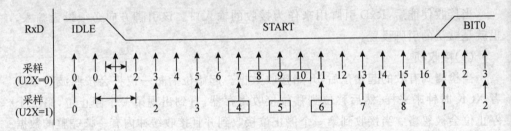

图 2 - 20 - 6　起始位采样

当时钟恢复单元检测到 RxD 线上高电平到低电平的转变后,起始位检测时序开始运行。图中采样 1 表示的是第一个 0 采样。时钟恢复单元在正常模式时使用采样 8、9、10,倍速模式时使用采样 4、5、6(图中方框内的数字)来决定接收起始位是否有效。如果这三个采样中有两个或者多于两个采样是低电平(多数获胜),起始位可以接收。时钟恢复单元同步后数据恢复单元开始运行。如果这三个采样中有两个或者多于两个采样是高电平,起始位是噪声无效,接收模块开始寻找下一个由高电平到低电平的转变。同步过程对每一个起始位重复操作。

(2)异步数据恢复

数据恢复采样频率在波特率正常模式时对每一位使用 16 个采样点,波特率倍速时使用 8 个采样点。图 2 - 20 - 7 表示的是数据位和校验位的采样过程。

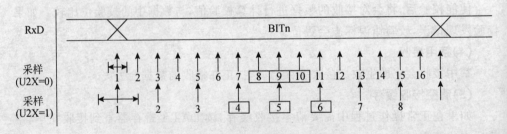

图 2 - 20 - 7　数据位和校验位的采样

关于起始位的检测,同样使用对中间三个采样点(方框内的数字)多数决定接收到该位的电平值。多数决定过程作为接收引脚 RxD 上的低通滤波。这一过程将对每个位重复进行,直到接收一个完整的数据帧,包括第一个停止位,但不包括附加的停止位。如果停止位采样得到逻辑 0,帧错误标志(FERR)置位。图 2-20-8 表示的是下一个可能的起始位之前停止位的采样。

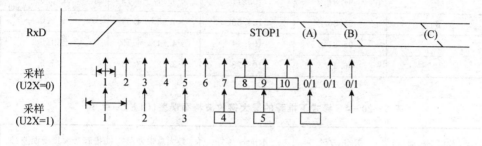

图 2-20-8　停止位的采样和下一个起始位的采样

一次新的高电平向低电平的跳变,说明了一个新帧的起始位恰好在多数决定所使用的三个采样点之后。普通模式中,第一个低电平的采样点可以发生在停止位采样和下一个起始位采样之间(标记 A)。倍速模式下的第一个低电平必须延时到标记 B。标记 C 表示的是按照波特率停止位的完整长度。起始位检测影响接收模块的工作范围。

(3)异步工作范围

接收模块的工作范围决定于接收比特率和内部产生的波特率之间的偏差。如果外部发送比特速率太快或者太慢,或者内部接收模块产生的波特率与外部数据的频率不匹配,接收模块将不能同步一帧数据的起始位。

下面的公式可以计算数据输入速率和内部接收模块的波特率的比值,即:

$$R_{slow}=\frac{(D+1)S}{S-1+D \cdot S+SF} \qquad R_{fast}=\frac{(D+2)S}{(D+1)S+SM}$$

表 2-20-3 和表 2-20-4 列出了可以承受的接收波特率误差。普通模式下波特率允许变化的范围更大。

- ➤ D　字符和校验位的总的大小($D=5-10$ 位);
- ➤ S　每个比特位的采样数,普通模式下 $S=16$,倍速模式下 $S=8$;
- ➤ SF　多数决定过程第一采样点的数目,普通模式下 $SF=8$,倍速模式下 $SF=4$;
- ➤ SM　多数决定过程中间采样点的数目,普通模式下 $SM=9$,倍速模式下 $SM=5$;
- ➤ Rslow　接收数据的频率相对接收模块的波特率的最慢比例;
- ➤ Rfast　接收数据的频率相对接收模块的波特率的最快比例。

表 2 - 20 - 3　普通模式下推荐的最大接收波特率误差(CLK2X ＝ 0)

D＃(数据＋校验位)	Rslow/%	Rfast/%	最大总误差/%	推荐最大接受误差/%
5	93.20	106.67	＋6.67/－6.80	± 3.0
6	94.12	105.79	＋5.79/－5.88	± 2.5
7	94.81	105.11	＋5.11/－5.19	± 2.0
8	95.36	104.58	＋4.58/－4.54	± 2.0
9	95.81	104.14	＋4.14/－4.19	± 1.5
10	96.17	103.78	＋3.78/－3.83	± 1.5

表 2 - 20 - 4　模式下推荐的最大接收波特率误差(CLK2X ＝ 1)

D＃(数据＋校验位)	Rslow/%	Rfast/%	最大总误差/%	推荐最大接受误差/%
5	94.12	105.66	＋5.66/－5.88	± 2.5
6	94.92	104.92	＋4.92/－5.08	± 2.0
7	95.52	104.35	＋4.35/－4.48	± 1.5
8	96.00	103.90	＋3.90/－4.00	± 1.5
9	96.39	103.53	＋3.53/－3.61	± 1.5
10	96.70	103.23	＋3.23/－3.30	± 1.0

　　上述推荐的最大接受波特率误差是在假设接收器和发送器对最大总误差具有同等贡献的前提下得出的。

　　产生接收器波特率误差的可能原因有两个。首先,接收器系统时钟(XTAL)的稳定性与电压范围及工作温度有关。使用晶振来产生系统时钟时一般不会有此问题,但对于谐振器而言,根据谐振器不同的误差容限,系统时钟可能有超过 2％的偏差。第二个误差的原因就好控制多了。波特率发生器不一定能够通过对系统时钟的分频得到恰好的波特率。此时,可以调整 BSEL 和 BSCALE 的值,使得误差低至可以接受。

9. USART 的 SPI 主模式(MSPIM)

　　使用 USART 的 SPI 主模式(MSPIM)需要使能数据发送。数据接收可以用作数据串行输入。XCK 引脚用来传输时钟信号。

　　USART 数据的发送是通过向 DATA 寄存器写数据初始化的。由于发送器控制着时钟的传输,数据的接收和发送都须如此。当移位寄存器准备好发送一帧数据时,写入 DATA 的数据会从数据发送缓存转移到移位寄存器。

　　SPI 主模式下,发送和接收中断标志,以及相应的 USART 中断标志和普通 US-ART 功能上是一样的。接收错误状态标志位没有使用,读取时总为零。

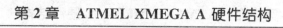

SPI 主模式下,禁用 USART 发送和接收,和普通 USART 功能上是一样的。

10. USART—SPI 和 SPI 模块的对比

USART 的 SPI 主模式和 SPI 完全兼容,见表 2 - 20 - 5。

➢ 主模式时序图。

➢ UCPHA 位和 SPI 的 CPHA 位功能一样。

➢ UDORD 位和 SPI 的 DORD 位功能一样。

表 2 - 20 - 5　USART 的 SPI 主模式和 SPI 引脚的对比

USART	SPI	解　释
TxD	MOSI	仅主机输出
RxD	MISO	仅主机输入
XCK	SCK	功能相同
N/A	SS	串口在 SPI 主模式下不支持

由于 USART 的 SPI 主模式是重新利用 USART 的资源,MSPIM 和 XMEGA 的 SPI 模块有一些不太一样。除了控制寄存器不同和不支持 SPI 从模式外,两种模式还有以下不同:

➢ USART 的 SPI 主模式下,发送有缓存,XMEGA 的 SPI 模块没有发送缓存。

➢ USART 的 SPI 主模式下,接收有缓冲。

➢ USART 的 SPI 主模式下,没有 XMEGA 的 SPI 模块的写冲突标志(WCOL)。

➢ USART 的 SPI 主模式下,没有 XMEGA 的 SPI 模块倍速模式(SPI2X)。但是可以通过设置 BSEL 位来实现相同的效果。

➢ 不兼容中断的时序。

➢ USART 的 SPI 主模式下,由于只能使用主模式,引脚控制不相同。

11. 多处理器通信模式

置位多处理器通信模式位(MPCM)可以对 USART 接收器接收到的数据帧进行过滤。那些没有地址信息的帧将被忽略,也不会存入接收缓冲器。在一个多处理器系统中,处理器通过同样的串行总线进行通信,这种过滤有效地减少了需要 CPU 处理的数据帧的数量。MPCM 位的设置不影响发送器的工作,但在使用多处理器通信模式的系统中,它的使用方法会有所不同。

如果接收器所接收的数据帧长度为 5～8 位,那么第 1 个停止位表示这一帧包含的是数据还是地址信息。如果接收器所接收的数据帧长度为 9 位,由第 9 位(RXB8)来确定是数据还是地址信息。如果确定帧类型的位(第 1 个停止位或第 9 个数据位)为 1,这是地址帧,否则,为数据帧。如果使用 5～8 bit 的帧格式,发送器应该设置 2 个停止位,其中的第 1 个停止位被用于判断帧类型。

在多处理器通信模式下,多个从处理器可以从一个主处理器接收数据。首先,要通过解码地址帧来确定所寻址的是哪一个处理器。如果寻址到某一个处理器,它将正常接收后续的数据,而其他的从处理器会忽略这些帧直到接收到另一个地址帧。

使用 MPCM

对于一个作为主机的处理器来说,它可以使用 9 位数据帧格式。如果传输的是一个地址帧,就将第 9 位(TXB8)置 1,如果是一个数据帧就将它清零。在这种帧格式下,从处理器必须工作于 9 位数据帧格式。

下面即为在多处理器通信模式下进行数据交换的步骤:

① 所有从处理器都工作在多处理器通信模式。

② 主处理器发送地址帧后,所有从处理器都会接收并读取此帧。

③ 每一个从处理器都会读取 DATA 寄存器的内容已确定自己是否被选中。

④ 被寻址的从处理器将清零 MPCM 位,接收所有的数据帧。而保持 MPCM 位为 1 的从处理器将忽略这些数据。

⑤ 被寻址的处理器接收到最后一个数据帧后,它将置位 MPCM,并等待主处理器发送下一个地址帧。然后第②步之后的步骤重复进行。

使用 5~8 bit 的帧格式是可以的,但是不实际,因为接收器必须在使用 n 和 n+1 帧格式之间进行切换。由于接收器和发送器使用相同的字符长度设置,这种设置使得全双工操作变得很困难。

12. 红外模式

USART 可以使能红外模式(IRCOM),兼容 IrDA 1.4 调制/解调,波特率高至 115.2 kbps。IRCOM 模式下,USART 不能使用倍速传输,对于含有不止一个 USART 的设备,IRCOM 模式一次只能配合一个 USART 使用。

13. DMA 支持

DMA 支持 UART、USRT 和主模式下 SPI 外设。

14. 寄存器描述

(1)DATA——USART I/O 数据寄存器(图 2 - 20 - 9)

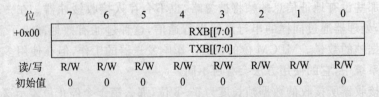

图 2 - 20 - 9　USART I/O 数据寄存器

USART 数据发送缓存寄存器和 USART 数据接收缓存寄存器共用一个 I/O 地址。写入 DATA 寄存器的数据将会存到数据发送缓存寄存器(TXB),读取 DATA 寄存器,会返回数据接收缓存寄存器(RXB)的数据。

数据发送缓存只能在 STATUS 寄存器中 DREIF 标志位置位时才能执行写操

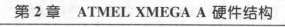

作,否则,会被发送缓存忽略。当数据写入发送缓存,且发送使能打开,移位寄存器没有数据的时候,数据将会加载到发送移位寄存器,从 TxD 引脚发送出去。

接收缓存有两个 FIFO 缓存。FIFO 和状态寄存器中相应的标志位会因访问接收缓存而改变状态。在读数据之前,读状态寄存器可以保证获得正确的数据。

(2)STATUS——USART 状态寄存器(图 2－20－10)

位	7	6	5	4	3	2	1	0	
+0x01	RXCIF	TXCIF	DREIF	FERR	BUFOVF	PERR	–	RXB8	STATUS
读/写	R	R/W	R	R	R	R	R	R/W	
初始值	0	0	1	0	0	0	0	0	

图 2－20－10　USART 状态寄存器

Bit 7—RXCIF,USART 接收完毕中断标志。这个中断标志位在接收缓存存在数据时置位,在接收缓存空的时候清零(例如,没有未读取的数据)。当接收禁用时,接收缓存清空,RXCIF 归零。

当使用中断方式接收数据时,必须读取 DATA 内的数据,以便清除接收完毕中断标志(RXCIF)。如果不这样,这次中断退出后将直接产生下一次中断。该标志也可以通过向该位写 1 来清除。

Bit 6—TXCIF,USART 发送完毕中断标志。这个中断标志会在发送移位寄存器内的一帧数据移位完成且发送缓存(DATA)内没有数据的时候才会置位。发送完毕中断向量执行后,TXCIF 会自动清除。该标志也可以通过向该位写 1 来清除。

Bit 5—DREIF,USART 数据寄存器空标志。DREIF 表示发送缓存(DATA)准备好接收数据了。当设备重启或发送缓存(DATA)空的时候,该标志置位。当发送缓存还有未转移到移位寄存器的数据时,该标志清零。写状态寄存器时,该位总是写入 0。写 DATA 会使 DREIF 清零。

当使用中断方式发送数据时,必须向 DATA 内写新数据或禁用数据寄存器空中断,以便清除 DREIF 标志。如果不这样,这次中断退出后将直接产生下一次中断。

Bit 4—FERR,帧错误。FERR 标志表示的是接收缓存内下一个可读的数据的第一个停止位的状态。如果接收到的字符帧错位,该标志置位。例如,第一个停止位是 0。当接收到的数据的第一个停止位是 1,该位清零。该位在接收缓存(DATA)读取前有效。设置控制寄存器 C 中的 SBMODE 位,不会影响到 FERR 标志,因为接收器只忽略除第一个停止位的其他位。写状态寄存器时,该位总是写入 0。

USART 的 SPI 主模式下,FERR 没有被使用。

Bit 3—BUFOVF,缓存溢出。BUFOVF 标志表示接收缓存满导致数据丢失。当检测到溢出条件,BUFOVF 标志置位。当接收缓存满(两个字符),接收移位寄存器内有一个新的字符在等待,并检测到一个新的起始位。该位在接收缓存(DATA)读取前有效。写状态寄存器时,该位总是写入 0。

USART 的 SPI 主模式下,BUFOVF 没有被使用。

Bit 2—PERR,奇偶校验错误。奇偶校验使能且接收缓存内下一个字符存在奇偶校验错误,PERR 置位。奇偶校验禁用,该位读取为 0。写状态寄存器时,该位总是写入 0。

USART 的 SPI 主模式下,PERR 没有被使用。

Bit 1—保留。

Bit 0—RXB8,接收数据位 8。对 9 位串行帧进行操作时,RXB8 是第 9 个数据位。读取 DATA 包含的低位数据之前首先要读取 RXB8。USART 的 SPI 主模式下,这一位没有被使用。

(3)CTRLA——USART 控制寄存器 A(图 2 - 20 - 11)

位	7	6	5	4	3	2	1	0	
+0x03	–	–	RXCINTLVL[1:0]		TXCINTLVL[1:0]		DREINTLVL[1:0]		CTRLA
读/写	R	R	R/W	R/W	R/W	R/W	R/W	R/W	
初始值	0	0	1	0	0	0	0	0	

图 2 - 20 - 11　USART 控制寄存器 A

Bit 7:6—保留。

Bit 5:4—RXCINTLVL[1:0],接收完毕中断使能。这些位使能接收完毕中断,并选择中断级别,中断级别的描述参考 2.11 节。当 STATUS 寄存器的 RXCIF 位被置位时,使能的中断将触发。

Bit 3:2—TXCINTLVL[1:0],发送完毕中断使能。这些位使能接收完毕中断,并选择中断级别,中断级别的描述参考 2.11 节。当 STATUS 寄存器的 TXCIF 位被置位时,使能的中断将触发。

Bit 1:0—DREINTLVL[1:0],数据寄存器空中断使能。这些位使能接收完毕中断,并选择中断级别,中断级别的描述参考 2.11 节。当 STATUS 寄存器的 DREIF 位被置位时,使能的中断将触发。

(4)CTRLB——USART 控制寄存器 B(图 2 - 20 - 12)

位	7	6	5	4	3	2	1	0	
+0x04	–	–	–	RXEN	TXEN	CLK2X	MPCM	TXB8	CTRLB
读/写	R	R	R	R/W	R/W	R/W	R/W	R/W	
初始值	0	0	1	0	0	0	0	0	

图 2 - 20 - 12　USART 控制寄存器 B

Bit 7:5—保留。

Bit 4—RXEN,接收使能。置位后将使能 USART 接收。RxD 引脚的通用端口功能被 USART 功能所取代。禁用接收器将刷新接收缓冲器,并使 FERR、UFOVF 及 PERR 标志无效。

Bit 3—TXEN,发送使能。置位后将使能 USART 发送。TxD 引脚的通用端口功能被 USART 功能所取代。禁用发送(TXEN 清零),只有等到所有的数据发送完

成后发送器才能够真正禁止,即发送移位寄存器与发送缓冲寄存器中没有要传送的数据。发送禁用后,TxD 引脚恢复其通用 I/O 功能。

Bit 2—CLK2X,倍速发送。此位置位可将波特率分频因子从 16 降到 8,从而有效地将异步通信模式的传输速率加倍。这一位仅对异步操作有影响。使用同步操作时将此位清零。当 USART 配置为 IRCOM 模式时必须为 0。USART 的 SPI 主模式下,这一位没有被使用。

Bit 1—MPCM,多处理器通信模式。设置此位将使能多处理器通信模式。MPCM 置位后,USART 接收器接收到的不包含地址信息的输入帧都将被忽略。发送器不受 MPCM 设置的影响。USART 的 SPI 主模式下,这一位没有被使用。

Bit 0—TXB8,发送数据位 8。对 9 位串行帧进行操作时,TXB8 是第 9 个数据位。写 DATA 之前首先要对它进行写操作。USART 的 SPI 主模式下,这一位没有被使用。

(5)CTRLC——控制寄存器 C(图 2 - 20 - 13)

位	7	6	5	4	3	2	1	0
+0x05	CMODE[1:0]		PMODE[1:0]		SBMODE	CHSIZE[2:0]		
+0x05①	CMODE[1:0]		−	−	−	UDORD	UCPHA	−
读/写	R/W	R/W	R/W	R/W	R/W	R/W	R/W	R/W
初始值	0	0	0	0	0	1	1	0

① SPI 主模式

图 2 - 20 - 13　控制寄存器 C

Bit 7:6—CMODE[1:0],USART 通信模式。这些位选择 USART 的操作模式,见表 2 - 20 - 6。

表 2 - 20 - 6　CMODE 位设置

CMODE[1:0]	组配置	模 式
00	异步	异步 USART
01	同步	同步 USART
10	IRCOM	IRCOM
11	MSPI	SPI 主模式

Bit 5:4—PMODE[1:0],奇偶校验模式。两位设置奇偶校验的模式并使能奇偶校验。如果使能了奇偶校验,在发送数据时,发送器都会自动产生并发送奇偶校验位。对每一个接收到的数据,接收器都会产生一奇偶值,并与 PMODE 所设置的值进行比较。如果不匹配,就将 STATUS 中的 PERR 置位,见表 2 - 20 - 7。

USART 的 SPI 主模式下,这一位没有被使用。

表 2 - 20 - 7　PMODE 位设置

PMODE[1:0]	组配置	校验模式
00	DISABLED	关闭
01		保留
10	EVEN	偶校验
11	ODD	奇校验

Bit 3—SBMODE,停止位选择。通过这一位可以设置停止位的位数。接收器忽略这一位的设置,见表 2 - 20 - 8。

表 2 - 20 - 8　SBMODE 位设置

SBMODE	停止位
0	1 位
1	2 位

Bit 2:0—CHSIZE[2:0],字符长度。CHSIZE[2:0]设置数据帧包含的数据位数(字符长度)。接收发送使用相同的设置。

表 2 - 20 - 9　CHSIZE 位设置

CHSIZE[2:0]	组配置	字符大小
000	5BIT	5 位
001	6BIT	6 位
010	7BIT	7 位
011	8BIT	8 位
100		保留
101		保留
110		保留
111	9BIT	9 位

Bit 2—UDORD,数据顺序。这一位设置帧格式。UDORD 置位时,数据的 LSB 首先发送;否则,数据的 MSB 首先发送。接收/发送使用相同的设置。UDORD 位的更改将导致破坏正在接收或发送的数据。

Bit 1—UCPHA,时钟极性。这一位仅用于同步工作模式。使用异步模式时,将这一位清零。UCPHA 位决定了数据是在前沿还是在后沿采样。

(6)BAUDCTRLA——USART 波特率寄存器 A(图 2 - 20 - 14)

Bit 7:0—BSEL[7:0],USART 波特率寄存器。这是一个设置波特率的 12 位的值。波特率寄存器 B 中包含高 4 位,波特率寄存器 A 包含低 8 位。波特率寄存器的更改会破坏正在进行的数据传输。写 BSEL 将立即更新波特率分频器。

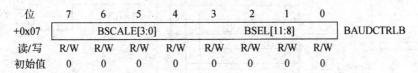

位	7	6	5	4	3	2	1	0	
+0x06				BSEL[7:0]					BAUDCTRLA
读/写	R/W	R/W	R/W	R/W	R/W	R/W	R/W	R/W	
初始值	0	0	0	0	0	0	0	0	

图 2-20-14　USART 波特率寄存器 A

(7)BAUDCTRLB——USART 波特率寄存器 B(图 2-20-15)

位	7	6	5	4	3	2	1	0	
+0x07		BSCALE[3:0]				BSEL[11:8]			BAUDCTRLB
读/写	R/W	R/W	R/W	R/W	R/W	R/W	R/W	R/W	
初始值	0	0	0	0	0	0	0	0	

图 2-20-15　USART 波特率寄存器 B

Bit 7：4—BSCALE[3：0]，USART 波特率比例因子。波特率比例因子(BSCALE)可以设为−7～7。比例因子是正值，会向右增大周期，降低波特率，并不改变分辨率。如果比例因子是负值，分频器使用算法增大分辨率。

Bit 3：0—BSEL[3：0]，USART 波特率寄存器。波特率寄存器中的高 4 位。波特率寄存器的更改会破坏正在进行的数据传输。写波特率寄存器 A 将立即更新波特率分频器。

2.21　IRCOM——红外通信模块

1. 特　点

➢ 红外脉冲调制/解调。

➢ 兼容 IrDA 1.4 波特率高至 115.2 kbps。

➢ 可选脉冲调制方案：3/16 波特率；固定脉冲周期，8 位可编程；脉冲调制关闭。

➢ 内部滤波。

➢ 可以连接到 USART，并被 USART 使用。

2. 概　述

XMEGA 包含一个红外通信模块(IRCOM)，其兼容 IrDA 1.4 波特率，高至 115.2 kbps。它支持三个调制方案：3/16 波特率，基于外设时钟速度的固定的可编程脉冲时间，或者脉冲调制关闭。

IRCOM 模块可用，可以连接到任何一个 USART 来红外编码/解码。

当 USART 设为 IRCOM 模式时，IRCOM 会自动打开。USART 和 RX/TX 引脚间会按如图 2-21-1 所示来路由。也可以从事件系统里选择事件通道作为 IR-COM 接收器的输入，这将会关闭 USART 的 RX 引脚的输入。

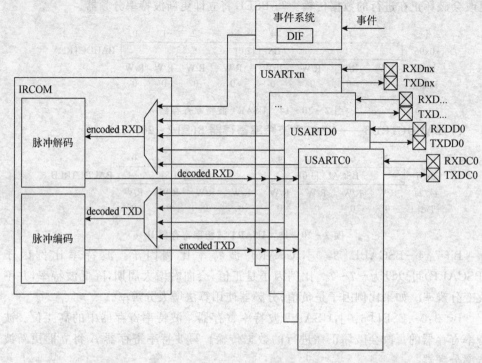

图 2 - 21 - 1　IRCOM 和 USART 的连接及相关端口的引脚

对于接收,一个可以被解码为逻辑 0 的高电平的最小脉宽是可以选择的。更短的脉冲会被丢弃,就像接收时没有脉冲一样,这一位会被解码为逻辑 1。

红外模块可被任意一个 USART 使用。红外模块只能和 USART 结合使用,程序必须保证不能同时被多个 USART 使用。

事件系统滤波

事件系统可以作为接收输入。这使得 IRCOM 或者 USART 的输入可以来自其他 I/O 引脚或者源。如果开启了事件系统输入,USART 的输入自动被禁用。事件系统在事件通道上有数字输入滤波器,用来滤波。

3. 寄存器描述

(1)TXPLCTRL——红外发射脉宽控制寄存器(图 2 - 21 - 2)

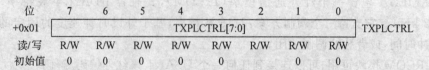

位	7	6	5	4	3	2	1	0	
+0x01				TXPLCTRL[7:0]					TXPLCTRL
读/写	R/W	R/W	R/W	R/W	R/W	R/W	R/W	R/W	
初始值	0	0	0	0	0	0	0	0	

图 2 - 21 - 2　红外发射脉宽控制寄存器

Bit 7:0—TXPLCTRL[7:0]，发射脉宽控制。这 8 位设置发射时的脉冲调制。如果 USART 没有设置 IRCOM 模式时，设置该寄存器将没有作用。

设置该寄存器值为 0，脉冲调制将使用 3/16 波特率。设置该寄存器值为 1～254，将设置一个固定的脉冲宽度。这 8 位设置脉冲包含系统时钟周期数。脉冲的开始将会和波特率时钟的上升沿同步。

设置该寄存器值为 255，将会关闭脉冲编码，让 RX 和 TX 信号从红外模块经过而不作改变。这将使能红外模块的其他功能，例如，半双工 USART，回环测试，US-ART 的 RX 从事件通道输入。

注：TXPCTRL 必须在 USART 的发送使能（TXEN）打开前设置。

(2)RXPLCTRL——红外接收脉宽控制寄存器(图 2 - 21 - 3)

位	7	6	5	4	3	2	1	0	
+0x02				RXPLCTRL[7:0]					RXPLCTRL
读/写	R/W	R/W	R/W	R/W	R/W	R/W	R/W	R/W	
初始值	0	0	0	0	0	0	0	0	

图 2 - 21 - 3　红外接收脉宽控制寄存器

Bit 7:0—RXPLCTRL[7:0]，接收脉宽控制。这 8 位值设置红外接收器的滤波系数。如果 USART 没有设置 IRCOM 模式时，设置该寄存器将没有作用。

设置该寄存器值为 0，滤波关闭。设置该寄存器值为 1～255 将使能滤波，脉冲为 X+1 个相等的采样才会被接收下来。

注：RXPCTRL 必须在 USART 的接收使能（RXEN）打开前设置。

(3)CTRL——红外控制寄存器(图 2 - 21 - 4)

位	7	6	5	4	3	2	1	0	
+0x00	–	–	–	–		EVSEL[3:0]			CTRL
读/写	R	R	R	R	R/W	R/W	R/W	R/W	
初始值	0	0	0	0	0	0	0	0	

图 2 - 21 - 4　红外控制寄存器

Bit 7:4—保留。

Bit 3:0—EVSEL [3:0]，事件通道选择。这些位用来根据表 2 - 21 - 1 选择红外接收模块的事件通道源。

如果红外接收模块选择事件输入，USART 的 RX 引脚将自动禁用。

表 2 – 21 – 1　事件通道选择

EVSEL[3:0]	组配置	事件源
0000		空
0001		保留
0010		保留
0011		保留
0100		保留
0101		保留
0110		保留
0111		保留
1xxx	CHn	事件系统通道 x; x = {0,…,7}

2.22　加密引擎

1. 特　点

➢ 数据加密标准(DES)的核心指令。

➢ 高级加密标准(AES)加密模块。

➢ DES 指令:加密和解密;支持 DES;单周加密指令;加密/解密每 8 个字节块需要 16 个时钟周期。

➢ AES 加密模块:加密和解密;支持 128 位密钥;支持数据异或加载模式;加密/解密每 16 个字节块需要 375 个时钟周期。

2. 概　述

高级加密标准(AES)和数据加密标准(DES)是两种常用的加密标准,这是通过 AES 外围模块和 DES 核心指令实现的。

DES 是通过 AVR XMEGA 核心 DES 的指令实现的。加载 8 个字节的密钥和 8 个字节的数据块到寄存器组,然后对数据块执行 16 轮 DES 加密/解密。

AES 的加密模块加密和解密使用一个 128 位密钥和 128 位的数据块。密钥和数据必须在加密/解密启动之前加载到模块。375 个外设时钟周期后,加密/解密数据才可以被读出。

3. DES 指令

DES 指令是单周加密指令,对 64 位(8 个字节)数据块的加密或者解密需要执行 16 次。密钥和数据必须在加密/解密启动之前加载到模块。64 位数据块(明文或者密文)存放在 R0～R7,数据块最低有效位存放在 R0 的最低有效位,数据块最高有效位存放在 R7 的最高有效位。64 位密钥（包括校验位）存放在 R8～R15，密钥最低有效位存放在 R8 的最低有效位，密钥最高有效位存放在 R15 的最高有效位，如图 2-22-1 所示。

执行一次 DES 指令在 DES 算法中是执行一轮。必须按照递增顺序执行 16 轮，以形成正确的 DES 密文或明文。每次 DES 加密后，中间结果存储在寄存器组（R0～R15）。经过 16 轮，密钥位于 R8～R16，加密的密文/解密的明文存在 R0～R7。指令的操作数（K）决定执行哪一轮，CPU 状态寄存器的半进位标志（H）决定是否执行了加密或解密。如果半进位标志置位，解密执行完成；如果该标志被清零，加密执行完成。有关 DES 的指令请参考 AVR 的指令集。

Register File	
R0	data0
R1	data1
R2	data2
R3	data3
R4	data4
R5	data5
R6	data6
R7	data7
R8	key0
R9	key1
R10	key2
R11	key3
R12	key4
R13	key5
R14	key6
R15	key7
R16	
...	
R31	

图 2-22-1　DES 加密/解密时寄存器组使用

4. AES 加密模块

AES 加密模块按照高级加密标准（FIPS-197）执行加密或者解密。128 位密钥块和 128 位数据块（明文或密文）加载到密钥和数据存储区，通过程序选择模块是加密还是解密。也可以选择数据异或加载模式，加载到寄存器的新数据和现存的数据进行异或。

AES 模块使用 375 个外设时钟周期，加密/解密数据才可以被读出。

推荐使用以下步骤：

① 使能 AES 中断。

② 选择 AES 方向，加密或者解密。

③ 加载密钥块到 AES 密钥寄存器。

④ 加载数据块到 AES 寄存器。

⑤ 启动加密解密操作。

如果有多个数据块需要加密或者解密，从第③步开始重复。

当加密或者解密过程完毕后，AES 中断标志置位，选择的中断将会产生。

（1）密钥和数据存储区

AES 密钥和数据存储区都是 128 位的。

每一片存储区有两个 4 位地址指针用来各自指向读写区域。指针的初始值为 0，在访问密钥和存储区后，指针会自动增加。读/写控制寄存器会复位指针为 0，如图 2-22-2 所示。

指针溢出(连续读或写超过16次)也将复位受影响的指针为零。该地址指针不能从程序访问。在异或加载模式,读/写存储器指针都会递增。

不能在加密/解密时访问密钥和数据存储区。

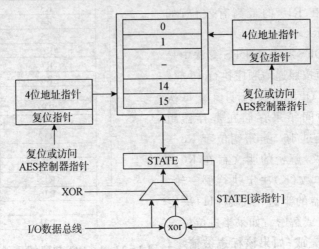

图 2-22-2　存储区指针和寄存器

数据存储区包含 AES 加密和解密过程中的状态。初始状态值为初始化时的数据(例如,加密时的明文,解密时的密文)。最后的状态值是加密或者解密数据,如图 2-22-3所示。

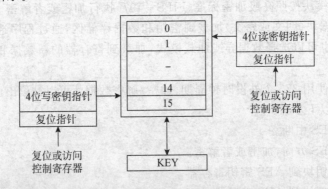

图 2-22-3　密钥指针和寄存器

在 AES 加密模块中的密钥定义如下:

➢ 在加密模式,密钥是 AES 标准中定义的。

➢ 在解密模式,密钥是 AES 标准中定义的扩充密钥中最后一个子密钥。

在解密模式,密钥扩展必须在加密模块操作之前执行,以便于最后的子密钥加载到密钥寄存器。另外,此过程可以运行使用 AES 硬件加密模块来运行,使用相同的密钥来处理一个虚拟数据。加密后,从密钥存储器读最后的子密钥,即得到密钥扩展过程的结果。表 2-22-1是不同模式下(加密或解密)读密钥的结果和 AES 的加密模块状态。

表 2 - 22 - 1　不同阶段读密钥存储区的结果

加　密		解　密	
数据处理之前	数据处理之后	数据处理之前	数据处理之后
加载时的密钥	由加载时的密钥生成的子密钥	加载时的密钥	由加载时的密钥生成的子密钥

(2)DMA 支持

AES 模块可以在加密/解密完成后触发 DMA 传输。

5. 寄存器描述——AES

(1)CTRL——AES 控制寄存器(图 2 - 22 - 4)

位	7	6	5	4	3	2	1	0	
+0x00	START	AUTO	RESET	DECRYPT	–	XOR	–	–	CTRL
读/写	R/W	R/W	R/W	R/W	R	R/W	R	R	
初始值	0	0	1	0	0	0	0	0	

图 2 - 22 - 4　AES 控制寄存器

Bit 7—START,启动 AES。该位置位后将启动加密解密过程,在加密解密过程中改为仍然处于。对该位写 0 将停止加密/解密过程。在状态寄存器 SRIF 或 ERROR 标志位置位后该位自动清零。

Bit 6—AUTO,AES 自动触发。该位置位将使能自启动模式,自启动模式满足以下条件后将自动加密/解密:

➤ AUTO 位在 AES 存储区加载之前置位;

➤ 所有地址指针(状态读写,密钥读/写)为 0;

➤ 存储区满。

错误的密钥不会启动加密/解密。

Bit 5—RESET,AES 软件复位。该位置位将在下一个外设时钟上升沿复位加密模块。所有的寄存器、指针、存储内容都被硬件设为初始化状态。

Bit 4—DECRYPT,AES 译码方向。该位写 1 设置解密模式,清零为加密模式。

Bit 3—保留。

Bit 2—XOR,AES 异或加载使能。该位置位使能异或加载,加载到存储区的数据会按位与现存数据异或。该位清零关闭异或加载,加载到存储区的数据会覆盖现存数据。

Bit 1:0—保留。

(2)STATUS——AES 状态标志寄存器(图 2 - 22 - 5)

Bit 7—ERROR,AES 错误。ERROR 标志指示 AES 加密模块非法处理。该位在以下情况置位:

➢ 在数据或密钥存储区没有加载完成或者读取时,在控制寄存器中 START 位写 1 置位。这发生在 AES 启动前对数据或密钥存储区读或写不足 16 次。

➢ 控制寄存器中 START 位置位时访问(读或写)控制寄存器。对该位写 1 可以清除标志。

位	7	6	5	4	3	2	1	0	
+0x01	ERROR	–	–	–	–	–	–	SRIF	STATUS
读/写	R	R	R	R	R	R	R	R	
初始值	0	0	1	0	0	0	0	0	

图 2 - 22 - 5　AES 状态标志寄存器

Bit 6:1——保留。

Bit 0——SRIF,AES 数据准备好中断标志。该标志是中断/DMA 请求标志。在加密或者解密过程完成且数据存储区包含有效数据后标志位置位。只要该位为 0,就表示数据存储区还没有有效的加密/解密的数据。当从数据存储区读出第一个字节后,该位硬件自动清零。也可以通过对该位写 1 来清零。

(3)STATE——AES 数据寄存器(图 2 - 22 - 6)

位	7	6	5	4	3	2	1	0	
+0x02				STATE					STATE
读/写	R/W	R/W	R/W	R/W	R/W	R/W	R/W	R/W	
初始值	0	0	0	0	0	0	0	0	

图 2 - 22 - 6　AES 数据寄存器

数据寄存器用来访问数据存储区。在加密或者机密之前,数据存储区必须通过数据寄存器连续地逐字节地写入。在加密/机密之后,密文/明文可通过此寄存器连续地逐字节地读出来。

加载数据到数据寄存器必须在设置 AES 模式和方向后操作。在加密/机密过程中,该寄存器不能被访问。

(4)KEY——AES 密钥寄存器(图 2 - 22 - 7)

位	7	6	5	4	3	2	1	0	
+0x03				KEY					KEY
读/写	R/W	R/W	R/W	R/W	R/W	R/W	R/W	R/W	
初始值	0	0	0	0	0	0	0	0	

图 2 - 22 - 7　AES 密钥寄存器

密钥寄存器是用来访问密钥存储区的。在加密或者机密之前,密钥寄存器必须连续地逐字节地写入。在加密或者机密之后,最后子密钥可通过此寄存器连续地逐字节地读出来。加载数据到密钥寄存器必须在设置 AES 模式和方向后操作。

(5)INTCTRL——AES 中断控制寄存器(图 2 - 22 - 8)

Bit 7:2——保留。

Bit 1:0——INTLVL[1:0],AES 中断使能。这些位使能 AES 中断,并选择中断级别,中断级别的描述参考 2.11 节。

当 STATUS 寄存器的 SRIF 位被置位时,使能的中断将触发。

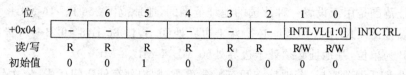

位	7	6	5	4	3	2	1	0	
+0x04	–	–	–	–	–	–	INTLVL[1:0]		INTCTRL
读/写	R	R	R	R	R	R	R/W	R/W	
初始值	0	0	1	0	0	0	0	0	

图 2 - 22 - 8　AES 中断控制寄存器

2.23　EBI——外部总线接口

1. 特　性

➤ SRAM 可扩展至:512 KB,2 端口 EBI 接口;16 MB,3 端口 EBI 接口。

➤ SDRAM 可扩展至:128 Mb,3 端口 EBI 接口。

➤ 软件可配置 4 种芯片选择。

➤ 由快速外围时钟模块提供时钟源,速度是 CPU 的 2 倍。

2. 概　要

外部总线接口是用于连接外设和存储器到数据存储空间的接口。当 EBI 使能时,内部 SRAM 之外的数据地址空间可以通过 EBI 引脚使用。

通过 EBI 可以连接 SRAM、SDRAM 或 LCD 显示器等内存映射的设备。

从 256 字节(8 位)至 16M 字节(24 位),地址空间和使用的引脚数量是可选的。无论引脚或多或少都可应用于 EBI,为了达到最佳使用,地址和数据总线有多种复用模式。外部总线将线性映射到内部 SRAM 的尾部。

EBI 有 4 种独立的片选配置,可配置为 SRAM、SRAM LPC 或者 SDRAM。

EBI 时钟源由快速外设时钟提供,运行速度是 CPU 的 2 倍,最高可达 64 MHz。

对于 SDRAM,同时支持 4 位、8 位,SDRAM 的 CAS 潜伏时间和刷新率可通过软件进行设置。

3. 芯片选择

EBI 有 4 条独立的芯片选择线(CS0~CS3),每条片选线可以对应独立的的地址范围。当给定 EBI 一个存储地址,片选控制该地址是访问内存还是内存映射的外部硬件。每种片选都是独立的,并且可以配置 SRAM 和 SRAM LPC。片选 3 可以配置为 SDRAM。

每种片选的数据存储地址空间由基地址和寻址范围决定。

(1)基地址

基地址是一种片选的地址空间中最小的地址,这决定了所连接的硬件存储器在数据存储空间中可以访问的第一个位置。每个片选的基址的寻址范围必须是 4 KB

的整数倍,即 0、4 096、8 192 等。

(2)寻址范围

寻址范围是用于设置一种片选的地址范围的,地址范围 256 B～16 MB。如果地址范围设置比 4 KB 大,基地址必须处于边界处(0 B,4 086 B,8 192B…),若寻址空间以 MB 为单位,基地址必须处于边界处(0 MB,1 MB,2 MB…)。

假设 EBI 配置完成,若地址空间有部分重叠,则内部存储空间优先,依次是 CS0、CS1、CS2、CS3。

(3)片选用作地址线

如果一个或多个片选线没有使用,可以作为地址线使用。这样可以加大外部存储范围或外部片选种数。图 2 - 23 - 1 表明了使能的片选线路 CSn 和未使用的片选线用作的地址线 Ann。当只有 CS3 使能时,第 4 列所有的片选CS 线路用作选址线,该配置适用于 SDRAM。

CS3	CS3	CS3	A19
CS2	CS2	CS2	A18
CS1	CS1	A17	A17
CS0	A16	A16	A16

图 2 - 23 - 1　片选与地址线结合

4. I/O 引脚配置

当 EBI 使能时,与 EBI 复用的 I/O 引脚的输入/输出方向和引脚电平值将被覆写。当 EBI 数据写到相应的口线时,I/O 引脚的输入/输出方向和引脚电平值同样将被覆写。当设置 EBI 地址和控制总线后,相应的 I/O 引脚电平值将被覆写,但输入/输出方向不会被覆写。当 I/O 引脚应用于 EBI 时,必须设置为输出方向,EBI 没有使用的引脚可以作为通用引脚使用并且应用于其他功能。

对于控制信号为低电平有效,该引脚输出值应该设置为1(高电平),对于控制信号为高电平有效,该引脚输出值应该设置为0(低电平)。地址线并不需要对引脚的输出值进行特定的配置。片选线应该有上拉电阻,确保上电和复位时保持高电平。如果某个片选线高电平有效,应该使用下拉取代上拉。

5. EBI 时钟

EBI 时钟由 2 倍外设时钟(clk_{2PER})提供,该时钟运行速度同 CPU 时钟相同,也可以运行于 2 倍的 CPU 时钟速度。这样可以减少访问 EBI 的时间。关于 2 倍外设时钟(clk_{2PER})如何配置参见 2.6 节。

6. SRAM 配置

对于 SRAM 的使用,通过使用外部地址锁存器,EBI 可以配置多种地址复用模式或无复用。当有限的引脚用于 EBI 时,地址锁存使能信号(ALE)用于控制外部用来复用地址线的锁存器,见表 2 - 23 - 1。

表 2 - 23 - 1　SRAM 接口信号

信　号	描　述
CS	片选
WE	写使能
RE	读使能
ALE[2:0]	地址所存使能
A[23:0]	地址
D[7:0]	数据总线
AD[7:0]	地址与数据联合

(1)无复用

当不使用复用模式时,EBI 与 SRAM 是一对一连接的,不使用外部地址锁存器,如图 2 - 23 - 2 所示。

(2)复用地址字节 0 和 1

当地址字节 0($A[7:0]$)和地址字节 1($A[15:8]$)复用时,从相同的端口输出。ALE1 信号控制地址锁存器。

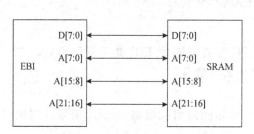

图 2 - 23 - 2　无复用的 SRAM 连接

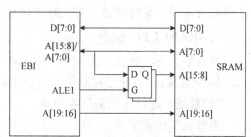

图 2 - 23 - 3　ALE1 信号控制复用的 SRAM 连接

(3)复用地址字节 0 和 2

当地址字节 0($A[7:0]$)和地址字节 2($A[23:16]$)复用时,从相同的端口输出。ALE2 信号控制地址锁存器,如图 2 - 23 - 4 所示。

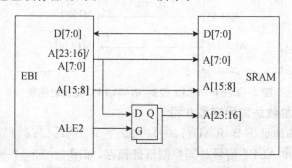

图 2 - 23 - 4　ALE2 信号控制复用的 SRAM 连接

(4)复用地址字节 0、1 和 2

当地址字节 0(A[7:0])、地址字节 1(A[15:8])和地址字节 2(A[23:16])复用时,从相同的端口输出。信号 ALE1 和 ALE2 共同控制地址锁存器,如图 2-23-5 所示。

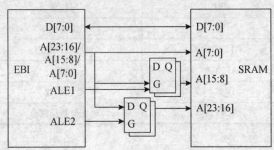

图 2-23-5　ALE1 和 ALE2 信号控制复用的 SRAM 连接

(5)地址锁存要求

地址锁存时序和参数要求见"EBI 时序"。

(6)时　序

SRAM 或外部存储器有不同的时序要求,为了满足各种不同的要求,每种片选必须配置不同的等待状态。有关时序详见"EBI 时序"。

7. SRAM LPC 配置

当数据线与地址线路复用时,SRAM LPC 配置能够使 EBI 处于复用模式。与 SRAM 配置相比,该配置能减少 EBI 所需的引脚的数量。

(1)数据与地址线路复用字节 0

当数据与地址字节 0(AD[7:0])复用时,从相同的引脚输出,ALE1 信号控制地址锁存,如图 2-23-6 所示。

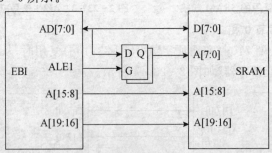

图 2-23-6　ALE1 控制 SRAM LPC 复用的连接

(2)数据与地址线路复用字节 0 和 1

当数据字节和地址字节 0(AD[7:0])、地址字节 1(A[15:8])复用时,从相同的引脚输出,ALE1 和 ALE2 信号共同控制地址锁存,如图 2-23-7 所示。

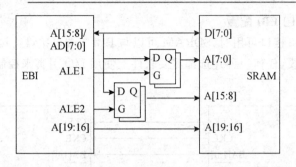

图 2 - 23 - 7　ALE1 和 ALE2 控制 SRAM LPC 复用的连接

8. SDRAM 配置

通过 SDRAM 操作可以对片选 3 进行配置,EBI 必须通过 3、4 端口接口配置。SDRAM 可配置 4 位或 8 位数据线,4 端口接口必须配置 8 位数据线。表 2 - 23 - 2 列出了 SDRAM 信号。

表 2 - 23 - 2　SDRAM 接口信号

信　号	描　述	信　号	描　述
CS	片选	CLK	时钟
WE	写使能	BA[1:0]	Bank 地址
RAS	行地址选通	A[12:0]	地址总线
CAS	列地址选通	A[10]	预充电
DQM	数据有效/输出使能	D[7:0]	数据总线
CKE	时钟使能		

(1)支持的指令

表 2 - 23 - 3 列出了 EBI 所支持的 SDRAM 指令。

表 2 - 23 - 3　SDRAM 指令

命　令	描　述
NOP	空操作
ACTIVE	激活选择的 BANK 或选择的行
READ	输入起始列地址开始读数据
WRITE	输入起始列地址开始写数据
PRECHARGE	准备打开新行的操作(选择的 BANK 或者所有的 BANK)
AUTO REFRESH	刷新每一个 BANK 的一行
LOAD MODE	
SELF REFRESH	激活自刷新模式

AVR XMEGA高性能单片机开发及应用

(2)3 端口接口 EBI 配置

当 EBI 4 端口接口可用时，SDRAM 可以与 EBI 3 端口接口连接。3 端口接口只能使用 4 位数据线，任何一种片选都需要软件上使用 I/O 引脚来控制，如图 2-23-8 所示。

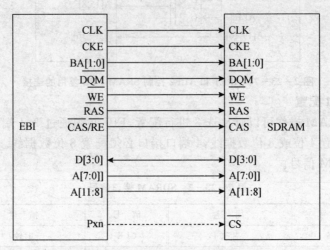

图 2-23-8　3 端口接口 SDRAM 配置

(3)4 端口接口 EBI 配置

当 EBI 4 端口接口可用时，SDRAM 可以与 EBI 3 端口接口或 4 端口接口连接配置。当使用 4 端口接口配置时，8 位数据线可用，4 种片选可选，如图 2-23-9 所示。

210

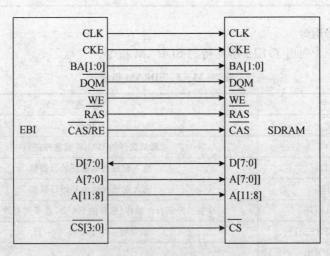

图 2-23-9　4 端口接口 SDRAM 配置

(4)时　序

当 EBI 时钟工作于 2 倍 CPU 速度时，SDRAM 要求时钟有效信号。

(5)初始化

当对 SDRAM 进行片选 3 配置时,将会初始化 SDRAM,初始化结束时,加载模式寄存器命令会自动发出。将正确的信息加载到 SDRAM 中,必须进行以下步骤:

① 使能片选 3 之前配置 SDRAM 控制寄存器。

② SDRAM 初始化之后,发出加载模式寄存器命令并且进行空操作。

SDRAM 初始化不会被其他 EBI 访问所打断。

(6)刷 新

刷新周期设置之后,EBI 将会自动对 SDRAM 进行刷新。刷新计数器到达指定时间后会停止刷新。EBI 能够识别 4 种刷新指令,以防接口正工作于其他片选之中或正处于读/写状态。

9. SRAM 与 SDRAM 组合配置

SRAM 与 SDRAM 配置组合能够使 EBI 同时连接 SRAM 与 SDRAM,该情况只允许 4 端口接口。图 2 - 23 - 10 表述了接口信号配置。

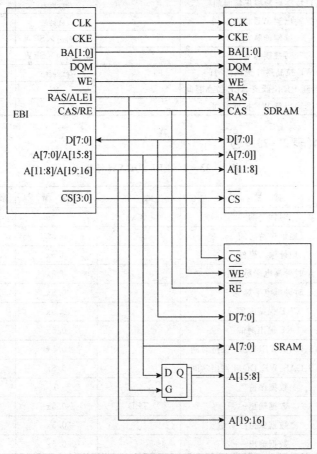

图 2 - 23 - 10 SRAM 与 SDRAM 配置组合

10. EBI 时序

(1)SRAM(表 2 - 23 - 4)

表 2 - 23 - 4　EBI SRAM 特性

符 号	参 数	最 小	典 型	最 大	单 位
$t_{CLKPER2}$	时钟周期	2×ClkSYS			
t_{ALH}	ALE 拉低后地址保持时间		$t_{CLKPER2}$		ns
t_{ALS}	ALE 拉低后地址输出(读和写)时间		$t_{CLKPER2}$		ns
t_{ALW}	ALE 脉宽		$t_{CLKPER2}$		ns
t_{ARH}	RE 拉低后地址保持时间		$t_{CLKPER2}$		ns
t_{AWH}	WE 拉高后地址保持时间		$t_{CLKPER2}$		ns
t_{ARS}	RE 拉高前地址输出时间		$t_{CLKPER2}$		ns
t_{AWS}	WE 拉低前地址输出时间		$t_{CLKPER2}$		ns
t_{DRH}	RE 拉低后数据保持时间	0			ns
t_{DRS}	数据输出到 RE 拉高时间	TBD			ns
t_{DWH}	WE 拉高后数据保持时间		$t_{CLKPER2}$		ns
t_{DWS}	数据输出到 WE 拉高时间		$t_{CLKPER2}$		ns
t_{RW}	读使能脉宽		$t_{CLKPER2} \times SRW$		ns
t_{WW}	写使能脉宽		$t_{CLKPER2} \times SRW$		ns
t_{CH}	RE/WE 拉高后片选保持时间		$t_{CLKPER2}$		ns
t_{CRS}	片选输出到 RE 拉低或 ALE 拉高时间		0		ns
t_{CWS}	片选输出到 WE 拉低时间		$t_{CLKPER2}$		ns

(2)SDRAM(表 2 - 23 - 5)

表 2 - 23 - 5　EBI SDRAM 特性

符 号	参 数	最 小	典 型	最 大	单 位
$t_{CLKPER2}$	时钟周期	2 x			ns
t_{AH}	地址保持时间		0.5x		ns
t_{AS}	地址输出事件		0.5x		ns
t_{CH}	时钟高电平脉宽		0.5x		ns
t_{CL}	时钟低电平脉宽		0.5x		ns
t_{CKH}	CKE 保持时间		0.5x		ns
t_{CKS}	CKE 输出时间		0.5x		ns
t_{CMH}	CS、RAS、CAS、WE、DQM 保持时间		0.5x		ns
t_{CMS}	CS、RAS、CAS、WE、DQM 输出时间		0.5x		ns
t_{DRH}	数据保持		0		ns
t_{DRS}	数据输出	TBD	0.5x		ns
t_{DWH}	数据保持		0.5x		ns
t_{DWS}	数据输出		0.5x		ns

11. 寄存器表述——EBI

(1)CTRL——EBI 控制寄存器(图 2 - 23 - 11)

位	7	6	5	4	3	2	1	0	
+0x00	SDDATAW[1:0]		LPCMODE[1:0]		SRMODE[1:0]		IFMODE[1:0]		CTRL
读/写	R/W	R/W	R/W	R/W	R/W	R/W	R/W	R/W	
初始值	0	0	0	0	0	0	0	0	

图 2 - 23 - 11　EBI 控制寄存器

Bit 7:6—SDDATAW[1:0],EBI 数据宽度设置。

根据表 2 - 23 - 6 可以选择 EBI SDRAM 数据宽度。

表 2 - 23 - 6　SDRAM 模式

SDDATAW[1:0]	组配置	描　述
00	4 位	4 位数据总线
01	8 位	8 位数据总线
10	—	保留
11	—	保留

注意:8 位数据线模式只适用于 4 端口接口。

Bit 5:4—LPCMODE[1:0],EBI SRAM LPC 模式。

根据表 2 - 23 - 7,可以选择 EBI SRAM 配置。

表 2 - 23 - 7　SRAM LPC 模式

LPCMODE[1:0]	组配置	ALE	描　述
00	ALE1	ALE1	数字复用地址字节 0
01	—	—	保留
10	ALE12	ALE1 & 2	数字复用地址字节 0 和 1
11	—	—	保留

Bit 3:2—SRMODE[1:0],SRAM 模式。

根据表 2 - 23 - 8,可以选择 EBI SRAM 配置。

表 2 - 23 - 8　SRAM 模式

SRMODE[1:0]	组配置	ALE	描　述
00	ALE1	ALE1	复用地址字节 0 和 1
01	ALE2(1)	ALE2	复用地址字节 0 和 2
10	ALE12(1)	ALE1 & 2	复用地址字节 0、1 和 2
11	NOALE	No ALE	无地址复用

Bit 1:0—IFMODE[1:0],EBI 接口模式。

根据表 2-23-9,通过这几位可以选择 EBI 接口模式和 EBI 所需要的引脚数量。

表 2-23-9 EBI 模式

IFMODE[1:0]	组配置	描 述
00	禁用	EBI 关闭
01	3 端口	EBI 使能,3 端口接口
10	4 端口	EBI 使能,4 端口接口
11	2 端口	EBI 使能,2 端口接口

(2)SDRAMCTRLA—SDRAM 控制寄存器 A(图 2-23-12)

位	7	6	5	4	3	2	1	0	
+0x01	–	–	–	–	SDCAS	SDROW	SDCOL[1:0]		SDRAMCTRLA
读/写	R	R	R	R	R/W	R/W	R/W	R/W	
初始值	0	0	1	0	0	0	0	0	

图 2-23-12 SDRAM 控制寄存器 A

Bit 7:4—保留。

Bit 3—SDCAS,SDRAM CAS 潜伏期。该位设置 CAS 潜伏期,默认为 0,潜伏期为 2 个外设时钟周期(CLK_{2PER}),设置为 1 时,潜伏期为 3 个外设时钟周期(CLK_{2PER})。

Bit 2—SDROW,SDRAM 行比特数目。该位用于设置连接 SDRAM 行比特数目,默认值为 0,行比特数目为 11 位;设置为 1 时,则行比特数目为 12 位。

Bit 1:0—SDCOL[1:0],SDRAM 列比特数目。该位用于设置连接 SDRAM 列比特数目,见表 2-23-10。

表 2-23-10 SDRAM 列比特数目

SDCOL[1:0]	组配置	描 述
00	8 位	列比特 8 位
01	9 位	列比特 9 位
10	10 位	列比特 10 位
11	11 位	列比特 11 位

(3)REFRESH——SDRAM 刷新周期寄存器(图 2-23-13)

Bit 15:10—保留。

Bit 9:0—REFRESH[9:0],SDRAM 刷新周期。

该寄存器用于设置刷新周期,其单位以 CLK_{2PER} 个数计算。如果在刷新时,EBI

忙于其他外部存储器,最多 4 次刷新后,在可用的第一时间进行刷新。

位	7	6	5	4	3	2	1	0	
+0x04				REFRESH[7:0]					REFRESHL
+0x05	–	–	–	–	–	–	REFRESH[9:8]		REFRESH
	15	14	13	12	11	10	9	8	
读/写	R/W	R/W	R/W	R/W	R/W	R/W	R/W	R/W	
	R	R	R	R	R	R	R/W	R/W	
初始值	0	0	0	0	0	0	0	0	
	0	0	0	0	0	0	0	0	

图 2 - 23 - 13 SDRAM 刷新周期寄存器

(4)INITDLY——SDRAM 初始化延时寄存器(图 2 - 23 - 14)

位	7	6	5	4	3	2	1	0	
+0x06				INITDLY[7:0]					INITDLYL
+0x07	–	–			INITDLY[9:8]				INITDLYH
	15	14	13	12	11	10	9	8	
读/写	R/W	R/W	R/W	R/W	R/W	R/W	R/W	R/W	
	R	R	R/W	R/W	R/W	R/W	R/W	R/W	
初始值	0	0	0	0	0	0	0	0	
	0	0	0	0	0	0	0	0	

图 2 - 23 - 14 SDRAM 初始化延时寄存器

Bit 15:14—保留。

Bit 13:0—INITDLY[13:0],SDRAM 初始化延时。

控制器使能之后,该寄存器用于延时初始化,SDRAM 时钟运行足够长的时间,直到电压稳定,确保 SDRAM 芯片初始化。初始化包括发送一个自动刷新周期命令对 BANK 预充电到闲置状态,然后加载模式寄存器。延时单位以 CLK$_{2PER}$ 个数计算。

(5)SDRAMCTRLB——SDRAM 控制寄存器 B(图 2 - 13 - 15)

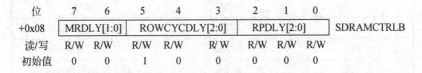

位	7	6	5	4	3	2	1	0	
+0x08	MRDLY[1:0]		ROWCYCDLY[2:0]			RPDLY[2:0]			SDRAMCTRLB
读/写	R/W	R/W	R/W	R/W	R/W	R/W	R/W	R/W	
初始值	0	0	1	0	0	0	0	0	

图 2 - 23 - 15 SDRAM 控制寄存器 B

Bit 7:6—MRDLY[1:0],SDRAM 模式寄存器延时。这些位用来设置模式寄存器命令和一个有效命令之间的延时时间,见表 2 - 23 - 11。

表 2 - 23 - 11　SDRAM 列比特设置

MRDLY[1:0]	组配置	描 述
00	0CLK	不延时
01	1CLK	1 CLK$_{PER2}$ 周期延时
10	2CLK	2 CLK$_{PER2}$ 周期延时
11	3CLK	3 CLK$_{PER2}$ 周期延迟

Bit 5:3—ROWCYCDLY[2:0],SDRAM 行周期延时。这些位用来设置刷新命令和一个有效命令之间的延时时间,见表 2 - 23 - 12。

表 2 - 23 - 12　SDRAM 行周期延时设置

ROWCYDLY[2:0]	组配置	描 述
000	0CLK	不延时
001	1CLK	1 CLK$_{PER2}$ 周期延时
010	2CLK	2 CLK$_{PER2}$ 周期延时
011	3CLK	3 CLK$_{PER2}$ 周期延时
100	4CLK	4 CLK$_{PER2}$ 周期延时
101	5CLK	5 CLK$_{PER2}$ 周期延时
110	6CLK	6 CLK$_{PER2}$ 周期延时
111	7CLK	7 CLK$_{PER2}$ 周期延时

Bit 2:0—RPDLY[2:0],SDRAM 行预充电延时。这些位用来设置模预充电命令和其他命令之间的延时时间,见表 2 - 23 - 13。

表 2 - 23 - 13　SDRAM 行周期延时设置

RPDLY[2:0]	组配置	描 述
000	0CLK	不延时
001	1CLK	1 CLK$_{PER2}$ 周期延时
010	2CLK	2 CLK$_{PER2}$ 周期延时
011	3CLK	3 CLK$_{PER2}$ 周期延时
100	4CLK	4 CLK$_{PER2}$ 周期延时
101	5CLK	5 CLK$_{PER2}$ 周期延时
110	6CLK	6 CLK$_{PER2}$ 周期延时
111	7CLK	7 CLK$_{PER2}$ 周期延时

(6)SDRAMCTRLC——SDRAM 控制寄存器 C(图 2 - 23 - 16)

位	7	6	5	4	3	2	1	0	
+0x09	WRDLY[1:0]		ESRDLY[1:0]			ROWCOLDLY[1:0]			SDRAMCTRLC
读/写	R/W	R/W	R/W	R/W	R/W	R/W	R/W	R/W	
初始值	0	0	1	0	0	0	0	0	

图 2 - 23 - 16　SDRAM 控制寄存器 C

Bit 7:6—WRDLY[1:0]:SDRAM 写恢复延时。这些位用于选择写恢复时间，见表 2 - 23 - 14。

表 2 - 23 - 14　SDRAM 写恢复延时设置

WRDLY[1:0]	组配置	描　述
00	0CLK	不延时
01	1CLK	1 CLK_{PER2} 周期延时
10	2CLK	2 CLK_{PER2} 周期延时
11	3CLK	3 CLK_{PER2} 周期延时

Bit 5:3—ESRDLY[2:0],SDRAM 退出自刷新至激活状态延时。这些位用于选择 CKE 信号置高平和一个有效命令之间的延时时间,见表 2 - 23 - 15。

表 2 - 23 - 15　SDRAM 退出自刷新延时设置

ESRDLY[2:0]	组配置	描　述
000	0CLK	不延时
001	1CLK	1 CLK_{PER2} 周期延时
010	2CLK	2 CLK_{PER2} 周期延时
011	3CLK	3 CLK_{PER2} 周期延时
100	4CLK	4 CLK_{PER2} 周期延时
101	5CLK	5 CLK_{PER2} 周期延时
110	6CLK	6 CLK_{PER2} 周期延时
111	7CLK	7 CLK_{PER2} 周期延时

Bit 2:0—ROWCOLDLY[2:0],SDRAM 行到列延时。这些位用于选择一个有效命令和读/写命令之间的延时时间,见表 2 - 23 - 16。

217

表 2 - 23 - 16　SDRAM 行列延时设置

ROWCOLDLY[2:0]	组配置	描　述
000	0CLK	不延时
001	1CLK	1 CLK_{PER2} 周期延时
010	2CLK	2 CLK_{PER2} 周期延时
011	3CLK	3 CLK_{PER2} 周期延时
100	4CLK	4 CLK_{PER2} 周期延时
101	5CLK	5 CLK_{PER2} 周期延时
110	6CLK	6 CLK_{PER2} 周期延时
111	7CLK	7 CLK_{PER2} 周期延时

12. 寄存器表述——EBI 片选

(1)CTRLA——片选控制寄存器 A(图 2 - 23 - 17)

位	7	6	5	4	3	2	1	0	
+0x00	-			ASIZE[4:0]			MODE[1:0]		CTRLA
读/写	R/W	R/W	R/W	R/W	R/W	R/W	R/W	R/W	
初始值	0	0	1	0	0	0	0	0	

图 2 - 23 - 17　片选控制寄存器 A

Bit 7—保留。

Bit 6:2—ASIZE[4:0],片选地址范围。表 2 - 23 - 17 给出选择片选的地址范围。

表 2 - 23 - 17　地址空间编码

ASIZE[5:0]	组配置	地址大小	地址线比较
00000	256B	256 字节	ADDR[23:8]
00001	512B	512 字节	ADDR[23:9]
00010	1K	1K 字节	ADDR[23:10]
00011	2K	2K 字节	ADDR[23:11]
00100	4K	4K 字节	ADDR[23:12]
00101	8K	8K 字节	ADDR[23:13]
00110	16K	16K 字节	ADDR[23:14]
00111	32K	32K 字节	ADDR[23:15]
01000	64K	64K 字节	ADDR[23:16]
01001	128K	128K 字节	ADDR[23:17]
01010	256K	256K 字节	ADDR[23:18]

ASIZE[5:0]	组配置	地址大小	地址线比较
01011	512K	512K 字节	ADDR[23:19]
01100	1M	1M 字节	ADDR[23:20]
01101	2M	2M 字节	ADDR[23:21]
01110	4M	4M 字节	ADDR[23:22]
01111	8M	8M 字节	ADDR[23]
10000	16M	16M 字节	—
其他	—	—	保留

Bit 1:0—MODE[1:0],片选模式。这些位用来选择片选模式,并且决定外部存储和外设使用的接口类型,见表 2 - 23 - 18。

表 2 - 23 - 18　片选模式选择

MODE[1:0]	组配置	描　述
00	DISABLE	片选关闭
01	SRAM	为 SRAM 使能片选
10	LPC	为 SRAM LPC 使能片选
11	SDRAM	为 SDRAM[①] 使能片选

① SDRAM 只能使用 CS3。

(2)CTRLB (SRAM)——片选控制寄存器 B

本寄存器的配置取决于片选模式。当片选模式为 SRAM 或 SRAM LPC 时,以下寄存器描述才有效。

Bit 7:3—保留。

Bit 2:0—SRWS[2:0],SRAM 等待状态。这些位用来设置 SRAM 或 SRAM LPC 的等待状态时长,见表 2 - 23 - 19。

表 2 - 23 - 19　等待状态选择

SRWS[2:0]	组配置	描　述
000	0CLK	0 CLK_{PER2} 周期等待状态
001	1CLK	1 CLK_{PER2} 周期等待状态
010	2CLK	2 CLK_{PER2} 周期等待状态
011	3CLK	3 CLK_{PER2} 周期等待状态
100	4CLK	4 CLK_{PER2} 周期等待状态
101	5CLK	5 CLK_{PER2} 周期等待状态
110	6CLK	6 CLK_{PER2} 周期等待状态
111	7CLK	7 CLK_{PER2} 周期等待状态

(3)CTRLB (SDRAM)——片选控制寄存器 B(图 2 − 23 − 18)

位	7	6	5	4	3	2	1	0	
+0x01	−	−	−	−	−	SRWS[2:0]			CTRLB
读/写	R/W	R/W	R/W	R/W	R/W	R/W	R/W	R/W	
初始值	0	0	1	0	0	0	0	0	

图 2 − 23 − 18　片选控制寄存器 B

本寄存器的配置取决于片选模式。当片选模式为 SDRAM 时,以下寄存器描述才有效。

Bit 7—SDINITDONE,SDRAM 初始化完毕。该标志位在 SDRAM 初始化完毕后置位。只要 EBI 处于使能并且片选配置为 SDRAM,这一标志位将一直保持置位。

Bit 6:3—保留。

Bit 2—SDSREN,SDRAM 自刷新使能。当这一位写入 1 时,EBI 控制器将向 SDRAM 发送自刷新命令。离开自刷新模式时,该位要写入 0。

Bit 1:0—SDMODE[1:0],SDRAM 模式。这些位选择访问 SDRAM 时的模式,见表 2 − 23 − 20。

表 2 − 23 − 20　SDRAM 模式

SRMODE[1:0]	组配置	描　　　　述
00	NORMAL	正常模式,访问 SDRAM 解码正常
01	LOAD	下载模式,当访问 SDRAM 时,EBI 发出一个加载模式寄存器命令
10	—	保留
11	—	保留

(4)BASEADDR——片选基址寄存器(图 2 − 23 − 19)

位	7	6	5	4	3	2	1	0	
+0x02	BASEADDR[15:12]				−	−	−	−	BASEADDRL
+0x03	BASEADDR[23:16]								BASEADDRH
	15	14	13	12	11	10	9	8	
读/写	R/W	R/W	R/W	R/W	R/W	R/W	R/W	R/W	
	R/W	R/W	R/W	R/W	R/W	R/W	R/W	R/W	
初始值	0	0	0	0	0	0	0	0	
	0	0	0	0	0	0	0	0	

图 2 − 23 − 19　片选基址寄存器

Bit 15:4—BASEADDR[23:12],片选基址。基地址是片选的地址空间的最小地址。

Bit 3:0—保留。

2.24　ADC——模/数转换器

1. 特　点

> 12 位精度。
> 2 Msps 的抽样转换率。
> 单端或差分测量。
> 有符号或无符号模式。
> 4 个结果寄存器,具有单独的输入控制。
> 8～16 路单端输入。
> 8×4 路无增益差分输入。
> 8×4 路增益差分输入。
> 4 个内部输入:温度传感器;DAC 输出;VCC 电压的十分之一;带隙电压。
> 1x、2x、4x、8x、16x、32x 或 64x 可选增益。
> 在 1.5 μs 内对 4 路输入进行抽样。
> 8 位或 12 位精度可选。
> 单次结果传播时延最小 2.5 μs(8 位精度)。
> 单次结果传播时延最小 3.5 μs(12 位精度)。
> 内置参考。
> 可选外部参考。
> 可选事件触发转换,精确计时。
> 可选用 DMA 传输转换结果。
> 可选结果比较中断/事件。

2. 概　述

ADC 将模拟电压转换为数字量。ADC 概述如图 2-24-1 所示。ADC 有 12 位精度,可以在每秒钟最高两百万次抽样。输入选择很灵活,可以是单端或是差分。差分输入可以通过增益来增加动态范围。另外可以选择一些内部输入信号。ADC 支持有符号和无符号转换。

ADC 是流水转换的,包含多个连续的阶段,每个阶段转换一部分结果。流水转换设计使得在低速时钟下也可以高抽样率,并消除抽样速率和传播时延的相关性。

ADC 测量可以由程序或其他外设事件启动。4 个输入选择(MUX)及结果寄存器使得程序可以轻松地获取数据。每个结果寄存器和 MUX 选择组成一个 ADC 通道。可以使用 DMA 直接将 ADC 结果转存到存储器或外设。

可以使用内部或者外部参考电压。内部提供一个精确的 1.00 V 参考电压。

内部集成温度传感器的输出可以用 ADC 测量。DAC、VCC/10 和带隙电压也可用 ADC 测量。

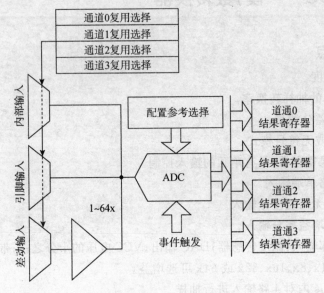

图 2 - 24 - 1　ADC 概述

3. 输入源

　　ADC 的输入源是 ADC 可以测量和转换的模拟电压。可选以下四种类型：差分输入、带增益的差分输入、单端输入、内部输入。

　　模拟输入引脚可用于单端和差分输入，内部输入可直接使用。设备含有两个

ADC，PORTA 引脚可以输入到 ADCA，PORTB 引脚可以输入到 ADCB。对于只有一个 ADC 的设备，PORTA 和 PORTB 上都有模拟输入引脚，可使用 PORTA 或 PORTB 引脚作为输入。

　　ADC 自身是差分的，单端输入时，ADC 的反向输入与内部固定数值的电压相连。

　　(1)差分输入

　　差分输入时所有模拟输入引脚可以选为正向输入，模拟输入引脚 0～3 可以选为反向输入。使用差分输入时，ADC 必须设为有符号模式。无增益差分测量如图 2 - 24 - 2 所示。

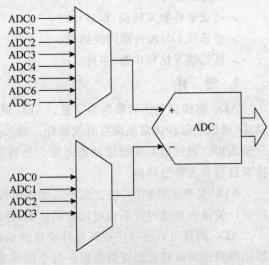

图 2 - 24 - 2　无增益差分测量

(2)有增益差分输入

此模式下所有模拟输入引脚可以选为正向输入,模拟输入引脚4~7可以选为反向输入。在结果进入 ADC 前,差分模拟输入首先被抽样和放大。此时 ADC 必须设为有符号模式。

增益可选 1x、2x、4x、8x、16x、32x 或 64x。有增益差分测量如图 2-24-3 所示。

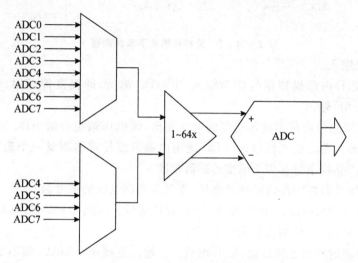

图 2-24-3　有增益差分测量

(3)单端输入

单端测量时所有模拟输入引脚可以作为输入。可以使用有符号或无符号模式。有符号模式下,反向输入与内部地线相连,如图 2-24-4 所示。

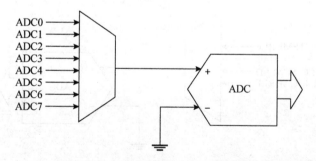

图 2-24-4　有符号模式下单端测量

无符号模式下,反向输入与参考电压的一半(VREF)减去一个固定偏移值相连。偏移值的标称值如下:

$$\Delta V = VREF \times 0.05$$

因为 ADC 是差分的,无符号模式下,内部参考电压除以 2,单端正向输入的范围从 VREF 到 0。偏移值使 ADC 在无符号模式下可以进行过零检测,并校准设备中内部地线高于外部地线的电平偏移。详情如图 2-24-5 所示。

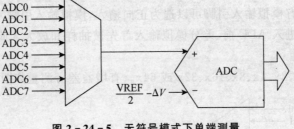

图 2 - 24 - 5　无符号模式下单端测量

(4)内部输入

可以选四种内部模拟信号作为输入，由 ADC 测量，即温度传感器、带隙电压、VCC 分压、DAC 输出。

ADC 可以测量内部温度传感器的电压输出，该电压输出会给 ADC 当前微控制器作为温度的参考。生产测试时 ADC 使用内部温度传感器测量一个确定的温度，该值存储在产品校准行并用于温度传感器校准。

带隙电压是微控制器内的精确电压，是其他内部电压的参考源。

VCC 通过分压或除以 10 后输入 ADC 直接测量。因此 1.8 V 的 VCC 测量值为 0.18 V，3.6 V 的 VCC 测量值为 0.36 V。

DAC 模块的输出也可以由 ADC 测量。该输出直接来自 DAC，而不是采样和保持(S/H)输出，这对于 ADC 是可用的。

可以对一些内部信号进行测量，但必须要打开。关于如何打开，请参考具体模块的描述。内部信号的抽样率比 ADC 的最快抽样速度大抽样率要低。有符号模式下的内部测量如图 2-24-6 所示。

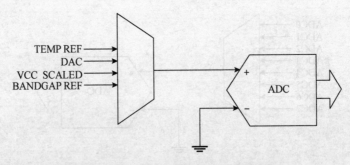

图 2 - 24 - 6　有符号模式下的内部测量

无符号模式下反向输入与参考电压的一半(VREF)减去一个固定偏移值相连。固定偏移与单端无符号的输入相同，请参考图 2-24-7。

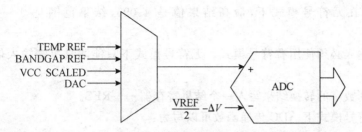

图 2 - 24 - 7　无符号模式内部测量

4. ADC 通道

为更好地利用 ADC,设计了 4 个独立的 MUX 控制寄存器和 4 个相应的结果寄存器。每个 ADC 通道可单独设置来测量不同的输入源,使用不同的触发来启动转换,使用不同的事件和中断,结果也存储在不同的结果寄存器中。

举个例子,一个通道可以设为由信号事件触发单端测量,另一个通道可以测量其他事件触发的差分输入信号,剩下的两个通道可以测量由程序启动的两个输入信号。

所有的 ADC 通道使用一个 ADC 转换,但由于流水设计,每个 ADC 时钟周期都可以启动转换。这意味着在多个 ADC 转换的时候可以不用去改变 MUX 的设置。转换结果可以保存在独立的结果寄存器中,并不断更新最新的转换结果。这有助于降低程序的复杂性,不同的程序模块可以相互独立地使用 ADC。

5. 参考电压选择

如图 2 - 24 - 8 所示,以下电压可作为 ADC 的参考电压(VREF):

① 内部精确的电压 1.00 V。

② 内部电压 VCC/1.6 V。

③ PORTA 的 AREF 引脚的外部电压。

④ PORTB 上的 AREF 引脚的外部电压。

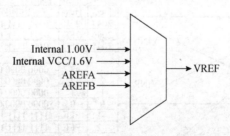

图 2 - 24 - 8　ADC 参考电压选择

6. 转换结果

ADC 可以设置为有符号或无符号模式,对 ADC 和 ADC 通道都起作用。

有符号模式下,无论是单端输入还是差分输入,正负电压均可测量。在 12 位精度下,有符号结果值最高是 2 047,结果所处范围为 $-2\ 048 \sim +2\ 047$(0xF800$\sim$

0x07FF)。在无符号模式下,最高结果值是 4 095,结果范围是 0～4 095(0～0x0FFF)。

差分输入必须使用有符号模式。无符号模式下只能测量单端输入信号或内部信号。

模拟到数字的转换结果写入一个结果寄存器——RES。

在有符号模式下 ADC 传递函数可以写为:

$$RES = \frac{VINP - VINN}{VREF} \cdot GAIN \cdot TOP$$

VINP 和 VINN 是 ADC 的正向输入和反向输入。GAIN 通常为 1,除非使用增益的差分通道。

无符号模式下 ADC 传递函数可以写为:

$$RES = \frac{VINP - (\Delta V)}{VREF} \cdot TOP$$

VINP 是单端或内部输入信号。

程序选择转换精度是 8 位还是 12 位的。低精度的结果转换更快。关于如何计算传播时延请参考"ADC 时钟和转换时序"。

结果寄存器是 16 位的。8 位结果在结果寄存器中总是右对齐。右对齐意味着 8 个最低有效位在结果寄存器的低字节。12 位结果可以左对齐或者右对齐。左对齐意味着 8 个最高有效位在结果寄存器的高字节。

ADC 有符号模式下,最高有效位代表符号位。在 12 位右对齐模式,符号位(第 11 位)填补到 12～15 位,生成一个有符号的 16 位数。在 8 位模式下,符号位(第 7 位)填补到整个结果寄存器的高字节。

图 2-24-9、图 2-24-10 和图 2-24-11 表示了在不同的输入模式、不同信号输入范围、12 位精度右对齐模式下的结果示例。

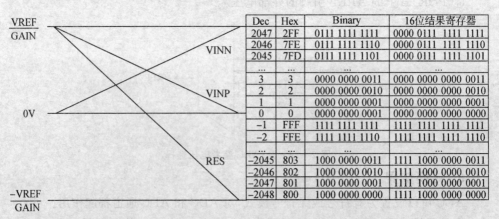

图 2-24-9　有符号差分输入(有增益)、输入范围和结果示例

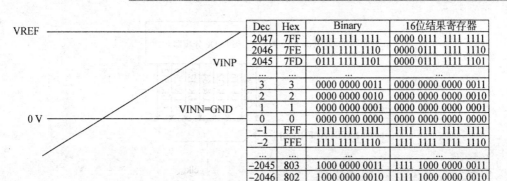

Dec	Hex	Binary	16位结果寄存器
2047	7FF	0111 1111 1111	0000 0111 1111 1111
2046	7FE	0111 1111 1110	0000 0111 1111 1110
2045	7FD	0111 1111 1101	0000 0111 1111 1101
...	...	...	...
3	3	0000 0000 0011	0000 0000 0000 0011
2	2	0000 0000 0010	0000 0000 0000 0010
1	1	0000 0000 0001	0000 0000 0000 0001
0	0	0000 0000 0000	0000 0000 0000 0000
−1	FFF	1111 1111 1111	1111 1111 1111 1111
−2	FFE	1111 1111 1110	1111 1111 1111 1110
...	...	...	...
−2045	803	1000 0000 0011	1111 1000 0000 0011
−2046	802	1000 0000 0010	1111 1000 0000 0010
−2047	801	1000 0000 0001	1111 1000 0000 0001
−2048	800	1000 0000 0000	1111 1000 0000 0000

图 2 - 24 - 10　有符号单端输入或内部输入、输入范围和结果示例

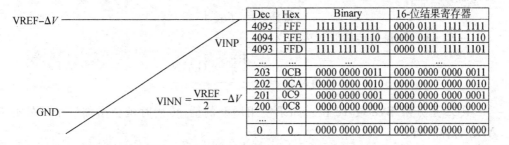

Dec	Hex	Binary	16-位结果寄存器
4095	FFF	1111 1111 1111	0000 0111 1111 1111
4094	FFE	1111 1111 1110	0000 0111 1111 1110
4093	FFD	1111 1111 1101	0000 0111 1111 1101
...	...	...	...
203	0CB	0000 0000 0011	0000 0000 0000 0011
202	0CA	0000 0000 0010	0000 0000 0000 0010
201	0C9	0000 0000 0001	0000 0000 0000 0001
200	0C8	0000 0000 0000	0000 0000 0000 0000
...	...	...	...
0	0	0000 0000 0000	0000 0000 0000 0000

图 2 - 24 - 11　无符号单端输入或内部输入、中断范围和结果示例

7. 比较功能

ADC 内置 12 位比较功能。ADC 保存一个 12 位的数值,该数值代表模拟信号的电压阈值。每个 ADC 通道都可配置自动与这个 12 位的值进行比较,在结果高于或低于阈值时触发中断或事件。

4 个 ADC 通道共享这个比较寄存器。

8. 启动一次转换

转换开始之前,必须为一个或多个 ADC 通道设置所需的输入源。ADC 转换可以通过在程序中对 ADC 通道启动转换位置位触发,也可以从事件系统的任何事件触发。可在同一时间为多个 ADC 通道置位启动转换位,或使用一个事件同时触发多个 ADC 通道的转换,这样就可以从一个事件对多个或所有 ADC 通道进行扫描。

9. ADC 时钟和转换时序

ADC 时钟来源于外设时钟。ADC 可以将外设时钟分频,提供在最小和最大频率之间的 ADC 时钟(clk_{ADC})。ADC 预分频如图 2 - 24 - 12 所示。

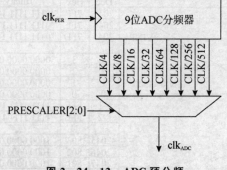

图 2 - 24 - 12　ADC 预分频

ADC 最大抽样率由 ADC 时钟频率(f_{ADC})决定。ADC 可在每个 ADC 时钟周期进行抽取测量。

$$抽样率 = f_{ADC}$$

一次 ADC 测量的传播时延为：

$$传播时延 = \frac{1 + \dfrac{RES}{2} + GAIN}{f_{ADC}}$$

RES 是分辨率，8 或 12 位。如果使用增益的话，传播时延会增加一个额外的 ADC 时钟周期。

尽管传播时延比 ADC 时钟还要长，流水转换设计消除了抽样速度和传播延时的关系。

(1)无增益单次转换

对启动转换位置位，或事件触发转换（START）必须出现在 ADC 时钟周期（转换真正开始的时刻）至少一个时钟之前（图 2 - 24 - 13 中 START 触发之前用灰色斜坡表示）。

模拟输入源在第一个周期的前半个周期进行采样，抽样时间总是 ADC 时钟周期的一半。使用快或慢的 ADC 时钟及采样率会影响采样时间。

首先转换结果的最高有效位（MSB），其余的位在接下来的 3 个（转换为 8 位结果）或 5 个（12 位结果）ADC 时钟周期内完成。转换一个位需要 ADC 时钟周期的一半。在最后一个周期，结果在设置中断标志前已准备好，存在结果寄存器。

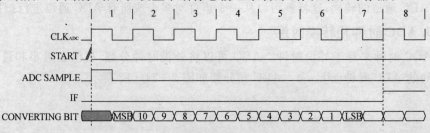

图 2 - 24 - 13　无增益单次转换的 ADC 时序

(2)有增益的单次转换

增益级位于 ADC 之前。这意味着在 ADC 增益级在 ADC 抽样之前先对模拟输入信号进行放大。相对于无增益单端输入,增益转换增加一个 ADC 时钟周期(START 和 ADC 采样之间)。增益级采样的时间是 ADC 时钟周期的一半。有增益单次转换的 ADC 时序如图 2 - 24 - 14 所示。

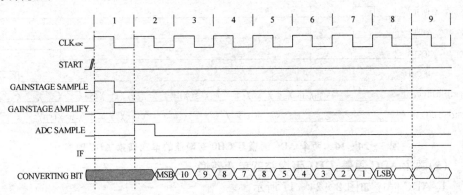

图 2 - 24 - 14　有增益单次转换的 ADC 时序

(3)两个 ADC 通道的单次转换

流水转换设计使第一次转换启动后可以在下一个 ADC 时钟周期开始时启动下一次转换。这个例子里两次转换同时触发,但 ADC 的通道 1(CH1)实际是从 ADC通道 0(CH0)的 MSB 进行 ADC 采样和转换后才开始的。两个 ADC 通道的单次转换所需 ADC 时间如图 2 - 24 - 15 所示。

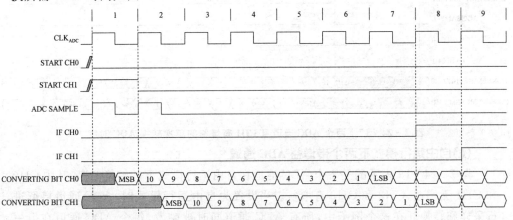

图 2 - 24 - 15　两个 ADC 通道的单次转换所需 ADC 时间

(4)两个 ADC 通道,CH0 带增益的单次转换

由于增益抽样和放大增加了一个 ADC 时钟周期,ADC 通道 1 的抽样也推迟了一个 ADC 时钟周期,直到 ADC 通道 0 的 ADC 采样和 MSB 转换完成。其 ADC 时序如图 2 - 24 - 16 所示。

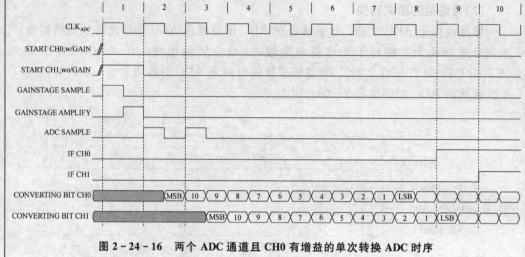

图 2 - 24 - 16　两个 ADC 通道且 CH0 有增益的单次转换 ADC 时序

(5)两个 ADC 通道,CH1 带增益的单次转换

其 ADC 时序如图 2 - 24 - 17 所示。

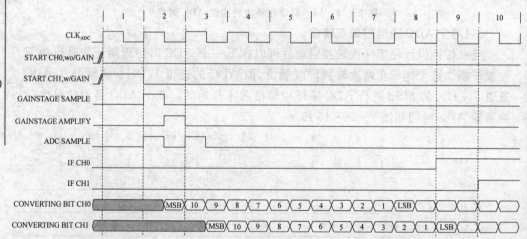

图 2 - 24 - 17　两个 ADC 通道且 CH1 有增益的单次转换 ADC 时序

(6)自由运行模式下两个带增益 ADC 通道

图 2 - 24 - 18 表示的是 4 个 ADC 通道在自由运行模式下的转换时序,其中 CH0 和 CH1 无增益,CH2 和 CH3 有增益。当设置为自由运行模式时,ADC 通道持续进行采样和转换。在这个例子中,所有 ADC 通道同时被触发,每个 ADC 通道在上一个 ADC 通道进行采样和 MSB 转换完成后立刻采样并开始转换。经过 4 个 ADC 时钟周期,所有 ADC 通道完成第一次抽样和转换,每个 ADC 通道可以启动第二次抽样和转换。经过 8 个(12 位模式)ADC 时钟周期,ADC 通道 0 完成第一次转换结果,再一个 ADC 时钟周期,其余 ADC 通道完成第一次转换结果。之后,在下一个时钟周期(在第 10 个周期),第二个 ADC 通道完成转换结果。在这种模式下最多可同时

进行 8 个转换。

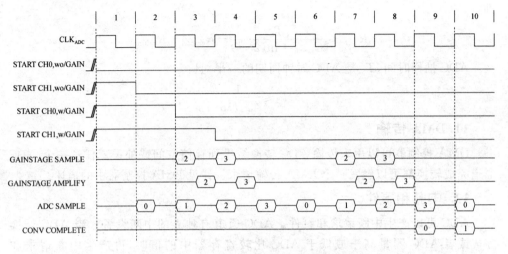

图 2 - 24 - 18　自由运行模式下的 ADC 时间

10. ADC 输入模型

模拟电压输入必须对采样和保持(S/H)电容器充电,才能实现最高的精度。ADC 的输入包括一个输入通道($R_{channel}$)、开关(R_{switch})电阻和 S/H 电容器。差分测量和带增益的差分测量下的 ADC 输入如图 2 - 24 - 19 所示,单端测量的 ADC 输入如图 2 - 24 - 20 所示。

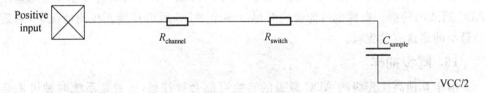

图 2 - 24 - 19　单端测量的 ADC 输入

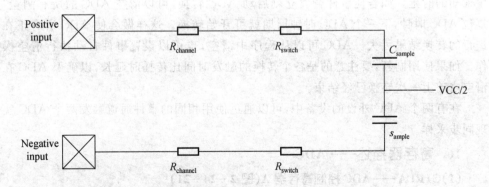

图 2 - 24 - 20　差分测量和带增益的差分测量下的 ADC 输入

为了达到 n 位精度,信号源的输出电阻 R_{source} 必须比 ADC 引脚上的输入电阻小,即:

$$R_{source} \leqslant \frac{T_S}{C_{sample} \cdot \ln(2^{h+1})} - R_{channel} - R_{switch}$$

ADC 抽样时间,T_S 是 ADC 时钟周期的一半,且:

$$T_S \leqslant \frac{1}{2 \cdot f_{ADC}}$$

11. DMA 传输

DMA 控制器可以用来传输 ADC 转换结果到存储空间或外设。任意一个 ADC 通道完成转换都可以触发一个 DMA 传输请求。详见 DMA 控制器中的描述。

12. 中断和事件

ADC 可以产生中断请求和事件。ADC 通道有独立的中断设置。当 ADC 转换完成或者 ADC 测量高于或低于 ADC 比较寄存器中的值时,可产生中断请求和事件。

13. 校　准

ADC 具有一个内置的校准机制可以校准 ADC。从生产测试中得到的校准值必须在程序中从签名行加载到 ADC 校准寄存器中,以获得 12 位的精度。

14. 通道优先级

由于系统时钟可以比 ADC 的时钟快,在同一 ADC 时钟周期内可能会启动多个 ADC 通道的转换。事件也可能会同时触发多个 ADC 通道转换。在此情况下,通道号最小的通道有优先权。

15. 同步抽样

由于其他高优先级的 ADC 通道的转换可能会被挂起,或者是系统时钟可能会比 ADC 的时钟快,启动 ADC 的转换可能会造成程序或事件启动和实际转换启动产生未知的时延。如若使事件触发立刻启动 ADC 转换,可以清空 ADC 的所有测量,复位 ADC 时钟,下一个 ADC 时钟周期就可开始转换。这样做会使 ADC 所有正在进行的转换结果丢失。ADC 可以从程序中清空,也可以设置事件自动执行清空操作。如果使用刷新,要注意的是各个转换的触发时间比传播时延长,以确保 ADC 在清空之前上一次转换已经结束。

在有两个 ADC 外设的设备中,可以通过使用相同的事件通道触发两个 ADC 实现同步采样。

16. 寄存器描述——ADC

(1)CTRLA——ADC 控制寄存器 A(图 2 - 24 - 21)

Bit 7:6—DMASEL[1:0],DMA 请求选择,见表 2 - 24 - 1。

位	7	6	5	4	3	2	1	0	
+0x00	DMASEL[1:0]		CH[3:0]START				FLUSH	ENABLE	CTRLA
读/写	R/W	R/W	R/W	R/W	R/W	R/W	R/W	R/W	
初始值	0	0	0	0	0	0	0	0	

图 2 - 24 - 21　ADC 控制寄存器 A

表 2 - 24 - 1　ADC DMA 请求选择

DMASEL[1:0]	组配置	描　述
00	OFF	无联合 DMA 请求
01	CH01	ADC 通道 0 或 1
10	CH012	ADC 通道 0 或 1 或 2
11	CH0123	ADC 通道 0 或 1 或 2 或 3

Bit 5:2—CH[3:0]START,ADC 通道启动单次转换。对这些位中的任何一个位置位都将启动相应的 ADC 通道的转换。同时启动多个 ADC 通道转换,从数字最小的通道开始转换。转换开始时由硬件清除相应位。

Bit 1—FLUSH,ADC 流水转换清空。对这一位置位,将清空 ADC 转换。ADC 时钟将在下一个外设时钟到来时复位,正在进行的转换会终止。

在清空 ADC,ADC 时钟重启后,ADC 将重新开始进行转换,即开始通道扫描或被挂起的转换。

Bit 0—ENABLE,ADC 使能位。对该位置位使能 ADC。

(2)CTRLB——ADC 控制寄存器 B(图 2 - 24 - 22)

位	7	6	5	4	3	2	1	0	
+0x01	-	-	-	CONVMODE	FREERUN	RESOLUTION[1:0]		-	CTRLB
读/写	R	R	R	R/W	R/W	R/W	R/W	R	
初始值	0	0	0	0	0	0	0	0	

图 2 - 24 - 22　ADC 控制寄存器 B

Bit 7:5—保留。

Bit 4—CONVMODE,ADC 转换模式。该位设置 ADC 是工作在有符号还是无符号模式。默认情况下此位为零,ADC 为无符号模式,可进行单端转换或内部信号测量。对此位置 1,ADC 配置为有符号模式,可以使用差分输入。

Bit 3—FREERUN,ADC 自由运行模式。该位使能 ADC 的自由运行模式。对该位置位,由 EVCTRL 寄存器定义的 ADC 通道将不断进行扫描。

Bit 2:1—RESOLUTION[1:0],ADC 转换结果精度。这些位设置 ADC 的转换结果精度为 12 位或 8 位,并且设置 12 位的结果在 16 位结果寄存器里是左对齐或右对齐,详情见表 2 - 24 - 2。

表 2 - 24 - 2　ADC 转换结果精度

RESOLUTION[1:0]	组配置	描　述
00	12BIT	12 位结果,右对齐
01		保留
10	8BIT	8 位结果,右对齐
11	LEFT 12BIT	12 位结果,左对齐

Bit 0—保留。

(3)REFCTRL——ADC 参考控制寄存器(图 2 - 24 - 23)

位	7	6	5	4	3	2	1	0	
+0x02	–	–	REFSEL[1:0]		–	–	BANDGAP	TEMPREF	REFCTRL
读/写	R	R	R/W	R/W	R	R	R/W	R/W	
初始值	0	0	0	0	0	0	0	0	

图 2 - 24 - 23　ADC 参考控制寄存器

Bit 7:6—保留。

Bit 5:4—REFSEL[1:0],ADC 参考电压选择。

这些位根据表 2 - 24 - 3 选择 ADC 的参考源和转换范围。

表 2 - 24 - 3　ADC 参考配置

REFSEL[1:0]	组配置	描　述
00	INT1V	内部 1.00 V
01	INTVCC	内部 VCC/1.6
10①	AREFA	外部端口 A 上 AREF 引脚
11②	AREFB	外部端口 B 上 AREF 引脚

① 如果端口 A 有 AREF 时可用。

② 如果端口 B 有 AREF 时可用。

Bit 3:2—保留。

Bit 1—BANDGAP,带隙电压使能位。对该位置位,带隙电压为 ADC 测量做准备。如果其他功能已在使用带隙电压,该位则不需要设置。通常在 ADC 或 DAC 使用内部 1.00 V 参考电压或掉电检测时使用。

Bit 0—TEMPREF,温度参考使能位。对该位置位,为 ADC 测量使能温度参考。

(4)EVCTRL——ADC 事件控制寄存器(图 2 - 24 - 24)

位	7	6	5	4	3	2	1	0	
+0x03	SWEEP[1:0]		EVSEL[2:0]			EVACT[2:0]			EVCTRL
读/写	R/W	R/W	R/W	R/W	R/W	R/W	R/W	R/W	
初始值	0	0	0	0	0	0	0	0	

图 2 - 24 - 24　ADC 事件控制寄存器

Bit 7:6—SWEEP[1:0],ADC 通道扫描。这些位设置由事件系统触发或在自由运行模式下被扫描的 ADC 通道,见表 2-24-4。

表 2-24-4　ADC 通道选择

SWEEP[1:0]	组配置	用于通道扫描的 ADC 通道
00	0	仅 ADC 通道 0
01	01	ADC 通道 0 和 1
10	012	ADC 通道 0、1 和 2
11	0123	ADC 通道 0、1、2 和 3

Bit 5:3—EVSEL[2:0],事件通道输入选择。

这些位选择触发 ADC 通道转换的事件通道。每个设置定义了一组事件通道,其中最低号码的事件通道将触发 ADC 通道 0,下一个事件通道会触发 ADC 的通道 1,依次递推,见表 2-24-5。

表 2-24-5　ADC 事件选择

EVSEL[2:0]	组配置	选择事件线
000	0123	事件通道 0、1、2、3 作为所选输入
001	1234	事件通道 1、2、3、4 作为所选输入
010	2345	事件通道 2、3、4、5 作为所选输入
011	3456	事件通道 3、4、5、6 作为所选输入
100	4567	事件通道 4、5、6、7 作为所选输入
101	567	事件通道 5、6、7 作为所选输入(最多 3 个事件输入)
110	67	事件通道 6、7 作为所选输入(最多 2 个事件输入)
111	7	事件通道 7 作为所选输入(最多 1 个事件输入)

Bit 2:0—EVACT[2:0],ADC 事件模式。

这些位设置使用哪一个选定的事件通道,一些特殊的事件模式见表 2-24-6。这使得由单一事件可以触发一次完整的通道扫描,或通过一个事件重新达到精确的同步转换。

表 2-24-6　ADC 事件模式选择

EVACT[2:0]	组配置	事件输入操作模式
000	NONE	无事件输入
001	CH0	EVSEL 定义的事件通道,通道号最小的将触发 ADC 通道 0 的转换
010	CH01	EVSEL 定义的事件通道,通道号最小的 2 个通道将触发 ADC 通道 0 和通道 1 的转换

EVACT[2:0]	组配置	事件输入操作模式
011	CH012	EVSEL 定义的事件通道，通道号最小的 3 个通道将触发 ADC 通道 0、通道 1、通道 2 的转换
100	CH0123	EVSEL 定义的事件通道将依次触发 ADC 通道 0、通道 1、通道 2、通道 3 的转换
101	SWEEP	EVSEL 定义的通道号最小的事件通道将触发 SWEEP 中定义的 ADC 通道的一次扫描
110	SYNCSWEEP	EVSEL 定义的通道号最小的事件通道将触发 SWEEP 中定义的 ADC 通道的一次扫描。除此之外还会根据事件进行时序同步
111		保留

(5)PRESCALER——ADC 时钟预分频寄存器(图 2 - 24 - 25)

位	7	6	5	4	3	2	1	0	
+0x04	–	–	–	–	–	PRESCALER[2:0]			PRESCALER
读/写	R	R	R	R	R	R/W	R/W	R/W	
初始值	0	0	0	0	0	0	0	0	

图 2 - 24 - 25　ADC 时钟预分频寄存器

Bit 7:3—保留。

Bit 2:0—PRESCALER[2:0],ADC 预分频配置。这些位选择外设时钟的分频因子,见表 2 - 24 - 7。

表 2 - 24 - 7　ADC 预分频设置

PRESCALER[2:0]	组配置	系统时钟分频因子
000	DIV4	4
001	DIV8	8
010	DIV16	16
011	DIV32	32
100	DIV64	64
101	DIV128	128
110	DIV256	256
111	DIV512	512

(6)INTFLAGS——ADC 输入标志寄存器(图 2 - 24 - 26)

位	7	6	5	4	3	2	1	0	
+0x06	–	–	–	–	CH[3:0]IF				INTFLAGS
读/写	R	R	R	R	R/W	R/W	R/W	R/W	
初始值	0	0	0	0	0	0	0	0	

图 2 - 24 - 26　ADC 输入标志寄存器

Bit 7:4—保留。

Bit 3:0—CH[3:0] IF,中断标志。

ADC 通道转换完成时相应标志位置位。如果某个 ADC 通道设为比较模式,比较条件满足时,相应的标志将置位。当 ADC 通道 n 中断向量被执行后,CHnIF 自动清除。该标志也可以通过向该位写 1 来清除。

(7)TEMP——ADC 临时寄存器(图 2 - 24 - 27)

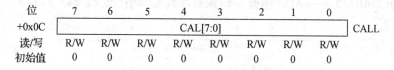

位	7	6	5	4	3	2	1	0	
+0x07				TEMP[7:0]					TEMP
读/写	R/W	R/W	R/W	R/W	R/W	R/W	R/W	R/W	
初始值	0	0	0	0	0	0	0	0	

图 2 - 24 - 27　ADC 临时寄存器

Bit 7:0—TEMP[7:0],ADC 临时寄存器。该寄存器用于 ADC 控制器读取 16 位寄存器。16 位寄存器的低字节被 CPU 读取时,高字节存储在这里。这个寄存器可在程序中读取和写入。

对于 16 位寄存器的访问,参见 2.2 节的访问 16 位寄存器。

(8)CALL——ADC 校准值寄存器(图 2 - 24 - 28)

CALL 和 CALH 寄存器组成 12 位 ADC 校准值 CAL。ADC 在生产时中已经校准,校准值必须从签名行读取并由程序写入 CAL 寄存器。

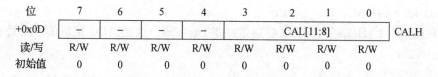

位	7	6	5	4	3	2	1	0	
+0x0C				CAL[7:0]					CALL
读/写	R/W	R/W	R/W	R/W	R/W	R/W	R/W	R/W	
初始值	0	0	0	0	0	0	0	0	

图 2 - 24 - 28　ADC 校准值寄存器

Bit 7:0—CAL[7:0],ADC 校准值。这是 12 位 CAL 值的 8 个最低有效位。

(9)CALH——ADC 校准值寄存器(图 2 - 24 - 29)

位	7	6	5	4	3	2	1	0	
+0x0D	–	–	–	–		CAL[11:8]			CALH
读/写	R/W	R/W	R/W	R/W	R/W	R/W	R/W	R/W	
初始值	0	0	0	0	0	0	0	0	

图 2 - 24 - 29　ADC 校准值寄存器

Bit 7:0—CAL[11:8],ADC 校准值。这是 12 位 CAL 值的 4 个最高有效位。

(10)CHnRESH——ADC 通道 n 结果寄存器高字节(图 2 - 24 - 30)

CHnRESL 和 CHnRESH 寄存器组成了 16 位的 CHnRES。对于 16 位寄存器访问,参见 2.2 节的访问 16 位寄存器。

位	7	6	5	4	3	2	1	0	
12位，左对齐				CHRES[11:4]					CHnRESH
12位，右对齐	−	−	−	−		CHRES[11:8]			
8位	−	−	−	−	−	−	−	−	
读/写	R	R	R	R	R	R	R	R	
初始值	0	0	0	0	0	0	0	0	

图 2 – 24 – 30　ADC 通道 n 结果寄存器高字节

① 12 位模式，左对齐。

Bit 7:0—CHRES[11:4]，ADC 通道结果，高字节。这是 12 位 ADC 结果的 8 个最高有效位。

② 12 位模式，右对齐。

Bit 7:4—保留。这些位实际上是 ADC 工作在差分模式下的符号位 CHRES11，符号模式下这些位为 0。

Bit 3:0—CHRES[11:8]，ADC 通道结果，高字节。这是 12 位 ADC 结果的 4 个最高有效位。

③ 8 位模式。

Bit 7:0—保留。这些位实际上是 ADC 工作在单端模式下的符号位 CHRES7，符号模式下这些位为 0。

(11)CHnRESL——ADC 通道 n 结果寄存器低字节（图 2 – 24 – 31）

位	7	6	5	4	3	2	1	0	
12–/8–位				CHRES[7:0]					CHnRESL
12位，左对齐	CHRES[3:0]				−	−	−	−	
读/写	R	R	R	R	R	R	R	R	
初始值	0	0	0	0	0	0	0	0	

图 2 – 24 – 31　ADC 通道 n 结果寄存器低字节

① 12/8 位模式。

Bit 7:0—CHRES[7:0]，ADC 通道结果，低字节。这是 ADC 结果的 8 个最低有效位。

② 12 位模式，左校准。

Bit 7:4—CHRES[3:0]：ADC 通道结果，低字节。这是 12 位 ADC 结果的 4 个最低有效位。

Bit 3:0—保留。

(12)CMPH——ADC 比较寄存器高字节（图 2 – 24 – 32）

CMPH 和 CMPL 寄存器组成了 16 位 ADC 比较值 CMP。

Bit 7:0—CMP[15:0]，ADC 比较值高字节。这些位是 16 位 ADC 比较值的 8 个最高有效位。有符号模式下，数字代表是 2 的补码，最高有效位是符号位。

位	7	6	5	4	3	2	1	0	
+0x19				CMP[15:0]					CMPH
读/写	R/W	R/W	R/W	R/W	R/W	R/W	R/W	R/W	
初始值	0	0	0	0	0	0	0	0	

图 2 - 24 - 32　ADC 比较寄存器高字节

(13)CMPL——ADC 比较寄存器低字节(图 2 - 24 - 33)

位	7	6	5	4	3	2	1	0	
+0x18				CMP[7:0]					CMPL
读/写	R/W	R/W	R/W	R/W	R/W	R/W	R/W	R/W	
初始值	0	0	0	0	0	0	0	0	

图 2 - 24 - 33　ADC 比较寄存器低字节

Bit 7:0—CMP[7:0],ADC 比较值低字节。这些位是 16 位 ADC 比较值的 8 个最低有效位。有符号模式下,数字代表的是 2 的补码。

17. 寄存器描述——ADC 通道

(1)CTRL——ADC 通道控制寄存器(图 2 - 24 - 34)

位	7	6	5	4	3	2	1	0	
+0x00	START	–	–		GAIN[2:0}		INPUTMODE[1:0]		CTRL
读/写	R/W	R	R	R/W	R/W	R/W	R/W	R/W	
初始值	0	0	0	0	0	0	0	0	

图 2 - 24 - 34　ADC 通道控制寄存器

Bit 7—START,启动通道转换。对该位置位将启动通道的一次转换,转换开始后该位被硬件清零。当该位已被置位时,再置位将无作用。写入或读取该位与写入 CH[3:0]START 位是一样的。

Bit 6:5—保留。

Bit 4:3—GAIN[2:0]:ADC 增益系数。这些位设置增益系数,在 ADC 转换前放大输入信号。

表 2 - 24 - 8 为不同的增益系数的设置。增益只在某些 MUX 设置下有效,详见 "MUXCTRL——ADC 通道 MUX 控制寄存器"。

表 2 - 24 - 8　ADC 增益系数

GAIN[2:0]	组配置	增益因子
000	1X	1X
001	2X	2X
010	4X	4X
011	8X	8X

续表 2 - 24 - 8

GAIN[2:0]	组配置	增益因子
100	16X	16X
101	32X	32X
110	64X	64X
111		保留

　　Bit 1:0—INPUTMODE[1:0],通道输入模式。这些位选择通道输入模式。此设置与 ADC 的 CONVMODE(有符号/无符号模式)设置无关,但差分输入模式只能在 ADC 有符号模式下进行。在单端输入模式下,ADC 的反向输入将连接到一个固定的电平值,无论是有符号还是无符号模式,详见表 2 - 24 - 9 和表 2 - 24 - 10。

表 2 - 24 - 9　通道输入模式,CONVMODE＝0(无符号模式)

INPUTMODE[1:0]	组配置	描　述
00	INTERNAL	内部正向输入信号
01	SINGLEENDED	单端正向输入信号
10		保留
11		保留

表 2 - 24 - 10　通道输入模式,CONVMODE＝1(有符号模式)

INPUTMODE[1:0]	组配置	描　述
00	INTERNAL	内部正向输入信号
01	SINGLEENDED	单端正向输入信号
10	DIFF	差分输入信号
11	DIFFWGAIN	差分输入信号带增益

(2)MUXCTRL——ADC 通道 MUX 控制寄存器(图 2 - 24 - 35)

位	7	6	5	4	3	2	1	0	
+0x01	−	MUXPOS[3:0]				−	MUXNEG[1:0]		MUXCTRL
读/写	R	R/W	R/W	R/W	R/W	R	R/W	R/W	
初始值	0	0	0	0	0	0	0	0	

图 2 - 24 - 35　ADC 通道 MUX 控制寄存器

　　Bit 7—保留。

　　Bit 6:3—MUXPOS[3:0],ADC 正向输入 MUX 选择,详见表 2 - 24 - 11 和表 2 - 24 - 12。

表 2 - 24 - 11　INPUTMODE[1:0]=00(内部)时,ADC MUXPOS 的配置

MUXPOS[2:0]	组配置	模拟输入
000	TEMP	温度参考
001	BANDGAP	带隙电压
010	SCALEDVCC	VCC/10
011	DAC	DAC 输出
100		保留
101		保留
110		保留
111		保留

表 2 - 24 - 12　INPUTMODE[1:0]=01(单端),INPUTMODE[1:0]=10(差分)
或 INPUTMODE[1:0]=11(带增益差分)时,ADC MUXPOS 的配置

MUXPOS[2:0]	组配置	模拟输入
000	PIN0	ADC0 引脚
001	PIN1	ADC1 引脚
010	PIN2	ADC2 引脚
011	PIN3	ADC3 引脚
100	PIN4	ADC4 引脚
101	PIN5	ADC5 引脚
110	PIN6	ADC6 引脚
111	PIN7	ADC7 引脚

对于多于 8 个 ADC 输入的设备,MUXPOS3 位用于选择 ADC8 或者更多。

Bit 2—保留。

Bit 1:0—MUXNEG[1:0],ADC 反向输入 MUX 选择。这些位设置在差分测量时 ADC 反向输入 MUX 的选择。内部或单端输入下这些位不使用,详见表 2 - 24 - 13和表 2 - 24 - 14。

表 2 - 24 - 13　INPUTMODE[1:0]=10,无增益差分时,ADC MUXPOS 的配置

MUXNEG[1:0]	组配置	模拟输入
00	PIN0	ADC0 引脚
01	PIN1	ADC1 引脚
10	PIN2	ADC2 引脚
11	PIN3	ADC3 引脚

表 2 - 24 - 14　INPUTMODE[1:0]=11,带增益差分时,ADC MUXPOS 的配置

MUXNEG[1:0]	组配置	模拟输入
00	PIN4	ADC4 引脚
01	PIN5	ADC5 引脚
10	PIN6	ADC6 引脚
11	PIN7	ADC7 引脚

Bit 0—保留。

(3)INTCTRL——ADC 通道中断控制寄存器(图 2 - 24 - 36)

位	7	6	5	4	3	2	1	0	
+0x02	–	–	–	–	INTMODE[1:0]		INTLVL[1:0]		INTCTRL
读/写	R	R	R	R	R/W	R/W	R/W	R/W	
初始值	0	0	0	0	0	0	0	0	

图 2 - 24 - 36　ADC 通道中断控制器

Bit 7:4—保留。

Bit 3:2—INTMODE,ADC 中断模式。

这些位选择通道 n 的中断模式,详见表 2 - 24 - 15。

表 2 - 24 - 15　ADC 输入模式

INTMODE[1:0]	组配置	中断模式
00	COMPLETE	转换完毕
01	BELOW	比较结果低于预设门限值
10		保留
11	ABOVE	比较结果高于预设门限值

Bit 1:0—INTLVL[1:0],ADC 中断优先级和使能。这些位使能 ADC 通道中断并选择中断级别。当 INTFLAGS 寄存器中的 IF 位置位后可以触发中断。

(4)INTFLAGS——ADC 通道输入标志寄存器(图 2 - 24 - 37)

位	7	6	5	4	3	2	1	0	
+0x03	–	–	–	–	–	–	–	IF	INTFLAGS
读/写	R	R	R	R	R	R	R	R/W	
初始值	0	0	0	0	0	0	0	0	

图 2 - 24 - 37　ADC 通道输入标志寄存器

Bit 7:1—保留。

Bit 0—IF,ADC 通道中断标志。当 ADC 转换完成时,中断标志置位。如果通道是比较模式,该标志将在比较条件满足时置位。ADC 通道中断向量被执行时,IF 自动清零。也可以通过向该位写 1 清零。

(5)RESH——ADC 通道 n 结果寄存器高字节(图 2 - 24 - 38)

对于所有结果寄存器,有符号数代表 2 的补码,最高位代表符号位。

RESL 和 RESH 寄存器组成了 16 位值 ADCRESULT。

位	7	6	5	4	3	2	1	0
12位, 左对齐				RES[11:4]				
12位, 右对齐, +0x05	–	–	–	–		RES[11:8]		
8位	–	–	–	–	–	–	–	–
读/写	R	R	R	R	R	R	R	R
初始值	0	0	0	0	0	0	0	0

图 2 - 24 - 38　ADC 通道 *n* 结果寄存器高字节

① 12 位模式,左对齐。

Bit 7:0—RES[11:4],ADC 通道结果,高字节。这是 12 位 ADC 结果的 8 个最高有效位。

② 12 位模式,右对齐。

Bit 7:4—保留。这些位实际是 ADC 有符号模式下符号位 CHRES11 的扩展,ADC 工作在单端模式下这些位为 0。

Bit 3:0—RES[11:8],ADC 通道结果,高字节。这是 12 位 ADC 结果的 4 个最高有效位。

③ 8 位模式。

Bit 7:0—保留。这些位实际是 ADC 有符号模式下符号位 CHRES7 的扩展,ADC 工作在单端模式下这些位为 0。

(6)RESL——ADC 通道 n 结果寄存器低字节(图 2 - 24 - 39)

位	7	6	5	4	3	2	1	0
12/8位　+0x04				RES[7:0]				
12位, 左对齐		RES[3:0]			–	–	–	–
读/写	R	R	R	R	R	R	R	R
初始值	0	0	0	0	0	0	0	0

图 2 - 24 - 39　ADC 通道 n 结果寄存器低字节

① 12/8 位模式。

Bit 7:0—RES[7:0],ADC 通道结果,低字节。这是 ADC 结果的 8 个最低有效位。

② 12 位模式,左校准。

Bit 7:4—RES[3:0],ADC 通道结果,低字节。这是 12 位 ADC 结果的 4 个最低有效位。

Bit 3:0—保留。

2.25　DAC——数/模转换器

1. 特　点

➢ 12 位精度。

➢ 高达 1 Msps 转换率。

➢ 灵活的转换范围。

➢ 多触发源。

➢ 单通道或者采样/保持(S/H)双通道输出。

➢ 内置偏移和增益校准。

➢ 高驱动能力。

➢ 内部或外部参考电压。

➢ 可作为模拟比较器或 ADC 的输入。

➢ 低功耗模式。

2. 概　述

DAC 将数字信号转换为模拟电压。DAC 的精度 12 位,可以每秒转换一百万次。DAC 可以连续输出到一个引脚或者通过使用抽样/保持(S/H)电路输出到两个不同的引脚。

输出信号摆幅由参考电压(V_{REF})决定。以下为 DAC 参考源 V_{REF}:

① AVCC;

② 内部 1.00 V;

③ 外部参考电压,PORTA 或 PORTB 的 AREF 引脚。

DAC 通道的输出电压:

$$V_{DACx} = \frac{CHnDATA}{0xFFF} \cdot V_{REF}$$

图 2-25-1 表示的是 DAC 的基本功能,尚有部分功能未列出。

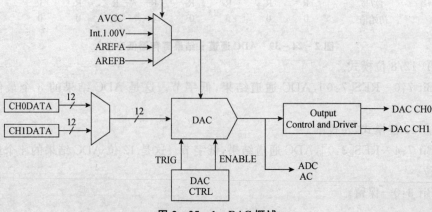

图 2-25-1　DAC 概述

3. 启动一次转换

当数据写入数据寄存器或事件触发都可启动转换。如果没有选择自动触发模式，当 DAC 寄存器有新数据时，转换会自动启动。选择自动触发模式后，转换将受选定的事件通道控制。可在程序中或使用 DMA 控制器写 DAC 数据寄存器。

4. 输出通道

从 DAC 可以连续输出到一个引脚（通道 0），或使用采样和保持（S/H）电路输出到不同的引脚。使用 S/H 可以独立输出两个电压和频率不同的模拟信号。这两个 S/H 输出有各自的数据和转换控制寄存器。DAC 输出也可用于 XMEGA 中其他外设的输入，例如模拟比较器或模/数转换器。对于这些外设来说是直接从 DAC 输出，而不是 S/H 输出。

5. DAC 输出模块

每个 DAC 输出通道都有一个反馈驱动缓冲，确保 DAC 输出引脚上的电压等于 DAC 内部电压，直至 DAC 的输出达到饱和电压。如图 2 - 25 - 2 所示为 DAC 输出模型。

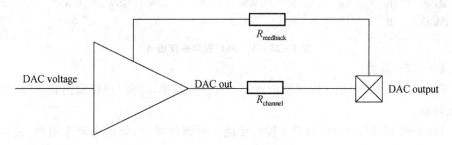

图 2 - 25 - 2　DAC 输出模型

注：① ATxmegaA3 和 ATxmegaA4 下 DAC $R_{channel}$ 为 300 Ω。

　　② ATxmegaA1 下 DAC $R_{channel}$ 为 850 Ω。

6. DAC 时钟

DAC 时钟直接来源于外设时钟（clk$_{PER}$）。S/H 模式下的 DAC 转换间隔和刷新率配置与外设时钟相关。

7. 时序限制

时序限制可以确保 DAC 的正确操作，它与外设时钟频率相关。不符合时序限制可能会降低 DAC 的转换精度。

DAC 采样时间是从上一次完成通道转换到开始新的转换的间隔。单端模式下不应低于 1 μs，双通道（S/H）模式下不应低于 1.5 μs。

DAC 刷新时间是在双通道模式下每次通道更新的间隔，不应超过 30 μs。

8. 低功耗模式

为了降低 DAC 转换的功耗，DAC 可被设置运行在低功耗模式。在低功耗模式下,每次转换之间 DAC 是关闭的,新的转换时间将更长。要使 DAC 进入低功耗模式,需要设置 CTRLA 寄存器中的相应位。

9. 校　准

为了达到最佳精度,可以同时校准 DAC 增益和偏移误差。增益调节和偏移调节都是一个 7 位的校准值。

为了获得最好的校准结果值,一般的 DAC 操作,校准时推荐使用相同的 V_{REF}、输出通道、采样时间和刷新间隔。DAC 的理论传输函数可以表示为

$$V_{DACxX} = gain \cdot \frac{CHnDATA}{0xFFF} + offset$$

理想 DAC 增益为 1,偏移为 0。

10. 寄存器描述

(1)CTRLA——DAC 控制寄存器 A(图 2-25-3)

位	7	6	5	4	3	2	1	0	
+0x00	–	–	–	IDOEN	CH1EN	CH0EN	–	ENABLE	CTRLA
读/写	R	R	R	R/W	R/W	R/W	R/W	R/W	
初始值	0	0	0	0	0	0	0	0	

图 2-25-3　DAC 控制寄存器 A

Bit 7:5—保留。

Bit 4—IDOEN,DAC 内部输出使能。对该位置位,内部 DAC 输出到 ADC 和模拟比较器。

Bit 3—CH1EN,DAC 通道 1 输出使能。对该位置位,使能通道 1 引脚,清除该位,通道 1 只能在内部使用。

Bit 2—CH0EN,DAC 通道 0 输出使能。对该位置位,使能通道 0 引脚,清除该位,通道 0 只能在内部使用。

Bit 1—Res,保留。

Bit 0—ENABLE,DAC 使能。对该位置位,使能整个 DAC。

(2)CTRLB——DAC 控制寄存器 B(图 2-25-4)

位	7	6	5	4	3	2	1	0	
+0x01	–	CHSEL[1:0]		–	–	–	CH1TRIG	CH0TR1	CTRLB
读/写	R	R/W	R	R	R	R	R/W	R/W	
初始值	0	0	0	0	0	0	0	0	

图 2-25-4　DAC 控制寄存器 B

Bit 7—保留。

Bit 6:5—CHSEL[1:0],DAC 通道选择。这些位设置 DAC 是单通道输出或双通道输出,详见表 2-25-1。

表2-25-1　DAC通道选择

CHSEL[1:0]	描　述
00	单通道操作(仅限通道0)
01	保留
10	双通道操作(S/H通道0和1)
11	保留

Bit 4:2—保留。

Bit 1—CH1TRIG,DAC通道1自动触发模式。对该位置位,EVCTRL寄存器选择的事件通道写入通道1数据寄存器高字节后开始转换。

Bit 0—CH0TRIG,DAC通道0自动触发模式。对该位置位,EVCTRL寄存器选择的事件通道写入通道0数据寄存器高字节后开始转换。

(3)CTRLC——DAC 控制寄存器 C(图2-25-5)

位	7	6	5	4	3	2	1	0	
+0X02	−	−	−	REFSEL[1:0]		−	−	LEFTADJ	CTRLC
读/写	R	R	R	R/W	R/W	R/W	R/W	R/W	
初始值	0	0	0	0	0	0	0	0	

图2-25-5　DAC 控制寄存器 C

Bit 7:5—保留。

Bit 4:3—REFSEL[1:0],DAC参考电压选择(表2-25-2)。

表2-25-2　DAC参考电压选择

REFSEL[1:0]	组配置	描　述
00	INT1V	内部1.00 V
01	AVCC	AVCC引脚电压
10	AREFA	端口A的AREF引脚电压
11	AREFB	端口B的AREF引脚电压

Bit 2:1—保留。

Bit 0—LEFTADJ,DAC左对齐。对该位置位,CH0DATA和CH1DATA左对齐。

(4)EVCTRL——DAC 事件控制寄存器(图2-25-6)

位	7	6	5	4	3	2	1	0	
+0x03	−	−	−	−	−	EVSEL[2:0]			EVCTRL
读/写	R	R	R	R	R	R/W	R/W	R/W	
初始值	0	0	0	0	0	0	0	0	

图2-25-6　DAC 事件控制寄存器

Bit 7:3—保留。

Bit 2:1—EVSEL[2:0],DAC 事件通道输入选择。这些位选择事件系统用来触发 DAC 转换的通道,详见表 2-25-3。

表 2-25-3　DAC 事件输入选择

EVSEL[2:0]	组配置	描　　述
000	0	事件通道 0 作为 DAC 的输入
001	1	事件通道 1 作为 DAC 的输入
010	2	事件通道 2 作为 DAC 的输入
011	3	事件通道 3 作为 DAC 的输入
100	4	事件通道 4 作为 DAC 的输入
101	5	事件通道 5 作为 DAC 的输入
110	6	事件通道 6 作为 DAC 的输入
111	7	事件通道 7 作为 DAC 的输入

(5)TIMCTRL——DAC 时序控制寄存器(图 2-25-7)

位	7	6	5	4	3	2	1	0	
+0x04	–	CONINTVAL[2:0]			REFRESH[3:0]				TIMCTRL
读/写	R	R/W	R/W	R/W	R/W	R/W	R/W	R/W	
初始值	0	1	1	0	0	0	0	1	

图 2-25-7　DAC 时序控制寄存器

Bit 7—保留。

Bit 6:4—CONINTVAL[2:0],DAC 转换间隔(表 2-25-4)。

这些位设置两次转换的最小间隔。间隔的设置必须与外设时钟相关,以确保在上一次转换输出稳定后才开始新的转换。在单通道时,DAC 转换间隔不能低于 1 μs,双通道(S/H)时,不能低于 1.5 μs。

由于双通道转换间隔较长,外设时钟周期将自动增加 50%。

表 2-25-4　DAC 转换间隔

CONINTCAL[2:0]	组配置	刷新间隔 clk$_{PER}$周期数
0000	16CLK	16CLK
0001	32CLK	32CLK
0010	64CLK	64CLK
0011	128CLK	128CLK
0100	256CLK	256CLK
0101	512CLK	512CLK

CONINTCAL[2:0]	组配置	刷新间隔 clk_{PER} 周期数
0110	1 024CLK	1 024CLK
0111	2 048CLK	2 048CLK
1000	4 096CLK	4 096CLK
1001	8 192CLK	8 192CLK
1010	16 384CLK	16 384CLK
1011	32 768CLK	32 768CLK
1100	65 536CLK	65 536CLK
1101		保留
1110		保留
1111	OFF	关闭自动刷新

Bit 3:0—REFRESH[3:0],DAC 通道刷新时序控制。

这些位选择双通道模式下刷新间隔。为保证精度,间隔的设置必须与外设时钟相关,详见表 2 - 25 - 5。

表 2 - 25 - 5　DAC 通道刷新控制选择

REFRESH[3:0]	组配置	刷新间隔 clk_{PER} 周期数
0000	16CLK	16CLK
0001	32CLK	32CLK
0011	64CLK	64CLK
0100	128CLK	128CLK
0101	256CLK	256CLK
0110	512CLK	512CLK
0111	1 024CLK	1 024CLK
1000	2 048CLK	2 048CLK
1001	4 096CLK	4 096CLK
1010	8 192CLK	8 192CLK
1011	16 384CLK	16 384CLK
1100	32 768CLK	32 768CLK
1101	65 536CLK	65 536CLK
1110		保留
1110		保留
1111	OFF	关闭自动刷新

(6)STATUS——DAC 状态寄存器(图 2 - 25 - 8)

位	7	6	5	4	3	2	1	0	
+0x05	–	–	–	–	–	–	CH1DRE	CH0DRE	STATUS
读/写	R	R	R	R	R	R	R/W	R/W	
初始值	0	0	0	0	0	0	0	0	

图 2 - 25 - 8　DAC 状态寄存器

Bit 7:2——保留。

Bit 1——CH1DRE,DAC 通道 1 数据寄存器空。该标志位置位,表示通道 1 的数据寄存器空,可以写入新的转换值。如果该位为 0,对数据寄存器写操作可能会导致丢失转换值。该位可直接用于 DMA 请求。

Bit 0——CH0DRE,DAC 通道 0 数据寄存器空。

该标志位置位,表示通道 0 的数据寄存器空,可以写入新的转换值。如果该位为 0,对数据寄存器写操作可能会导致丢失转换值。该位可直接用于 DMA 请求。

(7)CH0DATAH——DAC 通道 0 数据寄存器高字节(图 2 - 25 - 9)

CHnDATAH 和 CHnDATAL 寄存器是 CHnDATA 的高字节和低字节。默认情况下 12 位值有 8 位在 CHnDATAL,4 位在 CHnDATAH(右对齐)。通过设置 CTRLC 寄存器的 LEFTADJ 位可实现左对齐。

	位	7	6	5	4	3	2	1	0
右对齐	+0x19	–	–	–	–	CHDATA[11:8]			
左对齐		CHDATA[11:4]							
右对齐	读/写	R	R	R	R	R/W	R/W	R/W	R/W
左对齐	读/写	R/W	R/W	R/W	R/W	R/W	R/W	R/W	R/W
右对齐	初始值	0	0	0	0	0	0	0	0
左对齐	初始值	0	0	0	0	0	0	0	0

图 2 - 25 - 9　DAC 通道 0 数据寄存器高字节

①右对齐。

Bit 7:4——保留。

Bit 3:0——CHDATA[11:8],DAC 通道 0,4 个最高有效位。右对齐模式下的通道 0 转换的 12 位值中的 4 位最高有效位。

② 左对齐。

Bit 7:0——CHDATA[11:4],DAC 通道 0,8 个最高有效位。左对齐模式下的通道 0 转换的 12 位值中的 8 位最高有效位。

(8)CH0DATAL——DAC 通道 0 数据寄存器低字节(图 2 - 25 - 10)

① 右对齐。

Bit 7:0——CHDATA[7:0],DAC 通道 0,8 个最低有效位。右对齐模式下的通道 0 转换的 12 位值中 8 个最低有效位。

② 左对齐。

Bit 7:4—CHDATA[3:0]：DAC 通道 0,4 个最低有效位。左对齐模式下的通道 0 转换的 12 位值中 4 个最低有效位。

Bit 3:0—保留。

	位	7	6	5	4	3	2	1	0
右对齐	+0x18	CHDATA[7:0]							
左对齐		CHDATA[3:0]				–	–	–	–
右对齐	读/写	R/W	R/W	R/W	R/W	R/W	R/W	R/W	R/W
左对齐	读/写	R/W	R/W	R/W	R/W	R	R	R	R
右对齐	初始值	0	0	0	0	0	0	0	0
左对齐	初始值	0	0	0	0	0	0	0	0

图 2-25-10　DAC 通道 0 数据寄存器低字节

(9)CH1DATAH——DAC 通道 1 数据寄存器高字节(图 2-25-11)

	位	7	6	5	4	3	2	1	0
右对齐	+0x1B	–	–	–	–	CHDATA[11:8]			
左对齐		CHDATA[11:4]							
右对齐	读/写	R	R	R	R	R/W	R/W	R/W	R/W
左对齐	读/写	R/W	R/W	R/W	R/W	R/W	R/W	R/W	R/W
右对齐	初始值	0	0	0	0	0	0	0	0
左对齐	初始值	0	0	0	0	0	0	0	0

图 2-25-11　DAC 通道 1 数据寄存器高字节

① 右对齐。

Bit 7:4—保留。

Bit 3:0—CHDATA[11:8],DAC 通道 1,4 个最高有效位。右对齐模式下的通道 1 转换的 12 位值中的 4 位最高有效位。

② 左对齐。

Bit 7:0—CHDATA[11:4],DAC 通道 1,8 个最高有效位。左对齐模式下的通道 1 转换的 12 位值中的 8 位最高有效位。

(10)CH1DATAL——DAC 通道 1 数据寄存器低字节(图 2-25-12)

	位	7	6	5	4	3	2	1	0
右对齐	+0x1A	CHDATA[7:0]							
左对齐		CHDATA[3:0]				–	–	–	–
右对齐	读/写	R/W	R/W	R/W	R/W	R/W	R/W	R/W	R/W
左对齐	读/写	R/W	R/W	R/W	R/W	R	R	R	R
右对齐	初始值	0	0	0	0	0	0	0	0
左对齐	初始值	0	0	0	0	0	0	0	0

图 2-25-12　DAC 通道 1 数据寄存器低字节

① 右对齐。

Bit 7:0—CHDATA[7:0]：DAC 通道 1,8 个最低有效位。右对齐模式下的通道 1 转换的 12 位值中的 8 个最低有效位。

② 左对齐。

Bit 7:4—CHDATA[3:0]：DAC 通道 1,4 个最低有效位。左对齐模式下的通道 1 转换的 12 位值中的 4 个最低有效位。

Bit 3:0—保留。

(11)GAINCAL——DAC 增益校准寄存器(图 2 - 25 - 13)

位	7	6	5	4	3	2	1	0	
+0x08	—			GAINCAL[6:0]					GAINCAL
读/写	R	R/W	R/W	R/W	R/W	R/W	R/W	R/W	
初始值	0	0	0	0	0	0	0	0	

图 2 - 25 - 13 DAC 增益校准寄存器

Bit 7—保留。

Bit 6:0—GAINCAL[6:0],DAC 增益校准值。

校准值用来补偿 DAC 的增益误差。

(12)OFFSETCAL——DAC 偏移校准寄存器(图 2 - 25 - 14)

位	7	6	5	4	3	2	1	0	
+0x09	—			OFFSETCAL[6:0]					OFFSETCAL
读/写	R	R/W	R/W	R/W	R/W	R/W	R/W	R/W	
初始值	0	0	0	0	0	0	0	0	

图 2 - 25 - 14 DAC 偏移校准寄存器

Bit 7—保留。

Bit 6:0—OFFSETCAL[6:0],DAC 偏移校准值。校准值用来补偿 DAC 的偏移误差。

2.26 AC——模拟比较器

1. 特 点

➤ 灵活的输入选择。

➤ 高速模式。

➤ 低功耗模式。

➤ 可选输入磁滞。

➤ 可模拟比较器引脚输出。

➤ 窗口模式。

2. 概　述

模拟比较器(AC)比较两个输入引脚上的电压值,基于该比较上给出数字输出。模拟比较器可根据多种输入变化产生中断请求和事件。

模拟比较器的两个重要的动态特性是磁滞和传播时延,这些参数都可以调整。

如图 2-26-1 所示,模拟比较器在每个模拟端口上成对出现(AC0 和 AC1)。它们性能相同,但控制寄存器是分开的。

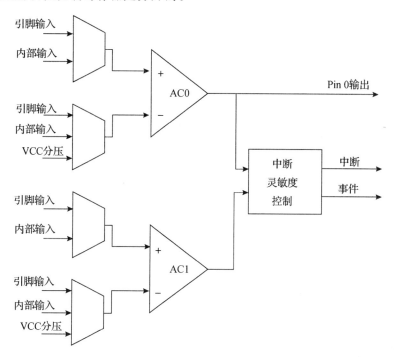

图 2-26-1　模拟比较器概述

3. 输入通道

每个模拟比较器有一个正向输入和一个反向输入。可选择的输入很广泛:模拟输入引脚、内部输入和 VCC 分压输入。当正向输入和反向输入差值为正时,模拟比较器输出为 1,反之为 0。

(1)引脚输入

端口上的模拟输入引脚可以作为模拟比较器的输入。

(2)内部输入

模拟比较器可直接使用 3 个内部输入:

① DAC 的输出(如果设备上存在);

② 带隙参考电压;

③ VCC 分压,可对内部 VCC 电压缩放 64 级。

AVR XMEGA高性能单片机开发及应用

4. 启动信号比较

启动信号比较之前,模拟比较器模块需要配置输入源。比较结果是连续的,可在程序中使用或触发事件。

5. 产生中断和事件

模拟比较器可以根据输出变化产生中断,即当输出从 0 变到 1(上升沿)或从 1 变为 0(下降沿)。事件的产生条件与中断相同,且与中断是否使能无关。

6. 窗口模式

同一个端口的两个模拟比较器可以工作在窗口模式下,如图 2 - 26 - 2 所示。在这种模式下,电压范围受限,模拟比较器根据输入信号是否在此范围内进行输出。

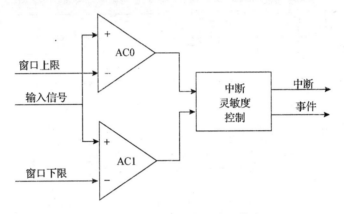

图 2 - 26 - 2 模拟比较器窗口模式

7. 输入磁滞

可在程序中选择无磁滞、低磁滞或高磁滞。增加磁滞可避免当输入信号之间非常接近或者信号/设备中带有噪声时输出的不断切换变化。

8. 能量消耗和传播时延

通过高速模式可实现最短的传播时延。该模式比默认的低功耗模式消耗更多的能量。

9. 寄存器描述

(1)ACnCTRL——模拟比较器 n 控制寄存器(图 2 - 26 - 3)

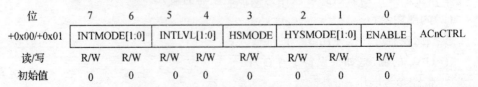

位	7	6	5	4	3	2	1	0	
+0x00/+0x01	INTMODE[1:0]		INTLVL[1:0]		HSMODE	HYSMODE[1:0]		ENABLE	ACnCTRL
读/写	R/W	R/W	R/W	R/W	R/W	R/W	R/W	R/W	
初始值	0	0	0	0	0	0	0	0	

图 2 - 26 - 3 模拟比较器 n 控制寄存器

Bit 7:6—INTMODE[1:0],模拟比较器输入模式。这些位设置模拟比较器的中断模式,见表 2 - 26 - 1。

表 2 - 26 - 1   模拟比较器输入设置

INTMODE[1:0]	组配置	描　述
00	BOTHEDGES	输出变化即中断
01	—	保留
10	FALLING	下降沿产生中断或者事件
11	RISING	上升沿产生中断或者事件

Bit 5:4—INTLVL[1:0],模拟比较器中断级别。这些位使能模拟比较器 n 中断可用并选择中断级别。

Bit 3—HSMODE,模拟比较器高速模式使能。对该位置位,使能高速模式,清除该位则选择低功耗模式。

Bit 2:1—HYSMODE[1:0],模拟比较器磁滞模式选择。这些位选择磁滞级别,见表 2 - 26 - 2。

表 2 - 26 - 2   模拟比较器 n 磁滞设置

HYSMODE[1:0]	组配置	描　述
00	NO	无磁滞
01	SMALL	较小的磁滞
10	LARGE	较大的磁滞
11	—	保留

Bit 0—ENABLE:模拟比较器使能,对该位置位,使能模拟比较器 n。

(2)ACnMUXCTRL——模拟比较器 n MUX 控制寄存器(图 2 - 26 - 4)

位	7	6	5	4	3	2	1	0	
+0x02/+0x03	–	–		MUXPOS[2:0]			MUXNEG[2:0]		ACnMUXCTRL
读/写	R	R	R/W	R/W	R/W	R/W	R/W	R/W	
初始值	0	0	0	0	0	0	0	0	

图 2 - 26 - 4   MUX 控制寄存器

Bit 7:6—保留。

Bit 5:3—MUXPOS[2:0]:模拟比较器正向输入 MUX 选择。这些位选择模拟比较器 n 的正向输入。

表 2 - 26 - 3 模拟比较器 *n* 正向输入 MUX 选择

MUXPOS[2:0]	组配置	描 述
000	PIN0	引脚 0
001	PIN1	引脚 1
010	PIN2	引脚 2
011	PIN3	引脚 3
100	PIN4	引脚 4
101	PIN5	引脚 5
110	PIN6	引脚 6
111	DAC	DAC 输出

Bit 2:0—MUXNEG[2:0],模拟比较器反向输入 MUX 选择。这些位选择模拟比较器 n 的反向输入。

表 2 - 26 - 4 模拟比较器 *n* 反向输入 MUX 选择

MUXNEG[2:0]	组配置	描 述
000	PIN0	引脚 0
001	PIN1	引脚 1
010	PIN3	引脚 3
011	PIN5	引脚 5
100	PIN7	引脚 7
101	DAC	DAC 输出
110	BANDGAP	内部带隙电压
111	SCALER	VCC 分压

(3)CTRLA——控制寄存器 A(图 2 - 26 - 5)

位	7	6	5	4	3	2	1	0	
+0x04	-	-	-	-	-	-	-	AC0OUT	CTRLA
读/写	R	R	R	R	R	R	R	R/W	
初始值	0	0	0	0	0	0	0	0	

图 2 - 26 - 5 控制寄存器 A

Bit 7:1—保留。

Bit 0—AC0OUT,模拟比较器输出。对该位置位,模拟比较器 0 在同一端口的第 7 引脚输出。

(4)CTRLB——控制寄存器 B(图 2 - 26 - 6)

位	7	6	5	4	3	2	1	0	
+0X05	—	—	\multicolumn{6}{c}{SCALEFAC[5:0]}						CTRLB
读/写	R/W	R/W	R/W	R/W	R/W	R/W	R/W	R/W	
初始值	0	0	0	0	0	0	0	0	

图 2 - 26 - 6　控制寄存器 B

Bit 7:6—保留。

Bit 5:0—SCALEFAC[5:0],模拟比较器输入电压比例因子。这些位设置电压值 V_{CC} 的比例因子。模拟比较器的输入 V_{SCALE} 为：

$$V_{SCALE} = \frac{V_{CC} \cdot (SCALEFAC + 1)}{64}$$

(5)WINCTRL——模拟比较器窗口功能控制寄存器(图 2 - 26 - 7)

位	7	6	5	4	3	2	1	0	
+0x06	—	—	—	WEN	\multicolumn{2}{c}{WINTMODE[1:0]}		\multicolumn{2}{c}{WINTLVL[1:0]}		CTRLA
读/写	R	R	R	R/W	R/W	R/W	R/W	R/W	
初始值	0	0	0	0	0	0	0	0	

图 2 - 26 - 7　模拟比较器窗口功能控制寄存器

Bit 7:5—保留。

Bit 4—WEN,模拟比较器窗口模式使能。对该位置位,使同一个端口的 2 个模拟比较器工作在窗口模式。

Bit 3:2—WINTMODE[1:0],模拟比较器窗口模式中断设置。这些位选择模拟比较器窗口模式的中断模式,见表 2 - 26 - 5。

表 2 - 26 - 5　模拟比较器窗口模式中断设置

WINTMODE[1:0]	组配置	描　述
00	ABOVE	信号高于窗口产生中断
01	INSIDE	信号在窗口内产生中断
10	BELOW	信号低于窗口产生中断
11	OUTSIDE	信号在窗口外产生中断

Bit 1:0—WINTLVL[1:0],模拟比较器窗口中断使能。这些位使能模拟比较器窗口模式中断并选择中断级别。

(6)STATUS——模拟比较器状态寄存器(图 2 - 26 - 8)

位	7	6	5	4	3	2	1	0	
+0x07	\multicolumn{2}{c}{WSTATE[1:0]}		AC1STATE	AC0STATE	—	WIF	AC1IF	AC0IF	STATUS
读/写	R/W	R/W	R/W	R/W	R/W	R	R/W	R/W	R/W
初始值	0	0	0	0	0	0	0	0	

图 2 - 26 - 8　模拟比较器状态寄存器

Bit 7:6—WSTATE[1:0]，模拟比较器窗口模式当前状态。这些位指示窗口模式下当前信号的状态，见表 2 - 26 - 6。

表 2 - 26 - 6　模拟比较器窗口模式当前状态

WSTATE[1:0]	组配置	描　述
00	ABOVE	信号位于窗口之上
01	INSIDE	信号位于窗口内
10	BELOW	信号位于窗口之下
11	—	保留

Bit 5—AC1STATE，模拟比较器 1 当前状态。该位为模拟比较器 1 上输入信号的当前状态。

Bit 4—AC0STATE，模拟比较器 0 当前状态。该位为模拟比较器 0 上输入信号的当前状态。

Bit 3—保留。

Bit 2—WIF，模拟比较器窗口中断标志。中断向量执行后 WIF 会自动清空。可通过向该位写 1 清空标志。

Bit 1—AC1IF，模拟比较器 1 中断标志。中断向量执行后 AC1IF 会自动清空。可通过向该位写 1 清空标志。

Bit 0—AC0IF，模拟比较器 0 中断标志。中断向量执行后 AC0IF 会自动清空。可通过向该位写 1 清空标志。

2.27　编程和调试接口

1. 特　点

➢ 编程和调试接口——PDI：2 线接口用于外部编程和片上调试；使用复位引脚和专用测试引脚，编程或调试时不需要 I/O 引脚。

➢ 编程特点：灵活的通信协议；8 个灵活指令；最小协议开支；快速，1.8 V VCC 时 10 MHz 编程时钟；可靠错误检测和处理机制。

➢ 调试特点：非侵入式操作，不需硬件或软件资源；完整的程序流控；硬件支持符号调试，开始、停止、复位、跳入、越过、跳出、运行到光标处；1 个专用的程序地址断点或 AVR studio/emulator 符号断点；4 个硬件断点；无限制数量的程序断点；通过 CPU 访问 I/O、内存和程序区；高速操作，对系统时钟频率无限制。

➢ JTAG 接口：JTAG（符合 IEEE 1149.1）接口；边界扫描能力，符合 IEEE 1149.1(JTAG)标准；具有和 PDI 相同的编程特点；具有和 PDI 相同的片上调试特点。

2. 概　述

PDI 是 ATMEL 的专利接口,用来对设备进行外部编程和片上调试。

PDI 支持所有非易失性存储器(NVM)的高速编程,如 Flash、EEPOM、熔丝位、锁定位和用户签名行。

片上调试(OCD)系统支持完全的侵入式操作。调试时不需要使用设备上的软件或硬件资源(除了 JTAG 连接时需要占用 4 个 I/O 引脚)。OCD 系统具有完全的编程流控,支持不限次数的的编程和数据断点,并且所有存储器都可具有完全访问权(读/写)。

编程和调试端口通过 2 个物理接口实现。主要的接口是有 2 个引脚的 PDI 物理接口,其中复位引脚作为时钟输入(PDI_CLK),专用测试引脚作为数据输入和输出(PDI_DATA)。大多数设备具备 JTAG 接口,通过 4 个引脚来编程和调试。JTAG接口符合 IEEE 1149.1 标准并支持边界扫描。任何外部编程或片上调试器/仿真器都可以直接连接这些接口。JTAG 和 PDI 接口如图 2-27-1 所示。

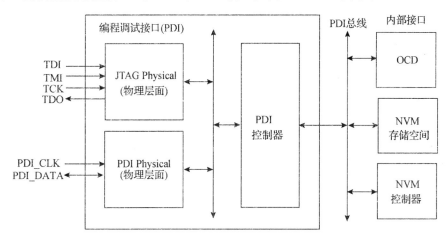

图 2-27-1　JTAG 和 PDI 接口

3. PDI 物理层

PDI 物理层处理串行通信。物理层有一个双向的半双工的同步串行接收器和发送器。物理层负责帧开始检测、帧错误检测、奇偶校验产生、校验错误检测和冲突检测。

PDI 通过 2 个引脚访问:

① PDI_CLK:PDI 时钟输入(复位引脚)。

② PDI_DATA:PDI 数据输入/输出(测试引脚)。

除了这两个引脚,VCC 和 GND 也需要在外部编程器/调试器和设备间连接。图 2-27-2为典型的连接电路。

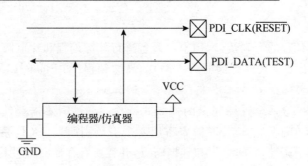

图 2 - 27 - 2　PDI 连接

(1)使　能

PDI 物理层在使用前要使能。使能的方法是首先强制 PDI_DATA 输出高电平，持续时间要比外部复位最小脉冲宽度要长。这使 Reset 引脚的 RESET 功能失效。

下一个步骤是 PDI_DATA 要保持高电平 16 个 PDI_CLK 周期(检测到 16 个上升沿)。第一个 PDI_CLK 周期要在 Reset 引脚的 RESET 功能失效后的 100 μs 内开始。如果超时，RESET 功能会自动使能，物理层的使能步骤必须重新开始。

以上步骤结束后 PDI 使能，可以接收指令。使能步骤时序如图 2 - 27 - 3 所示。

在 PDI 接口使能后，Reset 引脚会进行抽样。RESET 寄存器根据 Reset 引脚的状态设置，阻止设备在 RESET 功能失效后运行程序代码。

图 2 - 27 - 3　PDI 使能步骤

(2)禁　用

如果 PDI_CLK 的时钟频率低于 10 kHz，则认为时钟没有工作，禁用 PDI。如果没有通过熔丝位使 Reset 引脚无效，Reset(PDI_CLK)引脚的 RESET 功能将自动使能。如果在 PDI 使能步骤中超时，整个步骤要重新开始。

(3)帧格式和字符

PDI 物理层使用确定的帧格式，如图 2 - 27 - 4 所示。串行帧定义为 8 个数据位，附加开始位、停止位和校验位。

图 2 - 27 - 4　PDI 串行帧格式

St：起始位，总是低电平；(0～7)：数据位 0～7；P：检验位，使用偶校验；Sp1：停止位 1 总是高电平；Sp2：停止位 2 总是高电平。

使用 3 个不同的字符：DATA、BREAK 和 IDLE。BREAK 持续 12 位长的低电平，IDLE 持续 12 位长的高电平。BREAK 和 IDLE 可以扩展到大于 12 位的长度。PDI 物理层的字符和时序如图 2-27-5 所示。

图 2-27-5　PDI 物理层的字符和时序

(4)串行发送和接收

PDI 物理层总是处于传输模式(TX)和接收模式(RX)中的某一个状态。默认为 RX 模式，等待起始位。

编程器和 PDI 同步操作由编程器的 PDI_CLK 提供时钟。时钟沿和数据抽样或数据变化间的时序是确定的。如图 2-27-6 所示，输出数据(来自编程器或 PDI)一直在 PDI_CLK 的下降沿改变，数据总是在上升沿采样。

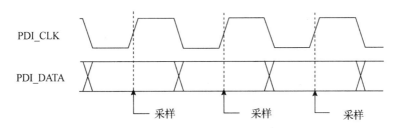

图 2-27-6　数据的改变和抽样

(5)串行传输

PDI 控制器初始化传输，发送器将起始位、数据位、校验位和两个停止位移位输出到 PDI_DATA 线上。PDI_CLK 信号决定传输速度。在传输模式下，IDLE 符号(高电平)自动填充到 DATA 字符间。如果在传输过程中检测到冲突，输出驱动被禁用，接口进入 RX 模式，等待 BREAK 字符。

为了减少驱动争夺(PDI 和编程器同时驱动 PDI_DATA 线)的情况，建立了冲突检测机制。该机制基于 PDI 驱动数据到 PDI_DATA 的方式。如图 2-27-7 所示，输出引脚驱动只有在输出值改变(从 0 到 1 或从 1 到 0)时才工作。因此如果多个连续位的值相同，只在第一个时钟周期驱动。过后输出驱动自动变为三态，PDI_DA-

TA 引脚具有总线保持器,引脚电平值在输出无变化时保持。

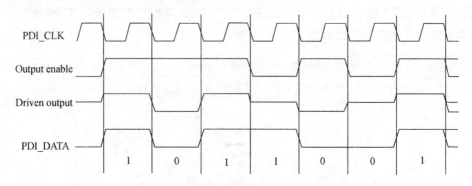

图 2 - 27 - 7　使用总线保持器推动数据到 PDI_DATA

如果编程器和 PDI 同时驱动 PDI_DATA 线,会发生如图 2 - 27 - 8 所示的驱动竞争。每当一个位的值保持两个或更多时钟周期,PDI 就开始核查正确值。如果编程器驱动 PDI_DATA 线与 PDI 输出相反,冲突就被检测到。

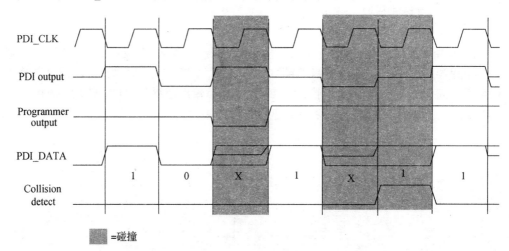

■=碰撞

图 2 - 27 - 8　PDI_DATA 线上的驱动争夺和冲突检测

只要 PDI 传输是 1 和 0 不断交替的数据,输出驱动一直处于激活状态,查询 PDI_DATA 线时不会检测到碰撞。然而,在一个单一的帧传输中,传输 2 个停止位时,一直为 1,则冲突检测至少一帧数据中会检测到一次。

(6)串行接收

当检测到一个起始位,接收器开始接收 8 位数据到移位寄存器。如果 1 个或 2 个停止位是低电平,会产生一个帧错误。如果校验位正确同时也没有帧错误,接收的数据可供 PDI 控制器使用。

BREAK 检测器:PDI 在 TX 模式时,编程器发出的 BREAK 字符不被认为是 BREAK,而是产生一次普通的数据冲突。当 PDI 在 RX 模式时,BREAK 字符被认

为是 BREAK。无论是什么模式,传输 2 个连续的 BREAK 字符(必须被 1 个或多个高电平分隔开),最后的 BREAK 字符被认为是 BREAK。

(7)方向改变

为了确保半双工操作时序正确,在方向改变时增加了一个简单的保护机制。当 PDI 从 RX 模式变到 TX 模式时,则在起始位传输前附加一定数量的 IDLE 位,如图 2-27-9所示。RX 和 TX 间最小的传输间隔是 2 个 IDLE 周期。在 PDI 控制器的控制寄存器里设置保护时间位,会增加额外的保护时间,默认的值是+128 位。

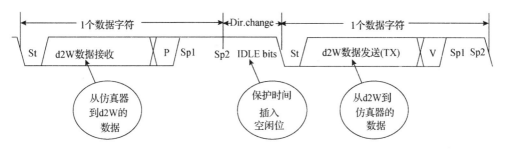

图 2-27-9　插入 IDLE 位使 PDI 方向改变

当 PDI 从 RX 模式转到 TX 模式时,编程器将失去对 PDI_DATA 线的控制,在起始位发送前要输出至少一个 IDLE 位。

4. JTAG 物理层

JTAG 物理层控制 4 个 I/O 线的串行通信:TMS、TCK、TDI 和 TDO。JTAG 物理层包含 BREAK 检测、校验位错误检测和校验位产生。

(1)使　能

要使能 JTAG 接口,JTAGEN 熔丝位必须编程,MCU 控制寄存器里的 JTAG 无效位要清零。默认 JTAG 接口使能。当 JTAG 指令 PDICOM 移位到 JTAG 指令寄存器,编程和调试接口通信寄存器作为 TDI 和 TDO 之间的数据寄存器。在这种模式下,JTAG 接口可从外部编程器或片上调试系统访问编程和调试接口。

(2)禁　用

① 对 JTAGEN 熔丝位编程;

② 对 MCU 控制寄存器的 JTAG 无效位置位。

(3)JTAG 指令集

XMEGA JTAG 指令集包含 8 个与边界扫描及编程和调试接口访问 NVM 编程有关的指令。

PDICOM 指令:9 位的编程和调试接口通信寄存器作为数据寄存器。当前命令移位到该寄存器时,上一个命令产生的结果从该寄存器中移出。

TAP 控制器状态如下:

① Capture-DR,编程和调试控制器的并行数据抽样送到编程和调试接口通信寄存器。

② Shift-DR,编程和调试接口通信寄存器受 TCK 的输入而移位。

③ Update-DR,命令或操作数并行锁存到编程和调试控制器的寄存器。

(4)帧格式和字符

JTAG 物理层支持一个确定的帧格式。串行帧定义为 8 个数据位后跟一个校验位,如图 2-27-10 所示。

图 2-27-10　JTAG 串行帧格式

(0~7):数据/命令位,发送顺序 LSB(0~7);P:校验位,使用偶校验。

有 3 个数据字符具有特殊含义,如图 2-27-11 所示。这 3 个字符的共同点是:校验位取反使得接收时出现校验错误。BREAK 字符(0xBB+P1)被外部编程器用来强制编程和调试接口终止操作并让编程和调试控制器进入一个已知的状态。DELAY 字符(0xDB+P1)被编程和调试接口用来告诉编程器数据未准备好,没有挂起的传输(例如,编程和调试接口在 RX 模式)。

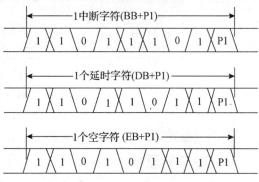

图 2-27-11　特殊数据字符

(5)串行发送和接收

JTAG 接口支持全双工通信。输入数据从 TDI 引脚移入的同时,输出数据从 TDO 引脚移出。然而编程和调试接口的通信使用半双工数据传送。

编程器和 JTAG 接口由编程器通过 TCK 引脚提供时钟。时钟沿和数据抽样或数据变化间的时序是确定的。如图 2-27-12 所示,TDI 和 TDO 总是在 TCK 的下降沿输出数据,数据总是在上升沿采样。

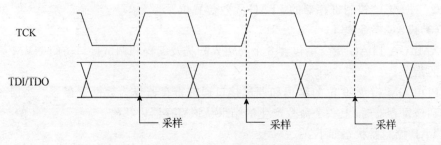

图 2-27-12　数据抽样

(6)串行通信

当数据传输初始化后,一个字节的数据载入移位寄存器,输出数据从 TDO 引脚串行移出。生成校验位后加到数据位之后传输。传输速度由 TCK 信号决定。

发送状态:

如果编程和调试接口在 TX 模式(对 LD 指令的应答),当 TAP 控制器进入 Capture-DR 状态时,编程和调试控制器的传输请求被挂起,有效数据载入到移位寄存器,生成一个正确的校验位和数据位在 Shift-DR 状态一并传输。

如果编程和调试接口在 RX 模式时,当 TAP 控制器进入 Captrue-DR 状态时,一个 EMPTY 字节(0xEB)载入到移位寄存器,生成一个错误的校验位和数据位在 Shift-DR 状态一并传输。这种情况通常是编程和调试接口命令及操作数接收。

如果编程和调试接口在 TX 模式下,当 TAP 控制器进入 Capture-DR 状态,但编程和调试控制器的传输请求没有被挂起,一个 DELAY 字节(0xDB)会载入到移位寄存器,生成一个错误的校验位和数据位在 Shift-DR 状态一并传输。这种情况通常是要传输的数据尚未准备好。

图 2-27-13 是设备编程和调试接口发出的连续数据帧,作为重复的间接 LD 指令的应答。然而图中设备传输,每两个帧有效字节不能多于一个,中间需要插入 DELAY 字符。

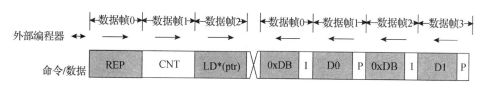

图 2-27-13　数据未准备好标记

如果 DELAY 数据帧作为 LD 指令的回应被传输,编程器会对此中断,就像上一次 JTAG 接口没有准备好在 DR-Capture 状态下传输的数据一样。编程器正确的回应是在接收到一个有效数据前初始化重传。LD 指令定要求返回有效帧的个数,而不仅仅是帧的个数。因此,如果编程器检测到 LD 指令传输后接收到一个 DELAY 字符,LD 指令就不应再发送,因为第一个 LD 的回应已经挂起。

(7)串行接收

接收时,接收器收集 TDI 收到的 8 个数据位和校验位,移位到移位寄存器。每接收一个有效帧,数据会以并行的方式在 Update-DR 状态下锁存。

① 奇偶校验。奇偶校验用来计算接帧的数据位的奇偶性(偶校验),与串行帧校验位比较。当发生校验错误时,编程和调试控制器会发送信号。

② BREAK 检测。奇偶校验在 TX 和 RX 模式下都可用。如果检测到一个奇偶校验错误,接收的数据字节会与 BREAK 字符(总是强制产生校验错误)比较。如果识别为 BREAK 字符,编程和调试控制器会发出信号。

5. 编程调试控制器

编程调试控制器包括数据发送/接收、命令解码、方向控制、控制寄存器和状态寄存器的访问、异常处理和时钟切换(PDI_CLK 或 TCK)。编程器和编程调试控制器间的通信是基于编程器发送多种请求,编程调试控制器应答特定请求。编程器请求以指令的形式发送,指令后跟着一个或多个字节的操作数。编程调试控制器有时无应答(如数据字节存储到指定位置)或将数据返回给编程器(如读取指定位置的数据字节)。

(1)PDI 和 JTAG 模式的切换

编程调试控制器使用 JTAG 物理层和 PDI 物理层中的一个与编程器建立连接。因此编程调试接口要么使用 JTAG 模式,要么使用 PDI 模式。当使用其中一个模式时,编程调试控制器会初始化寄存器,选择正确的时钟源。PDI 模式比 JGAG 模式的优先级高,因此,如果在 JTAG 模式下,PDI 模式使能且已准备好,访问层会自动切换到 PDI 模式。如果因为某些原因,用户希望切换物理层时,不必关电/上电,工作中的层切换到指定的物理层前,需要对编程调试接口复位。

(2)访问内部接口

外部编程器建立了与编程调试接口的连接后,内部接口默认是不能访问的。要访问 NVM 控制器,编程 NVM 存储器,需要使用 KEY 指令,发送特定密钥。编程调试控制器使用 PDI BUS 访问线性地址空间。PDI BUS 地址空间如图 2-27-4 所示。编程调试控制器访问 NVM 前需要使能 NVM 控制器。编程调试控制器只能在编程模式下访问 NVM 和 NVM 控制器。编程调试控制器在读取或写入 NVM 时,不需要访问 NVM 控制器的数据寄存器和地址寄存器。

(3)NVM 编程密钥

必须使用 KEY 指令发送 64 位密钥:0x1289AB45CDD888FF。

(4)异常处理

有几种情况被视为正常操作时的异常。

当编程调试控制器在 RX 模式下时,这些异常为:

① PDI:

➢ 物理层检测到奇偶校验错误。

➢ 物理层检测到帧错误。

➢ 物理层识别到 BREAK 字符(检测为帧错误)。

② JTAG:

➢ 物理层检测到奇偶校验错误。

➢ 物理层识别到 BREAK 字符(检测为帧错误)。

当编程调试控制器在 TX 模式下,这些异常为:

① PDI:

➢ 物理层检测到数据冲突。

② JTAG：

➢ 物理层检测到奇偶校验错误（TDI 上移位输出填充数据）。

➢ 物理层识别到 BREAK 字符。

所有异常会给编程调试控制器发送信号。正在进行的操作将退出，编程调试接口进入 ERROR 状态。编程调试接口在外部编程器发送 BREAK 才会退出该状态，重新进入 RX 状态。

该机制使编程器通过传输 2 个连续的 BREAK 符和编程调试接口保持同步。

（5）发送复位信号

编程器可访问复位寄存器，触发复位并强迫设备进入复位状态。对复位寄存器清零后，如果没有其他复位源，复位信号将被释放。

（6）指令集

编程调试接口有一个指令集用来访问自身和内部接口。所有指令都是字节指令。大多数指令需要在指令后附加多个字节的操作数。指令允许外部编程器访问编程调试控制器，NVM 控制器和 NVM 存储器。

① LDS——使用直接寻址从 PDI BUS 数据空间载入数据。

LDS 指令用来从 PDI BUS 数据空间载入数据，串行读出。LDS 指令基于直接寻址，地址必须作为指令的参数给出。尽管协议是基于字节进行通信的，LDS 指令支持多字节地址和多字节数据的访问，支持 4 种地址/数据大小：字节、字、3 字节和长字节（4 字节）。要注意的是，多字节在内部分解为重复的单字节。多字节访问的好处是可以减少协议开支。使用 LDS 时，地址字节要在数据前发送。

② STS——使用直接寻址将数据存到 PDI BUS 数据空间。

STS 指令用来存储数据到 PDI BUS 数据空间，数据串行移位到物理层移位寄存器中。STS 指令基于直接寻址，即地址必须作为指令的参数给出。

③ LD——使用间接寻址载入 PDI BUS 数据空间的数据。

LD 指令用来将 PDI BUS 数据空间的数据载入到物理层移位寄存器，串行读出。LD 指令基于非直接寻址（指针访问），即地址必须在数据访问前存到指针寄存器。间接地寻址还可以使用指针增量。

④ ST——使用间接寻址存储数据到 PDI BUS 数据空间。

ST 指令用来存储数据到 PDI BUS 数据空间，数据串行移位到物理层移位寄存器中。ST 指令基于非直接寻址（指针访问），即地址必须在数据访问前存到指针寄存器。间接地寻址还可以使用指针增量。

⑤ LDCS——载入编程调试控制寄存器和状态寄存器中的数据。

LDCS 指令用来将编程调试控制寄存器和状态寄存器中的数据载入到物理层移位寄存器，串行读出。LDCS 指令只支持直接寻址和单字节访问。

⑥ STCS——存储数据到编程调试控制寄存器和状态寄存器中。

STCS 指令用来存储数据到编程调试控制寄存器和状态寄存器中。STCS 指令只支持直接寻址和单字节访问。

⑦ KEY——发送密钥。

KEY 指令用来激活 NVM 接口。

⑧ REPEAT——指令重复计数器。

REPEAT 指令用来存储指令重复次数,REPEAT 指令执行后,载入的指令会根据规定的重复次数重复执行。因此重复计数器的值加 1 即指令执行的次数。设置重复计数器的值为 0 会使下一条指令只执行一次。

REPEAT 指令和 KEY 指令不会重复,因此会覆写 REPEAT 计数寄存器的当前值。

(7)指令集摘要(见图 2 - 27 - 14)

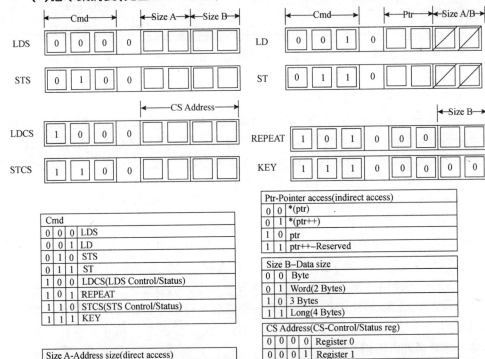

图 2 - 27 - 14　PDI 指令集摘要

6. 寄存器描述——编程和调试接口指令和寻址寄存器

这些寄存器都是与指令解码或 PDI BUS 寻址有关的内部寄存器。这些寄存器都不能作为一般寄存器在寄存器空间内访问。

(1)指令寄存器

当一条指令成功移位到物理层移位寄存器中时,它也复制到了指令寄存器。该指令保存到其他指令载入,因为 REPEAT 命令可能会使同一条指令重复执行。

（2）指针寄存器

指针寄存器用来存储 PDI BUS 地址空间指定的地址。直接寻址时,指针寄存器更新为指令给出的地址。间接寻址时,使用提前存储在指针寄存器中的地址来寻址。间接寻址模式可以不必访问其他寄存器而载入或读取指针寄存器。寄存器更新采用低字节序（little-endian）方式。因此,载入单字节到寄存器时会更新 LSB 字节,而 MSB 字节不变。

指针寄存器不包括编程调试接口控制寄存器和状态寄存器空间（CSRS 空间）的寻址。

（3）重复计数寄存器

REPEAT 指令会使下一条指令重复执行。REPEAT 指令的操作数载入重复计数寄存器中,执行指令 1 次,计数寄存器的值减 1,减到 0 表示重复执行结束。重复计数器也参与密钥的接收。

（4）操作数计数寄存器

多数指令（除了 LDCS 和 STCS 指令）都附加一定数目的操作数或数据字节。操作数计数寄存器用来跟踪传输的操作数字节或数据字节的数目。

7. 寄存器描述——编程和调试接口控制和状态寄存器

这些寄存器使用 LDCS 和 STCS 指令访问。

（1）STATUS——编程和调试接口状态寄存器（图 2-27-15）

位	7	6	5	4	3	2	1	0	
+0x00	–	–	–	–	–	–	NVMEN	–	STATUS
读/写	R	R	R	R	R	R	R/W	R	
初始值	0	0	0	0	0	0	0	0	

图 2-27-15　编程和调试接口状态寄存器

Bit 7:2—保留。

Bit 1—NVMEN,非易失性存储器使能。该状态位在密钥使能 NVM 编程接口时置位。外部编程器可核查是否成功使能。对 NVMEN 位置位,关闭 NVM 接口。

Bit 0—保留。

（2）RESET——编程和调试接口复位寄存器（图 2-27-16）

位	7	6	5	4	3	2	1	0	
+0x01	RESET[7:0]								RESET
读/写	R/W	R/W	R/W	R/W	R/W	R/W	R/W	R/W	
初始值	0	0	0	0	0	0	0	0	

图 2-27-16　编程和调试接口复位寄存器

Bit 7:0—RESET[7:0]:复位签名。

当复位签名 0x59 写入时，设备强制进入复位状态。只有写入的数据值与复位签名(推荐 0x00)不同时，设备才会退出复位状态。读取 LSB 位会返回复位寄存器的状态。读取 MSB 位总是返回 0x00，无论设备是否处于复位状态。

(3)CTRL——编程和调试接口控制寄存器(图 2-27-17)

位	7	6	5	4	3	2	1	0	
+0x02	–	–	–	–	–	GUARDTIME[2:0]			CTRL
读/写	R	R	R	R	R	R/W	R/W	R/W	
初始值	0	0	0	0	0	0	0	0	

图 2-27-17　编程和调试接口控制寄存器

Bit 7:3—保留。

Bit 2:0—GUARDTIME[2:0]，保护时间。

这些位设置保护时间附加 IDLE 位的数目，插在 PDI 传输方向变化之间，见表 2-27-7。默认保护时间是 128 个 IDLE 位，为了加速通信，保护时间可以设为安全配置的最低值。当从 TX 切换到 RX 模式，没有保护时间插入。

表 2-27-7　保护时间设置

GUARDTIME	IDLE 位数
000	+128
001	+64
010	+32
011	+16
100	+8
101	+4
110	+2
111	+0

2.28　存储器编程

1. 特　点

➤ 可从外部编程器和内部程序读写所有存储器空间。

➤ 支持自编程和引导程序(Boot Loader)：真正的边读边写自编程；CPU 可以在编程 Flash 时执行代码；任何通信接口都可以用来上传/下载程序。

➤ 外部编程：支持在系统编程和量产编程；通过串行 PDI 或 JTAG 接口编程；接口快速、可靠。

➤ 单独锁定位，安全性高：外部编程访问、引导区访问、应用程序区访问、应用程序表区访问。

➢ 复位熔丝可选择复位向量地址:应用程序区、引导区。

➢ 代码效率优化算法。

➢ 支持读—改—写。

2. 概　述

本节介绍 XMEGA 对非易失性存储器(NVM)的编程,包括自编程和外部编程。NVM 包括 Flash 程序存储器、用户签名行、校准行、熔丝位、锁定位和 EEPROM 数据存储器。关于存储器的细节,组织形式及使用 NVM 控制器寄存器访问存储器,请参阅 2.3 节。

NVM 可以通过自编程和外部编程器实现读/写访问。两者使用相同的 NVM 控制器,编程的方法也非常相似。访问存储器是通过加载地址或数据到 NVM 控制器、执行相应命令实现的。

除了校准行只能读取以外,外部编程器对存储器的所有空间都可读可写。通过访问编程调试接口的 PDI 或 JTAG 物理接口,设备可在系统编程。关于 PDI 和 JTAG 请参阅上节内容。

支持自编程和引导程序使得程序可以读/写 Flash、用户签名行、EEPROM、锁定位,读取校准行和熔丝位。Flash 的边读边写指的是在对 Flash 编程时,CPU 可以继续运作,并执行代码。

对自编程和外部编程来说,设备可对整个 Flash 或 Flash 某一地址范围内的数据进行 CRC 校验。

引导区、应用程序区和应用程序表区的读/写访问权有单独的锁定位。

3. NVM 控制器

所有非易失存储器的访问都是通过 NVM 控制器实现的。它控制 NVM 时序、访问权及保持 NVM 的状态,是外部编程和自编程与 NVM 的接口。

4. NVM 命令

NVM 控制器有一组命令用来执行 NVM 操作。将选择的命令写到 NVM 命令寄存器可以将命令发送给 NVM 控制器。另外,读写数据和地址的要通过数据寄存器和地址寄存器来访问。

每个命令有一个启动操作的触发器。根据触发器的类型,主要有 3 种命令。

(1)行为触发命令

这种命令在 NVM 控制寄存器 A(CTRLA)中的执行命令位(CMDEX)写入时触发。该命令主要用于不需要读/写 NVM 的操作,如 CRC 校验。

(2)读触发命令

这种命令在读取 NVM 存储器时触发,主要用于 NVM 读取操作。

(3)写触发命令

这种命令在写入 NVM 存储器时触发,主要用于 NVM 写入操作。

(4)CCP 写/执行保护

在自编程时,可防止很多命令触发器意外执行。通过使用配置更改保护(CCP),改变一个位或执行一条命令需要经过特定的写签名/执行步骤。

5. NVM 控制器忙

当 NVM 控制器忙于操作时,NVM 状态寄存器里的忙标志置位,以下寄存器的写访问被阻止:NVM 命令寄存器、NVM 控制寄存器 A、NVM 控制寄存器 B、NVM 地址寄存器、NVM 数据寄存器。

这确保新操作开始前上一条命令被执行完。外部编程器和程序必须保证 NVM 在编程操作时不能进行寻址。

对 NVM 的任何部分编程都会自动锁定:对 NVM 其他部分编程、Flash 和 EEPROM 页缓存的载入/清空、外部编程器读取 NVM、应用程序区读取 NVM。

自编程时中断必须关闭,否则中断向量就要移动到引导区。

6. Flash 和 EEPROM 页缓存

Flash 存储器是按页更新的。EEPROM 可以是按字节或按页更新。Flash 和 EEPROM 页编程的步骤是:首先加载页缓存,然后将缓存写到选定的 Flash 或 EEPROM 的页。页擦除和写操作均需 4 ms。

页缓存的大小取决于每个设备的 Flash 和 EEPROM 大小。

(1)Flash 页缓存

Flash 页缓存一次加载一个字,在载入前必须先擦除。如果在已经加载过缓存的位置处再次写入,会破坏原来的内容。

未载入的 Flash 页缓存处的值是 0xFFFF,该值会编程到 Flash 页中。

Flash 页缓存在以下操作后自动清除:系统复位、执行写 Flash 页命令、执行擦写 Flash 页命令、执行写用户签名行命令、执行写锁定位命令。

(2)EEPROM 页缓存

EEPROM 页缓存每次载入一个字节,载入前必须先擦除。如果在已经加载过缓存的位置处再次写入,会破坏原来的内容。

EERPOM 页缓存载入的位置会被 NVM 控制器标记。执行页写入或页擦除时,只有标记的位置才写入或擦除数据,非标记位置不会改变,相应的 EEPROM 位置的值也保持不变。这意味着在 EEPROM 页擦除执行前,也必须载入数据到页缓存中。如果页缓存中的数据不准备写入到 EEPROM 中,页缓存里实际的数据会对页擦除有影响。

EEPROM 页缓存在以下操作后自动清除:系统复位、执行写 EEPROM 页命令、执行擦除—写 EEPROM 页命令、执行写锁定位和熔丝位命令。

7. Flash 和 EEPROM 的编程步骤

对 Flash 和 EEPROM 编程来说,加载页缓存和写入页缓存是两个单独的步骤,和自编程及外部编程相同。

272

(1)Flash 编程步骤

在 Flash 页缓存的数据被编程到 Flash 页前,必须先擦除 Flash 页。对一个未擦除的 Flash 页编程会破坏页内数据。

Flash 页缓存可以在擦除操作前加载,也可以在擦除和写操作之间加载。

方案 1,在分开的页擦除和页写入前加载缓存:加载 Flash 页缓存、执行 Flash 页擦除、执行 Flash 页写入。

方案 2,在原子页擦除和写入前加载缓存:加载 Flash 页缓存、执行页擦除和写入。

方案 3,在页擦除后加载缓存:执行 Flash 页擦除、加载 Flash 页缓存、执行 Flash 页写入。

NVM 指令集支持原子擦除和写操作,也支持将页擦除和页写入命令分开。分开命令使每个命令的编程时间更短,擦除操作可以在非关键时间内执行。当使用方案 1 或 2 编程时,引导程序体现了读取—修改—写入的特点,可以允许程序先读取页,做必要的改变然后修改数据。如果使用方案 3 不能在载入时读原来的数据,因为原来的页已被擦除。使用方案 1 或 3 时,页地址必须与页擦除和页写操作时相同。

(2)EEPROM 编程步骤

在 EEPROM 页缓存的数据编程到 EERPOM 页前,目标位置的页数据必须先擦除。对一个未擦除的 EEPROM 页编程会破坏原来的数据。EEPROM 页缓存必须在页擦除或页写入前载入。

方案 1,在页擦除前加载页缓存:用一定数量的数据字节加载 EEPROM 页缓存;执行 EEPROM 页擦除;执行 EEPROM 页写入。

方案 2,在页擦除和写入前加载页缓存:用一定数量的数据字节加载 EEPROM 页缓存;执行 EEPROM 页擦除和写入。

8. NVM 保护

为了使 Flash 和 EEPROM 存储器不被随意读/写,锁定位可以用来限制外部编程器和程序的访问。

9. 防止 NVM 损坏

当 VCC 电压低于设备最小操作电压时,Flash 存储器读或写的结果会损坏,因为提供的电压不足以使 CPU 和 Flash 正常工作。

(1)写损坏

为了确保在写 Flash 存储器的过程中电压正常,写操作开始时,BOD 由硬件自动使能。如果 BOD 发生复位,编程马上终止,这种情况下,在电源正常后,NVM 编程需要重新执行。

(2)读损坏

电压过低时 NVM 可能会读取不正确,CPU 执行指令也可能不正确。要使能 BOD 避免这种情况出现。

10. CRC 功能

Flash 编程存储器支持自动进行循环冗余校验(CRC)。可以从外部编程器或程序中对应用程序区、引导区或 Flash 里选定地址的范围进行 CRC 校验。

一旦 CRC 开始,CPU 会在 CRC 结束前停止运行,校验和存在 NVM 数据寄存器中。在 CRC 校验地址范围内的每个字进行 CRC 要经过一个 CPU 时钟周期。

用于 CRC 的多项式是确定的:$x^{24} + 4x^3 + 3x + 1$。

11. 支持自编程和 Boot Loader

EEPROM 和 Flash 存储器可从设备的程序读取和写入,这称为自编程。Boot Loader(程序代码位于 Flash 的引导区)可以同时读取和写入 Flash 程序存储器、用户签名行和 EEPROM,写锁定位。这两个区的程序代码可以读取 Flash、用户签名行、校准行和熔丝位、读/写 EEPROM。

(1)Flash 编程

引导区支持真正的边读边写的自编程机制。此功能允许通过设备引导区的 Boot Loader 进行程序升级。引导加载程序可以使用任何通信接口和相关协议读取代码和编程整个 Flash 存储器,包括引导区。引导程序可以修改自身代码,也可以将自身不再使用的代码清除。

① 应用程序区和引导区。

应用程序区和引导区的自编程是不同的。应用程序区可以边读边写(RWW),而引导区写入时不能读(NRWW),如图 2 – 28 – 1所示。这里的"边读边写"指的是

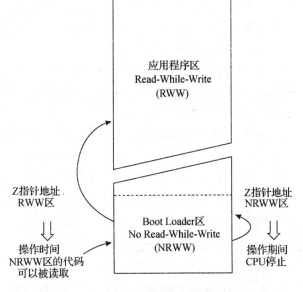

图 2 – 28 – 1　边读边写和只写不读

被编程(擦除或写)的部分,而不是引导程序所在的引导区。CPU 可以继续运行和执行代码还是停止运行是由被编程的 Flash 地址决定的:

➤ 当擦除或写入的页位于应用程序区(RWW)时,在操作时可以读取引导区(NRWW)代码,因此 CPU 可以运行并从引导区(NRWW)执行代码。

➤ 当擦除或写入的页位于引导区(NRWW)时,CPU 停止,不能执行代码。

用户签名行部分属于 NRWW,因此擦除或写入该部分与引导区有相同的特性,详见表 2 – 28 – 1。

编程过程中,必须确保程序不去访问应用程序区。如果访问了应用程序区,

CPU 会停止执行程序。引导区编程时,用户程序不能读取位于应用程序区的数据。

表 2-28-1　RWW 和 NRWW 功能摘要

Z 指针指向的区	编程时可读的区	CPU 停止	是否支持边读边写
应用区(RWW)	引导区(NRWW)	否	是
引导区(NRWW)	无	是	否
用户签名行	无	是	否

② Flash 寻址。

Z-指针用来保存用于读写访问的 Flash 地址。Z-指针包括寄存器组中的 ZL 和 ZH 寄存器,过 64 KB 的设备需要使用 RAMPZ 寄存器。

由于 Flash 是按字访问,按页组织的,Z-指针可以视为两部分。Z-指针的 LSB 部分对页中的字寻址,Z-指针 MSB 部分对 Flash 的页寻址,如图 2-28-2 所示。页中的字地址(FWORD)由 Z-指针的 [WORDMSB:1] 位存储。Z-指针的其余位 [PAGEMSB:WORDMSB+1] 存储 Flash 页地址(FPAGE)。FWORD 和 FPAGE 一起组成 Flash 中一个字的绝对地址。

对于 Flash 的读操作(ELPM 和 LMP),一次读一个字节。Z-指针的最低有效位(bit 0)用于选择字地址的低字节或高字节。如果该位为 0,读取低字节,如果该位为 1,读取高字节。

FWORD 和 FPAGE 的大小取决于页大小和 Flash 的大小。

一旦编程操作开始,地址被锁存,Z-指针可用作其他操作。Flash 自编程寻址如图 2-28-2 所示。

275

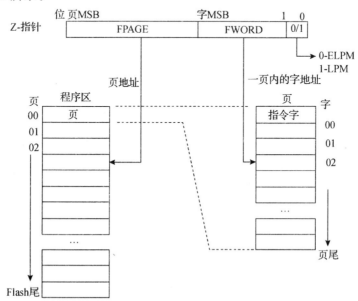

图 2-28-2　Flash 自编程寻址

(2)NVM Flash 命令

表 2-28-2 列出了访问 Flash 存储器、签名行和校准行的 NVM 命令。

对于 Flash 的自编程,行为命令通过对 NVM CTRLA 寄存器的 CMDEX 位置位来触发。读命令由通过执行(E)LPM 指令触发。写命令通过执行 SPM 指令触发。

表格中更改保护列指出了触发器是否被配置更改保护机制保护。外部编程不受 CCP 限制。

表 2-28-2　Flash 自编程命令

CMD [6:0]	组配置	描　述	触发	CPU 停止	NVM 忙	更改 保护	地址 指针	数据 寄存器
0x00	NO_OPERATION	空/读 Flash	-/(E)LPM	-/N	N	-/N	-/Z-指针	-/Rd
Flash 缓存								
0x23	LOAD_FLASH_BUFFER	加载 Flash 缓存	SPM	N	N	N	Z-指针	R1:R0
0x26	ERASE_FLASH_BUFFER	擦除 Flash 缓存	CMDEX	N	N	Y	Z-指针	—
Flash								
0x2B	ERASE_FLASH_PAGE	擦除 Flash	SPM	N/Y②	Y	Y	Z-指针	—
0x2E	WRITE_FLASH_PAGE	写 Flash	SPM	N/Y②	Y	Y	Z-指针	—
0x2F	ERASE_WRITE_FLASH_PAGE	擦/写 Flash	SPM	N/Y②	Y	Y	Z-指针	—
0x3A	FLASH_RANGE_CRC③	Flash 某一地址范围内 CRC	CMDEX	Y	Y	Y	DATA/ADDR①	DATA
应用程序区								
0x20	ERASE_APP	擦除整个区	SPM	Y	Y	Y	Z-指针	—
0x22	ERASE_APP_PAGE	擦除某一页	SPM	N	Y	Y	Z-指针	—
0x24	WRITE_APP_PAGE	写某一页	SPM	N	Y	Y	Z-指针	—
0x25	ERASE_WRITE_APP_PAGE	擦/写某一页	SPM	N	Y	Y	Z-指针	—
0x38	APP_CRC	应用程序区 CRC	CMDEX	Y	Y	Y	—	DATA
Boot 区								
0x2A	ERASE_BOOT_PAGE	擦 Boot 区某页	SPM	Y	Y	Y	Z-指针	—
0x2C	WRITE_BOOT_PAGE	写 Boot 区某页	SPM	Y	Y	Y	Z-指针	—
0x2D	ERASE_WRITE_BOOT_PAGE	擦/写 Boot 区	SPM	Y	Y	Y	Z-指针	—
0x39	BOOT_CRC	Boot 区 CRC	CMDEX	Y	Y	Y	—	DATA
用户签名行								
0x01	READ_USER_SIG_ROW	读用户签名行	LPM	N	N	N	Z-指针	Rd
0x18	ERASE_USER_SIG_ROW	擦用户签名行	SPM	Y	Y	Y	—	—
0x1A	WRITE_USER_SIG_ROW	写用户签名行	SPM	Y	Y	Y	—	—
校准行								
0x02	READ_CALIB_ROW	读校准行	LPM	N	N	N	Z	Rd

注:① CRC 命令对 Flash 使用字节寻址。

　　② CPU 是否停止取决于被寻址的区域是应用程序区还是引导区。

　　③ 该命令受锁定位限制,引导区锁定位应处于未编程状态。

① 读 Flash。

(E)LPM 指令用来从 Flash 存储器读取一个字节。

1)将读取字节的地址载入 Z-寄存器。

2)载入 NO_OPERATION 命令到 NVM 命令寄存器(NVM CMD)。

3)执行 LPM 指令。

执行 LPM 指令时会载入目标寄存器。

② 擦除 Flash 页缓存。

ERASE_FLASH_BUFFER 命令用于擦除 Flash 页缓存。

1)将 ERASE_FLASH_BUFFER 命令载入 NVM 命令寄存器。

2)在控制寄存器 A(NVM CTRLA)对命令执行位(NVMEX)置位。自编程时需要解除 CCP 保护。

NVM 状态寄存器(NVM STATUS)的 NVM BUSY(BUSY)标志在缓存被擦除前会保持置位。

③ 加载 Flash 页缓存。

LOAD_FLASH_BUFFER 命令用来加载一个字的数据到 Flash 页缓冲。

1)将 LOAD_FLASH_BUFFER 命令载入 NVM 命令寄存器。

2)载入字地址到 Z-指针。

3)载入一个字的数据到 R1:R0 寄存器。

4)执行 SPM 指令。当执行 Flash 页缓存加载时 SPM 指令是不受保护的。

重复步骤 2)~4)直到完整的 Flash 页缓冲加载完成。没有加载的位置处的值是 0xFFFF。

④ 擦除 Flash 页。

ERASE_FLASH_PAGE 命令用来擦除 Flash 的某一页。

1)加载要擦除的 Flash 页地址到 Z-指针,页地址必须被写到 PCPAGE 中。Z-指针其他位在此操作过程中将被忽略。

2)将 ERASE_FLASH_PAGE 命令载入 NVM 命令寄存器。

3)执行 SPM 指令。自编程时需要解除 CCP 保护。

NVM 状态寄存器的 NVM BUSY 标志在 Flash 页擦除完成前会保持置位。Flash 区忙标志 FBUSY 在 Flash 忙时置位,应用程序区此时不允许访问。

⑤ 写入 Flash 页。

WRITE_FLASH_PAGE 命令是用来将 Flash 页缓存写入 Flash 的某一页。

1)加载要写 Flash 页地址到 Z-指针,页地址必须被写到 PCPAGE 中。Z-指针其他位在此操作过程中将被忽略。

2)将 WRITE_FLASH_PAGE 命令载入 NVM 命令寄存器。

3)执行 SPM 指令。自编程时需要解除 CCP 保护。

NVM 状态寄存器的 NVM BUSY 标志在 Flash 页写入完成前会保持置位。

Flash 区忙标志 FBUSY 在 Flash 忙时置位,应用程序区此时不允许访问。

⑥ Flash 某一范围内 CRC 校验。

FLASH_RANGE_CRC 命令用来校验自编程后 Flash 某一地址范围内的 CRC。

1)将 Flash 范围 CRC 命令载入 NVM 命令寄存器。

2)载入首字节地址到 NVM 地址寄存器(NVM ADDR)。

3)载入末字节地址到 NVM 数据寄存器(NVM DATA)。

4)对 NVM CTRLA 寄存器的 CMDEX 位置位。自编程时需要解除 CCP 保护。

NVM STATUS 寄存器的 BUSY 标志在执行命令时会置位,CPU 也会停止。

在 NVM DATA 寄存器里得到 CRC 校验和。

使用 Flash 某一地址范围内 CRC 校验时,所有引导锁定位必须处于未编程状态。如果访问的位置的引导锁定位已编程,命令执行会终止。

⑦ 擦除应用程序区。

ERASE_APP 命令用来擦除整个应用程序区。

1)载入应用程序区中的任意地址到 Z-指针。

2)将 ERASE_APP 命令载入 NVM CMD 寄存器。

3)执行 SPM 指令。自编程时需要解除 CCP 保护。

NVM STATUS 寄存器的 BUSY 标志在执行命令时会置位,CPU 也会停止。

⑧ 擦除应用程序区/引导区某一页。

ERASE_APP_PAGE / ERASE_BOOT_PAGE 命令用来擦除应用程序区/引导区的某一页。

1)加载要擦除的 Flash 页地址到 Z-指针,页地址必须被写到 PCPAGE 中。Z-指针其他位在此操作过程中将被忽略。

2)将 ERASE_APP_PAGE 或 ERASE_BOOT_PAGE 命令载入 NVM 命令寄存器。

3)执行 SPM 指令。自编程时需要解除 CCP 保护。

NVM 状态寄存器的 NVM BUSY 标志在 Flash 页擦除完成前会保持置位。Flash 区忙标志 FBUSY 在 Flash 忙时置位,应用程序区此时不允许访问。

⑨ 写应用程序区/引导区某一页。

WRITE_APP_PAGE / WRITE_BOOT_PAGE 命令用来将 Flash 页缓存写入应用程序区或引导区的某一页。

1)加载要写 Flash 页地址到 Z-指针,页地址必须被写到 PCPAGE 中。Z-指针其他位在此操作过程中将被忽略。

2)将 WRITE_APP_PAGE 或 WRITE_BOOT_PAGE 命令载入 NVM 命令寄存器。

3)执行 SPM 指令。自编程时需要解除 CCP 保护。

NVM 状态寄存器的 NVM BUSY 标志在 Flash 页写入完成前会保持置位。

Flash 区忙标志 FBUSY 在 Flash 忙时置位,应用程序区此时不允许访问。

Z-指针中的无效页地址会终止执行 NVM 命令。WRITE_APP_PAGE 命令需要 Z-指针指向应用程序区,WRITE_BOOT_PAGE 命令需要 Z-指针指向引导区。

⑩ 擦/写应用程序区/引导区某一页。

ERASE_WRITE_APP_PAGE / ERASE_WRITE_BOOT_PAGE 命令使用原子操作在应用程序区/引导区擦除一个 Flash 页并将 Flash 页缓存写入该 Flash 页。

1)加载要写 Flash 页地址到 Z-指针,页地址必须被写到 PCPAGE 中。Z-指针其他位在此操作过程中将被忽略。

2)将 ERASE_WRITE_APP_PAGE 或 ERASE_WRITE_BOOT_PAGE 命令载入 NVM 命令寄存器。

3)执行 SPM 指令。自编程时需要解除 CCP 保护。

NVM 状态寄存器的 NVM BUSY 标志在 Flash 页写入完成前会保持置位。Flash 区忙标志 FBUSY 在 Flash 忙时置位,应用程序区此时不允许访问。

Z-指针中的无效页地址会终止执行 NVM 命令。ERASE_WRITE_APP_PAGE 命令需要 Z-指针指向应用程序区,ERASE_WRITE_BOOT_PAGE 命令需要 Z-指针指向引导区。

⑪ 应用程序区/引导区 CRC 校验。

APP_CRC / BOOT_CRC 命令用来 CRC 校验自编程后应用程序区和引导区。

1)将 APP_CRC 或 BOOT_CRC 命令载入 NVM CMD 寄存器。

2)对 NVM CTRLA 寄存器的 CMDEX 位置位。自编程时需要解除 CCP 保护。

NVM STATUS 寄存器的 BUSY 标志在执行命令时会置位,CPU 也会停止。

⑫ 擦除用户签名行。

ERASE_USER_SIG_ROW 命令用来擦除用户签名行。

1)将 ERASE_USER_SIG_ROW 命令载入 NVM CMD 寄存器。

2)执行 SPM 指令。自编程时需要解除 CCP 保护。

NVM 状态寄存器的 NVM BUSY 标志在 Flash 页写入完成前会保持置位,CPU 也会停止。用户签名行属于 NRWW 区。

⑬ 写用户签名行。

WRITE_USER_SIG_ROW 命令用来将 Flash 页缓存写入用户签名行。

1)将 WRITE_USER_SIG_ROW 命令载入 NVM CMD 寄存器。

2)执行 SPM 指令。自编程时需要解除 CCP 保护。

NVM 状态寄存器的 NVM BUSY 标志在 Flash 页写入完成前会保持置位,CPU 也会停止。Flash 页缓存在写操作命令执行后会清空,此时 CPU 不会停止运行。

⑭ 读用户签名行/校准行。

READ_USER_SIG_ROW / READ_CALIB_ROW 命令用来读用户签名行或校准行的一个字节。

1)载入地址到 Z-指针。

2)READ_USER_SIG_ROW 或 READ_CALIB_ROW 命令载入 NVM CMD 寄存器。

3)执行 LPM 指令。

执行 LPM 指令时会载入目标寄存器。

(3)NVM 熔丝位和锁定位命令

NVM Flash 命令用来访问熔丝位和锁定位,见表 2-28-3。

对于熔丝位和锁定位的自编程,行为触发命令是通过对 NVM CTRLA 寄存器 CMDEX 位置位来触发的。读触发命令通过执行(E)LPM 指令来触发。写触发命令通过执行 SPM 指令来触发。

表 2-28-3　熔丝位和锁定位命令

CMD [6:0]	组配置	描　述	触发	CPU 停止	更改 保护	地址 指针	数据 寄存器	NVM 忙
0x00	NO_OPERATION	空/读 Flash	—	—	—	—	—	—
熔丝与锁位								
0x07	READ_FUSES	读熔丝	CMDEX	N	N	ADDR	DATA	Y
0x08	WRITE_LOCK_BITS	写锁定位	CMDEX	N	Y	ADDR	—	Y

① 写锁定位。

写锁定位命令用来对引导锁定位编程,使安全级别更高。

1)将新的锁定位的值载入 NVM DATA0。

2)将写锁定位命令载入 NVM CMD 寄存器。

3)对 NVM CTRLA 寄存器的 CMDEX 位置位。自编程时需要解除 CCP 保护。

NVM 状态寄存器的 NVM BUSY 标志在 Flash 页写入完成前会保持置位,CPU 也会停止。该命令可从引导区或应用程序区执行。EEPROM 和 Flash 页缓存在锁定位写入后会自动清空。

② 读熔丝位。

读熔丝位命令用来在程序中读取熔丝位。

1)将要读取熔丝位字节的地址载入 NVM ADDR 寄存器。

2)将读熔丝位命令载入 NVM CMD 寄存器。

3)设置 NVM CTRLA 寄存器的 CMDEX 位。自编程时需要解除 CCP 保护。

结果在 NVM DATA0 中保存,CPU 在命令执行完之前将停止。

(4)EEPROM 编程

EEPROM 可以被 Flash 任何区域的代码读写,可以按字节访问或页访问。

EEPROM 可以从 NVM 控制器(I/O 空间映射)访问,类似 Flash 程序存储空间,也可以将其映射到数据存储空间,像 SRAM 一样访问。

当通过 NVM 控制器访问 EEPROM 时,NVM 地址寄存器(ADDR)用来写 EE-PROM 地址,NVM 数据寄存器(DATA)用来存储或载入 EEPROM 数据。

对于 EEPROM 页编程,ADDR 寄存器可以看作两部分,如图 2 - 28 - 3 所示。页的字节地址(E2BYTE)由 ADDR 寄存器的[1:BYTEMSB]保存。ADDR 寄存器中[PAGEMSB:BYTEMSB+1]保存 EEPROM 页地址(E2PAGE)。E2PAGE 和 E2BYTE组成 EEPROM 中一个字节的绝对地址。

E2WORD 和 E2PAGE 的大小取决于设备中页大小和 Flash 的大小。

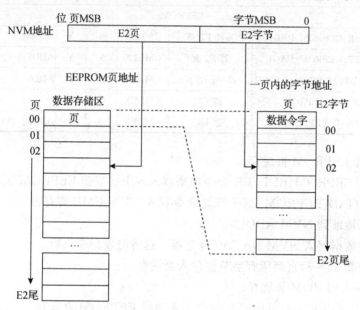

图 2 - 28 - 3　I/O 映射 EEPROM 寻址

当 EEPROM 存储映射使能后,可通过执行直接或间接存储指令载入一个字节的数据到 EEPROM 页缓存。只有 EEPROM 地址的最低有效位指示数据在页缓存的存储位置,为了确保地址正确,完整的 EEPROM 存储映射地址是必要的。可以直接使用直接或间接载入指令来读取 EEPROM。当一个存储器映射的 EEPROM 页缓存载入操作执行,CPU 会在下一条指令执行前暂停运行 3 个时钟周期。

当 EEPROM 是存储映射时,NVM 控制器的 EEPROM 页缓存载入和 EEP-ROM 读取功能是不可用的。

(5)NVM EEPROM 命令

通过 NVM 控制器用来访问 EEPROM 的 NVM Flash,命令见表 2 - 28 - 4。

EEPROM 自编程时行为触发命令是通过对 NVM CTRLA 寄存器中的 CM-DEX 位置位来触发的。读触发命令是通过读取 NVM DATA0 寄存器来触发的。

表 2 - 28 - 4　EEPROM 自编程命令

CMD[6:0]	组配置	描　述	触发	CPU停止	更改保护	地址指针	数据寄存器	NVM忙
0x00	NO_OPERATION	空	-/(E)LPM	—				
EEPROM 缓存								
0x33	LOAD_EEPROM_BUFFER	加载 E2 缓存	DATA0	N	Y	ADDR	DATA0	N
0x36	ERASE_EEPROM_BUFFER	擦除 E2 缓存	CMDEX	N	Y	—	—	Y
EEPROM								
0x32	ERASE_EEPROM_PAGE	擦除 E2 页	CMDEX	N	Y	ADDR		Y
0x34	WRITE_EEPROM_PAGE	写 E2 页	CMDEX	N	Y	ADDR		Y
0x35	ERASE_WRITE_EEPROM_PAGE	擦/写 E2 页	CMDEX	N	Y	ADDR		Y
0x30	ERASE_EEPROM	擦 E2	CMDEX	N	Y	—		Y
0x06	READ_EEPROM	读 E2	CMDEX	N	Y	ADDR	DATA0	N

① 加载 EEPROM 页缓存。

LOAD_EEPROM_BUFFER 命令用来载入一个字节到 EEPROM 页缓存。

1)将 LOAD_EEPROM_BUFFER 命令载入 NVM CMD 寄存器。

2)载入地址到 NVM ADDR0。

3)将要数据写入 NVM DATA0 寄存器。这将触发命令执行。

重复步骤 2)~3)直到所有字节都载入页缓存。

② 擦除 EEPROM 页缓存。

ERASE_EEPROM_BUFFER 命令用来擦除 EEPROM 页缓存。

1)将 ERASE_EEPROM_BUFFER 命令载入 NVM CMD 寄存器。

2)对 NVM CTRLA 寄存器的 CMDEX 位置位。自编程时需要解除 CCP 保护。

NVM STATUS 寄存器的 BUSY 标志在操作结束前保持置位。

③ 擦除 EEPROM 页。

ERASE_EEPROM_PAGE 命令用来擦除一个 EEPROM 页。

1)载入 ERASE_EEPROM_PAGE 到 NVM CMD 寄存器。

2)将擦除 EEPROM 页载入到 NVM 地址寄存器。

3)对 NVM CTRLA 寄存器的 CMDEX 位置位。自编程时需要解除 CCP 保护。

NVM STATUS 寄存器的 BUSY 标志在操作结束前保持置位。

页擦除命令只擦除 EEPROM 页缓存中载入和标记的位置。

④ 写 EEPROM 页。

WRITE_EEPROM_PAGE 命令用来将载入到 EEPROM 页缓存的所有数据写入 EEPROM 的指定页中。只有载入和标记到 EEPROM 页缓存的数据才被写入 EEPROM 页中。

1)将 WRITE_EEPROM_PAGE 命令载入 NVM CMD 寄存器。

2)将 EEPROM 页地址载入 NVM ADDR 寄存器。

3)对 NVM CTRLA 寄存器的 CMDEX 位置位。自编程时需要解除 CCP 保护。NVM STATUS 寄存器的 BUSY 标志在操作结束前保持置位。

⑤ 擦写 EEPROM 页。

ERASE_WRITE_EEPROM_PAGE 命令通过原子操作首先擦除 EEPROM 页，再将 EEPROM 页缓存写入到 EEPROM 页。

1)将 ERASE_WRITE_EEPROM_PAGE 命令载入 NVM CMD 寄存器。

2)将 EEPROM 页地址载入 NVM ADDR 寄存器。

3)对 NVM CTRLA 寄存器的 CMDEX 位置位。自编程时需要解除 CCP 保护。NVM STATUS 寄存器的 BUSY 标志在操作结束前保持置位。

⑥ 擦 EEPROM。

ERASE_EEPROM 命令用来擦除所有 EEPROM 页中 EEPROM 页缓存载入和标记的所有位置处的数据。

1)将 ERASE_EEPROM 命令载入 NVM CMD 寄存器。

2)对 NVM CTRLA 寄存器的 CMDEX 位置位。自编程时需要解除 CCP 保护。NVM STATUS 寄存器的 BUSY 标志在操作结束前保持置位。

⑦ 读 EEPROM。

READ_EEPROM 命令用来读取 EEPROM 中的一个字节。

1)将 READ_EEPROM 命令载入 NVM CMD 寄存器。

2)将 EEPROM 地址载入 NVM ADDR 寄存器。

3)对 NVM CTRLA 寄存器的 CMDEX 位置位。自编程时需要解除 CCP 保护。读取的数据字节保存在 NVM DATA0 中。

12. 外部编程

外部编程是从外部的编程器或调试器将非易失性代码和数据编程到设备中。这可通过在系统编程或大批量生产编程实现。唯一限制条件是设备允许的最大和最小时钟速度、电压。

外部编程通过编程调试接口和编程调试控制器访问设备，使用 JTAG 或 PDI 物理层连接。关于 PDI 和 JTAG 及如何使能和使用物理接口，请参阅 2.27 节。

通过编程调试接口，外部编程器使用 PDI 总线访问 NVM 控制器和所有 NVM 存储器。所有的数据存储空间和程序储空间都映射到线性的 PDI 存储空间上。图 2-28-4 为 PDI 存储空间和每个存储空间的基地址。

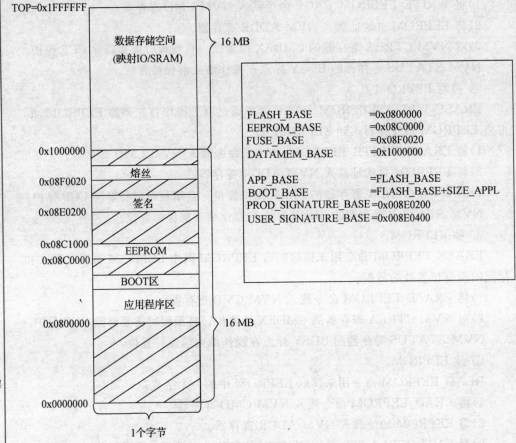

TOP=0x1FFFFFF

数据存储空间
(映射IO/SRAM)　16 MB

FLASH_BASE　　　　　=0x0800000
EEPROM_BASE　　　　=0x08C0000
FUSE_BASE　　　　　 =0x08F0020
DATAMEM_BASE　　　 =0x1000000

APP_BASE　　　　　　=FLASH_BASE
BOOT_BASE　　　　　 =FLASH_BASE+SIZE_APPL
PROD_SIGNATURE_BASE =0x008E0200
USER_SIGNATURE_BASE =0x008E0400

0x1000000

熔丝
0x08F0020

签名
0x08E0200

EEPROM
0x08C1000
0x08C0000

BOOT区

应用程序区

0x0800000　16 MB

0x0000000

1个字节

图 2 - 28 - 4　PDI 存储映射

(1)使能外部编程接口

从 PDI 对 NVM 编程需要使能。

① 将复位签名 0x59 载入 PDI 的 RESET 寄存器。

② 载入正确的 NVM 密钥到 PDI。

③ 查询 PDI 状态寄存器(PDI STATUS)的 NVMEN 是否置位。

当 NVMEN 位置位后,NVM 接口可以被 PDI 使用。

(2)NVM 编程

① NVM 寻址。

当 NVM 接口可用,设备上所有的存储器都映射到 PDI 地址空间。PDI 控制器不需要访问 NVM 控制器的地址或数据寄存器,但必须载入正确的命令到 NVM 控制器,即从 NVM 读取数据时,必须载入 NVM 读命令到 NVM 控制器,才能从 PDI BUS 地址空间读数据。

PDI 总是使用字节寻址。当加载 Flash 或 EEPROM 页缓存时,地址的最低有效位用来决定数据在页缓存内的位置。尽管如此,为保证地址正确,还是要写 Flash 或 EEPROM 页的完整地址。使用者在加载页缓存和写页缓存时必须注意页的边界。

② NVM 忙。

编程(页擦除和页写入)时,若 NVM 忙,不允许读 NVM 存储空间。

(3)NVM 命令

外部编程用来访问 NVM 存储器。NVM 命令见表 2 - 28 - 5。这是自编程时的高级指令。

外部编程时,行为触发命令是通过对 NVM CTRLA 寄存器的 CMDEX 位置位来触发的。读触发命令是 PDI 通过执行直接或间接载入指令(LDS 或 LD)触发的。写触发命令由通过 PDI 执行直接或间接存储指令(STS 或 ST)触发的。

命令受锁定位保护,如果读锁定位和写锁定位被置位,只有片擦除和 Flash CRC 命令可用。

表 2 - 28 - 5　外部编程时可用的 NVM 命令

CMD[6:0]	命令/操作	触发器	更改保护	NVM 忙
0x00	无操作	—	—	—
0x40	芯片擦除①	CMDEX	Y	Y
0x43	读 NVM	PDI 读	N	N
Flash 页缓存				
0x23	加载 Flash 页缓存	PDI 写	N	N
0x26	擦 Flash 页缓存	CMDEX	Y	Y
Flash				
0x2B	擦 Flash 页	PDI 写	N	Y
0x2E	写 Flash 页	PDI 写	N	Y
0x2F	擦/写 Flash 页	PDI 写	N	Y
0x78	Flash CRC	CMDEX	Y	Y
应用程序区				
0x20	擦应用程序区	PDI 写	N	Y
0x22	擦应用程序区页	PDI 写	N	Y
0x24	写应用程序区页	PDI 写	N	Y
0x25	擦/写应用程序区页	PDI 写	N	Y
0x38	应用程序区 CRC	CMDEX	Y	Y
引导区				
0x68	擦除引导区	PDI 写	N	Y
0x2A	擦除引导区页	PDI 写	N	Y
0x2C	写引导区页	PDI 写	N	Y

CMD[6:0]	命令/操作	触发器	更改保护	NVM 忙
0x2D	擦/写引导区页	PDI 写	N	Y
0x39	引导区 CRC	NVMAA	Y	Y
校准行和用户签名行				
0x01	读用户签名行	PDI 读	N	N
0x18	写用户签名行	PDI 写	N	Y
0x1A	擦用户签名行	PDI 写	N	Y
0x02	读校准行	PDI 读	N	N
熔丝位和锁定位				
0x07	读熔丝位	PDI 读	N	N
0x4C	写熔丝位	PDI 写	N	Y
0x08	写锁定位	CMDEX	Y	Y
EEPROM 页缓存				
0x33	加载 EEPROM 页缓存	PDI 写	N	N
0x36	擦除 EEPROM 页缓存	CMDEX	Y	Y
EEPROM				
0x30	擦 EEPROM	CMDEX	Y	Y
0x32	擦 EEPROM 页	PDI 写	N	Y
0x34	写 EEPROM 页	PDI 写	N	Y
0x35	擦/写 EEPROM 页	PDI 写	N	Y
0x06	读 EEPROM	PDI 读	N	N

① 如果 EESAVE 熔丝被编程,EEPROM 在片擦除时会保留数据。

① 芯片擦除。

芯片擦除命令用来擦除 Flash 程序存储空间,EEPROM 和锁定位。EEPROM 的擦除取决于 EESAVE 熔丝的设置。用户签名行、校准行和熔丝位不受影响。

1)将片擦除命令载入 NVM CMD 寄存器。

2)对 NVM CTRLA 寄存器的 CMDEX 位置位。自编程时需要解除 CCP 保护。

该操作一旦开始,PDI 控制器和 NVM 间的 PDI BUS 将不可用,PDI STATUS 寄存器中的 NVMEN 位在操作结束前一直为 0。直到 NVMEN 置位,PDI BUS 才可用。

NVM STATUS 寄存器的 BUSY 标志在操作结束前保持置位。

② 读 NVM。

读 NVM 命令用来读取 Flash、EEPROM、熔丝、签名行和校准行。

1)将读 NVM 命令载入到 NVM CMD 寄存器。

2)使用 PDI 读操作读取所选地址。

读 EEPROM、读熔丝位、读签名行和读校准行命令与读 NVM 命令的使用是相同的。

③ 擦除页缓存。

擦除 Flash 页缓存和擦除 EEPROM 页缓存命令用来擦除 Flash 和 EEPROM 页缓存。

1)将擦除 Flash/EEPROM 页缓存命令载入到 NVM CMD 寄存器。

2)将 NVM CTRLA 寄存器的 CMDEX 位置位。自编程时需要解除 CCP 保护。NVM STATUS 寄存器的 BUSY 标志在操作结束前保持置位。

④ 载入页缓存。

载入 Flash/EEPROM 页缓存命令用来载入一个字节的数据到 Flash/EEPROM 页缓存。

1)将载入 Flash/EEPROM 页缓存命令载入到 NVM CMD 寄存器。

2)使用 PDI 写操作写所选地址。

因为 Flash 页缓存是按字访问的，而 PDI 是按字节访问，所以 PDI 必须以正确的顺序写入 Flash 页缓存。对于写操作，低字节必须在高字节前写入，低字节写入临时寄存器。PDI 写高字节的同时，低字节在同一时钟周期写入页缓存。

PDI 接口在下一条 PDI 指令执行前将自动停止。

⑤ 擦除页。

擦除应用程序区页、擦除引导区页、擦除用户签名行和擦除 EEPROM 页命令用来擦除所选存储空间的一页。

1)将擦除命令载入到 NVM CMD 寄存器。

2)对所选页执行 PDI 写操作。对页内的任一字节位置寻址即可。

NVM STATUS 寄存器的 BUSY 标志在操作结束前保持置位。

⑥ 写某一页。

写应用程序区页、写引导区页、写用户签名行和写 EEPROM 页命令用来将 Flash/EEPROM 页缓存写入所选存储空间。

1)将写命令载入到 NVM CMD 寄存器。

2)对所选页执行 PDI 写操作。对页内的任一字节位置寻址即可。

NVM STATUS 寄存器的 BUSY 标志在操作结束前保持置位。

⑦ 擦/写某一页。

擦/写应用程序区页、擦/写引导区页、擦/写 EEPROM 页命令通过原子操作擦除指定页并将 Flash/EEPROM 页缓存写到所选存储空间。

1)将擦/写命令载入到 NVM CMD 寄存器。

2)对所选页执行 PDI 写操作。对页内的任一字节位置寻址即可。

NVM STATUS 寄存器的 BUSY 标志在操作结束前保持置位。

⑧ 擦除应用程序区/引导区/EEPROM。

擦除应用程序区/引导区/EEPROM 命令用来擦除所选的整个区。

1)将擦除命令载入到 NVM CMD 寄存器。

2)对所选页执行 PDI 写操作。对区内的任一字节位置寻址即可。

NVM STATUS 寄存器的 BUSY 标志在操作结束前保持置位。

⑨ 应用程序区/引导装区 CRC。

应用程序区/引导装区 CRC 命令用来校验所选区在编程后的数据。

1)将应用程序区/引导装区 CRC 载入到 NVM CMD 寄存器。

2)将 NVM CTRLA 寄存器的 CMDEX 位置位。自编程时需要解除 CCP 保护。

NVM STATUS 寄存器的 BUSY 标志在操作结束前保持置位。CRC 校验和在 NVM DATA 寄存器中保存。

⑩ Flash CRC。

Flash CRC 命令可用来校验编程后 Flash 程序存储器的数据。该命令执行与锁定位的状态无关。

1)将 Flash CRC 命令载入到 NVM CMD 寄存器。

2)将 NVM CTRLA 寄存器的 CMDEX 位置位。自编程时需要解除 CCP 保护。

该操作一旦开始,PDI 控制器和 NVM 间的 PDI BUS 将不可用,PDI STATUS 寄存器中的 NVMEN 位在操作结束前一直为 0。直到 NVMEN 置位,PDI BUS 才可用。

NVM STATUS 寄存器的 BUSY 标志在操作结束前保持置位。

CRC 校验和在 NVM DATA 寄存器中保存。

⑪ 写熔丝位/锁定位。

写熔丝位/锁定位命令用来设置更高的安全性。

1)将写熔丝位/锁定位命令载入到 NVM CMD 寄存器。

2)执行 PDI 写操作写熔丝位或锁定位。

NVM STATUS 寄存器的 BUSY 标志在操作结束前保持置位。

第**3**章

指令系统

3.1 概 述

作为一款 8 位的 AVR 单片机,AVR XMEGA A 采用的是先进的精简指令集体系(RISC,Reduced Instruction Set Computer)结构;相对于传统的采用复杂指令体系(CISC,Complex Instruction Set Computer)结构的 8 位单片机,它能够以更快的速度执行操作,达到 MIPS(Million Instructions Per Second)的高速处理能力。

8 位 AVR 单片机指令系统有以下几个特点:

> 执行时间短。AVR 大多数执行时间为单个时钟周期,只有少数指令是 2 个机器周期或 3 个机器周期,故大大提高了指令的执行效率。

> 流水线操作。AVR 采用流水线技术,在前一条指令执行时,就取出现行的指令,然后以 1 个周期执行指令,大大提高了 CPU 的运行速度。

> 大型快速存取寄存器组。传统结构的单片机中,需要大量代码来完成和实现在累加器与存储器之间的数据传送,存在由累加器紧缺导致的数据传送的瓶颈现象。而在 AVR 单片机中,采用 32 个通用工作寄存器构成大型快速存取寄存器组,32 个通用工作寄存器就相当于 32 个累加器,可以很好地解决数据传送的瓶颈问题。

3.1.1 指令集符号

本章涉及一些指令的助记符,下面将对所使用的符号的意义进行简单说明。

1. 状态寄存器(SREG)

SREG	状态寄存器
C	进位标志位
Z	零标志位
N	负数标志位
V	2 的补码溢出标志位
S	$N \oplus V$,用于符号测试标志位
H	半进位标志位
T	用于 BLD 指令和 BST 指令传送位

I   全局中断触发/禁止标志位

2. 寄存器和操作数

Rd   目的(或源)寄存器

Rr   源寄存器

K   立即数,常数

k   地址常数

b   寄存器的指定位

s   状态寄存器 SREG 的指定位

X,Y,Z   间接地址寄存器(X=R27:R26,Y=R29:R28,Z=R31:R30)

p   I/O 寄存器

q   地址偏移量常数

3. I/O 寄存器

(1)RAMPX, RAMPY, RAMPZ

X-、Y-和 Z-寄存器联合使用可以对单片机内超过 64 KB 的数据空间进行间接寻址,也可以对超过 64 KB 的程序空间读取数据。

(2)RAMPD

该寄存器与 Z-寄存器相连使超过 64 KB 的数据存储空间可以直接寻址。

(3)EIND

EIND 与 Z-寄存器相连,间接跳转和调用能够在超过程序存储区的第一个 128 KB(64 KB)寻址。

4. 堆 栈

STACK   作为返回地址和压栈寄存器的堆栈

SP   堆栈 STACK 的指针

5. 标志位

⇔   被影响的标志位   1   被置 1 的标志位

0   被清 0 的标志位   —   未被影响的标志位

3.1.2   程序和数据寻址方式

指令通常由操作码和操作数两部分构成。操作码用来规定指令执行的操作功能,如加、减、比较等;操作数是指参与操作的数据或地址。

大多数指令执行时都需要使用操作数。所谓寻址方式就是指令取得操作数的方式。XMEGA A 有以下 13 种寻址方式:单寄存器直接寻址、双寄存器直接寻址、I/O寄存器直接寻址、数据存储空间直接寻址、数据存储空间间接寻址、带后增量的数据存储空间间接寻址、带预减量的数据存储空间间接寻址、带位移的数据存储空间间接寻址、程序存储空间常量寻址、带后增量的程序存储空间常量寻址、程序存储空间直

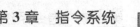

接寻址、程序存储空间 Z 寄存器间接寻址、程序存储空间相对寻址等。

下面将分别介绍这 13 种寻址方式,在以下寻址方式的示意图中,OP 表示操作码;RAMEND 表示 RAM 空间的最高位地址;FLASHEND 表示 Flash 空间的最高位地址。

(1)单寄存器直接寻址

单寄存器直接寻址就是由指令指定单个寄存器的内容作为操作数,操作结果放回到该寄存器中,如图 3-1-1 所示。

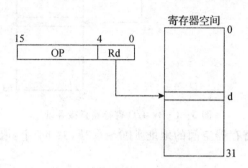

图 3-1-1　单寄存器直接寻址

寻址范围:R0～R31 或 R16～R31,取决于不同指令。

例:INC Rd;操作:Rd←Rd + 1。

　　INC R5;将寄存器 R5 内容加 1 放回到 R5 中。

(2)双寄存器直接寻址

在双寄存器直接寻址方式中,指令指出的操作数是两个寄存器 Rd 和 Rr 的内容,操作的结果存放在 Rd 寄存器中。如图 3-1-2 所示的寻址范围:R0～R31 或 R16～R31 或 R16～R23,取决于不同指令。

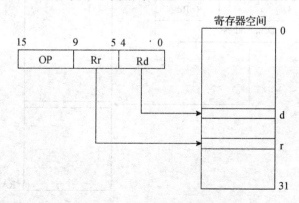

图 3-1-2　双寄存器直接寻址

例:ADD Rd,Rr;操作:Rd←Rd + Rr。

　　ADD R0,R1;将 R0 和 R1 寄存器内容相加,结果放回 R0。

(3)I/O 寄存器直接寻址

I/O 寄存器直接寻址就是由指令给出一个寄存器 Rd 的内容和一个 I/O 寄存器的内容作为操作数,如图 3-1-3 所示。

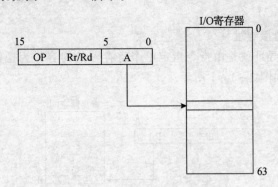

图 3-1-3　I/O 寄存器直接寻址

寻址范围:I/O 寄存器空间的地址 $00～ $3F,共 64 个,取值为 0～63,取决于不同指令。

例:IN Rd,P;操作:Rd←P。

　IN R6,$ 3F;读 I/O 寄存器空间地址为 3F 的寄存器(SREG)的内容,放入寄存器 R6。

(4)数据存储空间直接寻址

数据存储空间直接寻址用于直接从 SRAM 存储空间中读取数据。数据存储空间直接寻址为 4 字节指令,其中,指令的较低 2 个字节给出的是一个 16 位的 SRAM 地址,如图 3-1-4 所示。

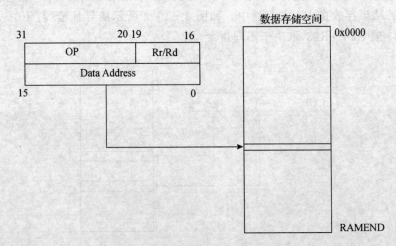

图 3-1-4　数据存储空间直接寻址

数据存储空间直接寻址方式可用于读取通用寄存器和 I/O 寄存器中的内容,但此时应使用这些寄存器在 SRAM 空间的映射地址。

寻址范围：一个 16 位的 SRAM 的地址给出的地址空间，共 64 KB，该地址空间包含了 32 个通用寄存器和 64 个 I/O 寄存器。

例：LDS Rd,K；操作：Rd←(K)。

　　LDS R18,$200；把地址为 $200 的 SRAM 中内容放到 R18 中。

(5)数据存储空间间接寻址

ATXmeag A 单片机中使用 16 位寄存器 X、Y 或 Z 作为规定的地址指针寄存器。数据存储空间间接寻址就是由指令指定某一个地址指针寄存器的内容作为操作数在 SRAM 中的地址，对该 SRAM 地址的内容进行操作，如图 3-1-5 所示。

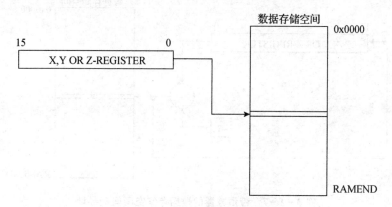

图 3-1-5　数据存储空间间接寻址

例：LD Rd,Y；操作：Rd ←(Y)，把以 Y 为指针的 SRAM 的内容送到 Rd 中。

　　LD R18,Y；如 Y = $0568，即把 SRAM 地址为 $0568 的内容传送到 R18 中。

(6)带后增量的数据存储空间间接寻址

这种寻址方式与前面的数据存储空间间接寻址方式类似，区别在于间址寄存器 X、Y、Z 中的内容在间接寻址操作后，再自动把间址寄存器中的内容加 1，如图 3-1-6所示。

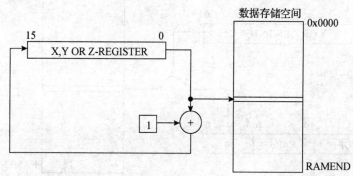

图 3-1-6　带后增量的数据存储空间间接寻址

例:LD Rd,Y+;操作:Rd←(Y),Y=Y+1,先把以 Y 为指针的 SRAM 的内容送到 Rd 中,再把 Y 增1。

　LD R18,Y+;设原 Y=\$0568,指令把 SRAM 地址为 \$0568 的内容传送到 R18 中,再将 Y 的值加1,操作完成后 Y=\$0569。

(7)带预减量的数据存储空间间接寻址

这种寻址方式类似于带后增量的数据存储间接寻址方式操作类似,间址寄存器 X、Y、Z 中的内容仍为操作数在 SRAM 空间的地址,但指令在间接寻址操作之前,先自动将间址寄存器中的内容减1,然后把减1后的内容作为操作数在 SRAM 中的地址,如图 3-1-7 所示。

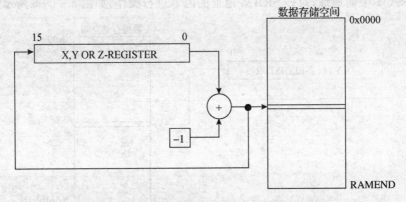

图 3-1-7　带预减量的数据存储空间间接寻址

例:LD Rd,-Y;操作:Y=Y-1,Rd←(Y),先把 Y 减1,再把以 Y 为指针的 SRAM 的内容送到 Rd 中。

　LD R18,-Y;设原 Y=\$0568,指令即先把 Y 减1,Y=\$0567,再把 SRAM 地址为 \$0567 的内容传送到 R18 中。

(8)带位移的数据存储空间间接寻址

带位移的数据存储空间间接寻址方式是把间址寄存器 Y 或 Z 中的内容和指令中给出的地址偏移量相加作为操作数在 SRAM 中的地址,然后对该地址中的内容进行操作。由于偏移量在指令中只占6位,所以偏移量的范围为0~63,如图 3-1-8 所示。

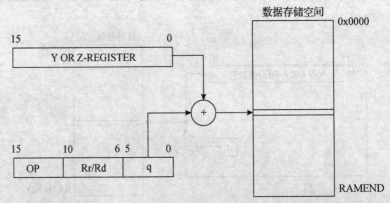

图 3-1-8　带位移的数据存储空间间接寻址

例:LDD Rd,Y+q;操作:Rd←(Y+q),其中 0≤q≤63,即把以 Y+q 为地址的 SRAM 的内容送到 Rd 中,而寄存器的内容不变。

　　LDD R18,Y+30;设 Y=$0568,把 SRAM 地址为$0598 的内容传送到 R18 中,Y 寄存器的内容不变。

(9)程序存储空间常量寻址

　　程序存储空间常量寻址方式的功能主要是对程序存储空间 Flash 存取数据,此种寻址方式用于指令 LPM、ELPM、SPM。

　　程序存储空间中常量的地址由地址寄存器 Z 的内容确定。Z 寄存器的高 15 位用于选择常量在程序存储空间中的字地址,而最低位用于选择常量在程序存储空间地址的高/低字节。当最低位为"0"时,选择常量在程序存储空间地址的低字节;当最低位为"1"时,选择常量在程序存储空间地址的高字节。当使用 SPM 时,最低位需要清零。当使用 ELPM 时,需要使用 RAMPZ 寄存器来扩展 Z 寄存器,如图 3-1-9 所示。

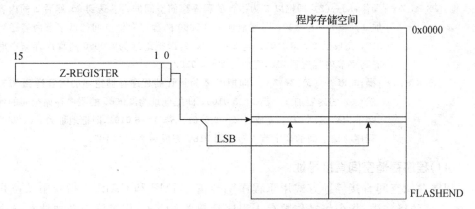

图 3-1-9　程序存储空间常量寻址

例:LPM;操作:R0 ←(Z),即把以 Z 为指针的程序存储空间的内容送到 R0。若 Z=$0100,即把地址为$0080 的程序存储空间的低字节内容送到 R0。若 Z=$0101,即把地址为$0080 的程序存储空间的高字节内容送到 R0。

　　LPM R18,Z;操作:R18←(Z),即把以 Z 为指针的程序存储空间的内容送到 R18。若 Z=$0100,即把地址为$0080 的程序存储空间的低字节内容送到 R18。若 Z=$0101,即把地址为$0080 的程序存储空间的高字节内容送到 R18。

　　SPM;操作:(Z)←R1:R0,把 R1:R0 内容写入以 Z 为指针的程序存储空间单元。

(10)带后增量的程序存储空间常量寻址

　　带后增量的程序存储空间常量寻址方式的功能主要是从程序存储空间 Flash 中读取常量,此种寻址方式只用于指令 LPM Rd,Z+或 ELPM Rd,Z+。

　　程序存储空间中常量的地址由地址寄存器 Z 的内容决定。Z 寄存器的高 15 位用于选择常量在程序存储空间中的地址,而最低位用于选择常量在程序存储空间地址的高/低字节。当最低位为"0"时,选择常量在程序存储空间地址的低字节;当最低位为

"1"时,选择常量在程序存储空间地址的高字节。寻址操作后,Z 寄存器的内容加 1。当使用 ELPM 时,需要使用 RAMPZ 寄存器来扩展 Z 寄存器,如图 3-1-10 所示。

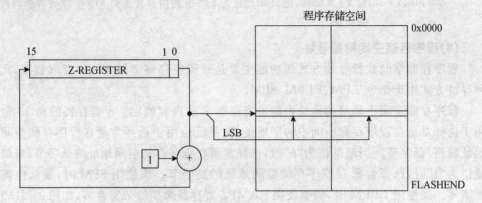

图 3-1-10　带后增量的程序存储空间常量寻址

例:LPM Rd,Z+;操作:Rd←(Z),即把以 Z 为指针的程序存储空间的内容送到 Rd,然后 Z 的内容加 1。若 Z= $0100,即把地址为 $0080 的程序存储空间的低字节内容送到 R18,完成后 Z= $0101。若 Z= $0101,即把地址为 $0080 的程序存储空间的高字节内容送到 R18,完成后 Z= $0102。

LPM R18,Z+;操作:R18←(Z);Z←Z+1,即把以 Z 为指针的程序存储空间的内容送到 R18,然后 Z 的内容加 1。若 Z= $0100,即把地址为 $0080 的程序存储空间的低字节内容送到 R18,完成后 Z= $0101。若 Z= $0101,即把地址为 $0080 的程序存储空间的高字节内容送到 R18,完成后 Z= $0102。

(11)程序存储空间直接寻址

程序存储空间直接寻址方式用于程序跳转指令 JMP 和 CALL。指令中低位是一个 16 位的操作数,指令将操作数存入程序计数器 PC 中,作为下一条要执行指令在程序存储空间中的地址。JMP 和 CALL 指令的寻址方式相同,但 CALL 指令除了把操作数给 PC 外,还把返回地址压入堆栈且堆栈指针寄存器 SP 内容减 2,如图 3-1-11所示。

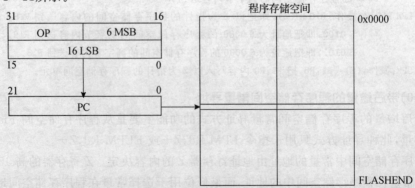

图 3-1-11　程序存储空间直接寻址

例:JMP $0100;操作:PC←$0100。执行从程序存储空间$0100开始的指令。

CALL $0100;操作:STACK←PC+2;SP←SP-2;PC←$0100。先将程序计数器PC的当前值加2后压进堆栈,堆栈指针SP减2,然后执行从程序存储空间$0100单元开始的指令。

(12)程序存储空间Z寄存器间接寻址

程序存储空间Z寄存器间接寻址方式是把Z寄存器的内容传送到程序计数器PC中,即Z寄存器存放的是下一步要执行的指令代码,然后执行从程序计数器PC开始的指令代码。此寻址方式用于IJMP、ICALL指令。IJMP和ICALL指令的寻址方式相同,但ICALL指令除了把操作数给PC外,还把返回地址压入堆栈且堆栈指针寄存器SP内容减2,如图3-1-12所示。

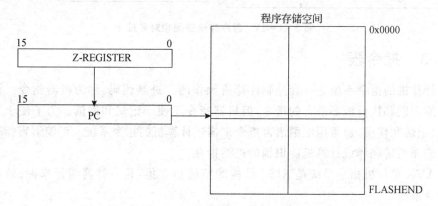

图3-1-12 程序存储空间Z寄存器间接寻址

例:IJMP;操作:PC←Z。把Z寄存器的内容送到程序计数器PC。即Z寄存器保存的是下一步要执行的指令代码的地址。

ICALL;操作:STACK←PC+1;SP←SP-2;PC←Z。指令先将程序计数器PC加2后压进堆栈,堆栈指针SP减2,然后执行从程序存储空间$0100开始的指令代码。

(13)程序存储空间相对寻址

在程序存储空间相对寻址方式中,在指令中包含一个相对偏移量k(取值范围是-2 048~2 047),指令执行时,首先将当前程序计数器PC值加1后再与偏移量k相加,结果(P+1+k)作为程序下一条要执行指令的地址。此寻址方式用于RJMP、RCALL指令。RJMP和RCALL指令的寻址方式相同,但RCALL指令除了把操作数给PC外,还把返回地址压入堆栈且堆栈指针寄存器SP内容减2,如图3-1-13所示。

例:RJMP $0100;操作:PC←PC+1+$0100。若当前指令地址为$0200,即PC=$0200,则把PC+1+$0100的结果,即$0301,送到程序计数器PC,接下来执行程序存储空间$0301开始的指令代码。

例:RCALL $0100;操作:STACK←PC+1;SP←SP-2;PC←PC+1+$0100。即先将程序计数器PC的当前值加1后压进堆栈,堆栈指针计数器SP内容减2,然后把PC+1+$0100的结果,即$0301,送到程序计数器PC,接下来执行程序存储空间$0301开始的指令代码。

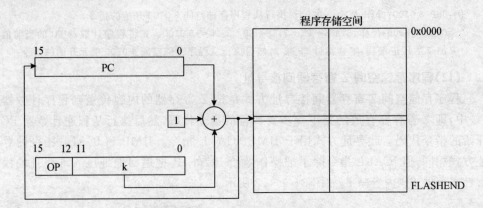

图 3 - 1 - 13　程序存储空间相对寻址

3.1.3　指令表

计算机的指令系统是一套控制计算机操作的二进制代码,称为机器指令。计算机只能识别和执行机器语言的指令,但机器指令不便于记忆和阅读。为了便于人们理解、记忆和使用,通常用汇编语言指令来描述计算机的指令系统。汇编语言指令可通过编译系统翻译成计算机能识别的机器指令。

AVR 单片机指令系统是 RISC 结构的精简指令集,是一种简明易掌握、效率高的指令系统。

XMEGA A 共有 138 条指令,可分为以下 5 大类:

① 算数和逻辑指令(29 条);

② 比较和跳转指令(38 条);

③ 数据传送指令(39 条);

④ 位操作和位测试指令(28 条);

⑤ MCU 控制指令(4 条)。

下面给出了 ATXmega 的指令速查表,见表 3-1-1。

表 3 - 1 - 1　XMEAG A 指令速查表

指　令	操作数	说　明	操　作	操作数范围	影响标志位	指令周期
算术和逻辑运算指令(29 条)						
ADD	Rd, Rr	加法	RD←RD+Rr	0≤d≤31, 0≤r≤31	Z, C, N, V, H, S	1
ADC	Rd, Rr	带进位加	Rd←Rd+Rr+C	0≤d≤31, 0≤r≤31	Z, C, N, V, H, S	1
ADIW	Rd, K	字加立即数	Rdh:Rdl←Rdh:Rdl+K	dl=24/26/28/30, 0≤K≤63	Z, C, N, V, S	2
SUB	Rd, Rr	减法	Rd←Rd-Rr	0≤d≤31, 0≤r≤31	Z, C, N, V, H, S	1

续表 3－1－1

指 令	操作数	说 明	操 作	操作数范围	影响标志位	指令周期
SUBI	Rd, K	减立即数	Rd←Rd－K	16≤d≤31, 0≤K≤255	Z, C, N, V, H, S	1
SBC	Rd, Rr	带进位减	Rd←Rd－Rr－C	0≤d≤31, 0≤r≤31	Z, C, N, V, H, S	1
SBCI	Rd, K	带进位减立即数	Rd←Rd－K－C	16≤d≤31, 0≤K≤255	Z, C, N, V, H, S	1
SBIW	Rd, K	字减立即数	Rdh:Rdl←Rdh:Rdl－K	Dl:24/26/28/30, 0≤K≤63	Z, C, N, V, S	2
AND	Rd, Rr	逻辑"与"	Rd←Rd · Rr	0≤d≤31, 0≤r≤31	Z, N, V, S	1
ANDI	Rd, K	与立即数	Rd←Rd · K		Z, N, V, S	1
OR	Rd, Rr	逻辑"或"	Rd←Rd∨Rr	0≤d≤31, 0≤r≤31	Z, N, V, S	1
ORI	Rd, K	或立即数	Rd←Rd∨K		Z, N, V, S	1
EOR	Rd, Rr	异或	Rd←Rd⊕Rr	0≤d≤31, 0≤r≤31	Z, N, V, S	1
COM	Rd	取反	Rd←0xFF－Rd	0≤d≤31	Z, C, N, V, S	1
NEG	Rd	取补	Rd←0x00－Rd	0≤d≤31	Z, C, N, V, H, S	1
SBR	Rd, K	寄存器位置位	Rd←Rd∨K	16≤d≤31, 0≤K≤255	Z, N, V, S	1
CBR	Rd, K	寄存器位清零	Rd←Rd · (0xFF－K)	16≤d≤31, 0≤K≤255	Z, N, V, S	1
INC	Rd	加 1	Rd←Rd＋1	0≤d≤31	Z, N, V, S	1
DEC	Rd	减 1	Rd←Rd－1	0≤d≤31	Z, N, V, S	1
TST	Rd	测寄存器为零或负	Rd←Rd · Rd	0≤d≤31	Z, N, V, S	1
CLR	Rd	寄存器清零	Rd←Rd⊕Rd	0≤d≤31	Z, N, V, S	1
SER	Rd	寄存器全置 1	Rd←0xFF	16≤d≤31		1
MUL	Rd, Rr	无符号数相乘	R1:R0＝Rd×Rr	0≤d≤31, 0≤r≤31	Z, C	2
MULS	Rd, Rr	有符号数相乘	R1:R0＝Rd×Rr	16≤d≤31, 16≤r≤31	Z, C	2
MULSU	Rd, Rr	无符号与有符号数相乘	R1:R0＝Rd×Rr	16≤d≤23, 16≤r≤23	Z, C	2
FMUL	Rd, Rr	无符号小数相乘	R1:R0＝Rd×Rr	16≤d≤23, 16≤r≤23	Z, C	2

AVR XMEGA高性能单片机开发及应用

续表 3-1-1

指 令	操作数	说 明	操 作	操作数范围	影响标志位	指令周期
FMULS	Rd,Rr	有符号小数相乘	R1：R0＝Rd×Rr	$16 \leqslant d \leqslant 23$, $16 \leqslant r \leqslant 23$	Z,C	2
FMULSU	Rd,Rr	无符号与有符号小数相乘	R1：R0＝Rd×Rr	$16 \leqslant d \leqslant 23$, $16 \leqslant r \leqslant 23$	Z,C	2
DES	k	数据加密	if(H＝0)then R15：R0←Encrypt(R15：R0,k) else if（H＝1）then R15：R0←Decrypt(R15：R0,k)	$-2\ 048 \leqslant k \leqslant 2\ 047$		1/2
比较和跳转指令（38 条）						
RJMP	k	相对跳转	PC←(PC+1)+ k	$-2\ 048 \leqslant k \leqslant 2\ 047$		2
IJMP		间接跳转到(Z)	PC(15：0)←Z, PC(21：16)←0			2
EIJMP		扩展间接跳转到(Z)	PC(15：0)←Z, PC(21：16)←EIND			2
JMP	k	直接跳转	PC←k	$0 \leqslant k \leqslant 4194303$		3
RCALL	k	相对调用子程序	STACK←PC+1, SP←SP−2, PC←(PC+1)+k	$-2\ 048 \leqslant k \leqslant 2\ 047$		2/3
EICALL		扩展的间接调用子程序	PC(15：0)←Z, PC(21：16)←EIND			3
ICALL		间接调用子程序	STACK←PC+1, SP←SP−2,PC←Z			2/3
CALL	k	直接调用子程序	STACK←PC+2, SP←SP−2,PC←k	$0 \leqslant k \leqslant 65\ 535$		3/4
RET		子程序返回	SP←SP+2, PC←STACK			4/5
RETI		中断返回	SP←SP+2, PC←STACK		I	4/5
CPSE	Rd,Rr	比较相等跳行	If Rd＝Rr then PC←PC+2(or 3)	$0 \leqslant d \leqslant 31$, $0 \leqslant r \leqslant 31$		1/2/3
CP	Rd,Rr	比较	Rd−Rr	$0 \leqslant d \leqslant 31$, $0 \leqslant r \leqslant 31$	Z, N, V, C,H,S	1
CPC	Rd,Rr	带进位比较	Rd−Rr−C	$0 \leqslant d \leqslant 31$, $0 \leqslant r \leqslant 31$	Z, N, V, C,H,S	1
CPI	Rd,K	与立即数比较	Rd−K	$16 \leqslant d \leqslant 31$, $0 \leqslant K \leqslant 255$	Z, N, V, C,H,S	1
SBRC	Rr, b	寄存器为 0 跳行	If Rd(b)＝0 then PC←PC+2(or 3)	$0 \leqslant r \leqslant 31$, $0 \leqslant b \leqslant 7$		1/2/3
SBRS	Rr, b	寄存器为 1 跳行	If Rr(b)＝1 then PC←PC+2(or 3)	$0 \leqslant r \leqslant 31$, $0 \leqslant b \leqslant 7$		1/2/3

指　令	操作数	说　明	操　作	操作数范围	影响标志位	指令周期
SBIC	A, b	I/O 位为 0 跳行	If P(b)=0 then PC←PC+2(or 3)	0≤P≤31, 0≤b≤7		1/2/3
SBIS	A, b	I/O 位为 1 跳行	If P(b)=1 then PC←PC+2(or3)	0≤P≤31, 0≤b≤7		1/2/3
BRBS	s, k	SREG(s)位 为 1 跳转	If SREG(s)=1, then PC←(PC+1)+k	0≤s≤7, −64≤k≤63		1/2
BRBC	s, k	SREG(s)位 为 0 跳转	If SREG(s)=0, then PC←(PC+1)+k	0≤s≤7, −64≤k≤63		1/2
BREQ	K	相等跳转	If Rd=Rr(Z=1), then PC←(PC+1)+k	−64≤k≤63		1/2
BRNE	K	不相等跳转	If Z=0,then PC←(PC+1)+k	−64≤k≤63		1/2
BRCS	K	C=1 跳转	If C=1 then PC←(PC+1)+k	−64≤k≤63		1/2
BRCC	K	C=0 跳转	If C=0 then PC←(PC+1)+k	−64≤k≤63		1/2
BRSH	K	大于或等于跳转	If Rd≥Rr(C=0) then PC←(PC+1)+k	−64≤k≤63		1/2
BRLO	K	小于跳转	If Rd<Rr(C=1) then PC←(PC+1)+k	−64≤k≤63		1/2
BRMI	K	为负跳转	If N=1 then PC←(PC+1)+k	−64≤k≤63		1/2
BRPL	K	为正跳转	If N=0 then PC←(PC+1)+k	−64≤k≤63		1/2
BRGE	K	大于或等于转移 （带符号）	If(N⊕V=0) then PC←(PC+1)+k	−64≤k≤63		1/2
BRLT	K	小于跳转	If(N⊕V=1) then PC←(PC+1)+k	−64≤k≤63		1/2
BRHS	K	半进位标志 H=1 跳转	If H=1 then PC←(PC+1)+k	−64≤k≤63		1/2
BRHC	K	半进位标志 H=0 跳转	If H=0 then PC←(PC+1)+k	−64≤k≤63		1/2
BRTS	K	标志位 T=1 跳转	If T=1 then PC←(PC+1)+k	−64≤k≤63		1/2
BRTC	K	标志位 T=0 跳转	If T=0 then PC←(PC+1)+k	−64≤k≤63		1/2
BRVS	K	溢出标志 V=1 跳转	If V=1 then PC←(PC+l)+k	−64≤k≤63		1/2
BRVC	K	溢出标志 V=0 跳转	If V=0 then PC←(PC+1)+k	−64≤k≤63		1/2
BRIE	K	中断允许 I=1 跳转	If I=1 then PC←(PC+1)+k	−64≤k≤63		1/2
BRID	K	中断允许 I=0 跳转	If I=0 then PC←(PC+1)+k	−64≤k≤63		1/2

AVR XMEGA 高性能单片机开发及应用

302

指　令	操作数	说　明	操　作	操作数范围	影响标志位	指令周期
数据传送指令(39 条)						
MOV	Rd, Rr	寄存器传送	Rd←Rr	$0 \leqslant d \leqslant 31$, $0 \leqslant r \leqslant 31$		1
MOVW	Rd, Rr	寄存器字传送	Rd+1:Rd←Rr+1:Rr	$d \in \{0,2,\cdots 30\}$ $r \in \{0,2,\cdots 30\}$		1
LDI	Rd, K	装入立即数	Rd←K	$16 \leqslant d \leqslant 31$, $0 \leqslant K \leqslant 255$		1
LD	Rd, X	X 间址取数	Rd←(X)	$0 \leqslant d \leqslant 31$		1
LD	Rd, X+	X 间址取数后加 1	Rd←(X),X←X+1	$0 \leqslant d \leqslant 31$		1
LD	Rd, −X	X 减 1 后间址取数	X←X−1,Rd←(X)	$0 \leqslant d \leqslant 31$		2
LD	Rd, Y	Y 间址取数	Rd←(Y)	$0 \leqslant d \leqslant 31$		1
LD	Rd, Y+	Y 间址取数后加 1	Rd←(Y),Y←Y+1	$0 \leqslant d \leqslant 31$		1
LD	Rd, −Y	Y 减 1 后间址取数	Y←Y−1,Rd←(Y)	$0 \leqslant d \leqslant 31$		2
LDD	Rd, Y+q	Y+q 间址取数	Rd←(Y+q)	$0 \leqslant d \leqslant 31$, $0 \leqslant q \leqslant 63$		2
LD	Rd, Z	Z 间址取数	Rd←(Z)	$0 \leqslant d \leqslant 31$		1
LD	Rd, Z+	Z 间址取数后加 1	Rd←(Z),Z←Z+1	$0 \leqslant d \leqslant 31$		1
LD	Rd, −Z	Z 减 1 后间址取数	Z←Z−1,Rd←(Z)	$0 \leqslant d \leqslant 31$		2
LDD	Rd, Z+q	Z+q 间址取数	Rd←(Z+q)	$0 \leqslant d \leqslant 31$, $0 \leqslant q \leqslant 63$		2
LDS	Rd, k	从 SRAM 取数	Rd←(k)	$0 \leqslant d \leqslant 31$, $0 \leqslant k \leqslant 65535$		2
ST	X, Rr	X 间址存数	(X)←Rr	$0 \leqslant r \leqslant 31$		1
ST	X+, Rr	X 间址存数后加 1	(X)←Rr,X←X+1	$0 \leqslant r \leqslant 31$		1
ST	−X, Rr	X 减 1 后间址存数	X←X−1,(X)←Rr	$0 \leqslant r \leqslant 31$		2
ST	Y, Rr	Y 间址存数	(Y)←Rr	$0 \leqslant r \leqslant 31$		1
ST	Y+, Rr	Y 间址存数后加 1	(Y)←Rr,Y←Y+1	$0 \leqslant r \leqslant 31$		1
ST	−Y, Rr	Y 减 1 后间址存数	Y←Y−1,(Y)←Rr	$0 \leqslant r \leqslant 31$		2

指 令	操作数	说 明	操 作	操作数范围	影响标志位	指令周期
STD	Y+q, Rr	Y+q 变址存数	(Y+q)←Rr	0≤r≤31, 0≤q≤63		2
ST	Z, Rr	Z 间址存数	(Z)←Rr	0≤r≤31		1
ST	Z+, Rr	Z 间址存数后加 1	(Z)←Rr,Z←Z+1	0≤r≤31		1
ST	−Z, Rr	Z 减 1 后间址存数	Z←Z−1,(Z)←Rr	0≤r≤31		2
STD	Z+q, Rr	Z+q 变址存数	(Z+q)←Rr	0≤r≤31, 0≤q≤63		2
STS	k, Rr	数据送 SRAM	(k)←Rr	0≤d≤31, 0≤k≤65 535		2
LPM		从程序区取数	R0←(Z)			3
LPM	Rd, Z	从程序区取数	Rd←(Z)	0≤d≤31		3
LPM	Rd, Z+	从程序区取数后 Z 加 1	Rd←(Z),Z←Z+1	0≤d≤31		3
ELPM		从程序区取数(扩展)	R0←(RAMPZ:Z)			3
ELPM	Rd, Z	从程序区取数(扩展)	Rd←(RAMPZ:Z)	0≤d≤31		3
ELPM	Rd, Z+	从程序区取数后 Z 加 1(扩展)	Rd←(RAMPZ:Z), RAMPZ:Z←RAMPZ:Z+1	0≤d≤31		3
SPM		写数据到程序区	(RAMPZ:Z)← R1:R0	—	—	—
SPM	Z+	写数据到程序区	(RAMPZ:Z)←R1:R0, Z←Z + 2	—	—	—
IN	Rd, P	从 I/O 口读数	Rd←P	0≤d≤31, 0≤P≤63		1
OUT	P, Rr	数据送 I/O 口	P←Rr	0≤r≤31, 0≤P≤63		1
PUSH	Rr	压栈	STACK←Rr. SP←SP−1			2
POP	Rd	出栈	SP←SP+1. Rd←STACK	0≤d≤31		2
位操作和位测试指令(28 条)						
LSL	Rd	左移	RD(N+1)←RD(N) RD(0)←0,C←RD(7)	10≤d≤31	Z, C, N, V,H	1
LSR	Rd	右移	RD(N)←RD(N+1) RD(7)←0,C←RD(0)	0≤d≤31	Z,C,N,V	1

AVR XMEGA 高性能单片机开发及应用

304

指 令	操作数	说 明	操 作	操作数范围	影响标志位	指令周期
ROL	Rd	带进位位左移	RD(0)←C, RD(N+1)←RD(N), C←RD(0)	0≤d≤31	Z, C, N, V, H	1
ROR	Rd	带进位位右移	RD(7)←C, RD(N)←RD(N+1), C←RD(0)	0≤d≤31	Z, C, N, V	1
ASR	Rd	算数右移	RD(N)←RD(N+1)	0≤d≤31	Z, C, N, V	1
SWAP	Rd	半字节交换	RD(N)←RD(N+1)	0≤d≤31		1
BSET	s	置位 SREG 标志位	SREG(S)=1	0≤s≤7	SREG(s)	1
BCLR	s	清零 SREG 标志位	SREG(S)=0	0≤s≤7	SREG(s)	1
SBI	A, b	置位 I/O 位	I/O(P. b)←1	0≤P≤31, 0≤b≤7		1
CBI	A, b	清零 I/O 位	I/O(P. b)←0	0≤P≤31, 0≤b≤7		1
BST	Rr, b	把 Rr 的 b 位送 T	T←Rr(b)	0≤d≤31, 0≤b≤7	T	1
BLD	Rd, b	把 T 送 Rd 的 b 位	Rd(b)←T	0≤d≤31, 0≤b≤7		1
SEC		置位 C	C←1		C	1
CLC		清零 C	C←0		C	1
SEN		置位 N	N←1		N	1
CLN		清零 N	N←0		N	1
SEZ		置位 Z	Z←1		Z	1
CLZ		清零 Z	Z←0		Z	1
SEI		置位 I	I←1		I	1
CLI		清零 I	I←0		I	1
SES		置位 S	S←1		S	1
CLS		清零 S	S←0		S	1
SEV		置位 V	V←1		V	1
CLV		清零 V	V←0		V	1
SET		置位 T	T←1		T	1
CLT		清零 T	T←0		T	1
SHE		置位 H	H←1		H	1
CLH		清零 H	H←0		H	1
MCU 控制指令(4 条)						
BREAK		终断指令				1
NOP		空操作				1
SLEEP		进入休眠				1
WDR		看门狗重设				1

3.2　算术和逻辑指令

3.2.1　加法指令

1. 不带进位的位加法

ADD Rd,Rr　　0≤d≤31,0≤r≤31

说明:两个寄存器不带进位 C 标志相加,结果存入目的寄存器 Rd。

操作:Rd←Rd+Rr　　　PC←PC+1

机器码:0000 11rd dddd rrrr　　　周期:1

影响的状态标志位:H S V N Z C

例:ADD R1,R2;R1 和 R2 相加,结果存入 R1 中(R1 = R1 + R2)

　　ADD R28,R28;R28 和 R28 相加,结果存回 R1 中(R28 = R28 + R28)相当于 R2 乘 2

2. 带进位的位加法

ADC Rd,Rr　　0≤d≤31,0≤r≤31

说明:两个寄存器带进位 C 标志相加,结果存入目的寄存器 Rd。

操作:Rd←Rd+Rr+C　　　PC←PC+1

机器码:0001 11rd dddd rrrr　　　周期:1

影响的状态标志位:H S V N Z C

例:ADD R2,R0 ;R2 和 R0 相加,结果存入 R2 中(R2 = R0 + R2)

　　ADDC R3,R1 ;R3 和 R1 带进位的位相加,结果存入 R3 中(R3 = R3 + R1 + C)

3. 立即数据加法字

ADIW Rdl,K　　dl∈{24、26、28、30],0≤K≤63

说明:寄存器对(一个字)同立即数(0~63)相加,结果放到寄存器对。

操作:Rdh: Rdl←Rdh:Rdl+K　　　PC←PC+1

机器码:1001 0110 KKdd KKKK　　　周期:2

影响的状态标志位:S V N Z C

例:ADIW R25:R24,1;寄存器对(R25:R24)和立即数 1 相加,结果放回到 R25:R24 中

　　ADIW ZH:ZL,63 ;Z 寄存器与立即数 63 相加,结果存回 Z 寄存器中

4. 加 1 指令

INC Rd　　0≤d≤31

说明:寄存器 Rd 的内容加 1,结果存回目的寄存器 Rd 中。该指令不改变 SREG 中的 C 标志,因此加 1 指令可以在循环中当作循环计数器使用。当对无符号

数操作时,仅有 BREQ 和 BRNE 跳转指令有效;当对二进制补码操作时,所有的带符号跳转指令都有效。

操作:Rd←Rd+1　　PC←PC+1

机器码:1001 010d dddd 0011　　周期:1

影响的状态标志位:S V N Z

例:CLR R22 ;R22 清零

　　LOOP:INC R22 ;R22 内容加 1

　　…

　　CPI R22,$ 4F ;比较 R22 和立即数 $ 4f

　　BRNE LOOP ;R22≠$ 4f 时,程序跳转

　　NOP ;空指令

3.2.2　减法指令

1. 不带进位减法

SUB Rd,Rr　　0≤d≤31,0≤r≤31

说明:两个寄存器相减,结果送目的寄存器 Rd 中。

操作:Rd←Rd−Rr　　PC←PC+1

机器码:0001 10rd dddd rrrr　　周期:1

影响的状态标志位:H S V N Z C

例:SUB R13,R12 ;R13 减去 R12,结果存入 R13 中(R13 = R13 − R12)

　　BRNE NOTEEQ ;R13≠R12 时,程序跳转

　　NOTEEQ:NOP ;空指令

2. 立即数减法

SUBI Rd,K　　16≤d≤31,0≤K≤255

说明:一个寄存器和常数相减,结果存入目的寄存器 Rd。

操作:Rd←Rd−K　　PC←PC+1

机器码:0101 KKKK dddd KKKK 周期:1

影响的状态标志位:H S V N Z C

例:SUBI R22,$ 11 ;寄存器 R22 减立即数 $ 11,结果存回 R22 中

　　BRNE NOTEEQ ;当 R13≠R12 时,程序跳转

　　…

　　NOTEEQ:NOP ;空指令

3. 带进位减法

SBC Rd,Rr　　0≤d≤31,0≤r≤31

说明:两个寄存器带着 C 标志位相减,结果放到目的寄存器 Rd 中。

操作:Rd←Rd−Rr−C   PC←PC+1

机器码:0000 10rd dddd rrrr   周期:1

影响的状态标志位:H S V N Z C

例:SUB R2,R0 ;R2 减去 R0,结果存入 R0 中(R2 = R2 − R0)

　　SBC R3,R1 ;R3 和 R1 带 C 标志位相减(R3 = R3 − R1 − C)

4. 带进位的位减立即数

SBCI Rd,K   16≤d≤31,0≤K≤255

说明:寄存器和立即数带 C 标志相减,结果放到目的寄存器 Rd 中。

操作:Rd←Rd−K−C   PC←PC+1

机器码:0100 KKKK dddd KKKK   周期:1

影响的状态标志位:H S V N Z C

例:R17:R16 与立即数 $4F23 相减

　　SUBI R16,$23 ;低字节相减

　　SBCI R17,$47 ;高字节带进位位相减

5. 立即数减法字

SBIW Rdh:Rdl,K   dl∈{24、26、28、30},0≤K≤63

说明:双寄存器与立即数 0~63 相减,结果放入双寄存器。

操作:Rdh:Rdl←Rdh:Rdl−K   PC←PC+1

机器码:1001 0111 KKdd KKKK   周期:2

影响的状态标志位:S V N Z C

例:SBIW R25:R24,1 ;R25:R24 减立即数 1,结果存回 R25:R24 中

　　SBIW YH:YL,63 ;Y 寄存器减立即数 63,结果存回 Y 寄存器中

6. 减 1 指令

DEC Rd   0≤d≤31

说明:寄存器 Rd 的内容减 1,结果存回目的寄存器 Rd 中。该指令不改变 SREG 中的 C 标志,因此减 1 指令可以在循环中当作循环计数器使用。当对无符号数操作时,仅有 BREQ 和 BRNE 跳转指令有效;当对二进制补码操作时,所有的带符号跳转指令都有效。

操作:Rd←Rd−1   PC←PC+1

机器码:1001 010d dddd 1010   周期:1

影响的状态标志位:S V N Z

例:LDI R17,$10   ;将立即数 $10 送到 R17 中

　　LOOP:ADD R1,R2 ;R1 和 R2 相加,结果放到 R1 中

　　DEC R17   ;R17 内容减 1

AVR XMEGA 高性能单片机开发及应用

```
        BRNE LOOP          ;R17≠0 时,程序跳转
        NOP                ;空指令
```

3.2.3　取反码指令

COM Rd　　0≤d≤31

说明:该指令完成寄存器 Rd 的二进制反码操作。

操作:Rd← $ FF－Rd　　　PC←PC+1

机器码:1001 010d dddd 0000　　　周期:1

影响的状态标志位:S N Z V(0) C(1)

```
例:COM R4     ;对 R4 取反指令操作,结果存回 R4
   BREQ ZERO  ;R4 = $ 00(即原来 R4 = $ FF)时,程序跳转
   ZERO: NOP  ;空指令
```

3.2.4　取补指令

NEG Rd　　0≤d≤31

说明:寄存器 Rd 的内容转换成二进制补码值; $ 80 的补码不改变。

操作:Rd← $ 00－Rd　　　PC←PC+1

机器码:1001 010d dddd 0001　　　周期:1

影响的状态标志位:H S V N Z C

```
例:SUB R11,R0     ;R11 减 R0,结果存回 R11 中
   BRPL POSITIVE  ;结果为正(R11>R0),程序跳转
   NEG R11        ;结果为负时,R11 的内容转换成二进制补码值
   POSITIVE:NOP   ;空指令
```

3.2.5　比较指令

1. 寄存器比较

CP Rd,Rr　　0≤d≤31,0≤r≤31

说明:该指令完成两个寄存器 Rd 和 Rr 的相比较操作,而寄存器的内容不改变,该指令完成后能使用所有条件跳转指令。

操作:Rd-Rr　　　PC←PC+1

机器码:0001 01rd dddd rrrr　　　周期:1

影响的状态标志位:H S V N Z C

```
例: CP R4,R19     ;比较 R4 与 R19
    BRNE NOTEQ    ;如果 R4≠R19,程序跳转
    …
```

NOTEQ：NOP 　　；空指令

2. 带进位比较

CPC Rd,Rr　　$0{\leqslant}d{\leqslant}31$, $0{\leqslant}r{\leqslant}31$

说明：该指令完成寄存器 Rd 的值和寄存器 Rr 加进位位 C 的值相比较操作，而寄存器的内容不改变，该指令完成后能使用所有条件跳转指令。

操作：Rd-Rr-C　　　PC←PC+1

机器码：0000 01rd dddd rrrr　　　　周期：1

影响的状态标志位：H S V N Z C

例：比较 R3：R2 和R1：R0

```
CP R2,R0      ；比较低字节
CPC R3,R1     ；比较高字节
BRNE NOTEQ    ；当 R3：R2≠R1：R0 时,程序跳转
...
NOTEQ：NOP    ；跳转到目标语句执行(空操作)
```

3. 与立即数比较

CPI Rd,K　　$16{\leqslant}d{\leqslant}31$,$0{\leqslant}K{\leqslant}255$

说明：该指令完成寄存器 Rd 和常数的比较操作,寄存器的内容不改变,该指令完成后能使用所有条件跳转指令。

操作：Rd-K　　　PC←PC+1

机器码：0011 KKKK dddd KKKK　　　周期：1

影响的状态标志位：H S V N Z C

```
例：CPI R19, $ 3    ; R19 和立即数 $3 比较
BRNE ERROR        ; 当 R19≠ $ 3 时,程序跳转
...
ERROR：NOP         ;空指令
```

3.2.6　逻辑"与"指令

1. 寄存器逻辑与

AND Rd,Rr　　$0{\leqslant}d{\leqslant}31$,$0{\leqslant}d{\leqslant}31$

说明：寄存器 Rd 和寄存器 Rr 的内容逻辑"与",结果送入目的寄存器 Rd。

操作：Rd←Rd·Rr　　　PC←PC+1

机器码：0010 00rd dddd rrrr　　　周期：1

影响的状态标志位：S V(0) N Z

例：AND R2,R3　　；R2 和 R3 的内容逻辑"与",结果存入寄存器 R2

```
LDI R16,1       ；把立即数 $01 装入 R16
AND R2,R16      ；R2 和 R3 的内容逻辑"与"，相当于 R2←R2 · $01
```

2. "与"立即数

ANDI Rd,K   16≤d≤31,0≤K≤255

说明：寄存器 Rd 的内容与常数逻辑"与"，结果送到目的寄存器 Rd。

操作：Rd←Rd · K   PC←PC+1

机器码：0111 KKKK dddd KKKK   周期：1

影响的状态标志位：S V(0) N Z

```
例:ANDI R17,$0F    ；R17 的内容和立即数 $0F 逻辑"与"，相当于将 R17 的高字节清零，低字
                   ；节不变
   ANDI R18,$10    ；R18 的内容和立即数 $10 逻辑"与"，相当于将 R18 的第 4 位隔离（值不
                   ；变），其余位清零
   ANDI R19,$AA    ；R19 的内容和立即数 $AA 逻辑"与"，相当于将 R19 的奇数位清零，偶数
                   ；位不变
```

3. 清除寄存器位

CBR Rd,K   16≤d≤31,0≤K≤255

说明：清除寄存器 Rd 中的指定位，利用寄存器 Rd 的内容与常数表征码 K 的补码相"与"，其结果放在寄存器 Rd 中。

操作：Rd←Rd · ($FF-K)   PC←PC+1

机器码：0111 kkkk dddd kkkk(kkkk 为 kkkk 的补码)   周期：1

影响的状态标志位：S V(0) N Z

```
例:CBR r16,$F0    ；R16 和立即数 $F0 的补码逻辑"与"，相当于将 R16 的高位清零
   CBR R18,1      ；R18 和立即数 $01 的补码逻辑"与"，相当于将 R18 的第 0 位清零
```

4. 测试零或负

TST Rd   0≤d≤31

说明：测试寄存器为 0 或负数，实现寄存器自己同自己的逻辑"与"操作，而寄存器内容不改变。

操作：Rd←Rd · Rd   PC←PC+1

机器码：0010 00dd dddd dddd   周期：1

影响的状态标志位：S V(0) N Z

```
例:TST R0       ；测试 R0 是否是 0
   BREQ ZERO    ；当 R0 = 0 时，程序跳转
   …
   ZERO:NOP     ；空指令
```

3.2.7　逻辑或指令

1. 寄存器逻辑"或"

OR Rd,Rr　0≤d≤31, 0≤r≤31

说明:寄存器 Rd 与寄存器 Rr 的内容逻辑"或",结果送入目的寄存器 Rd 中。

操作:Rd←Rd∨Rr　　PC←PC+1

机器码:0010 10rd dddd rrrr　　周期:1

影响的状态标志位:S V(0) N Z

```
例:OR R15,R16    ;R2 和 R3 的内容逻辑"或",结果存入寄存器 R2 中
   BST R15,6      ;将 R15 中的第 6 位存在状态寄存器中的 T 标志位
   BRTS OK        ;标志位 T 置位时,程序跳转
   ...
   OK: NOP        ;空指令
```

2. "或"立即数

ORI Rd,K　16≤d≤31, 0≤K≤255

说明:寄存器 Rd 的内容与常量 K 逻辑"或",结果送入目的寄存器 Rd 中。

操作:Rd←Rd∨K　　PC←PC+1

机器码:0110 KKKK dddd KKKK　　周期:1

影响的状态标志位:S V(0) N Z

```
例:ORI R16,$F0   ;R16 的内容和立即数 $F0 逻辑"或",相当于将 R16 的高字节置 1,低字节
                 ;不变
   ORI R17,1     ;R17 的内容和立即数 $01 逻辑"或",相当于将 R17 的第 0 位置 1,其余位
                 ;不变
```

3. 寄存器位置位

SBR Rd,K　16≤d≤31, 0≤K≤255

说明:对寄存器 Rd 中指定位置位。完成寄存器 Rd 和常数表征码 K 之间的逻辑或操作,结果送到目的寄存器 Rd。

操作:Rd←Rd∨K　　PC←PC+1

机器码:0110 KKKK dddd KKKK　　周期:1

影响的状态标志位:S V(0) N Z

```
例:SBR R16,3     ;将 R16 寄存器的第 0 位和第 1 位置位
   SBR R17,$F0   ;将 R17 的高 4 位置位
```

4. 置位寄存器的所有位

SER Rd　16≤d≤31

说明:直接把 $FF 装入到寄存器 Rd。

操作:Rd←$FF   PC←PC+1

机器码:1110 1111 dddd 1111   周期:1

影响的状态标志位:无

```
例:CLR R16      ;将 R16 清零
   SER R17      ;将 R17 置位
   OUT $18,R16  ;PB 口输出低电平,即 PORTB = $00
   NOP          ;空指令,延时一个时钟周期
   OUT $18,R17  ;PB 口输出高电平,即 PORTB = $FF
```

3.2.8　逻辑异或指令

1. 寄存器"异或"

EOR Rd,Rr　0≤d≤31, 0≤r≤31

说明:该指令执行寄存器 Rd 和寄存器 Rr 的内容逻辑"异或"操作,结果存入目的寄存器 Rd。

操作:Rd←Rd⊕Rr　　PC←PC+1

机器码:0010 01rd dddd rrrr　　周期:1

影响的状态标志位:S V(0) N Z

2. 寄存器清零

CLR Rd　0≤d≤31

说明:寄存器清零。该指令采用寄存器 Rd 与自己的内容相"异或"实现的寄存器的所有位都被清零。

操作:Rd←Rd⊕Rd　　PC←PC+1

机器码:0010 01dd dddd dddd　　周期:1

影响的状态标志位:S(0) V(0) N(0) Z(1)

```
例:CLR R18       ;清零 R18
   LOOP:INC R18  ;R18 加 1
   …
   CPI R18, $50  ;比较 R18 与 $50
   BRNE LOOP     ;当 R18≠$50 时,程序跳转
```

3.2.9　乘法指令

1. 无符号数乘法

MUL Rd,Rr　0≤d≤31, 0≤r≤31

说明:该指令完成的是两个无符号 8 位数相乘得到一个 16 位无符号数的操作。

指令中,Rd 存放的 8 位无符号数作为被乘数,Rr 存放的 8 位无符号数作为乘数,相乘的结果为 16 位无符号数,保存在 R1:R0 中。其中,R1 为高 8 位,R0 为低 8 位。如果操作数中有 R1 或 R0,则结果会将原操作数覆盖。

操作:R1:R0＝Rd×Rr　　　PC←PC+1

机器码:1001 11rd dddd rrrr　　　周期:2

影响的状态标志位:Z C

例:MUL R5,R4　;R5 和 R4 作为 2 个无符号数相乘

MOVW R4,R0　;将 R1:R0 传送给 R5:R4,相当于把相乘结果存回 R5:R4 中

2. 有符号数乘法

MULS Rd,Rr　　16≤d≤31, 16≤r≤31

说明:该指令完成的是两个有符号 8 位数相乘得到一个 16 位有符号数的操作。指令中,Rd 存放的 8 位有符号数作为被乘数,Rr 存放的 8 位有符号数作为乘数,相乘的结果为 16 位有符号数,保存在 R1:R0 中。其中,R1 为高 8 位,R0 为低 8 位。

操作:R1:R0＝Rd×Rr　　　PC←PC+1

机器码:0000 0010 dddd rrrr　　　周期:2

影响的状态标志位:Z C

例:MUL R21,R20　;将 R21 和 R20 作为 2 个有符号数相乘

MOVW R4,R0　　;将 R1:R0 传送给 R21:R20,相当于把相乘结果存回 R21:R20 中

3. 有符号数和无符号数乘法

MULSU Rd,Rr　　16≤d≤23, 16≤r≤23

说明:该指令完成的是一个有符号 8 位数和一个无符号 8 位数相乘得到一个 16 位有符号数的操作。指令中,Rd 存放的 8 位有符号数作为被乘数,Rr 存放的 8 位无符号数作为乘数,相乘的结果为 16 位有符号数,保存在 R1:R0 中。其中,R1 为高 8 位,R0 为低 8 位。

操作:R1:R0＝Rd×Rr　　　PC←PC+1

机器码:0000 0011 0ddd 0rrr　　　周期:2

影响的状态标志位:Z C

例:MULSU R21,R20　;R22 作为有符号数和 R21 作为无符号数相乘

MOVW R4,R0　　　;将 R1:R0 传送给 R21:R20,相当于把相乘结果存回 R21:R20 中

4. 无符号定点小数乘法

FMUL Rd,Rr　　16≤d≤23, 16≤r≤23

说明:该指令完成的是两个无符号 8 位数相乘得到一个 16 位无符号数,并将结果左移一位后保存在 R1:R0 中的操作。其中,R1 为高 8 位,R0 为低 8 位。指令中,被乘数 Rd 和乘数 Rr 是两个包含无符号定点小数的寄存器,小数点固定在第 7 位和

第 6 位之间。结果为 16 位无符号定点小数,小数点固定在第 15 位和第 14 位之间。

操作:R1:R0＝Rd×Rr（unsigned(1.15)＝unsigened(1.7)×unsigened(1.7)）

PC←PC＋1

机器码:0000 0011 0ddd 1rrr　　周期:2

影响的状态标志位:Z C

注:(N.Q)表示一个小数点左边有 N 个二进制数位、小数点右边有 Q 个二进制数位的小数。以(N1.Q1)和(N2.Q2)为格式的两个小数相乘,产生格式为((N1＋N2).(Q1＋Q2))的结果。对于要保留小数的有效位的处理应用,输入的数据通常采用(1.7)的格式,产生的结果为(2.14)格式。因此为了能够与输入的格式相匹配,将输出的结果左移一位。FMUL 指令的执行周期与 MUL 指令相同,但比 MUL 指令增加了一个左移操作。

5. 有符号定点小数乘法

FMULS Rd,Rr　　16≤d≤23, 16≤r≤23

说明:该指令完成的是两个有符号 8 位数相乘得到一个 16 位有符号数,并将结果左移一位后保存在 R1:R0 中的操作。其中,R1 为高 8 位,R0 为低 8 位。指令中,被乘数 Rd 和乘数 Rr 是两个包含有符号定点小数的寄存器,小数点固定在第 7 位和第 6 位之间。结果为 16 位有符号定点小数,小数点固定在第 15 位和第 14 位之间。

操作:R1:R0＝Rd×Rr（signed(1.15)＝sigened(1.7)×sigened(1.7)）

　　　　PC←PC＋1

机器码:0000 0011 1ddd 0rrr　　周期:2

影响的状态标志位:Z C

注:(N.Q)表示一个小数点左边有 N 个二进制数位、小数点右边有 Q 个二进制数位的小数。以(N1.Q1)和(N2.Q2)为格式的两个小数相乘,产生格式为((N1＋N2).(Q1＋Q2))的结果。对于要保留小数的有效位的处理应用,输入的数据通常采用(1.7)的格式,产生的结果为(2.14)格式。因此为了能够与输入的格式相匹配,将输出的结果左移一位。FMULS 指令的执行周期与 MULS 指令相同,但比 MULS 指令增加了一个左移操作。

```
例:FMULS R23,R22    ;两个格式为(1.7)的有符号定点小数 R23 和 R22 相乘
   MOVW  R22,R0     ;将 R1:R0 传送给 R23:R22,相当于把相乘结果存回 R23:R22 中
```

6. 有符号定点小数和无符号定点小数相乘

FMULSU Rd,Rr　　16≤d≤23, 16≤r≤23

说明:该指令完成的是一个有符号 8 位数和一个无符号 8 位数相乘得到一个 16 位有符号数,并将结果左移一位后保存在 R1:R0 中的操作。其中,R1 为高 8 位,R0 为低 8 位。指令中,被乘数 Rd 是一个包含有符号定点小数的寄存器,乘数 Rr 是一个包含无符号定点小数的寄存器,小数点固定在第 7 位和第 6 位之间。结果为 16 位

有符号定点小数,小数点固定在第 15 位和第 14 位之间。

操作:R1:R0＝Rd×Rr (signed(1.15)＝sigened(1.7)×unsigened(1.7))

PC←PC＋1

机器码:0000 0011 1ddd 1rrr   周期:2

影响的状态标志位:Z C

注:(N.Q)表示一个小数点左边有 N 个二进制数位,小数点右边有 Q 个二进制数位的小数。以(N1.Q1)和(N2.Q2)为格式的两个小数相乘,产生格式为((N1＋N2).(Q1＋Q2))的结果。对于要保留小数的有效位的处理应用,输入的数据通常采用(1.7)的格式,产生的结果为(2.14)格式。因此为了能够与输入的格式相匹配,将输出的结果左移一位。FMULS 指令的执行周期与 MULSU 指令相同,但比 MUL-SU 指令增加了一个左移操作。

3.2.10 数据加密指令

1. DES 加密指令

DES K,0x00≤K≤ 0x0F ,PC←PC＋1

说明:加密指令是 AVR CPU 的扩展指令,用来执行 DES 回次运算。64 的数据块(明文或者密文)存储在 CPU 的通用寄存器 R0～R7 中,数据的最低有效位存储在 R0 中,最高有效位存储在 R7 中。64 位密钥(包括检验位)存储在 R8～R15 中,密钥的最低有效位存储在 R8 中,最高有效位存储在 R15 中。执行一次 DES 指令完成 DES 算法中的一个回次的运算。为了得到正确的密文或者明文,必须执行 16 个回次。每一个回次的中间数据存放在 R0～ R15 中。指令的操作数 K 决定执行哪一个回次运算,半进位标志(H)决定是进行加密还是解密。

操作:如果 H＝0,执行加密(R7－R0, R15－R8, K)

如果 H＝1,执行解密(R7－R0, R15－R8, K)

机器码:1001 0100 KKKK 1011   周期:1

影响的状态标志位:无

例:DES 0x00

DES 0x01

...

DES 0x0E

DES 0x0F

注:如果 DES 指令之后是一个非 DES 指令,需要多执行一个指令周期。

3.3　跳转指令

3.3.1　无条件跳转指令

1. 相对跳转

RJMP k　　−2K≤k＜K

说明:相对跳转到 PC−2K+1 到 PC+2K 字范围内的地址,在汇编程序中,用标号替代相对跳转字 k。

操作:PC←(PC+1)+ k

机器码:1100 kkkk kkkk kkkk　　　周期:2

影响的状态标志位:无

例: CPI R16, $ 42	; 将 R16 和 $ 42 比较
BRNE ERROR	; 如果 R16≠ $ 42,程序跳转
RJMP OK	; 相对跳转
ERROR: ADD R16,R17	; R17 和 R16 相加,结果放在 R16
INC R16	; R16 自加 1
OK: NOP	; 空指令

2. 间接跳转

IJMP

说明:间接跳转到由寄存器区中的 Z 指针寄存器指向的 16 位地址。Z 指针寄存器是 16 位宽,允许在当前程序存储器空间 128 KB 内跳转。

操作:PC←Z

机器码:1001 0100 0000 1001　　　周期:2

影响的状态标志位:无

| 例: MOV R30,R0 | ; 将 R0 中内容传送到 R30 中 |
| IJMP | ; 跳转到 Z(R31:R30)指针寄存器指向的 16 位地址 |

3. 直接跳转

JMP k　　0≤k＜4M

说明:在整个程序存储空间 4M 字内跳转,在汇编程序中,用标号替代相对跳转字 k。

操作:PC←k

机器码:1001 010k kkkk 110k kkkk kkkk kkkk kkkk

周期:3

影响的状态标志位:无

例：MOV R1,R0　　　;将 R0 的值传送到 R1

　　JMP FARPLC　　　;直接跳转

　　FARPLC:NOP　　　;空指令

4. 扩展间接跳转

EIJMP

说明:扩展间接跳转到由寄存器区中 Z 指针寄存器和 EIND 寄存器指向的地址。允许在当前程序存储器空间 4M 字内跳转。

操作：$PC(15:0) \leftarrow Z(15:0)$

　　　$PC(21:16) \leftarrow EIND$

机器码:1001 0100 0001 1001　　　周期:2

影响的状态标志位:无

例:ldi r16, $ 05 ;设置 EIND 和 Z - 寄存器

　out EIND,r16

　ldi r30, $ 00

　ldi r31, $ 10

　eijmp　　　;跳转到 $ 051000

3.3.2　条件跳转指令

条件相对跳转测试 SREG 的某一位,如果该位被置位,则跳转;否则,顺序执行下面的指令。

1. 状态寄存器中位置位跳转

BRBS s,k　　$0 \leqslant s \leqslant 7, -64 \leqslant k \leqslant 63$

说明:执行该指令时,PC 先加 1,再测试 SREG 的 s 位,如果该位被置位,则跳转 k 个字;否则顺序执行。在汇编程序中,用标号替代相对跳转字 k。

操作:If SREG(s)=1,then PC←(PC+1)+k,else PC←PC+1

机器码:1111 00kk kkkk ksss

周期:1(条件为假时);2(条件为真时)

影响的状态标志位:无

例:BSTR 0,3　　　;把 R0 的第 3 位存储到 SREG 中的 T 标志位

　BRBS 6, BITSET ;测试 SREG 的第 6 位(T 标志位),如果该位置位,程序跳转

　...

　BITSET: NOP　　;空指令

2. 状态寄存器中位清零跳转

BRBC s,k　　$0 \leqslant s \leqslant 7, -64 \leqslant k \leqslant 63$

说明:执行该指令时,PC 先加 1,再测试 SREG 的 s 位,如果该位被清零,则跳转

k 个字;否则顺序执行。在汇编程序中,用标号替代相对跳转字 k。

操作:If SREG(s)=0,then PC←(PC+1)+k,else PC←PC+1

机器码:1111 01kk kkkk ksss

周期:1(条件为假时);2(条件为真时)

影响的状态标志位:无

```
例:CPI R20,5      ;比较 R20 与立即数 5
   BRBC 1,NOTEQ  ;测试 SREG 的第 1 位(Z标志位),如果该位置位,程序跳转
   ...
   NOTEQ:NOP     ;空指令
```

3. 相等跳转

BREQ k   −64≤k≤63

说明:条件相对跳转,测试零标志 Z,如果 Z 位被置位,则相对 PC 值跳转 k 个字。如果在执行 CP、CPI、SUB 或 SUBI 指令后,立即执行该指令,且当寄存器 Rd 中无符号或有符号二进制数与寄存器 Rr 中无符号或有符号二进制数相等时,将发生转移。该指令相当于指令"BRBS 1,k"。

操作:If Rd=Rr(Z=1),then PC←(PC+1)+k;else PC←PC+1

机器码:1111 00kk kkkk k001

周期:1(条件为假时);2(条件为真时)

影响的状态标志位:无

```
例:CP R1, R0      ;比较 R1 和 R0
   BREQ EQUAL    ;当 R1 = R0 时,即 Z = 1,程序跳转
   ...
   EQUAL: NOP    ;空指令
```

4. 不相等跳转

BRNE k   −64≤k≤63

说明:条件相对跳转,测试零标志 Z,如果 Z 位被清零,则相对 PC 值跳转 k 个字。如果在执行 CP、CPI、SUB 或 SUBI 指令后,立即执行该指令,且当在寄存器 Rd 中的无符号或带符号二进制数不等于寄存器 Rr 中的无符号或带符号二进制数时,将发生跳转。该指令相当于指令"BRBC 1,k"。

操作:If Rd≠Rr(Z=0) ,then PC←(PC+1)+k;else PC←PC+1

机器码:1111 01kk kkkk k001

周期:1(条件为假时);2(条件为真时)

影响的状态标志位:无

```
例:EOR R27,R27         ;R27 清零
   LOOP:INC R27        ;R27 自加 1
```

```
...
CPI R27,5              ;比较 R27 和立即数 $5
BRNE LOOP             ;当 R27≠5 时,程序跳转
NOP                   ;空指令
```

5. 进位 C 标志位置位跳转

BRCS k　　−64≤k≤63

说明:条件相对跳转,测试进位标志 C,如果 C 位被置位,则相对 PC 值跳转 k 个字。该指令相当于指令"BRBS 0,k"。

操作:If C=l then PC←(PC+1)+k ;else PC←PC+1

机器码:1111 00kk kkkk k000

周期:1(条件为假时);2(条件为真时)

影响的状态标志位:无

```
例:CPI R26, $56       ;比较 R26 与立即数 $56
   BRCS CARRY         ;当 C = 1 时,程序跳转
   ...
   CARRY:NOP          ;空指令
```

6. 进位位 C 标志位清除跳转

BRCC k　　−64≤k≤63

说明:条件相对跳转,测试进位标志 C,如果 C 位被清除,则相对 PC 值转移 k 个字。这条指令相当于指令"BRBC 0,k"。

操作:If C=0 then PC←(PC+1)+k else PC←PC+1

机器码:1111 01kk kkkk k000

周期:1(条件为假时);2(条件为真时)

影响的状态标志位:无

```
例:ADD R22,R23        ;R23 和 R22 相加
   BRCC NOCARRY       ;当 C = 0 时,程序跳转
   ...
   NOCARRY: NOP       ;空指令
```

7. 大于或等于跳转(对无符号数)

BRSH k　　−64≤k≤63

说明:条件相对跳转,测试进位标志位 C,如果 C 位被清零,则相对 PC 值跳转 k 个字。如果在执行 CP、CPI、SUB 或 SUBI 指令后,立即执行该指令,且当在寄存器 Rd 中无符号二进制数大于或等于寄存器 Rr 中无符号二进制数时,将发生跳转。该指令相当于指令 "BRBC 0,k"。

操作:If Rd≥Rr(C=0) then PC←(PC+1)+k else PC←PC+1

机器码:1111 01kk kkkk k000

周期:1(条件为假时);2(条件为真时)

影响的状态标志位:无

```
例:SUBI R19,4        ;R19 减立即数 $ 4
   BRSH HIGHSM       ;当 R19≥4 时,程序跳转
   ...
   HIGHSM:NOP        ;空指令
```

8. 小于跳转(对无符号数)

BRLO k   −64≤k≤63

说明:条件相对跳转,测试进位标志位 C,如果 C 位被置位,则相对 PC 值跳转 k 个字。如果在执行 CP、CPI、SUB 或 SUBI 指令后立即执行该指令,且当在寄存器 Rd 中无符号二进制数小于在寄存器 Rr 中无符号二进制数时,将发生跳转。该指令相当于指令"BRBS 0,k"。

操作:If Rd<Rr(C=1)　　then PC←(PC+1)+k　else PC←PC+1

机器码:1111 00kk kkkk k000

周期:1(条件为假时);2(条件为真时)

影响的状态标志位:无

```
例:EOR R19,R19       ;R19 清零
   LOOP:INCR19       ;R19 加 1
   ...
   CPI R19,$ 10      ;比较 R19 和立即数 $ 10
   BRLO LOOP         ;如果 R19 < $ 10,程序跳转
   NOP               ;空指令
```

9. 负数跳转

BRMI k   −64≤k≤63

说明:条件相对跳转,测试负号标志 N,如果 N 位被置位,则相对 PC 值跳转 k 个字。该指令相当于指令"BRBS 2,k"。

操作:If N=l then PC←(PC+1)+k else PC←PC+1

机器码:1111 00kk kkkk k010

周期:1(条件为假时);2(条件为真时)

影响的状态标志位:无

```
例:SUBI R18,4        ;R18 减立即数 4
   BRMI NEGATIVE     ;如果结果为负,程序跳转
   ...
   NEGATIVE: NOP     ;空指令
```

10. 结果为正跳转

BRPL k　$-64 \leqslant k \leqslant 63$

说明:条件相对跳转,测试负号标志 N,如果 N 位被清零,则相对 PC 值跳转 k 个字。该指令相当于指令"BRBC 2,k"。

操作:If N=0 then PC←(PC+1)+k; else PC←PC+1

机器码:1111 01kk kkkk k010

周期：1(条件为假时);2(条件为真时)

影响的状态标志位:无

```
例:SUBI R26, $ 50          ;R26 减立即数 $ 50
   BRPL POSITIVE          ;当结果为正时,程序跳转
   ...
   POSITIVE:NOP           ;空指令
```

11. 大于或等于跳转(有符号数)

BRGE k　$-64 \leqslant k \leqslant 63$

说明:条件相对跳转,测试进位标志位 S,如果 S 位被清零,则相对 PC 值跳转 k 个字。如果在执行 CP、CPI、SUB 或 SUBI 指令后立即执行该指令,且当在寄存器 Rd 中带符号二进制数大于或等于寄存器 Rr 中带符号二进制数时,将发生跳转。该指令相当于指令"BRBC 4,k"。

操作:If Rd≥Rr (N ⊕ V=0) then PC←(PC+1)+k,else PC←PC+1

机器码:1111 01kk kkkk k100

周期：1(条件为假时);2(条件为真时)

影响的状态标志位:无

```
例:CP     R11,R12         ;比较 R11 和 R12
   BRGE    GREATEQ        ;如果 R11 ≥ R12,程序跳转
   ...
   GREATEQ:  NOP          ;空指令
```

12. 小于跳转(有符号数)

BRLT k　$-64 \leqslant k \leqslant 63$

说明:条件相对跳转,测试进位标志位 S,如果 S 位被置位,则相对 PC 值跳转 k 个字。如果在执行 CP、CPI、SUB 或 SUBI 指令后立即执行该指令,且当在寄存器 Rd 中带符号二进制数小于在寄存器 Rr 中带符号二进制数时,将发生跳转。该指令相当于指令"BRBS 4,k"。

操作:If Rd<Rf (N ⊕ V]1) then PC←(PC+1)+k else PC←PC+1

机器码:1111 00kk kkkk k100

周期：1(条件为假时);2(条件为真时)

影响的状态标志位:无

例:CP R16,R1　　　　　　　;比较 R16 和 R1

　　BRLT LESS　　　　　　　;当 R16＜R1 时,程序跳转

　　...

　　LESS:NOP　　　　　　　　;空指令

13. 半进位标志置位跳转

BRHS k　　−64≤k≤63

说明:条件相对跳转,测试半进位标志 H,如果 H 位被置位,则相对 PC 值跳转 k 个字。该指令相当于指令"BRBS 5,k"。

操作:If H=1 then PC←(PC+l)+k,else PC←PC+1

机器码:1111 00kk kkkk k101

周期:1(条件为假时);2(条件为真时)

影响的状态标志位:无

例:BRHS HSET　　　　　;H = 1 时,程序跳转

　　...

　　HSET:　　NOP　　　;空指令

14. 半进位标志清零跳转

BRHC k　　−64≤k≤63

说明:条件相对跳转,测试半进位标志 H,如果 H 位被清零,则相对 PC 值跳转 k 个字。该指令相当于指令 BRBC 5,k。

操作:If H=0 then PC←(PC+1)+k, else PC←PC+1

机器码:1111 01kk kkkk k101

周期:1(条件为假时);2(条件为真时)

影响的状态标志位:无

例:BRHC HCLEAR　　　　　;H = 0 时,程序跳转

　　...

　　HCLEAR:　　NOP　　　;空指令

15. T 标志置位跳转

BRTS k　　−64≤k≤63

说明:条件相对跳转,测试标志位 T,如果标志位 T 被置位,则相对 PC 值跳转 k 个字。该指令相当于指令"BRBS 6,k"。

操作:If T=l then PC←(PC+1)+k else PC←PC+1

机器码:1111 00kk kkkk k110

周期:1(条件为假时);2(条件为真时)

影响的状态标志位:无

例:BST R3,5　　　　　　;将 R3 的第 5 位复制到 T 标志位

　　BRTS TSET　　　　　;当 T=1 时,程序跳转

　　...

　　TSET:NOP　　　　　　;空指令

16. T 标志清零跳转

BRTC k　 −64≤k≤63

说明:条件相对跳转,测试 T 标志位,如果标志位 T 被清零,则相对 PC 值跳转 k 个字。该指令相当于指令"BRBC 6,k"。

操作:If T=0 then PC←(PC+1)+k else PC←PC+1

机器码:1111 01kk kkkk k110

周期:1(条件为假时);2(条件为真时)

影响的状态标志位:无

例:BST R3,5　　　　　　;将 R3 的第 5 位复制到 T 标志

　　BRTC TCLEAR　　　　;当 T=0 时,程序跳转

　　...

　　TCLEAR:NOP　　　　　;空指令

17. 溢出标志置位跳转

BRVS k　 −64≤k≤63

说明:条件相对跳转,测试溢出标志 V,如果 V 位被置位,则相对 PC 值跳转 k 个字。该指令相当于指令"BRBS 3,k"。

操作:If V=1 then PC←(PC+1)+k,else PC←PC+1

机器码:1111 00kk kkkk k011

周期:1(条件为假时);2(条件为真时)

影响的状态标志位:无

例:ADD R3,R4　　　　　;R4 加 R3

　　BRVS OVERFL　　　　;当 V=1 时,程序跳转

　　...

　　OVERFL:NOP　　　　　;空指令

18. 溢出标志清零跳转

BRVC k　 −64≤k≤63

说明:条件相对跳转,测试溢出标志 V,如果 V 位被清零,则相对 PC 值跳转 k 个字。该指令相当于指令"BRBC 3,k"。

操作:If V=0 then PC←(PC+1)+k,else PC←PC+1

机器码:1111 01kk kkkk k011

周期:1(条件为假时);2(条件为真时)

影响的状态标志位:无

```
例:ADD R3,R4          ; R4 加 R3
   BRVC NOOVER        ; 当 V = 0 时,程序跳转
   ...
   NOOVER:NOP         ; 空指令
```

19. 全局中断标志触发跳转

BRIE k　　−64≤k≤63

说明:条件相对跳转,测试全局中断标志 I,如果 I 位被置位,则相对 PC 值跳转 k 个字。该指令相当于指令"BRBS 7,k"。

操作:If I=1 then PC←(PC+1)+k,else PC←PC+1

机器码:1111 00kk kkkk k111

周期:1(条件为假时);2(条件为真时)

影响的状态标志位:无

```
例:BRIE INTEN          ; 当 I = 1 时,程序跳转
   ...
   INTEN:NOP           ; 空指令
```

20. 全局中断标志禁止跳转

BRID k　　−64≤k≤63

说明:条件相对跳转,测试全局中断允许标志 I,如果 I 位被清零,则相对 PC 值跳转 k 个字。该指令相当于指令"BRBC 7,k"。

操作:If I=0 then PC←(PC+1)+k, else PC←PC+1

机器码:1111 01kk kkkk k111

周期:1(条件为假时);2(条件为真时)

影响的状态标志位:无

```
例:BRID INTDIS         ; 当 I = 0 时,程序跳转
   ...
   INTDIS:NOP          ; 空指令
```

3.3.3　测试条件符合跳行跳转指令

1. 比较相等跳行

CPSE Rd,Rr　0≤d≤31, 0≤r≤31

说明:该指令完成两个寄存器 Rd 和 Rr 的比较,若 Rd = Rr,则跳一行执行

指令。

操作:If Rd＝Rr then PC←PC＋2(or 3) else PC←PC＋1

机器码:0001 00rd dddd rrrr

周期:1(条件为假时);2 或 3(条件为真时)

影响的状态标志位:无

例:INC R4	; R4 加 1
CPSE R4,R0	; 比较 R4 和 R0
NEG R4	; 当 R4≠R0 时执行 R4 取补码操作
NOP	; 空指令

2. 寄存器位被清零跳行

SBRC Rr,b　0≤r≤31, 0≤b≤7

说明:该指令测试寄存器某位,如果该位被清零,则跳一行执行指令。

操作:If Rd(b)＝0 then PC←PC＋2(or 3)　else PC←PC＋1

机器码:1111 110r rrrr 0bbb

周期:1(条件为假时);2 或 3(条件为真时)

影响的状态标志位:无

例:SUB R0,R1	; R0 减 R1,结果放回 R0
SBRC R0,7	; 当 R0(7) = 0 时,跳一行执行指令
SUB R0,R1	; 当 R0(7) = 1 时,R0 减 R1,结果存回 R0
NOP	; 空指令

3. 寄存器位置位跳行

SBRS Rr,b　0≤r≤31, 0≤b≤7

说明:该指令测试寄存器某位,如果该位被置位,则跳一行执行指令。

操作:If Rr(b)＝l then PC←PC＋2(or 3)　else PC←PC＋1

机器码:1111 111r rrrr 0bbb

周期:1(条件为假时);2 或 3(条件为真时)

影响的状态标志位:无

例:SUB R0,R1	; R0 减 R1,结果放回 R0
SBRS R0,7	; 当 R0(7) = 1 时,跳一行执行指令
NEG R0	; 当 R0(7) = 0 时,R0 取补码操作
NOP	; 空指令

4. I/O 寄存器位清零跳行

SBIC P,b　0≤P≤31, 0≤b≤7

说明:该指令测试 I/O 寄存器某位,如果该位被清零,则跳一行执行指令。该指令只在低 32 个 I/O 寄存器内操作。

操作:If P(b)＝0 then PC←PC＋2(or 3)　else PC←PC＋1

机器码:1001 1001 PPPP Pbbb

周期:1(条件为假时);2 或 3(条件为真时)

影响的状态标志位:无

例:E2WAIT:SBIC $1C,1 　　　;当 EEWE＝0 时,跳一行执行指令

　RJMP E2WAIT　　　　　　;EEPROM 写未完成时,程序跳转

　NOP　　　　　　　　　　;空指令

5. I/O 寄存器位置位跳行

SBIS P,b　　0≤P≤31,0≤b≤7

说明:该指令测试 I/O 寄存器第 b 位,如果该位被置位,则跳一行执行指令。该指令只在低 32 个 I/O 寄存器内操作。

操作:If P(b)＝l then PC←PC＋2(or3)　else PC←PC＋1

机器码:1001 1011 PPPP Pbbb

周期:1(条件为假时);2 或 3(条件为真时)

影响的状态标志位:无

例:WAITSET:SBIS $10,0;当 PIND.0＝1 时,跳一行执行指令

　RJMP WAITSET　　　　　;当 PIND.0≠1 时,程序跳转

　NOP　　　　　　　　　　;继续(不做任何操作)

3.3.4　子程序的调用

1. 相对调用

RCALL k　　−2 048≤k≤2 047

说明:在 PC−2K＋1～2K(字)这 4 KB 范围内调用子程序。返回地址(RCALL 后的指令地址)存储到堆栈中。

操作:STACK←PC＋1,SP←SP−2,PC←(PC＋1)＋k

机器码:1101 kkkk kkkk kkkk

周期:3

影响的状态标志位:无

例:RCALL ROUTINE　　　　;调用 ROUTINE 子程序

　…

　ROUTINE:PUSH R14　　　;把 R14 的内容压入堆栈,保护现场

　…

　POP R14　　　　　　　　;R14 值弹出堆栈,恢复现场

　RET　　　　　　　　　　;从子程序返回

2. 间接调用

ICALL

说明:间接调用由寄存器区中的 Z(16 位指针寄存器)指向的子程序。Z 指针寄存器为 16 位,允许调用当前程序存储空间 64K 字(128 KB)内的子程序。

操作:STACK←PC+1,SP←SP-2,PC(15:0)←Z(15:0)

机器码:1001 0101 0000 1001

周期:3

影响的状态标志位:无

```
例:MOV R30,R0   ;将 R0 的值送给 R30(Z 寄存器的低 8 位)
   ICALL        ;间接调用,PC←Z(R31:R30)
```

3. 子程序直接长调用

CALL k   0≤k<64K(65 536)

说明:在整个程序存储器区内调用子程序。返回地址(CALL 指令后的指令地址)将存储在堆栈中。

操作:STACK←PC+2,SP←SP-2,PC←k

机器码:1001 010k kkkk 111k kkkk kkkk kkkk kkkk

周期:3

影响的状态标志位:无

```
例:MOV R16,R0         ; 把 R0 的内容送到 R16
   CALL CHECK         ; 直接调用 CHECK 子程序
   NOP                ; 空指令
   …
   CHECK: CPI R16, $ 42   ; R16 和立即数 $ 42 比较
   BREQ ERROR         ; R16 = $ 42 时,程序跳转
   RET                ; 从子程序返回
   …
   ERROR: RJMP ERROR  ; 无限循环
```

4. 扩展的间接调用

EICALL

说明:间接调用由 EIND 寄存器和 Z 寄存器构成的地址指向的子程序。允许调用当前程序存储空间 4M 字内的子程序。

操作:PC(15:0) ← Z(15:0)　　PC(21:16) ← EIND

　　STACK ← PC + 1　　SP ← SP - 3(3 个字节, 22 位)

机器码:1001 0101 0001 1001

周期:3

AVR XMEGA高性能单片机开发及应用

影响的状态标志位：无

例：ldi r16,$05 ;设置 EIND 和 Z 寄存器
out EIND,r16
ldi r30,$00
ldi r31,$10
eicall　　　 ;调用程序区 $051000 处的子程序

3.3.5　子程序的返回

1. 从子程序返回

RET
说明：从子程序返回,返回地址从堆栈中弹出。
操作：SP←SP+2,PC(15:0)←STACK
机器码：1001 0101 0000 1000
周期：4
影响的状态标志位：无

例：CALL ROUTINE　　　　　 ;调用 ROUTINE 子程序
...
ROUTINE:PUSH R14　　　 ;把 R14 的内容压入堆栈,保护现场
...
POP R14　　　　　　　 ;R14 值弹出堆栈,恢复现场
RET　　　　　　　　　 ;从子程序返回

2. 从中断程序返回

RETI
说明：从中断程序中返回,返回地址从堆栈中弹出,且全局中断标志被置位。
操作：SP←SP+2,PC(15:0)←STACK
机器码：1001 0101 0001 1000
周期：4
影响的状态标志位：I(1)
注意：
① 主程序应跳过中断区,防止修改、补充中断程序带来麻烦。
② 不用的中断入口地址写上 RETI,有抗干扰作用。

例：...
EXTINT:PUSH R0　 ;R0 入栈
...
POP R0　　　　　 ;R0 出栈
RETI　　　　　　 ;从中断程序返回

328

3.4 数据传送指令

3.4.1 直接数据传送指令

1. 通用寄存器间复制数据

MOV Rd,Rr   0≤d≤31,0≤r≤31

说明:该指令将一个寄存器内容复制到另一个寄存器中,源寄存器 Rr 的内容不改变,而目的寄存器 Rd 复制了 Rr 的内容。

操作:Rd←Rr   PC←PC+1

机器码:0010 11rd dddd rrrr

周期:1

例:MOV R16,R0   ;把 R0 的内容送到 R16

　　CALL CHECK   ;直接调用子程序

　　...

　　CHECK: CPI R16, $ 11   ;将 R16 和立即数 $ 11 比较

　　...

　　RET   ;从子程序返回

2. SRAM 数据直接送寄存器

LDS Rd,k   0≤d≤31, 0≤k≤65 535

说明:把 SRAM 中一个字节装入到寄存器,其中 k 为该存储单元的 16 位地址。

操作:Rd←(k)   PC←PC+2

机器码:1001 000d dddd 0000 kkkk kkkk kkkk kkkk

周期:2

例:LDS R2, $ FF00   ;将数据存储器中地址为 $ FF00 的内容装入 R2 中

　　ADD R2,R1   ;R2 和 R1 相加,结果放回到 R2 中

　　STS $ FF00,R2   ;将 R2 的内容写回到地址为 $ FF00 的数据存储器中

3. 寄存器数据直接送 SRAM

STS k,Rr   0≤r≤31, 0≤k≤65 535

说明:将寄存器的内容直接存储到 SRAM 中,其中 k 为存储单元的 16 位地址。

操作:(k)←Rr   PC←PC+2

机器码:1001 001d dddd 0000 kkkk kkkk kkkk kkkk

周期:2

例:LDS R2, $ FF00   ;将数据存储器中地址为 $ FF00 的内容装入 R2 中

　　ADD R2,R1   ;R1 和 R2 相加结果存回 R2 中

STS ＄FF00,R2　　；将 R2 的内容写回到地址为 ＄FF00 的数据存储器中

4. 立即数送寄存器

LDI Rd,K　　16≤d≤31，0≤K≤255

说明：装入一个 8 位立即数到寄存器 R16～R31 中。

操作：Rd←K　　　PC←PC＋1

机器码：1110 KKKK dddd KKKK

周期：1

例：CLR R31　　　　；R31 清零

　　LDI R30，＄F0　；把立即数 ＄F0 传送到 R30

　　LPM　　　　　　；将指针寄存器 Z(R31:R30)指向的程序存储器空间的内容传送到 R0

3.4.2　间接数据传送指令

间接数据传送指令能使 X、Y、Z 寄存器的内容不变、加 1、减 1。使用 X、Y 和 Z 指针寄存器的特性特别适合用于访问矩阵、表格和堆栈指针等。

1. 使用 X 指针寄存器间接寻址传送数据

(1)使用地址指针寄存器 X 间接将 SRAM 内容送到寄存器

①LD Rd,X　　0≤d≤31；

说明：将 X 指针寄存器为地址的 SRAM 中的数据送到寄存器,X 指针内容不变。

操作：Rd←(X)　　　PC←PC＋1

机器码：1001 000d dddd 1100

周期：2

②LD Rd,X＋　　0≤d≤31；

说明：将 X 指针寄存器为地址的 SRAM 中的数据送到寄存器,X 指针加 1。

操作：Rd←(X),X←X＋1　　　PC←PC＋1

机器码：1001 000d dddd 1101

周期：2

③LD Rd,－X　　0≤d≤31；

说明：X 指针减 1,将 X 指针寄存器为地址的 SRAM 中的数据送到寄存器。

操作：X←X－1,Rd←(X)　　　PC←PC＋1

机器码：1001 000d dddd 1110

周期：2

例：CLR R27　　　　　；R27 清零

　　LDI R26,＄60　　；A 将立即数 ＄60 装入 R26

　　LD R0,X＋　　　　；将地址指针 X(0x0061)为地址的 SRAM 内容送入 R0,然后 X 加 1

LD R1,X　　　　;将 X(0x0061)为地址的 SRAM 内容送入 R1

LDI R26,$ 63　　;将立即数 $ 63 装入 R26

LD R2,X　　　　;将 X(0x0061)为地址的 SRAM 内容送入 R2

LD R3,－X　　　;先将 X 减 1,然后将 X(0x0061)为地址的 SRAM 内容送入 R3

(2)使用地址指针寄存器 X 间接将寄存器内容送到 SRAM

①ST X,Rr　0≤r≤31;

说明:将寄存器内容送到 X 指针寄存器为地址的 SRAM 中,X 指针内容不改变。

操作:(X)←Rr　　PC←PC+1

机器码:1001 001r rrrr 1100

周期:2

②ST X+,Rr　0≤r≤31;

说明:先将寄存器内容送到 X 指针寄存器为地址的 SRAM 中,后 X 指针加 1。

操作:(X)←Rr,X←X+1　　PC←PC+1

机器码:1001 001r rrrr 1101

周期:2

③ST －X,Rr　0≤r≤31;

说明:先将 X 指针减 1,然后将寄存器内容送到 X 指针寄存器为地址的 SRAM 中。

操作:X←X−1,(X)←Rr　　PC←PC+1

机器码:1001 001r rrrr 1110

周期:2

例:CLR R27　　　;R27 清零

　　LDI R26,$ 60　;将立即数 $ 60 装入 R26

　　ST X+,R0　　;将 R0 内容送入地址指针 X(0x0061)为地址的 SRAM 中,然后 X 加 1

　　ST X,R1　　　;将 R1 内容送入 X(0x0061)为地址的 SRAM 中

　　LDI R26,$ 63　;将立即数 $ 63 装入 R26

　　ST X,R2　　　;将 R2 内容送入 X(0x0061)为地址的 SRAM 中

　　ST －X,R3　　;先将 X 减 1,然后将 R3 内容送入 X(0x0061)为地址的 SRAM 中

2. 使用 Y 指针寄存器间接寻址传送数据

(1)使用地址指针寄存器 Y 间接寻址将 SRAM 中的内容装入寄存器

①LD Rd,Y　0≤d≤31;

说明:将 Y 指针寄存器为地址的 SRAM 中的数据送到寄存器,Y 指针内容不变。

操作:Rd←(Y)　　PC←PC+1

机器码:1000 000d dddd 1000

周期:2

②LD Rd,Y+　0≤d≤31;

说明:将 Y 指针寄存器为地址的 SRAM 中的数据送到寄存器,Y 指针加 1。

操作:Rd←(Y),Y←Y+1　　　PC←PC+1

机器码:1001 000d dddd 1001

周期:2

③LD Rd,−Y　0≤d≤31;

说明:Y 指针减 1,将 Y 指针寄存器为地址的 SRAM 中的数据送到寄存器。

操作:Y←Y−1,Rd←(Y)　　　PC←PC+1

机器码:1001 000d dddd 1010

周期:2

④LDD Rd,Y+q　0≤d≤31,0≤q≤63;

说明:将指针为 Y+q 的 SRAM 中的数据送到寄存器,而 Y 指针不改变。

操作:Rd←(Y+q)　　　PC←PC+1

机器码:10q0 qq0d dddd 1qqq

周期:2

例:CLR R29　　　　　; R29 清零

　　LDI R28,$ 60　　; 将立即数 $ 60 装入 R28

　　LD R0,Y+　　　; 将地址指针 Y(0x0060)为地址的 SRAM 内容送入 R0,然后 Y 加 1

　　LD R1,Y　　　　; 将 Y(0x0061)为地址的 SRAM 内容送入 R1

　　LDI R28,$ 63　　; 将立即数 $ 63 装入 R28

　　LD R2,Y　　　　; 将 Y(0x0063)为地址的 SRAM 内容送入 R2

　　LD R3,−Y　　　; 先将 Y 减 1,然后将 Y(0x0062)为地址的 SRAM 内容送入 R3

　　LDD R4,Y+2　　; 将以 Y(0x0064)为地址的 SRAM 内容送入 R4

(2)使用地址指针寄存器 Y 间接将寄存器内容存储到 SRAM

①ST Y,Rr　0≤r≤31;

说明:将寄存器内容送到以 Y 指针寄存器为地址的 SRAM 中,Y 指针内容不改变。

操作:(Y)←Rr　　　PC←PC+1

机器码:1000 001r rrrr 1000

周期:2

②ST Y+,Rr　0≤r≤31;

说明:将寄存器内容送到 Y 指针寄存器为地址的 SRAM 中,然后 Y 指针加 1。

操作:(Y)←Rr,Y←Y+1　　　PC←PC+1

机器码:1001 001r rrrr 1001

周期:2

③ST −Y,Rr　0≤r≤31;

说明:先将 Y 指针减 1,然后将寄存器内容送到以 Y 指针寄存器为地址的 SRAM 中。

操作:Y←Y−1,　(Y)←Rr　　PC←PC+1

机器码:1001 001r rrrr 1010

周期:2

④STD Y+q,Rr　0≤r≤31,0≤q≤63;

说明:将寄存器内容送到以 Y+q 为指针的 SRAM 中。

操作:(Y+q)←Rr　　PC←PC+1

机器码:10q0 qq1r rrrr 1qqqq

周期:2

3. 使用 Z 指针寄存器间接寻址传送数据

(1)使用地址指针寄存器 Z 间接寻址将 SRAM 中的内容装入到指定寄存器

①LD Rd,Z　0≤d≤31;

说明:将 Z 指针寄存器为地址的 SRAM 中的数据送到寄存器,Z 指针不变。

操作:Rd←(Z)　　PC←PC+1

机器码:1000 000d dddd 0000

周期:2

②LD Rd,Z+　0≤d≤31;

说明:先将 Z 指针寄存器为地址的 SRAM 中的数据送到寄存器,然后 Z 指针加 1。

操作:Rd←(Z),Z←Z+1 PC←PC+1

机器码:1001 000d dddd 0001

周期:2

③LD Rd,−Z　0≤d≤31;

说明:先将 Z 指针减 1,然后将 Z 指针寄存器为地址的 SRAM 中的数据送到寄存器。

操作:Z←Z−1,Rd←(Z)　　PC←PC+1

机器码:1001 000d dddd 0010

周期:2

④LDD Rd,Z+q　0≤d≤31,0≤q≤63;

说明:将指针为 Z+q 的 SRAM 中的数据送到寄存器,Z 指针内容不改变。

操作:Rd←(Z+q)　　PC←PC+1

机器码:10q0 qq0d dddd 0qqq

周期:2

例:CLR R31　　　　;R31 清零

　　LDI R30,$60　　;将立即数 $60 装入 R30

　　LD R0,Z+　　　　;将地址指针 Z(0x0060)为地址的 SRAM 内容送入 R0,然后 Z 加 1

　　LD R1,Z　　　　;将 Z(0x0061)为地址的 SRAM 内容送入 R1

```
LDI R30,$63      ;将立即数$63装入R30
LD R2,Z          ;将Z(0x0063)为地址的SRAM内容送入R2
LD R3,-Z         ;先将Z减1,然后将Z(0x0062)为地址的SRAM内容送入R3
LDD R4,Z+2       ;将以Z(0x0064)为地址的SRAM内容送入R4
```

(2)使用地址指针寄存器Z间接将寄存器内容存储到SRAM

①ST Z,Rr $0 \leqslant d \leqslant 31$;

说明:将寄存器内容送到以Z指针寄存器为地址的SRAM中,Z指针不改变。

操作:$(Z) \leftarrow Rr$ $PC \leftarrow PC+1$

机器码:1000 001r rrrr 0000

周期:2

②ST Z+,Rr $0 \leqslant d \leqslant 31$;

说明:先将寄存器内容送到以Z指针寄存器为地址的SRAM中,然后Z指针加1。

操作:$(Z) \leftarrow Rr, Z \leftarrow Z+1$ $PC \leftarrow PC+1$

机器码:1001 001r rrrr 0001

周期:2

③ST -Z,Rr $0 \leqslant d \leqslant 31$;

说明:先将Z指针减1,然后将寄存器内容送到以Y指针寄存器为地址的SRAM中。

操作:$Z \leftarrow Z-1,(Z) \leftarrow Rr$ $PC \leftarrow PC+1$

机器码:1001 001r rrrr 0010

周期:2

④STD Z+q,Rr $0 \leqslant d \leqslant 31, 0 \leqslant q \leqslant 63$;

说明:将寄存器内容送到以Z+q为指针的SRAM中。

操作:$(Z+q) \leftarrow Rr$ $PC \leftarrow PC+1$

机器码:10q0 qq1r rrrr 0qqq

周期:2

```
例:CLR R31        ;R31清零
   LDI R30,$60    ;将立即数$60装入R30
   ST Z+,R0       ;将R0内容送入地址指针Z(0x0060)为地址的SRAM,然后Z加1
   ST Z,R1        ;将R1内容送入Z(0x0061)为地址的SRAM
   LDI R30,$63    ;将立即数$63装入R30
   ST Z,R2        ;将R2内容送入Z(0x0063)为地址的SRAM
   ST -Z,R3       ;先将Z减1,然后将R3内容送入Z(0x0062)为地址的SRAM
   STD Z+2,R4     ;将R4内容送入以Z(0x0064)为地址的SRAM
```

3.4.3　从程序存储器直接取数据指令

1. 从程序存储器中取数装入寄存器 R0

LPM

说明:将指针寄存器 Z 指向的程序存储器空间的一个字节装入寄存器 R0。

操作:R0←(Z)　　PC←PC+1

机器码:1001 0101 1100 1000

周期:3

2. 从程序存储器中取数装入指定寄存器

LPM Rd,Z　0≤d≤31

说明:将指针寄存器 Z 指向的程序存储器空间的一个字节装入指定寄存器 Rd。

操作:Rd←(Z)　　PC←PC+1

机器码:1001 000d dddd 0100

周期:3

3. 用带后增量的指针寄存器从程序存储器中取数装入指定寄存器

LPM Rd,Z+　0≤d≤31

说明:将指针寄存器 Z 指向的程序存储器空间的一个字节装入指针寄存器 Rd,然后 Z 指针加 1。

操作:Rd←(Z),Z←Z+1　　PC←PC+1

机器码:1001 000d dddd 0101

周期:3

```
例:LDI ZH, HIGH(TABLE_1<<1)
   LDI ZL, LOW (TABLE_1<<1)        ;初始化 Z 指针
   LPM R16, Z                      ;将指针寄存器 Z 指向的程序存储器空间字节装入 R16
   ...
   TABLE_1:
   .DW 0X5876                      ;Z_{LSB} = 0 时,R16 = 0x76
                                   ;Z_{LSB} = 1 时,R16 = 0x58
   ...
```

注:对于以上 3 条指令,由于程序存储器的地址是以字(双字节)为单位的,因此,16 位地址指针寄存器 Z 的高 15 位为程序存储器的字地址,最低位 LSB 为"0"时,指字的低字节;为"1"时,指字的高字节。该指令能寻址程序存储器空间范围为 64 KB(32K 字)。

4. 从程序存储器中取数装入寄存器 R0

ELPM

说明:将指针寄存器 RAMPZ:Z 指向的程序存储器空间的一个字节装入寄存器 R0。

操作:R0←(RAMPZ:Z)　　　PC←PC+1

机器码:1001 0101 1101 1000

周期:3

5. 从程序存储器中取数装入指定寄存器

ELPM Rd,Z　　0≤d≤31

说明:将指针寄存器 RAMPZ:Z 指向的程序存储器空间的一个字节装入寄存器 Rd。

操作:Rd←(RAMPZ:Z)　　　PC←PC+1

机器码:1001 000d dddd 0110

周期:3

6. 带后增量的指针寄存器从程序存储器中取数装入寄存器 Rd

LPM Rd,Z+

说明:将指针寄存器 RAMPZ:Z 指向的程序存储器空间的一个字节装入 Rd,然后 RAMPZ:Z 指针加 1。

操作:Rd←(RAMPZ:Z),RAMPZ:Z←RAMPZ:Z+1 PC←PC+1

机器码:1001 000d dddd 0111

周期:3

```
例:LDI ZL, BYTE3(TABLE_1<<1)
   OUT RAMPZ, ZL                    ; 初始化指针 RAMPZ
   LDI ZH, BYTE2(TABLE_1<<1)
   LDI ZL, BYTE1(TABLE_1<<1)        ;Z指针初始化
   ELPM R16, Z +                    ; 将指针寄存器 Z 指向的程序存储器空间字节装入 R16
   ...
   TABLE_1:
   . DW 0X3738                      ; Z_{LSB} = 0 时,R16 = 0X38
                                    ; Z_{LSB} = 1 时,R16 = 0X37
   ...
```

注:以上 3 条指令,由于程序存储器的地址是以字(双字节)为单位的,因此,RAMPZ 寄存器的最低位,加上 16 位地址指针寄存器 Z 的高 15 位,组成 16 位的程序存储器字寻址地址,而 Z 寄存器的最低位 LSB 为"0"时,指字的低字节;为"1"时,指字的高字节。该指令能寻址序存储器空间为 128 KB(64 K 字)。

3.4.4　写程序存储器指令

SPM

说明:将寄存器对 R1:R0 的内容(16 位字)写入 Z 指向的程序存储器空间。

操作:(Z)←R1:R0　　PC←PC+1

机器码:1001 0101 1110 1000

周期:视具体操作而定

注:该指令用于具有在应用编程性能的 AVR 单片机,应用这一特性,单片机系统程序可以在运行中更改程序存储器中的程序,实现动态修改系统程序的功能。由于程序存储器的地址是以字(双字节)为单位的,因此,寄存器 R1:R0 的内容组成一个 16 位的字,其中 R1 为字的高字节,R0 为字的低字节。

3.4.5　I/O 口数据传送

I/O 口数据装入寄存器

IN Rd,P　0≤d≤31, 0≤P≤63

说明:将 I/O 空间(口、定时器、配置寄存器等)的数据传送到寄存器区中的寄存器 Rd 中。

操作:Rd←P　　PC←PC+1

机器码:1011 0PPd dddd PPPP

周期:1

```
例:IN R25,$16        ;把 B 口(PORTB)值送到 R25
   CPI R25,4         ;R25 内容和立即数 $ 4 比较
   BREQ EXIT         ;R25 = 4 时,程序跳转
   ...
   EXIT:NOP          ;空指令
```

3.4.6　堆栈操作指令

　　AVR 单片机的特殊功能寄存器中有一个堆栈指针 SP。由于 AVR 的堆栈是向下增长的,即新数据进入堆栈时栈顶指针的数据将减小,所以初始化时将 SP 的指针设在 SRAM 的最高处。堆栈遵循后进先出(LIFO,Last In First Out)的原则。在指令系统中有两条用于数据传送的栈操作指令。

1. 压寄存器到堆栈,进栈指令

PUSH Rr　0≤d≤31

说明:该指令存储寄存器 Rr 的内容压到堆栈。

操作 STACK←Rr,SP←SP−1　　PC←PC+1

机器码:1001 001d dddd 1111

周期:2

2. 堆栈弹出到寄存器,出栈指令

POP Rd　　0≤d≤31

说明:该指令将堆栈中的字节装入到寄存器 Rd 中。

操作:SP←SP+1,Rd←STACK　　　PC←PC+1

机器码:1001 000d dddd 1111

周期:2

```
例:CALL ROUTINE        ;调用子程序
   ...
   ROUTINE:PUSH R14    ;将 R14 中的数据压入堆栈
   PUSH R13            ;将 R14 中的数据压入堆栈
   ...
   POP R13             ;把堆栈中的字节弹出到 R13 中
   POP R14             ;把堆栈中的字节弹出到 R14 中
   RET                 ;子程序返回
```

3.5　位操作和位测试指令

3.5.1　带进位逻辑操作指令

1. 逻辑左移

LSL Rd　　0≤d≤31

说明:寄存器 Rd 中所有位左移 1 位,第 0 位被清零,第 7 位移到 SREG 中的 C 标志。该指令完成一个无符号数乘 2 的操作。

操作:C←b7b6b5b4b3b2b1b0←0　　　PC←PC+1

机器码:0000 11dd dddd dddd

周期:1

影响的状态标志位:H S V N Z C

```
例:ADD R0,R4    ;R0 和 R4 相加,结果放在 R0 中
   LSL R0       ;R0 左移 1 位,相当于 R0 乘以 2
```

2. 逻辑右移

LSR Rd　　0≤d≤31

说明:寄存器 Rd 中所有位右移 1 位,第 7 位被清零,第 0 位移到 SREG 中的 C 标志。该指令完成一个无符号数除 2 的操作,C 标志被用于结果舍入。

操作:0→$b_7 b_6 b_5 b_4 b_3 b_2 b_1 b_0$→C PC←PC+1

机器码:1001 010d dddd 0110

周期:1

影响的状态标志位:S V N(0) Z C

例:ADD R0,R4　;R0 和 R4 相加,结果放在 R0

　　LSR R0　　 ;R0 右移 1 位,相当于 R0 除以 2

3. 带进位位逻辑左循环

ROL Rd　0≤d≤31

说明:寄存器 Rd 的所有位左移 1 位,C 标志被移到 Rd 的第 0 位,Rd 的第 7 位移到 SREG 中的 C 标志。

操作:$C \leftarrow b_7 b_6 b_5 b_4 b_3 b_2 b_1 b_0 \leftarrow C$　　　PC←PC+1

机器码:0001 11dd dddd dddd

周期:1

影响的状态标志位:H S V N Z C

例:无符号数(R19:R18)乘以 2

　　LSL R18　　　　;将 R18 逻辑左移 1 位

　　ROL R19　　　　;R19 带进位位逻辑左移 1 位

　　BRCS ONEENC　 ;当 C = 1 时,程序跳转

　　…

　　ONEENC:NOP　　;空操作

4. 带进位位逻辑右循环

ROR Rd　0≤d≤31

说明:寄存器 Rd 的所有位右移 1 位,C 标志被移到 Rd 的第 7 位,Rd 的第 0 位移 SREG 中的 C 标志位。

操作:$C \rightarrow b_7 b_6 b_5 b_4 b_3 b_2 b_1 b_0 \rightarrow C$　　　PC←PC+1

机器码:1001 010d dddd 0111

周期:1

影响的状态标志位:S V N Z C

例:无符号数(R19:R18)除以 2

　　LSL R18　　　　;将 R18 逻辑左移 1 位

　　ROR R19　　　　;R19 带进位位逻辑右移 1 位

　　BRCS ZEROENC　;当 C = 0 时,程序跳转

　　…

　　ZEROENC:NOP　 ;空操作

5. 算术右移

ASR Rd　0≤d≤31

说明:寄存器 Rd 中的所有位右移 1 位,而第 7 位保持原逻辑值,第 0 位被装入 SREG 的 C 标志位。这个操作实现 2 的补码值除 2,而不改变符号,进位标志用于结果的舍入。

操作:$b7 \rightarrow b_7 b_6 b_5 b_4 b_3 b_2 b_1 b_0 \rightarrow C$ PC←PC+1

机器码:1001 010d dddd 0101

周期:1

影响的状态标志位:S V N Z C

```
例:DIR 16, $ 16        ; 将符号立即数 $ 16 装入 R16
   ASR R16             ; R16 = R16/2 = 8
   LDI R17, $ FC       ; 将有符号立即数 $ FC 装入 R17
   ASR R17             ; R17 = R17/2 = -2
```

6. 半字节交换

SWAP Rd   0≤d≤31

说明:寄存器中的高半字节和低半字节交换。

操作:R(7:4)←R(3:0), R(3:0)←R(7:4)   PC←PC+1

机器码:1001 010d dddd 0010

周期:1

影响的状态标志位:无

```
例:INC R1          ;R1 加 1
   SWAP R1         ;R1 的高半字节和低半字节交换
```

3.5.2 位变量传送指令

1. 寄存器中的位存储到 SREG 中的 T 标志

BST Rd,b   0≤d≤31,0≤b≤7

说明:把寄存器中的位 b 存储到 SREG 状态寄存器中的 T 标志位中。

操作:T←Rd(b)   PC←PC+1

机器码:1111 101d dddd 0bbb

周期:1

影响的状态标志位:T

2. SREG 中的 T 标志位值装入寄存器中的某一位

BLD Rd,d   0≤d≤31,0≤b≤7

说明:把 SREG 状态寄存器的 T 标志存储到寄存器中的位 b。

操作:Rd(b)←T   PC←PC+1

机器码:1111 100d dddd 0bbb

周期:1

影响的状态标志位:无

例:BST R1,2   ;将 R1 的第 2 位存储到 T 标志位
   BLD R0,4   ;将 T 标志位送到 R0 的第 4 位

3.5.3 位变量修改指令

1. 置位状态寄存器的指定位

BSET s $0 \leqslant s \leqslant 7$

说明:置位状态寄存器 SREG 的某一标志位。

操作:SREG(s)←1   PC←PC+1

机器码:1001 0100 0sss 1000

周期:1

影响的状态标志位:I T H S V N Z C

例:BSET 6   ;置 T 标志位
   BSET 7   ;置 T 标志位,使能全局中断

2. 清零状态寄存器的指定位

BCLR s $0 \leqslant s \leqslant 7$

说明:清零状态寄存器 SREG 中的一个标志位。

操作:SREG(s)←0   PC←PC+1

机器码:1001 0100 1sss 1000

周期:1

影响的状态标志位:I T H S V N Z C

例:BCLR 0   ;清零 C 标志位
   BCLR 7   ;清零 I 标志位,关闭全局中断

3. 置位 I/O 寄存器的指定位

SBI P,b $0 \leqslant P \leqslant 31$, $0 \leqslant b \leqslant 7$

说明:对 I/O 寄存器的指定位置位。该指令只在低 32 个 I/O 寄存器内操作,I/O 寄存器地址为 0~31。

操作:I/O(P,b)←1   PC←PC+1

机器码:1001 1010 PPPP Pbbb

周期:2

影响的状态标志位:无

例:OUT $1E,R0   ;将 R0 内容传到给 EEPROM 的低位地址
   SBI $1C,0   ;置位 EECR 最低位

```
          IN R1, $1D        ; 将 EEPROM 数据写入 R1
```

4. 清零 I/O 寄存器的指定位

CBI P,b $0 \leqslant P \leqslant 31, 0 \leqslant b \leqslant 7$

说明:清零指定 I/O 寄存器中的指定位。该指令只用在低 32 个 I/O 寄存器上操作,I/O 寄存器地址为 0~31。

操作:I/O(P,b)←0 PC←PC+1

机器码:1001 1000 PPPP Pbbb

周期:2

影响的状态标志位:无

5. 置进位位标志

SEC

说明:置位 SREG 状态寄存器中的进位标志 C。

操作:C←1 PC←PC+1

机器码:1001 0100 0000 1000

周期:1

影响的状态标志位:C(1)

例:SEC;   ;置位进位标志 C
   ADC R0,R1   ;R0 = R0 + R1 + 1

6. 清零进位标志

CLC

说明:清零 SREG 状态寄存器中的进位标志 C。

操作:C←0 PC←PC+1

机器码:1001 0100 1000 1000

周期:1

影响的状态标志位:C(0)

例:ADD R0,R0   ;R0 = 2 * R0
   CLC   ;清零 C 标志位

7. 置位负数标志位

SEN

说明:置位 SREG 状态寄存器中的负数标志 N。

操作:N←1 PC←PC+1

机器码:1001 0100 0010 1000

周期:1

影响的状态标志位:N(1)

例:ADD R2,R19   ;R2 = R19 + R2
   SEN   ;置位负数标志位 N

8. 清零负数标志

CLN

说明:清零 SREG 状态寄存器中的负数标志 N。

操作:N←0   PC←PC+1

机器码:1001 0100 1010 1000

周期:1

影响的状态标志位:N(0)

例:ADD R2,R3   ;R2 = R2 + R3
   CLN   ;清零负数标志 N 标志位

9. 置位零标志

SEZ

说明:置位 SREG 状态寄存器中的零标志 Z。

操作:Z←1   PC←PC+1

机器码:1001 0100 0001 1000

周期:1

影响的状态标志位:Z(1)

例:ADD R2,R19   ;R2 = R19 + R2
   SEZ   ;置位零标志位 Z

10. 清零零标志

CLZ

说明:清零 SREG 状态寄存器中的零标志 Z。

操作:Z←0   PC←PC+1

机器码:1001 0100 1001 1000

周期:1

影响的状态标志位:Z(0)

例:ADD R2,R3   ;R2 = R2 + R3
   CLZ   ;清零零标志 Z 标志位

11. 置位全局中断标志

SEI

说明:置位 SREG 状态寄存器中的全局中断标志 I。

操作：I←1　　PC←PC+1

机器码：1001 0100 0111 1000

周期：1

影响的状态标志位：I(1)

例：SEI　　　　；使能全局中断

　　SLEEP　　　；进入休眠状态,等待中断

12. 清零全局中断标志

CLI

说明：清零 SREG 状态寄存器中的全局中断标志 Z。

操作：I←0　　PC←PC+1

机器码：1001 0100 1111 1000

周期：1

影响的状态标志位：I(0)

13. 置位符号 S 标志

SES

说明：置位 SREG 状态寄存器中的符号标志 S。

操作：S←1　　PC←PC+1

机器码：1001 0100 0100 1000

周期：1

影响的状态标志位：S(1)

例：ADD R2,R19　　；R2 = R2 + R19

　　SES　　　　　；置位符号标志位 S

14. 清零符号 S 标志

CLS

说明：清零 SREG 状态寄存器中的符号标志 S。

操作：S←0　　PC←PC+1

机器码：1001 0100 1100 1000

周期：1

影响的状态标志位：S(0)

例：ADD R2,R3　　；R2 = R2 + R3

　　CLS　　　　　；清零零标志 S 标志位

15. 置溢出标志位

SEV

说明:置位 SREG 状态寄存器中的溢出标志 V。

操作:V←1　　　PC←PC+1

机器码:1001 0100 0011 1000

周期:1

影响的状态标志位:V(1)

例:ADD R2,R19　　　;R2 = R2 + R19

　　SEV　　　　　;置位符号标志位 V

16. 清溢出标志位

CLV

说明:清零 SREG 状态寄存器中的溢出标志 V。

操作:V←0　　　PC←PC+1

机器码:1001 0100 1011 1000

周期:1

影响的状态标志位:V(0)

例:ADD R2,R3　　　;R2 = R2 + R3

　　CLV　　　　　;清零零标志 V 标志位

17. 置 T 标志位

SET

说明:置位 SREG 状态寄存器中的 T 标志。

操作:T←1　　　PC←PC+1

机器码:1001 0100 0110 1000

周期:1

影响的状态标志位:T(1)

18. 清 T 标志位

CLT

说明:清零 SREG 状态寄存器中的 T 标志。

操作:T←0　　　PC←PC+1

机器码:1001 0100 1110 1000

周期:1

影响的状态标志位:T(0)

19. 置半进位标志

SEH

说明:置位 SREG 状态寄存器中的半进位标志 H。

操作:H←1　　　PC←PC+1

机器码:1001 0100 0101 1000

周期:1

影响的状态标志位:H(1)

20. 清半进位标志

CLH

说明:清零 SREG 状态寄存器中的半进位标志 H。

操作:H←0   PC←PC+1

机器码:1001 0100 1101 1000

周期:1

影响的状态标志位:H(0)

3.6   MCU 控制指令

1. 空操作指令

NOP

说明:该指令完成一个单周期空操作。

操作:无   PC←PC+1

机器码:0000 0000 0000 0000

周期:1

影响的状态标志位:无

应用:延时等待;产生方波;抗干扰处理;在无程序单元写空操作,空操作指令最后加一跳转指令,转到 $000H。

2. 休眠指令

SLEEP

说明:该指令使 MCU 进入休眠方式运行。休眠模式由 MCU 控制寄存器定义。当 MCU 在休眠状态下由一个中断被唤醒时,在中断程序执行后,紧跟在休眠指令后的指令将被执行。

操作:PC←PC+1   MCU 进入由 MCU 控制寄存器定义的休眠方式运行

机器码:1001 0101 1000 1000

周期:1

应用:省电,尤其对便携式仪器特别有用。

影响的状态标志位:无

3. 看门狗复位

WDR

说明:该指令复位看门狗定时器。在 WD 预定比例器给出限定时间内必须执行,以防止看门狗定时器溢出,造成系统复位。

　　操作:清零看门狗定时器　　　PC←PC+1

　　机器码:1001 0101 1010 1000

　　周期:1

　　影响的状态标志位:无

　　应用:抗干扰、延时、提高系统的稳定性。

3.7　AVR 汇编语言系统

　　汇编语言是一种符号化语言,它使用助记符(特定的英文字符)来代替实际的二进制机器指令代码。例如,用 ADD 表示"加",用 MOV 表示传送等。本章就是以汇编形式描述 ATXmega A 的指令系统。

　　用汇编语言编写的程序称为汇编语言程序,或称源程序。显然汇编语言源程序比二进制的机器语言更容易学习和掌握。但是,单片机不能直接识别和执行汇编语言程序,因此需要使用一个专用的软件系统,将汇编语言的源程序"翻译"成二进制的机器语言程序——目标程序(执行代码)。这个专用软件系统就是汇编语言编译软件。

　　ATMEL 公司提供免费的 AVR 开发平台——AVR Studio 集成开发环境(IDE),其中就包括 AVR Assembler 汇编编译器。

3.7.1　汇编语言语句格式

　　汇编语言源程序是由一系列汇编语句组成的。汇编语言语句的标准格式有以下4 种:

　　　　[标号:]伪指令 [操作数][;注释]
　　　　[标号:]指令 [操作数][;注释]
　　　　[;注释]
　　　　空行

(1)标　号

　　标号是语句地址的标记符号,用于引导对该语句的访问和定位。使用标号的目的是为了跳转和转移指令,在程序存储器、数据存储器 SRAM 以及 EEPROM 中定义变量名。有关标号的一些规定如下:

　　① 标号一般由 ASCII 字符组成,第一个字符为字母;

　　② 同一标号在一个独立的程序中只能定义一次;

　　③ 不能使用汇编语言中已定义的符号(保留字),如指令字、寄存器名、伪指令字等。

(2)伪指令

在汇编语言程序中可以使用一些伪指令。伪指令并不产生实际的目标机器操作代码,只是用于在汇编程序中对地址、寄存器、数据、常量等进行定义说明,以及对编译过程进行某种控制等。AVR 的指令系统不包括伪指令,伪指令通常由汇编编译系统给出。

(3)指 令

指令是汇编程序中主要的部分,汇编程序中使用指令集中给出的个别指令。

(4)操作数

操作数是指令操作时所需要的数据或地址。汇编程序完全支持指令系统所定义的操作格式。但指令系统采用的操作数格式通常为数字形式,在编写程序时使用起来不太方便,因此,在编译器的支持下,可以使用多种形式的操作数,如数字、标识符、表达式等。

(5)注 释

注释部分仅用于对程序和语句进行说明,帮助程序设计人员阅读、理解和修改程序。只要有";"符号,后面即为注释内容,注释内容长度不限,注释内容换行时,开头部分还要使用符号";"。编译系统对注释内容不予理会,不产生任何代码。

(6)分隔符

汇编语句中,":"用于标号之后;空格用于指令字和操作数的分隔;指令有两个操作数时用","分隔两个操作数;";"用于注释之前;"[ ]"中的内容表示可选项。

3.7.2 汇编器伪指令

汇编器提供一些伪指令。伪指令并不直接转换生成操作执行代码,而是用于调整存储器中程序的位置、定义宏、初始化存储器、对编译过程进行某种控制等。全部伪指令见表 3 - 7 - 1。

表 3 - 7 - 1 伪指令表

序 号	伪指令	说 明	序 号	伪指令	说 明
1	BYTE	定义预留存储单元	10	ESEG	EEPROM 段
2	CSEG	代码段	11	EXIT	退出文件
3	DB	定义字节常数	12	INCLUDE	包含指定的文件
4	DEF	定义寄存器符号名	13	LIST	列表文件生产允许器
5	DEVICE	定义生产汇编代码的器件	14	LISTMAC	列表宏表达式
6	DESG	数据段	15	MACRO	宏定义开始
7	DW	定义字常数	16	NOLIST	关闭列表文件生产
8	ENDMACRO	宏结束	17	ORG	设置程序起始位置
9	EQU	定义标识符常量	18	SET	赋值给标识符

1. BYTE—定义预留存储单元

BYTE 伪指令是从指定的地址开始,在 SRAM 中预留若干字节的存储空间备用。备用存储空间以字节计算,个数由 BYTE 伪指令的参数或表达式的值确定。BYTE 伪指令前应使用一个标号,以标记备用存储空间在 SRAM 中的起始位置。该伪指令有一个参数,表示保留存储空间的字节数。BYTE 伪指令仅能用在数据段内(见伪指令 CSEG、DSEG 和 ESEG)。BYTE 伪指令必须带一个参数,字节数的位置不需要初始化。

语法:LABEL:.BYTE 表达式

示例:

```
.DSEG                        ;数据段
        var1:.BYTE 1         ;保留 1 个字节的存储单元,用 var1 标识
        table:.BYTE tab_size ;保留 tab_size 个字节的存储空间
.CSEG                        ;程序段
        ldi r30,low(var1)    ;将保留存储单元 var1 起始地址的低 8 位装入 Z
        ldi r31,high(var1)   ;将保留存储单元 var1 起始地址的高 8 位装入 Z
        ld r1,Z              ;将保留存储单元的内容读到寄存器 R1
```

2. CSEG—代码段

CSEG 伪指令定义代码段的起始(在 Flash 中)。一个汇编程序可包含几个代码段,这些代码段在编译过程中被连接成一个代码段。每个代码段内部都有自己的字定位计数器。可使用 ORG 伪指令定义该字定位计数器的初始值,作为代码段在程序存储器中的起始位置。CSEG 伪指令不带参数。

语法:.CSEG

3. DB—在程序存储器或 EEPROM 存储器中定义字节常数

DB 伪指令是从程序存储器或 EEPROM 存储器的某个地址单元开始,存入一组规定的 8 位二进制常数(字节常数)。DB 伪指令只能出现在代码段或 EEPROM 段中。DB 伪指令前应使用一个标号,以标记所定义的字节常数区域的起始位置。DB 伪指令为一个表达式列表,表达式列表由多个表达式组成,但至少要含有一个表达式,表达式之间用逗号分隔。每个表达式值的范围必须在 $-128\sim255$ 范围内。如果表达式的值是负数,则用 8 位二进制的补码表示,存入程序存储器或 EEPROM 存储器中。如果 DB 伪指令用在代码段,并且表达式表中多于一个表达式,则以两个字节组合成一个字放在程序存储器中。如果表达式的个数是奇数,不管下一行汇编代码是否仍是 DB 伪指令,最后一个表达式的值将单独以字的格式放在程序存储器中。

语法:LABEL:.DB 表达式

4. DEF—定义寄存器符号名

DEF 伪指令给寄存器定义一个替代的符号名。在后序程序中可以使用定义的符号名来表示被定义的寄存器。可以给一个寄存器定义多个符号名。符号名在后面程序中可以重新定义指定。

语法：. DEF 符号名 ＝ 寄存器

5. DEVICE—定义生成汇编代码的器件

DEVICE 伪指令允许用户告知汇编器为何器件编译产生执行代码。如果在程序中使用该伪指令指定了器件型号,那么在编译过程中,若存在指定器件所不支持的指令,编译器则给出一个警告。如果代码段或 EEPROM 段所使用的存储器空间大于指定器件本身所能提供的存储器容量,编译器也会给出警告。如果不使用 DEVICE 伪指令,则假定器件支持所有的指令,也不限制存储器容量的大小。

语法：. DEVICE ATXmega

6. DSEG—数据段

DSEG 伪指令定义数据段的起始。一个汇编程序文件可以包含几个数据段,这些数据段在汇编过程中被连接成一个数据段。在数据段中,通常是仅由 BYTE 伪指令(和标号)组成。每个数据段内部都有自己的字节定位计数器。可使用 ORG 伪指令定义该字节定位计数器的初始值,作为数据段在 SRAM 中的起始位置。DSEG 伪指令不带参数。

语法：. DSEG

7. DW—在程序存储器或 EEPROM 存储器中定义字常数

DW 伪指令是从程序存储器或 EEPROM 存储器的某个地址单元开始,存入一组规定的 16 位二进制常数(字常数)。DW 伪指令只能出现在代码段或 EEPROM 段。DW 伪指令前应使用一个标号,以标记所定义的字常数区域的起始位置。DW 伪指令为一个表达式列表,表达式列表由多个表达式组成,但至少要含有一个表达式,表达式之间用逗号分隔。每个表达式值的范围必须在－32 768～65 535 范围内。如果表达式的值是负数,则用 16 位二进制的补码表示。

语法：LABEL:. DW 表达式

8. ENDMACRO—宏结束

ENDMACRO 伪指令定义宏定义的结束。该伪指令并不带参数。

语法：. ENDMACRO

9. EQU—定义标识符常量

EQU 伪指令将表达式的值赋给一个标识符,该标识符为一个常量标识符,可以用于后面的指令表达式中,但该标识符的值不能改变或重新定义。

语法:. EQU 标号 = 表达式

10. ESEG—EEPROM 段

ESEG 伪指令声明 EEPROM 段的开始。一个汇编文件可以包含几个 EEP-ROM 段,这些 EEPROM 段在汇编编译过程中被连接成一个 EEPROM 段。在 EEPROM 段中不能使用 BYTE 伪指令。每个 EEPROM 段内部都有自己的字节定位计数器。可使用 ORG 伪指令定义该字节定位计数器的初始值,作为数据段在 EEPROM 中的起始位置。ESEG 伪指令不带参数。

语法:. ESEG

11. EXIT—退出文件

EXIT 伪指令告诉汇编编译器停止汇编该文件。在正常情况下,汇编编译器的编译过程一直到文件的结束,如果 EXIT 出现在所包含文件中,则汇编编译器将结束对包含文件的编译,然后从本文件当前 INCLUDE 伪指令的下一行语句处开始继续编译。

语法:. EXIT

12. INCLUDE—包含指定的文件

INCLUDE 伪指令告诉汇编编译器开始从一个指定的文件中读入程序语句,并对读入的语句进行编译,直到该包含文件结束或遇到该文件中的 EXIT 伪指令,然后再从本文件当前 INCLUDE 伪指令的下一行语句处继续开始编译。在一个包含文件中,也可以使用 INCLUDE 伪指令来包含另外一个指定的文件。

语法:. INCLUDE"文件名"

13. LIST—打开列表文件生成器

LIST 伪指令告诉汇编编译器打开列表文件生成器。正常情况下,汇编编译器在编译过程中将生成一个由汇编源代码、地址和机器操作码组成的列表文件。默认时为允许生成列表清单文件。该伪指令可以与 NOLIST 伪指令配合使用,以选择仅使某一部分的汇编源文件产生列清单表文件。

语法:. LIST

14. LISTMAC—列表宏表达式

LISTMAC 伪指令告诉汇编编译器,在生成的列表清单文件中,显示所调用宏的内容。默认情况下,仅在列表清单文件中显示所调用的宏名和参数。

语法:. LISTMAC

15. MACRO—宏开始

MACRO 伪指令告诉汇编器一个宏程序的开始。MACRO 伪指令将宏程序名作为参数。当后面的程序中使用宏程序名,则表示在该处调用宏程序。一个宏程序中可带 10 个形式参数,这些形式参数在宏定义中用@0~@9 代表。当调用一个宏程序时参数之间用逗号分隔。伪指令 ENDMACRO 定义宏程序的结束。

默认情况下,在汇编编译器生成的列表文件中仅给出宏的调用。如要在列表文件中给出宏的表达式,则必须使用 LISTMAC 伪指令。在列表文件的操作码域中,宏带有"a+"的记号。

语法:. MACRO 宏名

示例:

```
.MACRO SUBI16          ;宏定义开始
    subi @1,low(@0)    ;减低字节
    sbci @2,high(@0)   ;减高字节
.ENDMACRO              ;宏定义结束
.CSEG                  ;代码段开始
SUBI16 0x1234,r16,r17  ;r17:r16 = r17:r16 - 0x1234
```

16. NOLIST—关闭列表文件生成器

NOLIST 伪指令告诉汇编编译器关闭列表文件生成器。正常情况下,汇编编译器在编译过程中将生成一个由汇编源代码、地址和机器操作码组成的列表文件,默认情况下为允许生成列表清单文件。可以使用该伪指令将禁止文件列表的产生。该伪指令可以与 LIST 伪指令配合使用,以选择使某一部分的汇编源文件产生列表文件。

语法:. NOLIST

17. ORG—定义代码起始位置

ORG 伪指令设置定位计数器为一个绝对数值,该数值为表达式的值,作为代码的起始位置。如果 ORG 伪指令出现数据段中,则设定 SRAM 定位计数器;如果该伪指令出现在代码段中,则设定程序存储器计数器;如果该伪指令出现在 EEPROM 段中,则设定 EEPROM 定位计数器。如果该伪指令前带标号(在相同的语句行),则标号的定位由 ORG 的参数值定义。代码段和 EEPROM 段定位计数器的默认值是零;而当汇编器启动时,SRAM 定位计数器的默认值是 32(因为寄存器占用地址为 0~31)。

语法:. ORG 表达式

18. SET—设置标识符与一个表达式值相等

SET 伪指令将表达式的值赋值给一个标识符。该标识符可以用于后面的指令表达式中,用 SET 伪指令赋值的标识符能在后面使用 SET 伪指令重新设置改变。

语法:. SET 标号 = 表达式

3.7.3 表达式

在标准指令系统中,操作数通常只能使用纯数字格式,这给程序的编写带来了许多不便。但是在编译系统的支持下,在编写汇编程序时允许使用表达式,以方便程序的编写。AVR 编译器支持的表达式是由操作数、函数和运算符组成。所有的表达式内部都是 32 位的。

1. 操作数

操作数有以下几种形式:

① 用户定义的标号,该标号给出了放置标号位置的定位计数器的值。

② 用户用 SET 伪指令定义的变量。

③ 用户用 EQU 伪指令定义的常数。

④ 整数常数,包括下列几种形式:

➢ 十进制数(默认),如:10、255;

➢ 十六进制数,如:0x0a、\$0a、0xff、\$ff;

➢ 二进制数,如:0b00001010、0b11111111。

⑤ PC:程序存储器定位计数器的当前值。

2. 函　数

① LOW(表达式)　　　返回一个表达式值的低字节。

② HIGH(表达式)　　 返回一个表达式值的第 2 个字节。

③ BYTE2(表达式)　　与 HIGH 函数相同。

④ BYTE3(表达式)　　返回一个表达式值的第 3 个字节。

⑤ BYTE4(表达式)　　返回一个表达式值的第 4 个字节。

⑥ LWRD(表达式)　　返回一个表达式值的 0～15 位。

⑦ HWRD(表达式)　　返回一个表达式值的 16～31 位。

⑧ PAGE(表达式)　　 返回一个表达式值的 16～21 位。

⑨ EXP2(表达式)　　 返回(表达式值)2 次幂的值。

⑩ LOG2(表达式)　　 返回 Log2(表达式值)的整数部分。

3. 运算符

汇编器提供的部分运算符见表 3-7-2。优先级数越高的运算符,其优先级也越高。表达式可以用小括号括起来,并且与括号外其他任意的表达式再组合成表达式。

AVR XMEGA高性能单片机开发及应用

354

表3-7-2 部分运算符列表

序 号	运算符	名 称	优先级	说 明
1	!	逻辑"非"	14	一元运算符,表达式是0返回1,表达式是1返回0
2	~	逐位"或"	14	一元运算符,将表达式的值按位取反
3	—	负数	14	一元运算符,使表达式为算术负
4	*	乘法	13	二进制运算符,两个表达式相乘
5	/	除法	13	二进制运算符,左边表达式除以右边表达式,得整数的商值
6	+	加法	12	二进制运算符,两个表达式相加
7	—	减法	12	二进制运算符,左边表达式减去右边表达式
8	<<	左移	11	二进制运算符,左边表达式值左移右边表达式给出的次数
9	>>	右移	11	二进制运算符,左边表达式值右移右边表达式给出的次数
10	<	小于	10	二进制运算符,左边带符号表达式值小于右边带符号表达式值,则为1,否则为0
11	<=	小于等于	10	二进制运算符,左边带符号表达式值小于或等于右边带符号表达式值,则为1,否则为0
12	>	大于	10	二进制运算符,左边带符号表达式值大于右边带符号表达式值,则为1,否则为0
13	>=	大于等于	10	二进制运算符,左边带符号表达式值大于或等于右边带符号表达式值,则为1,否则为0
14	==	等于	9	二进制运算符,左边带符号表达式值等于右边带符号表达式值,则为1,否则为0
15	!=	不等于	9	二进制运算符,左边带符号表达式值不等于右边带符号表达式值,则为1,否则为0
16	&	逐位"与"	8	二进制运算符,两个表达式值之间逐位与
17	^	逐位"异或"	7	二进制运算符,两个表达式值之间逐位异或
18	|	逐位"或"	6	二进制运算符,两个表达式值之间逐位或
19	&&	逻辑"与"	5	二进制运算符,两个表达式值之间逻辑与,全非0则为1,否则为0
20	||	逻辑"或"	4	二进制运算符,两个表达式值之间逻辑或,非0则为1,全0为0

第4章

AVR 单片机开发环境

4.1 安装 AVR Studio 4

使用 Windows NT/2000/XP/vista/win7 的读者请注意,安装 AVR Studio 软件时,必须使用管理员(Administrator)权限登录,这是因为 Windows 系统限定只有管理员才可以安装新器件。

双击 AvrStudio418Setup. EXE 文件,推荐使用默认的安装路径,开发工具就安装好了。

4.2 基于 AVR Studio 4 进行汇编语言编程及调试

1. 创建一个新的项目

启动 AVR Studio 4 的方式为:选择"开始"→"程序"→"ATMEL AVR 工具"菜单项。AVR Studio 启动后,将弹出如图 4-2-1 所示的对话框。这时需要创建一个新的项目,单击 New Project 按钮。

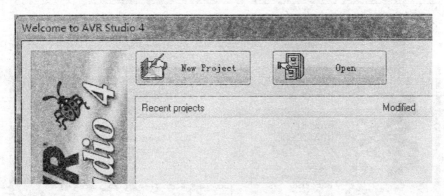

图 4-2-1 欢迎界面

2. 配置项目参数

这个步骤包括选择要创建什么类型的项目,设定名称及存放的路径。新建工程窗口如图 4-2-2 所示。这个过程包括 5 个步骤:

① 在对话框左边选中 Assembly program，表明要创建一个汇编项目。

② 输入项目的名称。项目的名称可以随意定义，在例子中用了 IO_EXAMPLE。

③ 需要 AVR Studio 自动产生一个汇编文件，在例子中用了 IO_EXAMPLE。

④ 选择要存放项目的路径。

⑤ 确认所有的选项，确认之后，单击 Next 按钮。

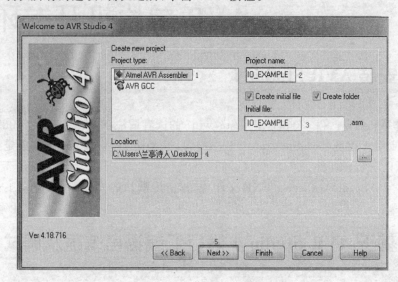

图 4 - 2 - 2　新建工程窗口

3. 选择调试平台

AVR Studio 4 软件可以让客户选择多种开发调试工具，如图 4 - 2 - 3 所示。

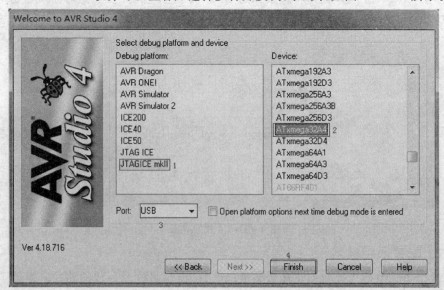

图 4 - 2 - 3　选择仿真器和器件

① AVR Studio 4 允许客户选择多种开发调试工具,在这里选用具有在线仿真功能的 JTAGICE mkII,这里需要相应的硬件设备与之相配合使用。

② 芯片选用 ATxmega32A4。

③ 选择 USB 接口。

④ 确认后单击 Finish 按钮。

4. AVR Studio4 的用户图形界面(GUI)

经过上面的步骤,AVR Studio 打开了一个空的文件,文件的名字是 IO_EXAMPLE. asm,如图 4 - 2 - 4 所示,IO_EXAMPLE. asm 这个文件出现在左边的栏目中。

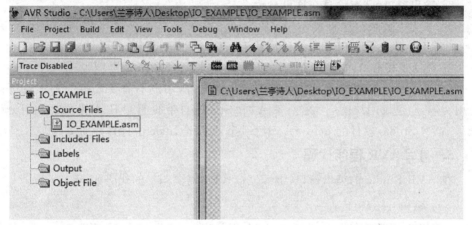

图 4 - 2 - 4　AVR Studio 左侧工程栏

下面来观察一下 AVR Studio 4 的用户图形界面(GUI),如图 4 - 2 - 5 所示。

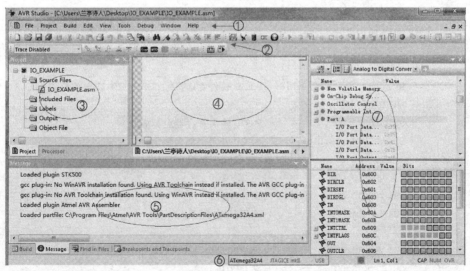

图 4 - 2 - 5　AVR Studio 4 主窗口各个功能区

用户图形界面划分为 7 个部分。在 AVR Studio 4 系统中包括了 AVR Studio

的帮助文件,在这里,着重介绍 AVR Studio 4 的框架和一些要注意的事项,下面的序号与图 4-2-5 中标号对应。

① 菜单栏,这与标准的 Windows 程序差不多,包括打开/保存文件、剪贴/复制,这个栏目还包含了 Studio 的一些特殊功能,如仿真等。

② 快捷方式栏,这一栏存储了一些常用命令,包括保存/打开文件、设置断点等。

③ 工作台窗口,在这里显示项目文件及项目选用 AVR 器件的信息。

④ 编辑窗口,在这里可以编辑源代码。对于熟练的读者,在这里也可以嵌入 C 代码。

⑤ 输出窗口,状态信息在这里显示。

⑥ 系统状态条。这里显示 AVR Studio 软件工作的模式,例如选用了 ATxmega32A4 芯片在 JTAGICE mkII 模式下工作,这些信息就会在系统状态条中显示。

⑦ I/O 观察窗口,它便于在仿真时观察 I/O 寄存器的值、I/O 状态信息。

AVR Studio 的用户图形界面制作得非常友好,用户不需要太多的知识就可以使用。但是,建议用户还是参看一下 AVR Studio 自带的 HTML 帮助文件。用户可以从 AVR Studio 软件的 help→AVR Studio User Guide 中打开帮助文件。

5. 编写 AVR 程序代码

在 AVR Studio 的编辑窗口,继续完成代码,需要添加的代码如下。

```
; My Very First AVR Project
.include "ATxmega32A4def.inc"      ;器件配置文件,决不可少,不然汇编通不过
.ORG 0x0000
        RJMP RESET                ;复位
RESET:
        LDI R16,0X10
        STS PORTCFG_VPCTRLA,R16   ;PORTB 映射到虚拟端口 1,PORTA 映射到虚拟端口 0
        LDI R16,0X32
        STS PORTCFG_VPCTRLB,R16   ;PORTC 映射到虚拟端口 2,PORTD 映射到虚拟端口 3
        LDI R16,0XFF
        STS VPORT3_OUT,R16        ;PORTD 输出寄存器全部置位
        STS VPORT3_DIR,R16        ;PORTD 方向全部为输出
LOOP:
        CBI VPORT3_OUT,0          ;亮 PORTD.0
        SBI VPORT3_OUT,1          ;灭 PORTD.1
        RCALL DELAY               ;调用延时子程序

        SBI VPORT3_OUT,0          ;灭 PORTD.0
        CBI VPORT3_OUT,1          ;亮 PORTD.1
        RCALL DELAY               ;调用延时子程序
```

```
        RJMP LOOP                    ;循环

DELAY：
        LDI R29,0x02                 ;延时子程序
DELAY1：
        DEC R30                      ;复位后 R30 = 0X00
        BRNE DELAY1                  ;R30 不为 0 转,为 0 按顺序执行
        DEC R31                      ;复位后 R31 = 0X00
        BRNE DELAY1                  ;R30 不为 0 转,为 0 按顺序执行
        DEC R29                      ;复位后 R29 = 0X00
        BRNE DELAY1                  ;R29 不为 0 转,为 0 按顺序执行
        RET                          ;子程序返回
```

注意到在编辑窗口,代码的颜色发生了变化。这是编辑窗口的语法高亮功能,这个功能非常有利于增强代码的可读性能。代码输入完毕后,选择 Build→Build 菜单项,或者直接单击快捷工具栏按钮 ▦ 进行编译。

在输出窗口中(在屏幕的左下角),将会看到项目编译,报告也没有发现错误,同时,也看到程序编译后代码大小为 56 B。

现在已经编写了第一个 AVR 程序了,下面着重研究这段代码。

注意:如果代码不能编译,请检查汇编文件。特别是有可能将引用文件 ATxmega32A4def. inc 放了别的目录,请在文件中加入完整路径,如 . include "c:\complete path\ATxmega32A4def. inc"。

现在,让我们来看这段代码。

```
; My Very First AVR Project
```

分号(;)开始的行是代码的注释。注释可以加在任何行的后面,如果注释超过了一行,每一行注释都要以分号开头。

```
. include " ATxmega32A4def. inc "
```

不同的 AVR 器件还是有一些区别的,比如说 PORTD 就对应着不同的存储地址,. inc 文件存储这种信息,在应用了这个文件以后,就可以把 PORTD 标号和具体的存储地址相对应(在 ATxmega32A4 芯片中,对应是 0x660)。

```
. ORG 0x0000
```

这个命令的作用是将下条指令定位在 Flash 存储器中地址为 0x0000 的单元,比如在这个例子中,下条指令 RJMP 指令就定位在 0x0000 地址(在 Flash 的开始)。这样做的原因在于芯片上电复位、复位信号有效后或是看门狗有效以后,芯片从 0x0000 开始执行指令。当然,这里也可以存放中断跳转指令。在这个例子中,没有利用中断,所以就存放了 RJMP 指令。

RJMP RESET

前面介绍过了指令定位在 0x0000，相对跳转指令（RJMP）指令就被存放在 0x0000 单元中，这条指令被首先执行。如果参看芯片说明书，会发现 ATxmega32A4 支持 JMP 指令，如果比较 JMP 和 RJMP 指令，会发现 JMP 指令更长，这将使得器件执行速度变慢、代码变大，而在这里用 RJMP 也可以访问到跳转目的地址。

RESET:

这个是标号。可以把标号放在代码中任何地方。标号的作用在于区分跳转指令的不同分支。标号使用是必要及方便的，在编译的时候，编译器自动运算标号的正确地址。

LDI R16,0x10

这是一个立即读取（Load Immediate）指令，这个命令将读取一个立即数，写入指定的寄存器。这条指令的动作是将立即数 0x10 放入寄存器 R16。

STS PORTCFG_VPCTRLA,R16

这一句是将 PORTB 映射到虚拟端口 1，PORTA 映射到虚拟端口 0，这是因为 PORTB 的输出寄存器地址不支持位操作，映射到虚拟端口的地址后就可以进行位操作便于对 1 个 I/O 操作了。为什么不写成"OUT PORTCFG_VPCTRLA,R16"？这是个好问题，现在来参看命令手册。找到 STS 和 OUT 指令，读者会发现 STS 的语法是"STS k,Rr"，这就表明这个命令能将通用寄存器 R0～R31 中任一个的数据存储到 0～65 535 的任一地址。参看 OUT 命令的语法："OUT A, Rr"，则表明这个命令可以将通用寄存器 R0～R31 中任一个的数据存储到 0～63 的任一地址，PORTCFG_VPCTRLA 所对应的地址为 178，超出了 OUT 指令的操作范围。

STS VPORT3_DIR,R16

执行了这条指令以后，虚拟端口 3 方向寄存器（也就是 PORTD 方向寄存器）被置高，表明 PORTD 引脚被定义成输出脚。

STS VPORT3_OUT,R16

执行了这条指令以后，虚拟端口 3 输出寄存器（也就是 PORTD 输出寄存器）被置高，表明 PORTD 引脚输出高电平。

LOOP

还是一个标号。

CBI VPORT3_OUT,0

对虚拟端口 3 输出寄存器第 0 位清零，将会点亮 PORTD.0 上的 LED 灯。

```
SBI VPORT3_OUT,1
```

对虚拟端口 3 输出寄存器第 1 位置高，将会熄灭 PORTD.1 上的 LED 灯。

```
RCALL DELAY
```

调用延时子程序。

```
RJMP LOOP
```

通过这条指令，将程序跳转到 LOOP 标号处，在每一次循环中，都点亮 PORTD.0 上的 LED 灯，熄灭 PORTD.1 上的 LED 灯，然后再熄灭 PORTD.0 上的 LED 灯，点亮 PORTD.0 上的 LED 灯。

这段程序大体的功能就是让两个 LED 灯循环亮灭的程序。

```
DELAY
```

本标号下的操作都是对寄存器内的数减 1，达到延时的目的。

6. 仿真源代码

(1)仿真源代码

AVR Studio 4 可以在多种方式下工作，刚才编写代码的时候是在编辑模式，现在进入调试模式。先着重看一下软件界面，如图 4-2-6 所示。

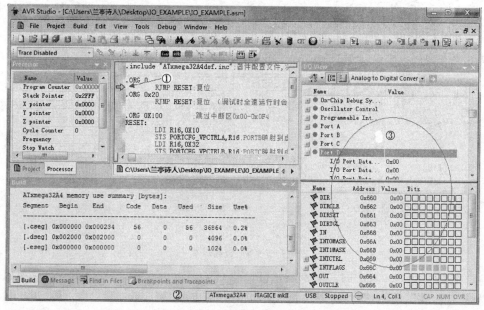

图 4-2-6　仿真界面

① 单击 ▶ 进入仿真调试，注意到有一个黄色的箭头指向 RJMP 指令。这个箭头的作用是指向即将被执行的指令。

② 在底部状态栏显示当前状态。在本项目中显示:ATxmega32A4 JTAGICE mkII USB,Stopped。这里有一个黄色的图标。现在,最好检查一下显示信息,以确认选用的器件和仿真工具。

③ 注意到工作台窗口显示项目 I/O 信息。I/O 信息是项目开发中最经常使用的信息,在下面将详细介绍。

(2)分段调试代码

AVR Studio 开发软件支持分段调试代码。软件支持运行到断点,然后返回寄存器信息,并在此等待;也支持单步指令执行。

现在按一次 F11,如图 4-2-7 所示,箭头指向"LDI R16,0x10"这条指令,表明这条指令即将被执行。

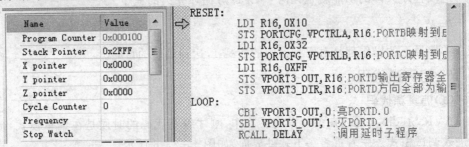

图 4-2-7 仿真过程

再按一次 F11,如图 4-2-8 所示,LDI 指令执行完毕,黄色箭头指向 STS 指令。R16 寄存器的内容被赋值为 0x10。

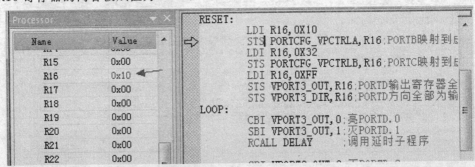

图 4-2-8 仿真过程

再按一次 F11,如图 4-2-9 所示,PORTCFG_VPCTRLA 寄存器的内容被赋值为 0x10。在图中,一个白的方块表示 0,黑的方块表示 1。

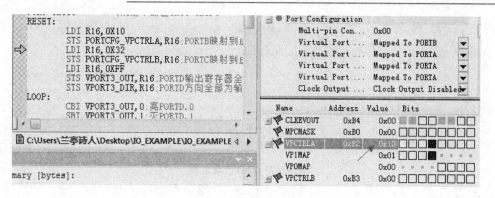

图 4 - 2 - 9　仿真过程

如图 4 - 2 - 10 所示,将光标移动到"STS VPORT3_DIR,R16"这行,单击 {},程序将自动运行到这一行,本行之前的语句将被执行,虚拟端口 3 的输出寄存器全部置高(对应 PORTD 输出寄存器也将随之改变),再按一次 F11,将进入 LOOP 内。

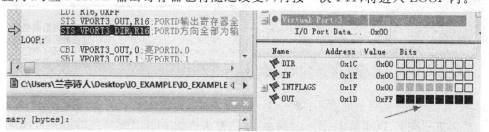

图 4 - 2 - 10　仿真过程

再按一次 F11,如图 4 - 2 - 11 所示,"CBI VPORT3_OUT,0"被执行,通过 I/O 状态信息窗口可以观察到 VPORT3_输出寄存器(OUT)bit0 这一位被清零,这时可观察到开发板上 PORTD.0 连接的 LED 灯被点亮。

再按一次 F11,"SBI VPORT3_OUT,1"被执行,VPORT3_输出寄存器(OUT)bit1 这一位被置高,PORTD.0 连接的 LED 灯熄灭。

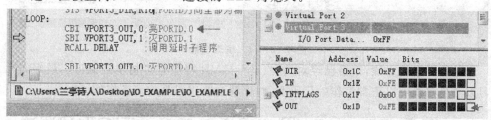

图 4 - 2 - 11　仿真过程

再按一次 F11,如图 4 - 2 - 12 所示,进入 DELAY 子过程,这里不是应重点观察的语句,单击右上角 按钮按钮,跳出该子过程,黄色的箭头指向"SBI VPORT3_OUT,0"。

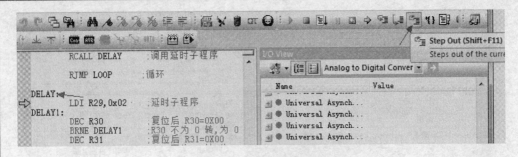

图 4 - 2 - 12　仿真过程

按两次 F11,如图 4 - 2 - 13 所示,VPORT3_输出寄存器(OUT)bit1 这一位被清零,bit0 这一位被置高。黄色箭头指向"RCALL DELAY",将光标移动到"RJMP LOOP",单击 **{}**,DELAY 子过程被执行完。

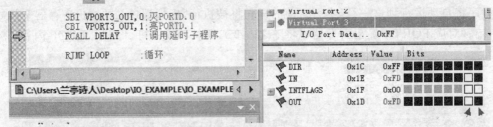

图 4 - 2 - 13　仿真过程

再按一次 F11,如图 4 - 2 - 14 所示,黄色箭头回到 LOOP 标号内的第一句,循环执行。观察到的现象是 LED 灯交替闪烁。

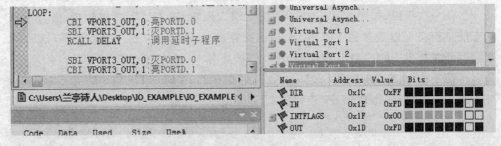

图 4 - 2 - 14　仿真过程

通过以上的步骤,读者已经对编写、运行 AVR 程序有了初步的认识。最好的学习方法是寻找可以正常工作的代码实例,理解这些代码是如何工作的。

4.3　基于 AVR Studio 和 GCCAVR 的 C 语言编程及调试

在 4.1 节中已经安装好 AVR Studio 4,接下来要安装 WinAVR-20100110。

1. 建立项目文件及编辑代码

打开 AVR Studio 4,选择 Project→New Project 命令后得到如图 4 - 3 - 1 所示对话框。

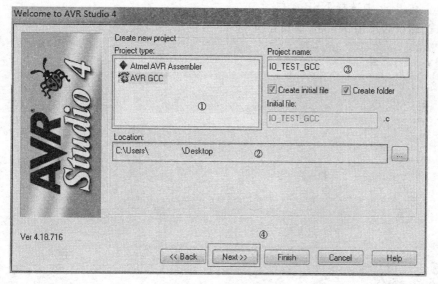

图 4 - 3 - 1　建立工程

① 在 Project type 中选择 AVR GCC。

② 修改 Location 选定工程文件的存放目录(这里要避免使用中文字符)。

③ 在 Project name 填写工程序名称。

④ 单击 Next 进入下一步设置。此时,得到如图 4 - 3 - 2 所示对话框。

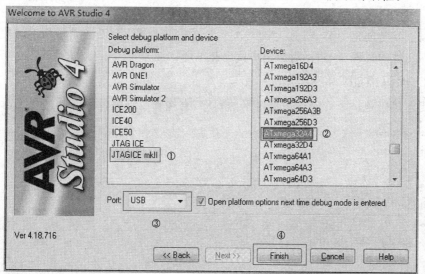

图 4 - 3 - 2　选择参数

①在 Debug platform 中选择 JTAGICE mkII，这里需要相应的硬件设备与之相配合使用。

②在 Device 中选择 ATxmega32A4。

③在 Port 中选择 USB 接口。

④确认后单击 Finish，得到如图 4－3－3 的工程界面。

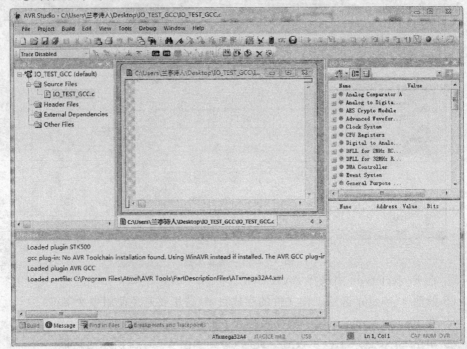

图 4－3－3　工程界面

以上就是创建一个 AVR-XMEGA 工程的全部过程，为了做完整的编译直至生成目标文件的过程，下面再附加添加代码和编译。

2. 代码添加

以下代码是一个 I/O 输出低电平的程序，直接复制到编辑区即可。

```
# include <avr/io. h> //AVR－Xmega 寄存器操作头文件
# include <util/delay. h>
int main()
{
while(1)
    {
    PORTE_DIR = 0X0C;
    PORTE_OUT = 0X0C;

        PORTE_OUT = 0x04;
```

```
        _delay_ms(100);
        PORTE_OUT = 0xFF;
        _delay_ms(200);
        PORTE_OUT = 0x08;
        _delay_ms(100);
        PORTE_OUT = 0xFF;
        _delay_ms(200);}
}
```

3. 工程配置

在编译之前需要给出编译条件。选择 Project→Configuration Option，打开如图 4-3-4 所示对话框。

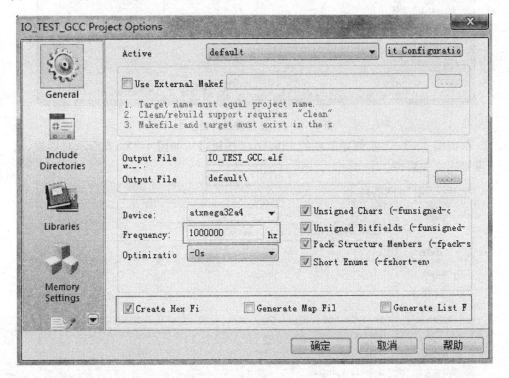

图 4-3-4　工程配置对话框 1

在图 4-3-4 中选择芯片、输入系统时钟及优化级别。注意把 Create Hex File 选项选上，以生成目标文件。单击图 4-3-4 左侧导航栏的 Include Directories 图标进入图 4-3-5 所示对话框，设置头文件路径。

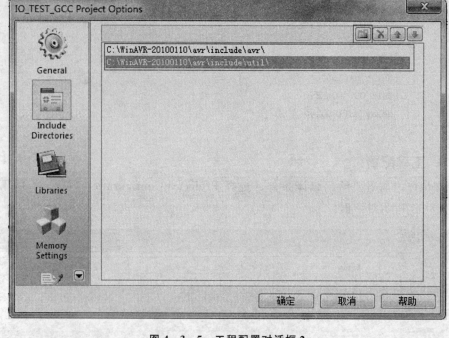

图4-3-5　工程配置对话框2

单击图4-3-5左侧导航栏的Libraries按钮进入如图4-3-6所示对话框,用于设置库文件路径。

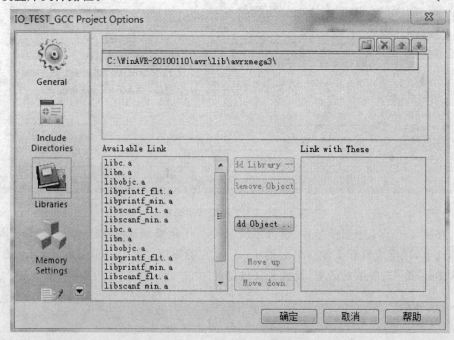

图4-3-6　工程配置对话框3

4. 编 译

单击编译按钮,可以在输出窗口查看编译错误和警告信息,如图 4-3-7 所示。

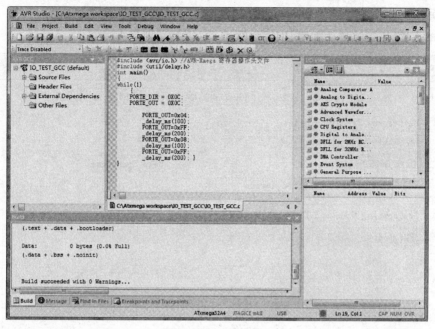

图 4-3-7 编译界面

没有错误和警告的话,可以在工程根目录的\default 文件夹中看到编译器输出的目标文件,如图 4-3-8 所示。

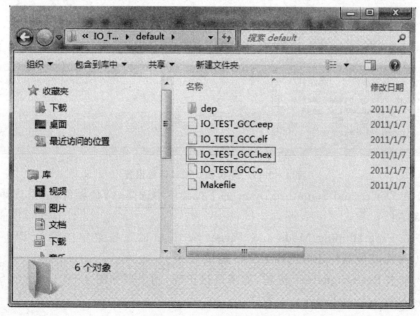

图 4-3-8 生成目标文件

5. 仿真器和目标板设置

通过 USB 链接 mkII-CN 到计算机，将目标板通过 JTAG 接口（或者 PDI 接口）链接到 mkII-CN，目标板上电。

单击 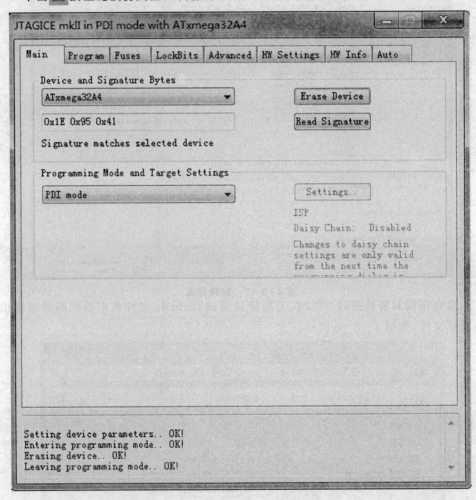 按钮链接仿真器，出现如图 4-3-9 所示对话框。

图 4-3-9　编程模式和目标板设置

① 在 Device and Signature Bytes 的下拉菜单中选择 AVR 器件，这里选择 ATxmega32A4。

② 在 Programming Mode and Target Settings 的下拉菜单中选择 PDI mode （XMEGA A 其他器件还可选择 JTAG 调试）。

③ 单击 Read Signature 按钮，如果链接正确，则出现如图 4-3-9 所示 Signature matches selected device 的字样。

6. 目标文件下载

单击 Program 标签,进入如图 4-3-10 所示对话框。

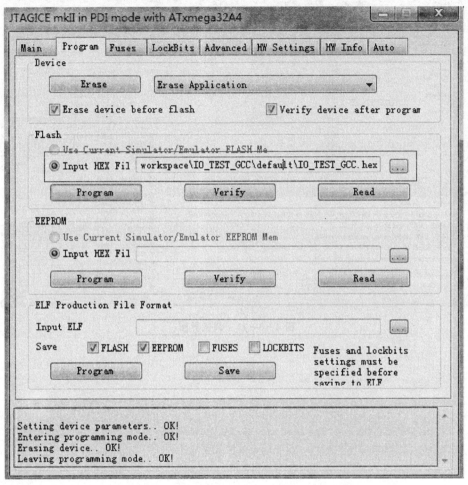

图 4-3-10　芯片编程

在 Input HEX File 后面选择生成的 Hex 文件路径。单击 Program 按钮,出现如图 4-3-10 所示 log 信息则编程成功。关闭对话框可以观察程序的执行状况,本程序的现象是两个 LED 灯交替闪烁。

7. PDI 调试

单击仿真按钮开始调试,图 4-3-11 为调试界面。具体调试步骤和汇编程序调试基本相同,请参照 4.2 节。

AVR XMEGA高性能单片机开发及应用

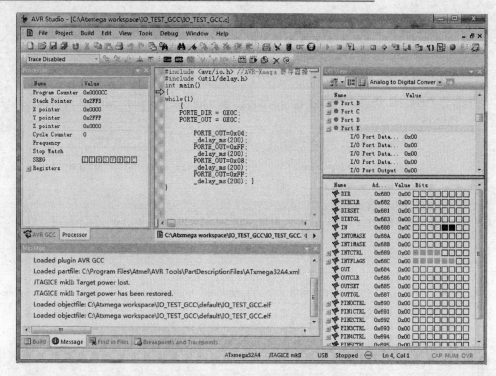

图 4 - 3 - 11　调试界面

第 **5** 章

XMEGA 片内外设应用

经过理论学习之后,从本章开始进入实践环节。本章从最基本的实例讲起,希望读者可以一步一步地跟着练习下去,通过本章学习对 AVR XMEGA 单片机有更深的了解。

当然,要成功开发一个单片机系统首先要有相关的硬件设备,如计算机、仿真器等开发工具;其次还要有相关的软件配合,如 WINAVR、AVR STUDIO、PROTEL等。对于初学者来说,在学习本章内容的同时要不断地回顾前几章的内容,因为本章所有的实例全部要以前面几章为基础,只有学好了前面的内容再来学本章才会事半功倍。

由于 XMEGA 寄存器众多,采用 C 语言和汇编语言对 XMEGA 编程需要大量查找寄存器的配置说明,不但影响编程效率,同时也给编程人员带来诸多痛苦。为了解决这个问题,在底层寄存器与应用程序之间添加一层 XMEGA 片内外设驱动,这样编程人员在不了解底层寄存器配置说明的情况下,仍然可以很好地使用一些特定的功能。有关 XMEGA 片内外设驱动函数简介见光盘中附录 D,XMEGA 片内外设驱动源代码见光盘中附录 E 与附录 F。

5.1　I/O 基础应用实例

XMEGA 有灵活的通用 I/O(GPIO)端口。每个端口共 8 个引脚(引脚 0～7),每个引脚可被配置为输入或输出。端口还有以下功能:中断、同步/异步输入检测和异步发送唤醒信号。可以单步配置使多个引脚具有相同的配置。所有端口作为通用I/O 端口时都可以读一修改一写(RMW)。

5.1.1　简易 I/O 引脚的控制

通过不断改变 PD4 和 PD5 两个引脚的电平来控制二极管的亮灭。

由于程序执行速度很快,如果在很短的时间内改变 PD4 和 PD5 的状态,人眼是看不出来的,所以中间必须有个延时程序。硬件连接如图 5-1-1 所示。

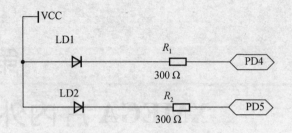

图 5-1-1　LED 发光管连接电路

C 语言代码：

```
//- - - - - - - -包含头文件- - - - - - - -//
    #include <avr/io.h>
    #include <util/delay.h>
//- - - - - - - -宏定义- - - - - - - //
    #define LED1_ON()  PORTD_OUTCLR = 0x20
    #define LED1_OFF() PORTD_OUTSET = 0x20
    #define LED2_ON()  PORTD_OUTCLR = 0x10
    #define LED2_OFF() PORTD_OUTSET = 0x10
//- - - - - - - -main- - - - - - - -//
    int main()
    {
        PORTD_DIR = 0x30;//PD5、PD4 方向设为输出
        while(1)
        {
            LED1_ON();
            LED2_ON();
            _delay_ms(500);
            LED1_OFF();
            LED2_OFF();
            _delay_ms(500);
        }
    }
```

汇编代码：

```
//- - - - - - - -包含头文件- - - - - - - -//
.include "ATxmega128A1def.inc"//器件配置文件
.ORG 0
        RJMP RESET
.ORG 0x20
        RJMP RESET //(调试时全速运行时会莫名进入该中断,此处使其跳转到 RESET)
.ORG 0X100          //跳过中断区 0x00~0x0F4
//- - - - - - - -RESET- - - - - - - -//
```

374

```
RESET:
        LDI R16,0x30
        STS PORTD_DIR,R16 //PD5,PD4 方向设为输出
REST_LOOP:
        LDI R16,0x30
        STS PORTD_OUTCLR,R16
        LDI R17,200      //设置延时参数
        CALL _delay_ms
        LDI R16,0x30
        STS PORTD_OUTSET,R16
        LDI R17,200      //设置延时参数
        CALL _delay_ms
        RJMP REST_LOOP
//- - - - - - - _delay_ms - - - - - - -//
_delay_ms:
L0:     LDI R18,250
L1：     DEC R18
        BRNE L1
        DEC R17
        BRNE L0
        RET
```

5.1.2　五维按键输入控制 LED 的亮灭

五维按键即五向导航键,集上下左右和确认键于一身,外观显得非常简洁,操作时通过一键实现五键的功能,灵活多变,避免了反复按键的单调,增加操作时的乐趣。

硬件设计采用 PE 口的 PE0～PE4 连接五维键盘的 5 个键,接收键的输入。程序中设置五维按键对应的 E 端口的低 5 位为输入,并使能上拉电阻。PD4 连接 LED1,PD5 连接 LED2,配置 LED 对应的端口为输出,并初始化 PD4 和 PD5 两个引脚输出为低电平,点亮 LED1 和 LED2。

主程序判断用户按键输入如下所示。

① 按中间的确定键——LED1、LED2 端口取反,LED1、LED2 交替亮灭;

② 按左键——LED1 开;

③ 按右键——LED1 关;

④ 按上键——LED2 开;

⑤ 按下键——LED2 关。

硬件连接如图 5-1-2 所示。

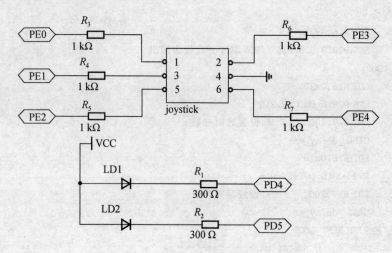

图 5 - 1 - 2　五维按键控制 LED 连接电路

C 语言代码：

```
//--------包含头文件--------//
# include <avr/io.h>
//---------宏定义--------//
# define LED1_ON()  PORTD_OUTCLR = 0x20
# define LED1_OFF() PORTD_OUTSET = 0x20
# define LED1_T()   PORTD_OUTTGL = 0x20
# define LED2_ON()  PORTD_OUTCLR = 0x10
# define LED2_OFF() PORTD_OUTSET = 0x10
# define LED2_T()   PORTD_OUTTGL = 0x10
//--------按键返回值------//
# define No_key 0x00
# define SELECT 0x01
# define LEFT 0x02
# define RIGHT 0x04
# define UP 0x08
# define DOWN 0x10
//-------- KEY_initial -------//
void KEY_initial(void)
{
    PORTE_DIRCLR = 0x1F;//设置按键引脚为输入
    /*
    PORTE_PIN0CTRL = PORT_OPC_PULLUP_gc;
    PORTE_PIN1CTRL = PORT_OPC_PULLUP_gc;
    PORTE_PIN2CTRL = PORT_OPC_PULLUP_gc;
    PORTE_PIN3CTRL = PORT_OPC_PULLUP_gc;
```

```
        PORTE_PIN4CTRL = PORT_OPC_PULLUP_gc;
        * /
        //当有多个引脚的配置相同时,可以使用多引脚配置掩码寄存器一次配置多个引脚
        PORTCFG_MPCMASK = 0X1F;
        PORTE_PIN0CTRL = PORT_OPC_PULLUP_gc;
}
//- - - - - - - - char Get_Key - - - - - - -//
unsigned char Get_Key(void)
{
        unsigned char Key = 0,num_keypress = 0;
        if((PORTE_IN&(1<<1)) = = 0)
            {
                Key| = SELECT;
                num_keypress + + ;
                }
        if((PORTE_IN&(1<<0)) = = 0)
          {
                Key| = LEFT;
                num_keypress + + ;
                }
        if((PORTE_IN&(1<<4)) = = 0)
          {
              Key| = RIGHT;
              num_keypress + + ;
              }
        if((PORTE_IN&(1<<2)) = = 0)
          {
              Key| = UP;
              num_keypress + + ;
              }
        if((PORTE_IN&(1<<3)) = = 0)
          {
              Key| = DOWN;
              num_keypress + + ;
              }
        if(num_keypress>1)
          Key = No_key;
        return Key;
}
//- - - - - - - - main - - - - - - -//
int main(void)
{
```

```
unsigned char Key_return = 0;
PORTD_DIRSET = 0x30;//PD5、PD4 方向设为输出
LED1_ON();
LED2_ON();
KEY_initial();//初始化按键引脚
while(1)
{
    Key_return = Get_Key();
    if(Key_return)
    {
        switch(Key_return)
        {
            case SELECT:
                LED1_T();
                LED2_T();
                break;
            case LEFT :
                LED1_ON();
                break;
            case RIGHT :
                LED1_OFF();
                break;
            case UP  :
                LED2_ON();
                break;
            case DOWN :
                LED2_OFF();
                break;
            default :break;
        }
        Key_return = 0;
    }
}
return 0;
}
```

汇编代码:

```
//--------包含头文件--------//
.include "ATxmega128A1def.inc"//器件配置文件,决不可少,不然汇编通不过
.ORG 0
        RJMP RESET
.ORG 0x20
```

```
        RJMP RESET//（调试时全速运行时会莫名进入该中断，此处使其跳转到 RESET）
. ORG 0X100          //跳过中断区 0x00～0x0F4
//-------按键返回值-------//
. EQU No_key = 0x00
. EQU SELECT = 0x01
. EQU LEFT = 0x02
. EQU RIGHT = 0x04
. EQU UP = 0x08
. EQU DOWN = 0x10
//------- KEY_initial -------//
KEY_initial:
        LDI R16,0X1F
        STS PORTE_DIRCLR,R16;//设置按键引脚为输入
        /*
        PORTE_PIN0CTRL = PORT_OPC_PULLUP_gc;
        PORTE_PIN1CTRL = PORT_OPC_PULLUP_gc;
        PORTE_PIN2CTRL = PORT_OPC_PULLUP_gc;
        PORTE_PIN3CTRL = PORT_OPC_PULLUP_gc;
        PORTE_PIN4CTRL = PORT_OPC_PULLUP_gc;
        */
//当有多个引脚的配置相同时，可以使用多引脚配置掩码寄存器一次配置多个引脚
        LDI R16,0X1F
        STS PORTCFG_MPCMASK,R16
        LDI R16,PORT_OPC_PULLUP_gc
        STS PORTE_PIN0CTRL,R16
        RET
//------- Get_Key -------//
Get_Key:
        EOR R18,R18
        EOR R17,R17
        LDS R16,PORTE_IN
        MOV R19,R16
        ANDI R19,0X01
        SBRS R19,0
        JMP Get_Key_1
Get_Key_11:
        MOV R19,R16
        ANDI R19,0X02
        SBRS R19,1
        JMP Get_Key_2
Get_Key_22:
        MOV R19,R16
```

```
                    ANDI R19,0X04
                    SBRS R19,2
                    JMP Get_Key_3
        Get_Key_33:
                    MOV R19,R16
                    ANDI R19,0X08
                    SBRS R19,3
                    JMP Get_Key_4
        Get_Key_44:
                    MOV R19,R16
                    ANDI R19,0X10
                    SBRS R19,4
                    JMP Get_Key_5
                    NOP
                    JMP Get_Key_6
        Get_Key_1:
                    LDI R17,LEFT
                    INC R18
                    JMP Get_Key_11
        Get_Key_2:
                    LDI R17,SELECT
                    INC R18
                    JMP Get_Key_22
        Get_Key_3:
                    LDI R17,UP
                    INC R18
                    JMP Get_Key_33
        Get_Key_4:
                    LDI R17,DOWN
                    INC R18
                    JMP Get_Key_44
        Get_Key_5:
                    LDI R17,RIGHT
                    INC R18
        Get_Key_6:
                    CLZ
                    CPI R18,1
                    BREQ Get_Key_END
                    LDI R17,No_key
        Get_Key_END:
                    RET
        //-------宏定义-------//
```

```
. MACRO LED1_ON
            LDI R16,@0
            STS PORTD_OUTSET,R16
. ENDMACRO
. MACRO LED2_ON
            LDI R16,@0
            STS PORTD_OUTSET,R16
. ENDMACRO
. MACRO LED1_OFF
            LDI R16,@0
            STS PORTD_OUTCLR,R16
. ENDMACRO
. MACRO LED2_OFF
            LDI R16,@0
            STS PORTD_OUTCLR,R16
. ENDMACRO
. MACRO LED1_T
            LDI R16,@0
            STS PORTD_OUTTGL,R16
. ENDMACRO
. MACRO LED2_T
            LDI R16,@0
            STS PORTD_OUTTGL,R16
. ENDMACRO
// - - - - - - - - RESET - - - - - - - //
RESET:
            LDI R16,0x30
            STS PORTD_DIRSET,R16;//PD5、PD4 方向设为输出
            LED1_ON 0X20
            LED2_ON 0X10
            CALL KEY_initial
RESET_LOOP:
            CALL Get_Key
            CLZ
            CPI R17,0
            BREQ RESET_END
            CLZ
            CPI R17,SELECT
            BREQ RESET_1
            CPI R17,LEFT
            BREQ RESET_2
            CPI R17,RIGHT
```

```
                    BREQ RESET_3
                    CPI R17,UP
                    BREQ RESET_4
                    CPI R17,DOWN
                    BREQ RESET_5
                    LED2_OFF 0X10
                    LDI R17,0
                    JMP RESET_END
        RESET_1:
                    LED1_T 0X20
                    LED2_T 0X10
                    LDI R17,0
                    JMP RESET_END
        RESET_2:
                    LED1_ON 0X20
                    LDI R17,0
                    JMP RESET_END
        RESET_3:
                    LED1_OFF 0X20
                    LDI R17,0
                    JMP RESET_END
        RESET_4:
                    LED2_ON 0X10
                    LDI R17,0
                    JMP RESET_END
        RESET_5:
                    LED2_OFF 0X10
                    LDI R17,0
                    JMP RESET_END
        RESET_END:
                    JMP RESET_LOOP
```

5.2　系统时钟实例

XMEGA 具有灵活的时钟系统,支持多种时钟源。高频锁相环和时钟分频器可以产生较宽范围的时钟频率。校准功能可自动校准内部振荡器。晶振失效监视可以发出非屏蔽中断,如果外部振荡器失效,自动切换到内部振荡器。

复位后,设备始终是从 2 MHz 内部振荡器开始运行。正常操作过程中,系统时钟源和分频值可以在程序中随时修改。

时钟源被分为两类:内部振荡器和外部时钟源。内部振荡器有 32 kHz 超低功

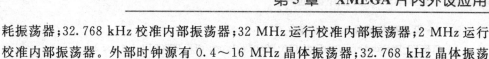

耗振荡器;32.768 kHz 校准内部振荡器;32 MHz 运行校准内部振荡器;2 MHz 运行
校准内部振荡器。外部时钟源有 0.4～16 MHz 晶体振荡器;32.768 kHz 晶体振荡
器;外部时钟输入。所有校准的内部振荡器、外部时钟源(XOSC)和锁相环 PLL 输出
都可作为系统时钟源。程序中系统时钟源有 3 种选择。系统时钟源为外部晶体振荡
器时 PLL 倍频系数设置为 6,预分频系数设置为 1;系统时钟选择内部 2 MHz 振荡
器,使能时钟校准,预分频系数设置都为 1。

C 语言代码:

```c
//- - - - - - - - -包含头文件- - - - - - - -//
# include <avr/io.h>
# include "avr_compiler.h"
# include "clksys_driver.h"
//- - - - - - - - - -LED 操作宏定义- - - - - - - -//
# define LED1_ON()  PORTD_OUTCLR = 0x20
# define LED1_OFF() PORTD_OUTSET = 0x20
# define LED1_T()   PORTD_OUTTGL = 0x20
# define LED2_ON()  PORTD_OUTCLR = 0x10
# define LED2_OFF() PORTD_OUTSET = 0x10
# define LED2_T()   PORTD_OUTTGL = 0x10
//- - - - - - - - - PLL_XOSC_Initial - - - - - - - -//
void PLL_XOSC_Initial(void)
{
    unsigned char factor = 6;
    /* 设置晶振范围,启动时间 */
    CLKSYS_XOSC_Config( OSC_FRQRANGE_2TO9_gc, false,OSC_XOSCSEL_XTAL_16KCLK_gc );
    CLKSYS_Enable( OSC_XOSCEN_bm );                    //使能外部振荡器
    do {} while ( CLKSYS_IsReady( OSC_XOSCRDY_bm ) == 0 );//等待外部振荡器准备好
    /* 设置倍频因子并选择外部振荡器为 PLL 参考时钟 */
    CLKSYS_PLL_Config( OSC_PLLSRC_XOSC_gc, factor );
    CLKSYS_Enable( OSC_PLLEN_bm );                     //使能 PLL 电路
    do {} while ( CLKSYS_IsReady( OSC_PLLRDY_bm ) == 0 );//等待 PLL 准备好
    CLKSYS_Main_ClockSource_Select( CLK_SCLKSEL_PLL_gc);//选择系统时钟源
    /* 设置预分频器 A,B,C 的值 */
    CLKSYS_Prescalers_Config( CLK_PSADIV_1_gc, CLK_PSBCDIV_1_1_gc );
}
//- - - - - - - - - RC32M_Initial - - - - - - - -//
void RC32M_Initial(void)
{
    CLKSYS_Enable( OSC_RC32MEN_bm );//使能 RC32 MHz 振荡器
    do {} while ( CLKSYS_IsReady( OSC_RC32MRDY_bm ) == 0 );//等待 RC32 MHz 振荡器准备好
    CLKSYS_Main_ClockSource_Select( CLK_SCLKSEL_RC32M_gc);//选择系统时钟源
```

```
    /* 设置预分频器 A、B、C 的值 */
    CLKSYS_Prescalers_Config( CLK_PSADIV_1_gc, CLK_PSBCDIV_1_1_gc );
}
//- - - - - - - - - RC2M_Initial - - - - - - - - -//
void RC2M_Initial(void)
{
    CLKSYS_Enable( OSC_RC2MEN_bm );//使能 RC2 MHz 振荡器
    do {} while ( CLKSYS_IsReady( OSC_RC2MRDY_bm ) = = 0 );//等待 RC2 MHz 振荡器准备好
    CLKSYS_Main_ClockSource_Select( CLK_SCLKSEL_RC2M_gc);//选择系统时钟源
    /* 设置预分频器 A、B、C 的值 */
    CLKSYS_Prescalers_Config( CLK_PSADIV_1_gc, CLK_PSBCDIV_1_1_gc );
}
//- - - - - - - - - main - - - - - - - -//
int main( void )
{
    PLL_XOSC_Initial();// 外部晶振 8 MHz,PLL 输出 8 MHz×6 = 48 MHz
    /* RC32M_Initial();//内部 RC32 MHz
       RC2M_Initial();内部 RC2 MHz */
    PORTD_DIRSET = 0x30;//PD5、PD4 方向设为输出
    TCC0. PER = 31250;
    TCC0. CTRLA = ( TCC0. CTRLA & ~TC0_CLKSEL_gm ) | TC_CLKSEL_DIV64_gc;
    TCC0. INTCTRLA = ( TCC0. INTCTRLA & ~TC0_OVFINTLVL_gm ) | TC_OVFINTLVL_MED_gc;
    /* 使能低级中断和全局中断 */
    PMIC. CTRL |= PMIC_MEDLVLEN_bm;
    sei();
    while(1)
    {}
}
//- - - - - - - ISR (TCC0 溢出中断函数) - - - - - - - - -//
ISR(TCC0_OVF_vect)
{
    LED1_T();
}
```

汇编代码：

```
//- - - - - - - - -包含头文件- - - - - - - -//
. include "ATxmega128A1def. inc";器件配置文件,决不可少,不然汇编通不过
. ORG 0
        RJMP RESET//复位
. ORG 0x20
        RJMP RESET//复位 (调试时全速运行时会莫名进入该中断,此处使其跳转到 RESET)
. ORG 0x01C          //TCC0 溢出中断向量
```

```
        RJMP ISR
. ORG 0X100          //跳过中断区 0x00～0x0F4
// - - - - - - - - -宏定义- - - - - - - -//
. MACRO LED_T1
        LDI R16,@0
        STS PORTD_OUTTGL,R16
. ENDMACRO
. MACRO LED_T2
        LDI R16,@0
        STS PORTD_OUTTGL,R16
. ENDMACRO


. MACRO CLKSYS_IsReady
  CLKSYS_IsReady_1：
        LDS R16,OSC_STATUS
        SBRS R16,@0
        JMP CLKSYS_IsReady_1//等待振荡器准备好
          NOP
. ENDMACRO
// - - - - - - - - - PLL_XOSC_Initial(外部时钟选择) - - - - - - - -//
PLL_XOSC_Initial：
        LDI R16,0X4B
        STS OSC_XOSCCTRL,R16//设置晶振范围 启动时间
        LDI R16,OSC_XOSCEN_bm
        STS OSC_CTRL,R16      //使能外部振荡器
/ * CLKSYS_IsReady_1:
        LDS R16,OSC_STATUS
        SBRS R16,OSC_XOSCRDY_bp
        JMP CLKSYS_IsReady_1//等待外部振荡器准备好
        NOP
* /
        CLKSYS_IsReady OSC_XOSCRDY_bp
        LDI R16,OSC_PLLSRC_XOSC_gc
        ORI R16,0XC6
        STS OSC_PLLCTRL,R16
        LDS R16,OSC_CTRL      //读取该寄存器的值到 R16
        SBR R16,OSC_PLLEN_bm//对 PLLEN 这一位置位,使能 PLL
        STS OSC_CTRL,R16
/ * CLKSYS_IsReady_2:
        LDS R16,OSC_STATUS
        SBRS R16,OSC_PLLRDY_bp
        JMP CLKSYS_IsReady_2//等待外部振荡器准备好
```

385

```
                    NOP
        */
                    CLKSYS_IsReady OSC_PLLRDY_bp
                    LDI R16,CLK_SCLKSEL_PLL_gc
                    LDI R17,0XD8                //密钥
                    STS CPU_CCP,R17             //解锁
                    STS CLK_CTRL,R16            //选择系统时钟源
                    LDI R16,CLK_PSADIV_1_gc
                    ORI R16,CLK_PSBCDIV_1_1_gc
                    LDI R17,0XD8                //密钥
                    STS CPU_CCP,R17             //解锁
                    STS CLK_PSCTRL,R16          //设置预分频器 A、B、C 的值
                    RET
//- - - - - - - - - RC32M_Initial(RC32M 时钟选择)- - - - - - - - //
RC32M_Initial:
                    LDI R16,OSC_RC32MEN_bm
                    STS OSC_CTRL,R16                //使能 RC32 MHz 振荡器
                    CLKSYS_IsReady OSC_RC32MRDY_bm  //等待 RC32 MHz 振荡器准备好
                    LDI R16, CLK_SCLKSEL_RC32M_gc
                    LDI R17,0XD8                //密钥
                    STS CPU_CCP,R17             //解锁
                    STS CLK_CTRL,R16            //选择系统时钟源
                    LDI R16,CLK_PSADIV_1_gc
                    ORI R16,CLK_PSBCDIV_1_1_gc
                    LDI R17,0XD8                //密钥
                    STS CPU_CCP,R17             //解锁
                    STS CLK_PSCTRL,R16          //设置预分频器 A、B、C 的值
                    RET
//- - - - - - - - - RC2M_Initial(RC2M 时钟选择)- - - - - - - - //
RC2M_Initial:
                    LDI R16,OSC_RC2MEN_bm
                    STS OSC_CTRL,R16                //使能 RC2 MHz 振荡器
                    CLKSYS_IsReady OSC_RC2MRDY_bm   //等待 RC2 MHz 振荡器准备好
                    LDI R17,0XD8                //密钥
                    STS CPU_CCP,R17             //解锁
                    LDI R16, CLK_SCLKSEL_RC2M_gc
                    STS CLK_CTRL,R16            //选择系统时钟源
                    LDI R17,0XD8                //密钥
                    STS CPU_CCP,R17             //解锁
                    LDI R16,CLK_PSADIV_1_gc
                    ORI R16,CLK_PSBCDIV_1_1_gc
                    STS CLK_PSCTRL,R16          //设置预分频器 A、B、C 的值
```

```
              RET
//--------REST(函数入口)--------//
RESET:
              CALL PLL_XOSC_Initial              // PLL,外部晶振 8 MHz,输出 8 MHz×6＝48 MHz
              /*
              RC32M_Initial();                   //内部 RC32 MHz
              RC2M_Initial();                    //内部 RC2 MHz
              */
              LDI R16,0X30
              STS PORTD_DIRSET,R16;              //PD5、PD4 方向设为输出
              LDI R16,0X0FF                       //设置定时器 C0,计数周期 65 535
              STS TCC0_PER,R16
              STS TCC0_PER＋1,R16
              LDI R16,TC_CLKSEL_DIV64_gc
              STS TCC0_CTRLA ,R16
              LDI R16,TC_OVFINTLVL_MED_gc
              STS TCC0_INTCTRLA,R16
              LDI R16,PMIC_HILVLEN_bp            //使能高级别中断,打开全局中断
              STS PMIC_CTRL,R16
              SEI
RESET_LOOP:
              RJMP RESET_LOOP
//--------ISR(TCC0 溢出中断)--------//
ISR:
              LED_T1 0X20
              RETI
```

387

5.3　异步串行接收/发送器实例

通用同步/异步串行接收/发送器(USART)是一个高度灵活的串行通信模块。USART 支持全双工通信、同步或者异步操作。通信是基于帧的,帧结构支持定制很宽的标准。USART 双向缓冲,帧与帧之间连续传输没有任何延时。接收和发送完毕都有单独的中断向量,支持全中断驱动的通信。帧错误和缓冲溢出都可以被硬件检测到并有独立的状态标志位。奇偶校验值的产生和校验也可以使能。

单片机串行口将 PC 端发送过来的数据接收并返回给 PC。进行串口通信时要满足一定的条件,比如计算机的串口是 RS232 电平的,而单片机的串口电平是 TTL 电平的,两者之间必须要有一个电平转换电路,我们采用专用芯片 MAX232 进行转换;虽然可以用几个三极管进行电平转换,但是用专用专用芯片更简单可靠。MAX232 芯片是 MAXIM 公司生产的,包含两路接收器和驱动器的 IC 芯片。外部

引脚见图 5-3-1。

程序设置 USARTC0 的发送引脚 PC3 为输出，接收引脚 PC2 为输入；US-ARTC0 传输模式为异步；USARTC0 的帧格式为 8 位数据位，无校验，1 位停止；波特率为 9 600 bps；并使能 USARTC0 接收与发送。硬件连接见图 5-3-1。

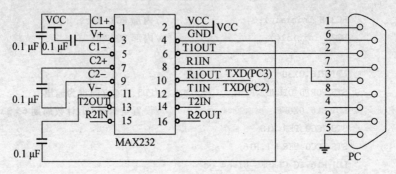

图 5-3-1 电平转换原理图

在实际运用中一定要保证上位机设置与单片机统一，否则数据将会出错。

C 语言代码：

```
//- - - - - - - - 包含头文件- - - - - - - -//
# include <avr/io. h>
# include "avr_compiler. h"
# include <avr/interrupt. h>
# include "usart_driver. c"
//- - - - - - - - uart_init (串口初始化)- - - - - - - -//
void uart_init(void)
{
    /* USARTC0 引脚方向设置 */
    PORTC. DIRSET = PIN3_bm; // PC3 (TXD0) 输出
    PORTC. DIRCLR = PIN2_bm; // PC2 (RXD0) 输入
    USART_SetMode(&USARTC0,USART_CMODE_ASYNCHRONOUS_gc); // USARTC0 模式 - 异步
    /* USARTC0 帧结构，8 位数据位，无校验，1 停止位 */
    USART_Format_Set(&USARTC0, USART_CHSIZE_8BIT_gc, USART_PMODE_DISABLED_gc,
false);
    USART_Baudrate_Set(&USARTC0, 12 , 0); //设置波特率 9 600
    USART_Tx_Enable(&USARTC0);            //USARTC0 使能发送
    USART_Rx_Enable(&USARTC0);            //USARTC0 使能接收
}
//- - - - - - - - main(主函数)- - - - - - - -//
int main(void)
{
    uart_init();
    uart_putc(\r);
```

```
        uart_putw_hex(0xFFFF);
        uart_putc('=');
        uart_putdw_dec(0xFFFF);
        uart_putc('\n');
        uart_putdw_hex(0xAABBCCDD);
        uart_putc('=');
        uart_putdw_dec(0xAABBCCDD);
        uart_putc('\n');
        uart_puts("www. upc. edu. cn");
        uart_putc('\n');
        //USARTC0 接收中断级别
        USART_RxdInterruptLevel_Set(&USARTC0,USART_RXCINTLVL_LO_gc);
        PMIC.CTRL |= PMIC_LOLVLEN_bm; //使能中断级别
        sei();
        while(1);
        return 0;
}
//- - - - - - - - ISR (串口接收中断)- - - - - - - -//
ISR(USARTC0_RXC_vect)
{
        unsigned char buffer;
        buffer = USART_GetChar(&USARTC0);
        do{
            }while(! USART_IsTXDataRegisterEmpty(&USARTC0));
        USART_PutChar(&USARTC0,buffer);
}
```

汇编代码：

```
//- - - - - - - - 包含头文件- - - - - - - -//
. include "ATxmega128A1def. inc";器件配置文件,决不可少,不然汇编通不过
. include "usart_driver. inc"
. ORG 0
        RJMP RESET
. ORG 0x20
        RJMP RESET //(调试时全速运行时会莫名进入该中断,此处使其跳转到 RESET)
. ORG 0x032          // USARTC0 数据接收完毕中断入口
        RJMP ISR
. ORG 0X100          // 跳过中断区 0x00～0x0F4
. EQU ENTER = \n
. EQU NEWLINE = \r
. EQU EQUE = '='
. EQU ZERO = '0'
```

```
. EQU A_ASSCI = ′A′
STRING: .DB ′W′,′W′,′W′,′.′,′U′,′P′,′C′,′.′,′E′,′D′,′U′,′.′,′C′,′N′,0
//- - - - - - - - - uart_init（串口初始化）- - - - - - - - - //
uart_init:
        /* USARTC0 引脚方向设置 */
        LDI R16,0X08 //PC3（TXD0）输出
        STS PORTC_DIRSET,R16
        LDI R16,0X04 //PC2（RXD0）输入
        STS PORTC_DIRCLR,R16
        // USARTC0 模式 - 异步 USARTC0 帧结构，8 位数据位，无校验，1 停止位
        LDIR16,USART_CMODE_ASYNCHRONOUS_gc |USART_CHSIZE_8BIT_gc
                                           |USART_PMODE_DISABLED_gc
        STS USARTC0_CTRLC,R16
        LDI R16,12 //设置波特率 9600
        STS USARTC0_BAUDCTRLA,R16
        LDI R16,0
        STS USARTC0_BAUDCTRLB,R16
        LDI R16,USART_TXEN_bm|USART_RXEN_bm//USARTC0 使能发送 USARTC0 使能接收
        STS USARTC0_CTRLB,R16
        RET
//- - - - - - - - - RESET(主函数入口)- - - - - - - - //
RESET:
        CALL uart_init
        LDI R16,ENTER
        PUSH R16
        uart_putc
        EOR XH,XH
        EOR XL,XL
        COM XH
        COM XL
        uart_putw_hex
        LDI R16,EQUE
        PUSH R16
        uart_putc
        EOR XH,XH
        EOR XL,XL
        COM XH
        COM XL
        uart_putw_dec
        LDI R16,ENTER
        PUSH R16
        uart_putc
```

```
            uart_puts_string STRING
            LDI R16,ENTER
            PUSH R16
            uart_putc
            LDI R16,USART_RXCINTLVL_LO_gc //USARTC0 接收中断级别
            STS USARTC0_CTRLA,R16
            LDI R16,PMIC_LOLVLEN_bm        //使能中断级别
            STS PMIC_CTRL,R16
            SEI
RESET_LOOP:
            NOP
            NOP
            JMP RESET_LOOP
//- - - - - - - - ISR(串口中断)- - - - - - - - //
ISR:
            LDS R17,USARTC0_DATA
            USART_IsTXDataRegisterEmpty USART_DREIF_bp
            STS USARTC0_DATA,R17
            RETI
```

5.4　TC——16 位定时器/计数器实例

　　XMEGA 有一组高级灵活的 16 位定时器/计数器(TC)。它的基本功能包括准确的计时、频率和波形的产生、事件管理以及数字信号的时间测量。高分辨率扩展(Hi-Res)和高级波形扩展(AWeX)可以和定时器/计数器配合使用,轻松地产生复杂和专门的频率、波形。

　　① 定时器的计数,捕获功能。分 6 个例子函数实现:

　　Example1:定时器 TCC0 基本计数。设置定时器 TCC0 计数周期为 0x1000,定时器 TCC0 时钟为系统时钟。

　　Example2:定时器 TCC0 通道 A 输入捕获。设置 TCC0 计数周期为 255,TCC0 时钟为系统时钟,使能 TCC0 的 A 通道,选择事件通道 2 为 TCC0 的事件源,PE3 设置为下降沿触发 输入上拉,PE3 作为通道 2 的事件源;当 PE3 产生下降沿则 TCC0 的 A 通道发生捕获,D 端口 LED 显示捕获值的低 8 位,实现 TCC0 通道 A 输入捕获。

　　Example3:定时器 TCC0 测量 PC0 口信号频率。设置 TCC0 计数周期为 0X7FFF(如果设置的周期寄存器的值比 0x8000 小,捕获完成后将把 I/O 引脚的电平变化存储在捕获寄存器的最高位),TCC0 时钟为系统时钟,使能 TCC0 的 A 通道,选择事件通道 0 为 TCC0 的事件源,PC0 设置为双沿触发,输入上拉,PC0 作为通道

0 的事件源；当 PC0 产生下降沿或者上升沿时则 TCC0 的 A 通道发生捕获，进入捕获中断；通过检测最高位看是否是上升沿，两次上升沿捕获值相减，可得到周期；也可以通过检测最高位算出占空比。

Example4：定时器 TCC0 通道 B 占空比变化的脉宽调制输出。设置 TCC0 为单斜率 PWM 模式，TCC0 的计数周期为 512，时钟为系统时钟的 1/64，使能 TCC0 的 B 通道，每次在溢出时将新的值填到比较或捕获缓冲寄存器，在下次溢出时比较或捕获缓冲寄存器的值就会自动加载到比较或捕获寄存器，从而改变 PC1 引脚上的脉宽。

Example5：定时器 TCC0 对事件信号计数。设置 TCC0 计数周期为 4，TCC0 时钟为事件通道 0，PE3 设置为下降沿触发，输入上拉，PE3 作为通道 0 的事件源；当 PE3 产生下降沿则定时器 TCC0 的计数寄存器加 1，计数寄存器溢出时会进入溢出中断函数，对 PD4 和 PD5 电平取反。

Example6：定时器 TCC0 和 TCC1 实现 32 位计数。设置 TCC0 计数周期为 1 250，TCC0 时钟为系统时钟的 1/8；TCC1 计数周期为 200，TCC1 时钟为事件通道 0；选择 TCC0 溢出为事件通道 0 的事件源，一旦 TCC0 溢出 TCC1 计数就会加 1。

C 语言代码：

```
//- - - - - - - CPU 时钟和分频值 - - - - - - - -//
# define F_CPU          2000000UL
# define CPU_PRESCALER 1
//- - - - - - - -包含头文件 - - - - - - - - -//
# include "avr_compiler.h"
# include "usart_driver.c"
# include "TC_driver.c"
//- - - - - - - 函数申明 - - - - - - - -//
void Example1( void );
void Example2( void );
void Example3( void );
void Example4( void );
void Example5( void );
void Example6( void );
//- - - - - - - -宏定义 - - - - - - -//
# define LED1_ON()   PORTD_OUTCLR = 0x20
# define LED1_OFF()  PORTD_OUTSET = 0x20
# define LED1_T()    PORTD_OUTTGL = 0x20
# define LED2_ON()   PORTD_OUTCLR = 0x10
# define LED2_OFF()  PORTD_OUTSET = 0x10
# define LED2_T()    PORTD_OUTTGL = 0x10
//- - - - - - - - uart_init(串口初始化) - - - - - - -//
void uart_init(void)
{
```

```
    /* USARTC0 引脚方向设置 */
    PORTC. DIRSET = PIN3_bm; //PC3 (TXD0) 输出
    PORTC. DIRCLR = PIN2_bm; //PC2 (RXD0) 输入
    USART_SetMode(&USARTC0,USART_CMODE_ASYNCHRONOUS_gc); //USARTC0 模式 - 异步
    // USARTC0 帧结构，8 位数据位，无校验，1 停止位
    USART_Format_Set(&USARTC0, USART_CHSIZE_8BIT_gc,USART_PMODE_DISABLED_gc, false);
    USART_Baudrate_Set(&USARTC0, 12 , 0); //设置波特率 9 600
    USART_Tx_Enable(&USARTC0);              //USARTC0 使能发送
    USART_Rx_Enable(&USARTC0);              //USARTC0 使能接收
}
//- - - - - - - - main(主函数) - - - - - - - - //
int main( void )
{
    uart_init();
    //Example1();
    //Example2();
    //Example3();
    Example4();
    //Example5();
    //Example6();
}
//- - - - - - - - Example1- - - - - - - - //
void Example1( void )
{
    TC_SetPeriod( &TCC0, 0x1000 );
    TCC0_ConfigClockSource( &TCC0, TC_CLKSEL_DIV1_gc );
    do {} while (1);
}
//- - - - - - - - Example2- - - - - - - - //
void Example2( void )
{
    uint16_t inputCaptureTime;
    //PE3 设为输入，下降沿触发，输入上拉，当 I/O引脚作为事件的捕获源，该引脚必须配置
    //为边沿检测
    PORTE. PIN3CTRL = PORT_ISC_FALLING_gc + PORT_OPC_PULLUP_gc;
    PORTE. DIRCLR = 0x08;
    PORTD. DIRSET = 0xFF;                               //Port D 设为输出
    EVSYS. CH2MUX = EVSYS_CHMUX_PORTE_PIN3_gc;          //PE0 作为事件通道 2 的输入
    //设置 TCC0 输入捕获使用事件通道 2
    TCC0_ConfigInputCapture( &TCC0, TC_EVSEL_CH2_gc );
    TCC0_EnableCCChannels( &TCC0, TCC0_CCAEN_bm );      //使能通道 A
    TC_SetPeriod( &TCC0, 255 );
```

```
        TC0_ConfigClockSource( &TCC0, TC_CLKSEL_DIV1_gc );//选择时钟,启动定时器
        do {
            do {} while ( TC_GetCCAFlag( &TCC0 ) = = 0 );
            /*定时器把事件发生时计数寄存器的当前计数值复制到 CCA 寄存器*/
            inputCaptureTime = TC_GetCaptureA( &TCC0 );
            PORTD.OUT = (uint8_t) (inputCaptureTime);
            } while (1);
}
//- - - - - - - - Example3 - - - - - - - - //
void Example3( void )
{
    PORTD.DIRSET = 0xFF; //Port D 设为输出 LED 指示
    LED1_OFF();
    LED2_ON();
    PORTC.PIN0CTRL = PORT_ISC_BOTHEDGES_gc; //PC0 设为输入,双沿触发
    PORTC.DIRCLR = 0x01;
    EVSYS.CH0MUX = EVSYS_CHMUX_PORTC_PIN0_gc; //PC0 作为事件通道 0 的输入
    /*设置 TCC0 输入捕获使用事件通道 0*/
    TC0_ConfigInputCapture( &TCC0, TC_EVSEL_CH0_gc );
    TC0_EnableCCChannels( &TCC0, TC0_CCAEN_bm ); //使能通道 A
    //如果设置的周期寄存器的值比 0x8000 小,捕获完成后将
    //把 I/O引脚的电平变化存储在捕获寄存器的最高位(MSB)
    Clear MSB of PER[H:L] to allow for propagation of edge polarity.  */
    TC_SetPeriod( &TCC0, 0x7FFF );
    TC0_ConfigClockSource( &TCC0, TC_CLKSEL_DIV1_gc ); //选择时钟,启动定时器
    TC0_SetCCAIntLevel( &TCC0, TC_CCAINTLVL_LO_gc ); //使能通道 A 低级别中断
    PMIC.CTRL |= PMIC_LOLVLEN_bm;
    SEI();
    do {} while (1);
}
//- - - - - - - - ISR(TCC0 捕获中断) - - - - - - - - //
ISR(TCC0_CCA_vect)
{
    LED1_T();
    LED2_T();
    static uint32_t frequency;
    static uint32_t dutyCycle;
    static uint16_t totalPeriod;
    static uint16_t highPeriod;
    uint16_t thisCapture = TC_GetCaptureA( &TCC0 );
    //按上升沿来保存总周期值
    if ( thisCapture & 0x8000 ) {
```

```
        //MSB=1,代表高电平,上升沿
        totalPeriod = thisCapture & 0x7FFF;
        TC_Restart( &TCC0 );
    }
    //下降沿保存高电平的周期
    else {
        highPeriod = thisCapture;
    }
    dutyCycle = ( ( ( highPeriod * 100 ) / totalPeriod ) + dutyCycle ) / 2;
    frequency = ( ( ( F_CPU / CPU_PRESCALER ) / totalPeriod ) + frequency ) / 2;
    //串口打印占空比和频率
    uart_puts("dutyCycle = ");
    uart_putdw_dec(dutyCycle);
    uart_putc('\r');
    uart_puts("frequency = ");
    uart_putdw_dec(frequency);
    uart_putc('\r');
}
//- - - - - - - - Example4 - - - - - - - -//
void Example4( void )
{
    uint16_t compareValue = 0x0000;
    PORTC.DIRSET = 0x02;                                      //PC1 输出
    TC_SetPeriod( &TCC0, 512 );                               //设置计数周期
    TC0_ConfigWGM( &TCC0, TC_WGMODE_SS_gc );                  //设置 TC 为单斜率模式
    TC0_EnableCCChannels( &TCC0, TC0_CCBEN_bm );              //使能通道 B
    TC0_ConfigClockSource( &TCC0, TC_CLKSEL_DIV64_gc );//选择时钟,启动定时器
    do {
        //新比较值
        compareValue + = 31;
        if(compareValue>512)compareValue = 31;
        TC_SetCompareB( &TCC0, compareValue ); //设置到缓冲寄存器
        //溢出时比较值从 CCBBUF[H:L] 传递到 CCB[H:L]
        do {} while( TC_GetOverflowFlag( &TCC0 ) = = 0);
            TC_ClearOverflowFlag( &TCC0 ); //清除溢出标志
        } while (1);
}
//- - - - - - - - Example5 - - - - - - - -//
void Example5( void )
{
    //PE3 设为输入,输入上拉,下降沿感知,DOWN 键按下计数
    PORTE.PIN3CTRL = PORT_ISC_FALLING_gc + PORT_OPC_PULLUP_gc;
```

```
        PORTE. DIRCLR = 0x08;
        PORTD. DIRSET = 0x30; // PD4 设为输出
        //选择 PE3 为事件通道 0 的输入，使能数字滤波
        EVSYS. CH0MUX = EVSYS_CHMUX_PORTE_PIN3_gc;
        EVSYS. CH0CTRL = EVSYS_DIGFILT_8SAMPLES_gc;
        TC_SetPeriod( &TCC0, 4 ); //设置计数周期值 - TOP
        //设置溢出中断为低级别中断
        TC0_SetOverflowIntLevel( &TCC0, TC_OVFINTLVL_LO_gc );
        PMIC. CTRL | = PMIC_LOLVLEN_bm;
        sei();
            TC0_ConfigClockSource( &TCC0, TC_CLKSEL_EVCH0_gc ); //启动定时器
        do {} while (1);
}
ISR(TCC0_OVF_vect)
{
        PORTD. OUTTGL = 0x10; //取反 PD4
        PORTD. OUTCLR = 0x20;
}
//- - - - - - - - Example6 - - - - - - - - -//
void Example6( void )
{
        PORTD. DIRSET = 0x10;                                  // PD4 设为输出
        EVSYS. CH0MUX = EVSYS_CHMUX_TCC0_OVF_gc;               //TCC0 溢出作为事件通道 0 的输入
        TC_EnableEventDelay( &TCC1 );                          //使能 TCC1 传播时延
        TC_SetPeriod( &TCC0, 1250 );                           // 设置计数周期
        TC_SetPeriod( &TCC1, 200 );
        TC1_ConfigClockSource( &TCC1, TC_CLKSEL_EVCH0_gc ); //使用通道 0 作为 TCC1 时钟源
        //使用外设时钟 8 分频作为 TCC0 时钟源 启动定时器
        TC0_ConfigClockSource( &TCC0, TC_CLKSEL_DIV8_gc );
        do {
            do {} while( TC_GetOverflowFlag( &TCC1 ) = = 0 );
            PORTD. OUTTGL = 0x10;                              //取反 PD4
            TC_ClearOverflowFlag( &TCC1 );                     //清除溢出标志
        } while (1);
}
```

汇编代码：

```
//- - - - - - - -包含头文件- - - - - - - -//
. include "ATxmega128A1def. inc"; 器件配置文件，决不可少，不然汇编通不过
. include "usart_driver. inc"
. ORG 0
        RJMP RESET//复位
```

```
;.ORG 0x20
    ;      RJMP RESET//复位（调试时全速运行时会莫名进入该中断，此处使其跳转到 RESET）
;.ORG 0x036        //USARTC0 数据接收完毕中断入口
        ;RJMP ISR
.ORG 0X01C
        RJMP ISR_OVFIF
.ORG 0X20
        RJMP ISR_CCA_vect


.ORG 0X100      //跳过中断区 0x00～0x0FF
.EQU ENTER  = ´\n´
.EQU NEWLINE = ´\r´
.EQU EQUE  = ´ = ´
.EQU ZERO  = ´0´
.EQU A_ASSCI = ´A´
//- - - - - - - -宏定义- - - - - - - -//
.MACRO LED1_ON
        LDI R16,@0
        STS PORTD_OUTSET,R16
.ENDMACRO
.MACRO LED2_ON
        LDI R16,@0
        STS PORTD_OUTSET,R16
.ENDMACRO
.MACRO LED1_OFF
        LDI R16,@0
        STS PORTD_OUTCLR,R16
.ENDMACRO
.MACRO LED2_OFF
        LDI R16,@0
        STS PORTD_OUTCLR,R16
.ENDMACRO
.MACRO LED1_T
        LDI R16,@0
        STS PORTD_OUTTGL,R16
.ENDMACRO
.MACRO LED2_T
        LDI R16,@0
        STS PORTD_OUTTGL,R16
.ENDMACRO
//- - - - - - - - uart_init（串口初始化）- - - - - - - -//
uart_init:
```

```
                /* USARTC0 引脚方向设置 */
        LDI R16,0X08 //PC3（TXD0）输出
        STS PORTC_DIRSET,R16
        LDI R16,0X04 // PC2（RXD0）输入
        STS PORTC_DIRCLR,R16
        // USARTC0 模式 - 异步 USARTC0 帧结构，8 位数据位，无校验，1 停止位
        LDI R16,USART_CMODE_ASYNCHRONOUS_gc |USART_CHSIZE_8BIT_gc
                                        |USART_PMODE_DISABLED_gc
        STS USARTC0_CTRLC,R16
        LDI R16,12 //设置波特率 9 600
        STS USARTC0_BAUDCTRLA,R16
        LDI R16,0
        STS USARTC0_BAUDCTRLB,R16
        LDI R16,USART_TXEN_bm|USART_RXEN_bm//USARTC0 使能发送,USARTC0 使能接收
        STS USARTC0_CTRLB,R16
        RET
//- - - - - - - - Example1 - - - - - - - - -//
Example1:
        /* Set period/TOP value. */
        LDI XH,0X10
        EOR XL,XL
        STS TCC0_PER,XH
        STS TCC0_PER + 1,XL
        LDI R16,TC_CLKSEL_DIV1_gc
        STS TCC0_CTRLA,R16
Example1_0:
        JMP Example1_0
        RET
//- - - - - - - - Example2 - - - - - - - - -//
Example2:
//PE3 设为输入,下降沿触发,输入上拉,当 I/O 引脚作为事件的捕获源,
//该引脚必须配置为边沿检测
        LDI R16,PORT_ISC_FALLING_gc|PORT_OPC_PULLUP_gc
        STS PORTE_PIN3CTRL,R16

        LDI R16,0X08
        STS PORTE_DIRCLR,R16
        LDI R16,0X0FF                           //Port D 设为输出
        STS PORTD_DIRSET,R16
        LDI R16,EVSYS_CHMUX_PORTE_PIN3_gc       //PE3 作为事件通道 2 的输入
        STS EVSYS_CH2MUX,R16
        LDI R16,TC_EVSEL_CH2_gc |TC_EVACT_CAPT_gc   //设置 TCC0 输入捕获使用事件通道 2
```

```
        STS TCC0_CTRLD,R16
        LDI R16,TC0_CCAEN_bm //使能通道 A
        STS TCC0_CTRLB,R16

        EOR XH,XH
        LDI XL,0X0FF
        STS TCC0_PER,XL
        STS TCC0_PER + 1,XH
        LDI R16,TC_CLKSEL_DIV1_gc//选择时钟,启动定时器
        STS TCC0_CTRLA,R16
Example2_1：
        LDS R16,TCC0_INTFLAGS
        SBRS R16,TC0_CCAIF_bp
        JMP Example2_1
        NOP
        //定时器把事件发生时计数寄存器的当前计数值复制到 CCA 寄存器
        LDS R16,TCC0_CCA
        STS PORTD_OUT,R16
        JMP Example2_1
        RET
// - - - - - - - - Example3 - - - - - - - - //
Example3：
        LDI R16,0X0FF                              //Port D 设为输出 LED 指示
        STS PORTD_DIRSET,R16
        LED1_OFF 0X20
        LED2_ON 0X10
        LDI R16,PORT_ISC_BOTHEDGES_gc              //PC0 设为输入,双沿触发
        STS PORTC_PIN0CTRL,R16
        LDI R16,0X01
        STS PORTC_DIRCLR,R16
        LDI R16,EVSYS_CHMUX_PORTC_PIN0_gc          //PC0 作为事件通道 0 的输入
        STS EVSYS_CH0MUX,R16
        LDI R16,TC_EVSEL_CH0_gc |TC_EVACT_CAPT_gc  //设置 TCC0 输入捕获使用事件通道 0
        STS TCC0_CTRLD,R16
        LDI R16,TC0_CCAEN_bm                       //使能通道 A
        STS TCC0_CTRLB,R16
        LDI XH,0X7F
        LDI XL,0X0FF
        STS TCC0_PER,XL
        STS TCC0_PER + 1,XH
        LDI R16,TC_CLKSEL_DIV1_gc                   //选择时钟,启动定时器
        STS TCC0_CTRLA,R16
```

399

```
            LDI R16,TC_CCAINTLVL_LO_gc              //使能通道 A 低级别中断
            STS TCC0_INTCTRLB,R16
            LDI R16,PMIC_LOLVLEN_bm
            STS PMIC_CTRL,R16
            SEI
    Example3_0:
            JMP Example3_0
            RET
    //- - - - - - - -捕获中断- - - - - - - - -//
    ISR_CCA_vect:
            LED1_T 0X20
            LED2_T 0X10
            LDS R17,TCC0_CCA //定时器把事件发生时计数寄存器的当前计数值复制到 CCA 寄存器
            LDS R16,TCC0_CCA + 1
            //按上升沿来保存总周期值
            SBRS R16,7//MSB = 1,代表高电平,上升沿
            JMP Example3_1
            NOP
            ANDI R16,0X80
            MOVW XH:XL,R16:R17
            uart_putw_dec
            JMP Example3_END
    Example3_1:
            MOVW XH:XL,R16:R17
            uart_putw_dec
    Example3_END:
            RETI
    //- - - - - - - Example4 - - - - - - - - -//
    Example4:
            LDI R16,0X02                            //PC1 输出
            STS PORTC_DIRSET,R16
                LDI XH,0X02                         //设置计数周期
            EOR XL,XL
            STS TCC0_PER,XL
            STS TCC0_PER + 1,XH
            LDS R16,TCC0_CTRLB                      //设置 TC 为单斜率模式
            ORI R16,TC_WGMODE_SS_gc
            STS TCC0_CTRLB,R16
            LDI R16,TC0_CCBEN_bm                    //使能通道 B
            STS TCC0_CTRLB,R16
            LDI R16,TC_CLKSEL_DIV64_gc              //选择时钟,启动定时器
            STS TCC0_CTRLA,R16
```

```
    EOR XH,XH//新比较值
    EOR XL,XL
    EOR YH,YH
    EOR YL,YL
    LDI YH,0X02
Example4_0:
    ADIW XH:XL,31
    CLZ
    CP XL,YL
    CPC XH,YH
    BRLO Example4_1
    EOR XH,XH
    EOR XL,XL
    ADIW XH:XL,31
Example4_1:
    STS TCC0_CCBBUF,XL                          //设置到缓冲寄存器
    STS TCC0_CCBBUF + 1,XH
Example4_2://溢出时比较值从 CCBBUF[H:L] 传递到 CCB[H:L]
    LDS R16,TCC0_INTFLAGS
    SBRS R16,TC0_OVFIF_bp
    JMP Example4_2
    NOP
    LDI R16,TC0_OVFIF_bm //清除溢出标志
    STS TCC0_INTFLAGS,R16
    JMP Example4_0
    RET
// - - - - - - - Example5 - - - - - - - - //
Example5:
    //PE3 设为输入，输入上拉,下降沿感知,DOWN 键按下计数
    LDI R16,PORT_ISC_FALLING_gc|PORT_OPC_PULLUP_gc
    STS PORTE_PIN3CTRL,R16
    LDI R16,0X08
    STS PORTE_DIRCLR,R16
    LDI R16,0X30 //PD4 设为输出
    STS PORTD_DIRSET,R16
    LDI R16,EVSYS_CHMUX_PORTE_PIN3_gc //选择 PE3 为事件通道 0 的输入，使能数字滤波
    STS EVSYS_CH0MUX,R16
    LDI R16,EVSYS_DIGFILT_8SAMPLES_gc
    STS EVSYS_CH0CTRL,R16
    LDI XL,0X04                                 //设置计数周期值 - TOP
    EOR XH,XH
    STS TCC0_PER,XL
```

```
        STS TCC0_PER + 1,XH
        LDI R16,USART_RXCINTLVL_LO_gc        //设置溢出中断为低级别中断
        STS USARTC0_CTRLA,R16
        LDI R16,PMIC_LOLVLEN_bm
        STS PMIC_CTRL,R16
        SEI
        LDI R16,TC_CLKSEL_EVCH0_gc           //启动定时器
        STS TCC0_CTRLA,R16
Example5_0:
        JMP Example5_0
        RET
ISR_OVFIF:
        LED1_T 0X20
        LED2_T 0X10
        RETI
//- - - - - - - Example6 - - - - - - - -//
Example6：
        LDI R16,0x10                         //PD4 设为输出
        STS PORTD_DIRSET,R16
        LDI R16,EVSYS_CHMUX_TCC0_OVF_gc //TCC0 溢出作为事件通道 0 的输入
        STS EVSYS_CH0MUX,R16
        LDS R16,TCC0_CTRLD                   //使能 TCC1 传播时延
        ORI R16,TC0_EVDLY_bm
        STS TCC0_CTRLD,R16
        LDI XL,0X0E2                         //设置计数周期
        LDI XH,0X04
        STS TCC0_PER,XL
        STS TCC0_PER + 1,XH
        LDI XL,0X0C8
        EOR XH,XH
        STS TCC1_PER,XL
        STS TCC1_PER + 1,XH
        LDI R16,TC_CLKSEL_EVCH0_gc           //使用通道 0 作为 TCC1 时钟源
        STS TCC1_CTRLA,R16
        LDI R16,TC_CLKSEL_DIV8_gc            //使用外设时钟 8 分频作为 TCC0 时钟源,启动定时器
        STS TCC0_CTRLA,R16
Example6_1:
        LDS R16,TCC1_INTFLAGS
        SBRS R16,TC1_OVFIF_bp
        JMP Example6_1
        NOP
        LED1_T 0X10//取反 PD4
```

402

```
        LDI R16,TC1_OVFIF_bm//清除溢出标志
        STS TCC1_INTFLAGS,R16
        RET
//- - - - - - -RESET- - - - - - - -//
RESET:
        CALL uart_init
        //CALL Example1
        //CALL Example2
        //CALL Example3
        CALL Example6
        //CALL Example5
        //CALL Example6
```

② TCC0 通道 B 占空比按照正弦样本值变化,PC1 输出波形通过二阶或多阶低通滤波器输出可获得较平滑正弦曲线,频率越低,样点越密,输出波形越平滑。

C 语言代码:

```
//- - - - - - -包含头文件- - - - - - - -//
# include "avr_compiler. h"
# include "TC_driver. c"

# define LED1_T() PORTD_OUTTGL = 0x20
unsigned char SineWaveTable128[128] = {
128,134,140,147,153,159,165,171,177,182,188,193,199,204,209,213,
218,222,226,230,234,237,240,243,245,248,250,251,253,254,254,255,
255,255,254,254,253,251,250,248,245,243,240,237,234,230,226,222,
218,213,209,204,199,193,188,182,177,171,165,159,153,147,140,134,
128,122,116,109,103,97,91,85,79,74,68,63,57,52,47,43, 38,34,30,
26,22,19,16,13,11,8,6,5,3,2,2,1, 1,1,2,2,3,5,6,8,11,13,16,19,22
,26,30,34, 38,43,47,52,57,63,68,74,79,85,91,97,103,109,116,122}; //128 点正弦波样本值
uint16_t compareValue = 0x0000;
//- - - - - - -main(主函数)- - - - - - - -//
int main(void)
{
        PORTD_DIR = 0x20;                                    //PD5 方向设为输出
        PORTC. DIRSET = 0x02;                                //PC1 输出
        TC_SetPeriod( &TCC0, 255 );                          //设置计数周期
        TC0_ConfigWGM( &TCC0, TC_WGMODE_SS_gc );             //设置 TC 为单斜率模式
        TC0_EnableCCChannels( &TCC0, TC0_CCBEN_bm );         // 使能通道 B
        TC0_SetOverflowIntLevel( &TCC0, TC_OVFINTLVL_LO_gc );//设置溢出中断为低级别中断
        PMIC. CTRL | = PMIC_LOLVLEN_bm;
        sei();
        TC0_ConfigClockSource( &TCC0, TC_CLKSEL_DIV64_gc ); //选择时钟,启动定时器
```

403

```
        do {
        //溢出时比较值从 CCBBUF[H:L] 传递到 CCB[H:L]
           } while (1);
    }
    //- - - - - - - ISR(TCC0 溢出中断)- - - - - - - -//
    ISR(TCC0_OVF_vect)
    {
        LED1_T();                                    //溢出指示灯
        compareValue + +;                            //新比较值
        if(compareValue>128){compareValue = 0; }
        TC_SetCompareB( &TCC0, SineWaveTable128[compareValue] ); //设置到缓冲寄存器
        //溢出时比较值从 CCBBUF[H:L] 传递到 CCB[H:L]
    }
```

汇编代码：

```
//- - - - - - - 包含头文件- - - - - - - -//
.include "ATxmega128A1def.inc"//器件配置文件,决不可少,不然汇编通不过
.ORG 0
        RJMP RESET
.ORG 0x20
        RJMP RESET//复位（调试时全速运行时会莫名进入该中断,此处使其跳转到 RESET）
.ORG 0X01C
        RJMP ISR_TCC0_OVF_vect
.ORG 0X100 //跳过中断区 0x00~0xFF
//- - - - - - - 宏定义- - - - - - - -//
.MACRO LED1_T
                LDI R16,@0
                STS PORTD_OUTTGL,R16
.ENDMACRO
SineWaveTable128: .DB 128,134,140,147,153,159,165,171,177,182,188,193,199,204,
209,213,218,222,226,230,234,237,240,243,245,248,250,251,253,254,254,255,255,255,
254,254,253,251,250,248,245,243,240,237,234,230,226,222,218,213,209,204,199,193,
188,182,177,171,165,159,153,147,140,134,128,122,116,109,103,97,91,85,79,74,68,63,
57,52,47,43,38,34,30,26,22,19,16,13,11,8,6,5,3,2,2,1,1,1,2,2,3,5,6,8,11,13,16,19,
22,26,30,34,38,43,47,52,57,63,68,74,79,85,91,97,103,109,116,122 // 128 点正弦波样
                                                //本值
//- - - - - -RESET(主函数入口)- - - - - - -//
RESET:
    LDI R16,0X20
    STS PORTD_DIR,R16              //PD5 方向设为输出
    LDI R16,0X02                  //PC1 输出
    STS PORTC_DIRSET,R16
```

```
        LDI XL,0X0FF                    //设置计数周期
        EOR XH,XH
        STS TCC0_PER,XL
        STS TCC0_PER + 1,XH
        LDS R16,TCC0_CTRLB              //设置 TC 为单斜率模式
        ORI R16,TC_WGMODE_SS_gc
        STS TCC0_CTRLB,R16
        LDI R16,TC0_CCBEN_bm            //使能通道 B
        STS TCC0_CTRLB,R16
        LDI R16,USART_RXCINTLVL_LO_gc   //设置溢出中断为低级别中断
        STS USARTC0_CTRLA,R16
        //使能中断
        LDI R16,PMIC_LOLVLEN_bm
        STS PMIC_CTRL,R16
        SEI
        //选择时钟,启动定时器 溢出时比较值从 CCBBUF[H:L] 传递到 CCB[H:L]
        LDI R16,TC_CLKSEL_DIV64_gc
        STS TCC0_CTRLA,R16
        LDI ZH,HIGH(SineWaveTable128<<1)
        LDI ZL,LOW(SineWaveTable128<<1)
        EOR XH,XH//计数用
RESET_0:
        JMP RESET_0
// - - - - - - ISR_TCC0_OVF_vect(TCC0 溢出中断) - - - - - - - -//
ISR_TCC0_OVF_vect:
        LED1_T 0X20
        INC XH //新比较值
        SBRS XH,7
        JMP ISR_TCC0_OVF_vect_0
        NOP
        EOR XH,XH
ISR_TCC0_OVF_vect_0:
        //设置到缓冲寄存器,溢出时比较值从 CCBBUF[H:L]传递到 CCB[H:L]
        LPM R16,Z +
        EOR R17,R17
        STS TCC0_CCBBUF,R16
        STS TCC0_CCBBUF + 1,R17
        RETI
```

5.5　ADC 实例

ADC 将模拟电压转换为数字量。ADC 有 12 位精度,可以在每秒钟最高两百万

次抽样。输入选择很灵活,可以是单端或是差分。差分输入可以通过增益来增加动态范围。另外可以选择一些内部输入信号。ADC 支持有符号和无符号转换。

ADC 是流水转换的,包含多个连续的阶段,每个阶段转换一部分结果。流水转换设计使得在低速时钟下也可以高抽样率,并消除抽样速率和传播时延的相关性。

ADC 测量可以从程序或设备的其他外设事件启动。4 个输入选择(MUX)及结果寄存器使得程序可以轻松地获取数据。每个结果寄存器和 MUX 选择组成一个 ADC 通道。可以使用 DMA 直接将 ADC 结果转存到存储器或外设。

可以使用内部或者外部参考电压。内部提供一个精确的 1.00 V 参考电压。

内部集成温度传感器,它的输出可以由 ADC 测量。DAC、VCC/10 和带隙电压都可使用 ADC 测量。

实例: ADC 将模拟电压转换为数字量。程序设置模拟电压转换器 ADCA 工作在有符号、12 位分辨率的差分模式下,分别用查询标志位和中断函数两种方式来获得转换结果。4 个通道的转换结果记录到数组 adcSamples[4][10]中,USARTC0 打印调试信息。

【程序代码详见光盘】

5.6　I²C 实例

两线接口(TWI)是双向的 2 线总线通信,兼容 I²C 和 SMBus。

连接到总线的设备必须作为一个主机或从机。主机通过总线向从机发送地址启动数据传输,并告诉从机主机是否发送或接收数据。一个总线可以有几个主机,如果两个或更多个主机尝试在同一时间传送数据,将由仲裁程序处理优先级。

在 XMEGA 中,TWI 模块同时具备主机和从机的功能。主机和从机功能上是独立的,可以单独启用。它们有独立的控制寄存器和状态寄存器及中断向量。硬件可以检测到仲裁丢失,错误,总线上的碰撞和时钟保持,并且主从机各自的状态寄存器中指出。

两线接口(TWI)是两根双向总线,它包括一个串行时钟线(SCL)和一个串行数据线(SDA)。这两条线是集电极开路的(线与),驱动总线的唯一外部元件是上拉电阻(Rp)。当没有 TWI 器件连接到总线时,上拉电阻将提供给总线一个高电平。一个恒流源可以选择作为上拉电阻。

1. TWIC 自发自收

使能 TWIC 主机和从机,主程序中对发送缓存 sendBuffer 中的 8 位数据在 D 端口 LED 上面显示持续时间 1 s,然后 TWIC 主机发送数据给 TWIC 从机,TWIC 从机接收数据并返还发送给 TWIC 主机,TWIC 主机收到数据放到 readdata 数组中,sendBuffer 中的数据与 readdata 中数据应该相同,否则传输出错。

【程序代码详见光盘】

2. TWIF 对串行 EEPROM AT24C02 读/写操作

AT24C02 是美国 ATMEL 公司的低功耗 CMOS 串行 EEPROM,它是内含 256×8 位存储空间,具有工作电压宽(2.5~5.5 V)、擦写次数多(大于 10 000 次)、写入速度快(小于 10 ms)等特点。每写入或读出一个数据字节后,该地址寄存器自动加 1,以实现对下一个存储单元的读写。所有字节均以单一操作方式读取。为降低总的写入时间,一次操作可写入多达 8 个字节的数据。

AT24C02 引脚说明见表 5-6-1。

表 5-6-1　AT24C02 引脚说明

符　号	说　明	方　向
A0~A2	芯片地址	输入
SDA	串行数据/地址输入总线	输入/输出
SCL	时钟总线	输入
WP	写保护	输入
NC	没有定义	—
GND	接地	—
VCC	电源	—

AT24C02 使用 A0~A2 三个引脚确定芯片地址,WP 写保护,将该引脚接 VCC, EEPROM 就实现写保护(只读)。将该引脚接地或悬空,可以对器件进行读/写操作。

(1)功能描述

AT24Cxxx 支持 I²C 总线数据传输协议。I²C 总线协议规定,任何将数据传送到总线的器件为发送器,任何从总线接收数据的器件为接收器。数据传送由主器件控制,总线的串行时钟,起始停止条件均由主控制器产生。AT24Cxxx 为从器件。主器件和从器件都可以作为发送器或接收器,但数据传送(接收或发送)模式由主器件控制。

I²C 总线协议定义如下:

① 只有在总线非忙时才被允许进行数据传送。

② 在数据传送时,当时钟线为高电平,数据线必须为固定状态,不允许有跳变。时钟线为高电平时,数据线的任何电平变化将被当作总线的启动或停止。

(2)启动条件

起始条件必须在所有操作命令之前发送。时钟线保持高电平期间,数据线电平从高到底的跳变作为 I²C 总线的启动信号。AT24Cxxx 一直监视 SDA 和 SCL 电平信号直到条件满足才响应。

(3)停止条件

时钟线保持高电平期间,数据线电平从低到高的跳变作为 I²C 总线的停止信号。

操作结束时必须发送停止条件。

(4)器件地址的约定

主器件在发送启动命令后开始传送,主器件发送相应的从机器件的地址,8 位从机器件地址的高 4 位固定为 1010。接下来的 3 位用来定义存储器的地址,对于 AT24C021/022 这 3 位无意义。对于 AT24C041/042,接下来 2 位无意义,第 3 位是地址位高位;对于 ATC24C081/082 中第 1 位无意义,后 2 位表示地址高位。对于 AT24C161/162 这 3 位表示地址位高位。

最后一位为读/写控制位。1 表示对从器件进行读操作,0 表示对从器件进行写操作。在主器件发送启动命令和发送一字节从器件地址后,如果从器件地址相吻合,AT24Cxxx 发送一个应答信号(通过 SDA),然后 AT24Cxxx 再根据读/写控制进行读或者写操作。

(5)应答信号

每次数据传送成功后,接收器件发送一个应答信号。当第 9 个时钟产生时,产生应答信号的器件将 SDA 下拉为低,通知已经接收到 8 位数据。接收到起始条件和从地址后,AT24Cxxx 发送一个应答信号;如果被选择为写操作,每接收到一字节数据,AT24Cxxx 发送一个应答信号。

当接收到读命令后,AT24Cxxx 发送一个字节数据,然后释放总线,等待应答信号。一旦接收到应答信号,它将继续发送数据。如果接收到主器件发送的非应答信号,它结束数据传送等待停止条件。应答时序如图 5 - 6 - 1 所示。

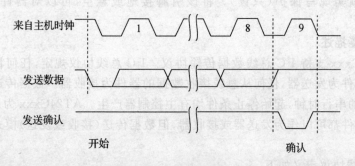

图 5 - 6 - 1　应答时序

(6)写操作

字节写:

在字节写模式下,主器件发送起始命令和从器件地址信息给从器件。在从器件响应应答信号后,主器件将要写入数据的地址发送到 AT24Cxxx 的地址指针,主器件在收到从器件的应答信号后,再送数据到相应数据存储区地址。AT24Cxxx 再响应一个应答信号,主器件产生一个停止信号;然后 AT24Cxxx 启动内部写周期。在内部写周期其间,AT24CxxxA 不再响应主器件的任何请求。字节写时序如图 5 - 6 - 2 所示。

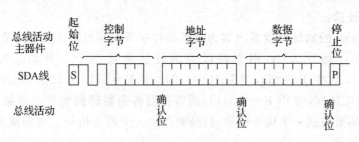

图 5-6-2　字节写时序

页写：

　　使用页写操作时,做多可以一次向 AT24Cxxx 中写入 16 个字节的数据。页写操作的初始化字节写一样,区别在于传送了一个字节数据后,主器件发送 15 个字节的数据,每传送一个字节数据后,AT24Cxxx 响应一个应答信号,寻址字节低位自动加 1,而高位保持不变。

　　如果主器件在发送停止信号前发送的字节数超过 16 个字节的数据,地址计数器自动翻转,先前写入的数据被自动覆盖。接收到 16 字节数据后和主器件发送停止位后,AT24Cxxx 启动内部写周期将数据写到数据区。页写时序如图 5-6-3 所示。

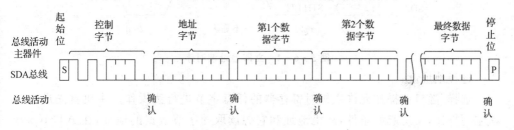

图 5-6-3　页写时序

应答查询：

　　可以利用内部写周期时禁止数据输入这一特性。一旦主机发送停止位指示主机操作结束时,AT24Cxxx 启动内部写周期。应答查询立即启动。包括发送一个起始信号和进行写操作的从器件地址。如果 AT24Cxxx 已经完成了内部自写周期,将发送一个应答信号,主器件可以继续对 AT24Cxxx 进行读/写操作。

写保护：

　　写保护操作特性可使用户避免由于不当操作而造成对存储区域内部数据的改写,当 WP 引脚高时,整个寄存器区全部被保护起来而变为只可读取。AT24Cxxx 可以接收从机地址和字节地址,但是装置在接收到第一个数据字节后不发送应答信号,从而避免寄存器区域被编程改写。

(7)读操作

　　对 AT24Cxxx 读操作的初始化方式和写操作时一样,仅把 R/W 位置为 1,有三种可能的读操作方式,即立即地址读;选择地址读;立即/选择地址连续读。

立即地址读：

AT24Cxxx 的地址计数器内容为最后操作字节的地址加 1。也就是说，如果上次读/写的操作地址为 N，则立即读的地址从地址 N＋1 开始。如果 N＝E（AT24C021/022 中 E＝255，AT24C041/042 中 E＝511，AT24C081/082 中 E＝1 023，AT24C161/162 中 E＝2 047），则寄存器将会翻转到地址 0 继续输出数据。主机设备不需要发送一个应答信号，但是要产生一个停止信号。立即地址读时序如图 5-6-4 所示。

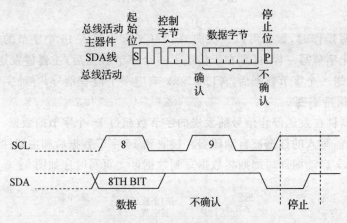

图 5-6-4 立即地址读时序

选择地址读：

选择/随机读操作允许主机对寄存器的任意字节进行读操作。主机首先进行一次空写操作，发送起始条件，从机地址和它想读取的字节数据的地址，在 AT24Cxxx 应答以后，主机重新发送起始条件位和从机地址位，此时 R/W 为 1。AT24CXXX 响应并发送应答信号然后输出要求的 8 位字节数据。主机不发送信号应答，但是产生一个停止位。选择地址读时序如图 5-6-5 所示。

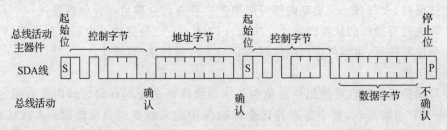

图 5-6-5 选择地址读时序

连续读：

在连续读方式中，首先执行立即读或选择字节读操作。在 AT24Cxxx 发送完 8位一字节数据后，主机产生一个应答信号来响应，告知 AT24Cxxx 主机要求更多的数据，对应每个主机产生的应答信号 AT24Cxxx 将发送一个 8 位的数据字节。当主机发送非应答信号时结束读操作,然后主机发送一个停止信号。

从 AT24Cxxx 输出的数据按顺序输出,由 N 到 N+1。读操作时的地址计数器在 AT24Cxxx 整个寄存器区域增加,这样整个寄存器区域可在一个读操作内全部读出。当超过 E(AT24C021/022 中 E=255,AT24C041/042 中 E=511,AT24C081/082 中 E=1 023,AT24C161/162 中 E=2 047)字节数据被读出时,计数器将循环计数继续输出数据。连续读时序如图 5-6-6 所示。

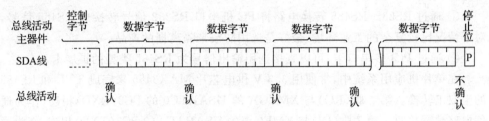

图 5-6-6　连续读时序

TWIF 设置为主模式,通过 PC0 向 AT24C02 写入 8 个字节,TWIF 再通过数据总线 PC0 读出刚才写入的数据。

硬件连接如图 5-6-7 所示。

【程序代码详见光盘】

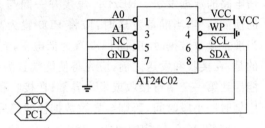

图 5-6-7　AT24C02 连接原理图

5.7　SPI 实例

串行外设接口(SPI)是一种使用 3 线或 4 线的高速同步传输接口。它支持 XMEGA 设备和外设或者 AVR 设备之间的高速通信。SPI 支持全双工传输。

连接到总线的设备必须作为主机或者从机。主机通过拉低目标从机片选线(SS)初始化通信。主从机在移位寄存器内准备好将要传输的数据。主机产生 SCK 线上需要的时钟。数据在 MOSI 线上总是从主机移位到从机,在 MISO 线上数据总是从从机移位到主机。数据包过后,主机通过拉高 SS 线和从机同步。

1. SPI 自发自收

SPIE 设为主模式,SPIF 设为从模式,SPIE 向 SPIF 发送数据,SPIF 接收到数据将其返回,SPIE 收到返回的数据通过 USARTC0 串口打印出来,发送数据方式分两种:按字节发送;按数据包发送。具体实现参考代码,硬件连接见下面说明。

➤ PE4 与 PF4 连接(SS)。

➤ PE5 与 PF5 连接(MOSI)。

➤ PE6 与 PF6 连接(MISO)。

➤ PE7 与 PF7 连接(SCK)。

【程序代码详见光盘】

2. SPID 对外部器件 FM25V10 读/写操作

由于 PC 默认的只带有 RS232 接口,有两种方式可以得到 PC 上位机的 RS485 电路:

① 通过 RS232/RS485 转换电路将 PC 机串口 RS232 信号转换成 RS485 信号,对于情况比较复杂的工业环境,最好是选用防浪带隔离栅的产品。

② 通过 PCI 多串口卡,可以直接选用输出信号为 RS485 类型的扩展卡。

在单片机应用系统中,常使用 3.3 V 供电芯片 MAX3485 来完成 TTL 和 RS485 的半双工转换。第 1 脚(RO)与 XMEGA 的 USARTC0 的 PC2(RXD)相连,作为通信电路数据接收。第 7 脚(DI)与 XMEGA 的 USARTC0 的 PC3(TXD)相连,作为通信电路的数据发送。$\overline{RE}$/DE 短接并一同与 PD0 相连,作为 MAX3485 接收和发送的使能信号,当准备发送时,应将 PD0 置为高电平,此时接收被禁止,发送被允许。当准备接收数据时,应将 PD0 置为低电平,此时发送被禁止,接收被允许。需要注意的是,在接收和发送之前,应先将使能端置为合适的电平,并延时一小段时间,否则可能导致第一个字符接收或发送异常;在接收和发送完成之后如果要切换使能状态,也应延时一小段时间,否则会导致数据帧的最后一个字符发送或接收异常。

FM25V10:结构容量为 128K×8 位;读/写次数达到 100 万亿(10^{14})次;掉电数据保存 10 年;写数据无延时;采用先进的高可靠性铁电制造工艺;高速串行外设接口 SPI 总线;频率可达 40 MHz;硬件上可直接替换串行 Flash;写保护机制,硬件保护,软件保护;器件 ID 能读出制造商、产品密度和版本信息;工作电压:2.0~3.6 V;待机电流(典型值)90 μA;睡眠模式电流(典型值)5 μA;工业级温度 -40~+85 ℃;8 脚环保/RoHS SO 封装。引脚说明见表 5 - 7 - 1。

表 5 - 7 - 1　FM25V10 引脚说明

符　号	说　明	方　向
$\overline{S}$	片选	输入
Q	数据输出	输出
$\overline{W}$	写保护	输入
VSS	接地	—
D	数据输入	输入
C	时钟	—
$\overline{HOLD}$	允许中断位	输入
VDD	电源	—

FM25V10 仅支持 SPI 的模式 0 和模式 3,图 5 - 7 - 1 显示了 SPI 模式 0 和模式 3 的时序,两种模式下数据位都是在上升沿被采样。

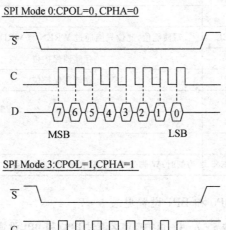

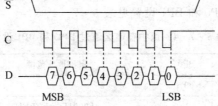

图 5 - 7 - 1　SPI 模式 0 和模式 3 时序

FM25V10 控制命令字说明见表 5 - 7 - 2。

表 5 - 7 - 2　FM25V10 命令字

符　号	说　明	命令字
WREN	写使能	00000110
WRDI	禁止写	00000100
RDSR	读状态寄存器	00000101
WRSR	写状态寄存器	00000001
READ	读存储区	00000011
FSTRD	快速度存储区	00001011
WRITE	写存储区	00000010
SLEEP	进入睡眠	10111001
RDID	读器件 ID	10011111
SNR	读器件序列号	11000011

FM25V10 状态寄存器说明见表 5 - 7 - 3。

AVR XMEGA高性能单片机开发及应用

表 5 - 7 - 3　FM25V10 状态寄存器位功能

位	符　号	说　明
0	0	—
1	WEL	写使能位,此位只能通过 WREN 与 WRDI 命令字改写
2	BP0	存储器保护位
3	BP1	存储器保护位
4	0	—
5	0	—
6	1	—
7	WPEN	为低时/W 脚忽略,为高时/W 脚控制是否可以写状态寄存器

保护存储区通过 BP0 和 BP1 设置见表 5 - 7 - 4。

表 5 - 7 - 4　保护存储区通过 BPO 和 BP1 设置

BP1	BP0	保护地址范围
0	0	—
0	1	18000H～1FFFFH
1	0	10000H～1FFFFH
1	1	00000H～1FFFFH

写保护设置见表 5 - 7 - 5。

表 5 - 7 - 5　写保护设置

WEL	WPEN	$\overline{W}$	保护存储区	未被保护存储区	状态寄存器
0	X	X	保护	保护	保护
1	0	X	保护	不保护	不保护
1	1	0	保护	不保护	保护
1	1	1	保护	不保护	不保护

写使能:

FM25V10 上电初始时禁止写的,在写之前必须要写使能。发送写使能命令字允许用户写操作,写操作包括写状态寄存器和写存储区。发送 WREN 命令字会使状态寄存器中 WEL 置位,此位标志写使能,人工写状态寄存器不会影响此位。每次在写操作完成后,写使能位自动置 0,如果想再次执行写操作必须重新发送 WEN 命令字,时序图如图 5 - 7 - 2 所示。

禁止写:发送禁止写命令字,状态寄存器中 WEL 会置 0,时序如图 5 - 7 - 3 所示。

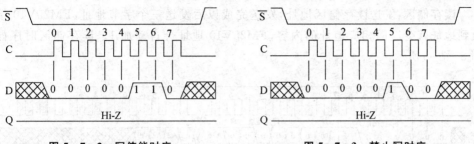

图 5 - 7 - 2　写使能时序　　　　　　　　图 5 - 7 - 3　禁止写时序

读状态寄存器:发送读状态寄存器命令字,FM25V10 将会响应发回状态寄存器的内容。时序如图 5 - 7 - 4 所示。

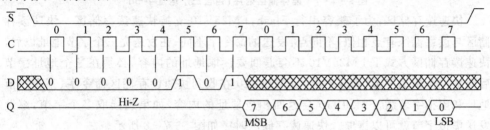

图 5 - 7 - 4　读状态寄存器时序

写状态寄存器:在没有被保护的情况下,FM25V10 写状态寄存之前,必须要写使能,写使能以后发送写状态寄存器命令字,当命令字发送完成开始发送要写入状态寄存器的内容。时序如图 5 - 7 - 5 所示。

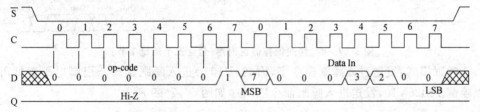

图 5 - 7 - 5　写状态寄存器时序

写存储区:在没有被保护的情况下,FM25V10 写存储区之前,必须要写使能,写使能以后发送写存储区命令字,紧接其后是三个字节的存储区地址,发送完成以后发送要写入的数据。数据可以是单个字节也可以是多个字节,内部地址会自动递增,当地址为 1FFFH 时地址会从 0 开始。时序如图 5 - 7 - 6 所示。

图 5 - 7 - 6　写存储区时序(包含三个地址字节)

　　读存储区:发送读存储区地址,发送完成以后发送三个字节地址,FM25V10 接收到地址就会返回相应地址的内容,FM25V10 地址会自动加 1。读存储区时序如图 5 - 7 - 7所示。

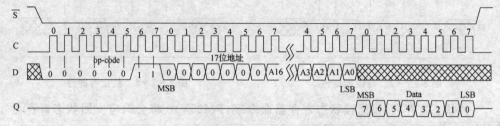

图 5 - 7 - 7　读存储区时序(包含三个地址字节)

　　快速读存储区:为了兼容串行 Flash,FM25V10 支持快速读存储区。快速读存储区与读存储区有点相似,不同点:发送的命令字不同;在发送完三个字节地址以后,快速读存储区方式下 FM25V10 不会返回要读取地址的内容,必须在三个地址字节后面加一个虚拟字节(内容不限),FM25V10 在收到快速读存储区命令字、三个字节地址和虚拟字节后,FM25V10 会返回相应地址的内容,如果想读取多个字节,继续发送虚拟字节就可以读取。快速读存储区时序如图 5 - 7 - 8 所示。

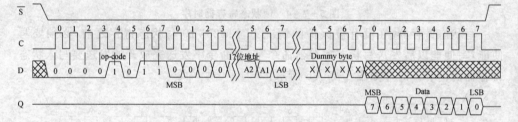

图 5 - 7 - 8　快速读存储区时序(包含三个地址字节)

　　睡眠模式:发送进入睡眠命令字,FM25V10 会进入睡眠状态,$\overline{S}$引脚电平置低可以唤醒 FM25V10,发送进入睡眠命令字时序如图 5 - 7 - 9 所示。

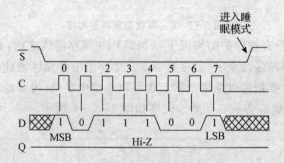

图 5 - 7 - 9　进入睡眠时序

　　FM25V10 和 FM25VN10 有$\overline{HOLD}$引脚。此引脚必须在 C 引脚为低电平时改变,$\overline{HOLD}$变为低电平时中断 FM25V10 当前操作;在$\overline{HOLD}$变为高电平时重新开始被中断的操作。如果不使用这个功能,请将$\overline{HOLD}$连接到 VCC 上。

FM25V10 与 XMEGA128A1 的连接说明如下:

```
*  |---XMEGA128A1----|-----FM25V10-------------|
*  |---PD4---SS---|---1---S̄---(片选)---------|
*  |---PD6---MISO---|--3---Q---(数据输出)-------|
*  |---VCC---------|--5---W̄---(写保护)--------|
*  |--GND---------|---7---VSS-----(接地)------|
*  |---PD5---MOSI---|--8---D---(数据输入)-------|
*  |---PD7---SCK---|---6---C---(时钟)---------|
*  |---VCC---------|---4---HOLD------(HOLD)----|
*  |---VCC---------|---2---VDD---(电源)--------|
```

硬件连接如图 5-7-10 所示。

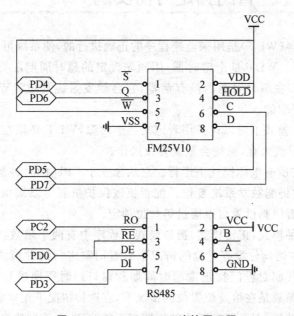

图 5-7-10 FM25V10 连接原理图

【程序代码详见光盘】

5.8 EEPROM 实例

Flash 存储器是按页更新的。EEPROM 可以是按字节或按页更新。Flash 和 EEPROM 页编程的步骤是:首先加载页缓存,然后将缓存写到选定的 Flash 或 EEPROM 的页。

EEPROM 页缓存每次载入一个字节,载入前必须先擦除。如果在已经加载过缓存的位置处再次写入,会破坏原来的内容。

EEPROM 页缓存在以下操作后自动清除：

> ➤ 系统复位；
> ➤ 执行写 EEPROM 页命令；
> ➤ 执行擦除－写 EEPROM 页命令；
> ➤ 执行写锁定位和熔丝位命令。

片内 EEPROM 的读/写操作。EEPROM 的读/写有 4 种方法：EEPROM 不映射到 RAM，按字节写入；EEPROM 不映射到 RAM，按页写入；EEPROM 映射到 RAM，按字节写入；EEPROM 映射到 RAM，按页写入；USARTC0 负责打印调试信息。

【程序代码详见光盘】

5.9　WDT——看门狗定时器实例

看门狗定时器（WDT）是用来监控程序的正确执行的，使系统可以从错误状态中恢复，如代码跑飞。WDT 是个定时器，用预先设定的超时周期配置，启动后会不断运行。如果 WDT 在超时周期内没有清零，它会触发系统复位。WDT 是通过执行 WDR 指令实现复位的。

WDT 在窗口模式下可以让使用者定义一个时隙，WDT 必须在时隙内复位。如果 WDT 复位太早或太晚，系统会触发复位操作。

WDT 可以在所有电源模式下运行。它从独立于 CPU 的时钟源运行，即使系统时钟不可用时，它仍能触发系统复位。配置更改保护机制可以确保 WDT 设置不会随意改变。另外看门狗设置可以通过熔丝位锁定。

看门狗有两种模式：正常模式，窗口模式。程序中有两个函数：wdt_sw_enable_example 函数是在熔丝位没有置位的情况下对看门狗进行两种模式的设置，在这种情况下可以通过代码对看门狗正常超时周期和窗口超时周期进行设置；wdt_fuse_enable_example 函数是在熔丝位置位的情况下，在这种情况下正常模式已经使能，窗口模式需要代码使能，但是两种模式的周期都不能改变，由熔丝位启动时自动加载。

熔丝位置位在软件中设置不需要代码置位。

【程序代码详见光盘】

5.10　RTC——实时计数器实例

实时计数器（RTC）分 16 位计数器和 32 位计数器两种，当它达到已配置的比较值或 TOP 值时，将产生一个事件或一个中断请求。16 位实时计数器 RTC 的参考时钟，可使用 32.768 kHz 或 1.024 kHz 作为输入。外部 32.768 kHz 晶体振荡器或内部 RC 振荡器 32 kHz 都可以选择作为时钟源。32 位实时计数器 RTC 的参考时钟频率可使用 1.024 kHz 或 1 Hz(32.768 kHz 分频)作为输入,但必须使用外部 32.768 kHz 的晶振作为时钟源。

实时计数器(RTC)实现秒计数器。程序设置 RTC 时钟为 1.024 kHz(由内部 32.768 kHz RC 振荡器产生),RTC 计数周期为 1 023(1 s 溢出一次),比较寄存器的值为 512;使能溢出中断和比较中断。在中断中使用 7 个 LED 灯显示时间的 BCD 码,端口 D 的 PIN0～3 显示秒数的个位,PIN4～6 显示秒数的十位,PIN7 上的 LED 间隔 1 s 闪烁一次。

【程序代码详见光盘】

5.11　DAC——数/模转换器实例

DAC 将数字信号转换为模拟电压。DAC 的精度 12 位,可以每秒转换 1 百万次。DAC 可以连续输出到一个引脚或者通过使用抽样/保持(S/H)电路输出到 2 个不同的引脚。

输出信号摆幅由参考电压(V_{REF})决定。以下为 DAC 参考源 V_{REF}。

➤ AVCC;

➤ 内部 1.00 V;

➤ 外部参考电压,PORTA 或 PORTB 的 AREF 引脚。

DACB 通道 0 和通道 1 产生相位差 180°的三角波。C 语言程序设置 DACB 的 CH0 和 CH1 输出使能,通过示波器可以看到从 PB2 和 PB3 输出的相位相反的三角波;汇编代码只使能 DACB 的 CH0 通道输出,可以通过示波器看到 PB2 输出的三角波。

【程序代码详见光盘】

5.12　AC——模拟比较器实例

模拟比较器(AC)比较 2 个输入引脚上的电压值,基于该比较上给出数字输出。模拟比较器可根据多种输入变化产生中断请求和事件。

模拟比较器的 2 个重要的动态特性是磁滞和传播时延,这些参数都可以调整。

模拟比较器在每个模拟端口上成对出现(AC0 和 AC1),它们性能相同,但控制寄存器是分开的。

A 端口上的模拟比较器 AC0 与 AC1 根据输出电平变化产生中断,控制 LED 灯的闪烁。AC0 的正引脚为 PA0,负引脚为内部的分压;AC1 的正引脚为 PA1,负引脚为内部的分压;定时器 TCC0 的通道 A 与 B 单斜率模式产生方波作为 AC 引脚 PA0 与 PA1 的输入;AC0 为上升沿中断,AC1 为下降沿中断;在 AC0 中断中控制 PD4 取反,在 AC1 中断中控制 PD5 取反。硬件电路连接说明如下。

> ➤ PC0 与 PA0 连接；
> ➤ PC1 与 PA1 连接。

【程序代码详见光盘】

5.13　事件系统实例

事件系统用来进行外设间通信的。它可以使一个外设状态的改变自动触发其他外设的行为。这是个简单但强大的系统,可以允许外设自主控制而不需要中断、CPU 或 DMA。

事件分为两类:信号事件和数据事件。信号事件只会指示状态的改变,数据事件包含额外的信息。

产生事件的外设称为事件生成器。每个外设,例如,定时器/计数器可以有多个事件源,定时器比较匹配或定时器溢出。使用事件的外设称为事件使用者,触发的行为称为事件行为。

事件系统的设置与运用如下。

Example1 函数选择 PD0 为通道 0 事件输入,通道 0 作为 TCC0 的事件源,并且事件行为是输入捕获,当 PD0 上面有电平变化时捕获标志位置位,当检测到捕获标志位置位时使 PD5 上面的电平取反,会看到 LED 闪烁。

Example2 函数是选择 TCC0 溢出作为事件通道 0 的事件,通道 0 触发 SWEEP 中定义的 ADC 通道的一次扫描,又因为 ADC 设置为自由模式,所以一旦 TCC0 溢出就会触发 ADC 通道的不断扫描。

Example3 函数实现 32 位计数,并且 TCC0 和 TCC1 对通道 1 捕获,当 PD0 有电平变化时 TCC0 和 TCC1 比较捕获标志就会置位。

Example4 是选择 PD0 为通道 0 事件输入,TCC0 时钟源为事件通道 0,也就是说当 PD0 电平变化时 TCC0 计数就会增加 1。

【程序代码详见光盘】

5.14　EBI——外部总线接口实例

外部总线接口是用于连接外设和存储器到数据存储空间的接口。当 EBI 使能时,内部 SRAM 之外的数据地址空间可以通过 EBI 引脚使用。

通过 EBI 可以连接 SRAM、SDRAM 或 LCD 显示器等内存映射的设备。

从 256 B(8 bit)至 16 MB(24 bit),地址空间和使用的引脚数量是可选的。无论引脚或多或少都可应用于 EBI,为了达到最佳使用,地址和数据总线有多种复用模式。外部总线将线性映射到内部 SRAM 的尾部。

EBI 三端口总线接口与 IS61LV6416 SRAM 相连,EBI 通过总线读/写

IS61LV6416 SRAM。

74LVC573 是三态输出的 8 路透明 D 类锁存器。工作电压是 2.0～5.5 V；有 20 个引脚；引脚说明见表 5-14-1。

表 5-14-1　74LVC573 引脚说明

符　号	说　明	方　向
1D～8D	数据输入总线	输入
1Q～8Q	数据输出总线	输出
$\overline{OE}$	输出使能位	输入
LE	锁定位	输入
VCC	电源	—
GND	接地	—

当 $\overline{OE}$ 输入为高电平时，数据输入总线对数据输出总线不起作用，数据输出总线呈现高阻态；当 $\overline{OE}$ 输入为低电平，LE 输入高电平时，输入总线数据与输出总线数据保持一致；当 $\overline{OE}$ 输入为低电平，LE 输入低电平时，输入总线数据将被保持在输出总线上，直到 LE 输入高电平为止。

IS61LV6416 SRAM 是高速的，拥有 64 K×16 位的 SRAM 芯片，工作电压：3.3 V；最大工作电流：120 mA；温度级别：－65～150 ℃；工作功耗：75 mW；引脚说明见表 5-14-2。

表 5-14-2　IS61LV6416 引脚说明

符　号	说　明	方　向
A0～A15	地址总线	输入
I/O0～I/O15	数据总线	输入/输出
$\overline{CE}$	片选使能	输入
$\overline{OE}$	输出使能	输入
$\overline{WE}$	写使能	输入
$\overline{LB}$	低字节控制位(I/O0～I/O7)	输入
$\overline{UB}$	高字节控制位(I/O8～I/O15)	输入
NC	没有定义引脚	—
VDD	电源	—
GND	接地	—

IS61LV6416 芯片有 16 根数据总线和 16 根地址总线，可以访问 64K 大小的以字为单位的空间，低字节控制位置低，使能数据总线的低 8 位，每次读出或写入的是字节，即程序中芯片每个地址只用到低字节，高字节没有使用。读时序如图 5-14-1

所示,写时序如图 5-14-2 所示。

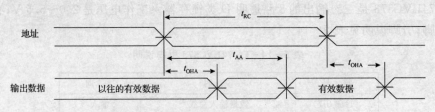

图 5-14-1　读时序(OE为低电平输出使能)

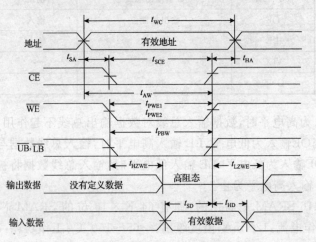

5-14-2　写时序CE为低电平输入使能,WE为低电平写使能

程序中向 IS61LV6416 SRAM 写入 10 个相同的数据,然后 EBI 通过数据总线读回来并通过串口打印。硬件连接如图 5-14-3 所示。

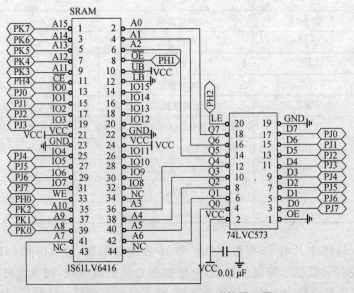

图 5-14-3　IS61LV6416 连接原理图

【程序代码详见光盘】

5.15　DMA——直接存储访问控制器实例

XMEGA DMA 控制器是高灵活的 DMA 控制器，可以在 CPU 介入最少的情况下在存储器和外设间传输数据。DMA 控制器有灵活的通道优先权选择、多种寻址模式、双重缓冲能力和块容量较大。

DMA 共有 4 个通道，每个通道都有独立的源地址、目的地址、触发器和块大小。不同的通道还有独立的控制设置、中断设置和中断向量。当一个传输结束或 DMA 控制器发现错误时，会产生中断请求。当 DMA 通道需要数据传输时，总线仲裁允许 DMA 控制器在 AVR CPU 不使用数据总线的时候传输数据。突发传输大小为 1、2、4 或 8 个字节。寻址方式可以是静态的、递增的或递减的。在突发传输和块传输结束后，自动加载源地址和目的地址。程序中，外设和事件都可以触发 DMA 传输。

DMA 数据块传输的操作。DMA 块传输分单次块传输和重复块传输。程序中单次块传输将 memoryBlockA 数组里面的 100 个数据一次性的传输到 memoryBlockB 数组里。重复块传输将 memoryBlockA 数组里面的 100 个数据分成 10 个大小相等的数据块，启动一次重复块传输，使 memoryBlockA 数组里面的数据移到 memoryBlockB 数组里。通过串口打印 memoryBlockB 数组里面的数据加以验证。

【程序代码详见光盘】

5.16　Boot Loader 实例

Boot Loader(程序代码位于 Flash 的引导区)可以同时读取和写入 Flash 程序存储器，用户签名行和 EEPROM，写锁定位。实现远程更新应用程序。

Boot Loader 更新程序区。通过串口中断接收数据写入程序区，再从程序区读出来，通过串口显示，执行完一次串口中断退出 Boot Loader 程序，跳到程序区执行。

说明：在下载 boot 区程序区时必须在 Project→Configuration Options→Memory Setting 中单击 Add 添加 Memory Type 为 Flash，Name 为 .text，Address 为 0x10000(这是 ATxmage128a1 的 boot 区起始地址)，如果想执行程序区代码，boot 在下载时不能擦除 Flash，可以直接选择十六进制文件下载。一定不能选取擦除项，不然程序区也会被擦除。

【程序代码详见光盘】

第 **6** 章

μC/OS-Ⅱ操作系统在 XMEGA 单片机的移植与应用

　　早在 20 世纪 60 年代,就已经有人开始研究和开发嵌入式操作系统。特别是在近几年,嵌入式操作系统在通信、电子、自动化等需要实时处理的领域所日益显现的重要性吸引了人们越来越多的注意力。但是,人们所谈论的往往是一些著名的商业内核,诸如 VxWorks、PSOS 等。这些商业内核性能优越,但价格昂贵,主要用于 16 位和 32 位处理器中,针对国内大量使用的 8 位单片机,可以选择 Micriμm 公司的 μC/OS-Ⅱ。本章就是介绍 μC/OS-Ⅱ操作系统在 XMEGA 单片机上的移植与应用。

6.1　μC/OS-Ⅱ简介

　　μC/OS-Ⅱ是由 Micriμm 公司总裁 Labrosse 先生编写的一个开放式内核,它可以免费应用于教育和科研领域,但是如果要将它用作商业用途,需要向 Micriμm 公司支付许可费用。μC/OS-Ⅱ最主要的特点就是源码公开。这一点对于用户来说可谓利弊各半,好处在于,一方面它是免费的,另一方面用户可以根据自己的需要对它进行修改。缺点在于它缺乏必要的支持,没有功能强大的软件包,用户通常需要自己编写驱动程序,特别是如果用户使用的是不太常用的单片机,还必须自己编写移植程序。

　　μC/OS-Ⅱ是一个占先式的内核,即已经准备就绪的高优先级任务可以剥夺正在运行的低优先级任务的 CPU 使用权。这个特点使得它的实时性比非占先式的内核要好。通常都是在中断服务程序中使高优先级任务进入就绪态,这样退出中断服务程序后,将进行任务切换,高优先级任务将被执行。对于一些对中断响应时间有严格要求的系统,这是必不可少的。但应该指出的是如果数据处理程序简单,这样做就未必合适。因为 μC/OS-Ⅱ要求在中断服务程序末尾使用 OSIntExit 函数以判断是否进行任务切换,这需要花费一定的时间。

　　μC/OS-Ⅱ和大家所熟知的 Linux 等分时操作系统不同,它不支持时间片轮转法。μC/OS-Ⅱ是一个基于优先级的实时操作系统,每个任务的优先级必须不同,μC/OS-Ⅱ把任务的优先级当作任务的标识来使用,如果优先级相同,任务将无法区分。进入就绪态的优先级最高的任务首先得到 CPU 的使用权,只有等它交出 CPU 的使用权后,其他任务才可以被执行。所以它只能说是多任务,不能说是多进程,至少不是常见的那种多进程。显而易见,如果只考虑实时性,它当然比分时系统好,它可以保证重要任务总是优先占有 CPU。但是在系统中,重要任务毕竟是有限的,这就使得划分其他任务的优先权变成了一个让人费神的问题。另外,有些任务交替执行反而对用户更有利。例如,用单片机控制两小块显示屏时,无论是编程者还是使用者肯定希望它们同时工作,而不是显示完一块显示屏的信息以后再显示另一块显示屏的信息。这时,要是 μC/OS-Ⅱ 既支持优先级法又支持时间片轮转法就更合适了。

　　μC/OS-Ⅱ 对共享资源提供了保护机制。正如上文所提到的,μC/OS-Ⅱ 是一个支持多任务的操作系统。一个完整的程序可以划分成几个任务,不同的任务执行不同的功能。这样,一个任务就相当于模块化设计中的一个子模块。在任务中添加代码时,只要不是共享资源就不必担心互相之间有影响。而对于共享资源(比如串口),μC/OS-Ⅱ 也提供了很好的解决办法。一般情况下使用的是信号量的方法。简单地说,先创建一个信号量并对它进行初始化。当一个任务需要使用一个共享资源时,它必须先申请得到这个信号量,而一旦得到了此信号量,那就只有等使用完了该资源,信号量才会被释放。在这个过程中即使有优先权更高的任务进入了就绪态,因为无法得到此信号量,也不能使用该资源。这个特点的好处显而易见,例如,当显示屏正在显示信息的时候,外部产生了一个中断,而在中断服务程序中需要显示屏显示其他信息。这样,退出中断服务程序后,原有的信息就可能被破坏了。而在 μC/OS-Ⅱ 中采用信号量的方法时,只有显示屏把原有信息显示完毕后才可以显示新信息,从而可以避免这个现象。不过,采用这种方法是以牺牲系统的实时性为代价的。如果显示原有信息需要耗费大量时间,系统只好等待。从结果上看,等于延长了中断响应时间,这对于未显示信息是报警信息的情况,无疑是致命的。发生这种情况,在 μC/OS-Ⅱ 中称为优先级反转,就是高优先级任务必须等待低优先级任务的完成。在上述情况下,在两个任务之间发生优先级反转是无法避免的。所以在使用 μC/OS-Ⅱ 时,必须对所开发的系统了解清楚,才能决定对于某种共享资源是否使用信号量。

　　μC/OS-Ⅱ 操作系统由于其短小精悍的特点,特别适合于在单片机中使用。

　　在单片机系统中嵌入 μC/OS-Ⅱ 将增强系统的可靠性,并使得调试程序变得简单。以往传统的单片机开发工作中经常遇到程序跑飞或是陷入死循环。可以用看门狗解决程序跑飞问题,而对于后一种情况,尤其是其中牵扯到复杂数学计算的话,只有设置断点,耗费大量时间来慢慢分析。如果在系统中嵌入 μC/OS-Ⅱ 的话,事情就简单多了。可以把整个程序分成许多任务,每个任务相对独立,然后在每个任务中设置超时函数,时间用完以后,任务必须交出 CPU 的使用权。即使一个任务发生问题,也不会影响其他任务的运行。这样既提高了系统的可靠性,同时也使得调试程序变得容易。

　　在单片机系统中嵌入 μC/OS-Ⅱ 将增加系统的开销。现在所使用的单片机内都带有一定的 RAM 和 ROM。对于一些简单的程序,如果采用传统的编程方法,已经不需要外扩存储器了。如果在其中嵌入 μC/OS-Ⅱ的话,在只需要使用任务调度、任务切换、信号量处理、延时或超时服务的情况下,也不需要外扩 ROM 了,但是外扩 RAM 是必须的。由于 μC/OS-Ⅱ是可裁剪的操作系统,其所需要的 RAM 大小就取决于操作系统功能的多少。举例来说,μC/OS-Ⅱ允许用户定义最大任务数。由于每建立一个任务,都要产生一个与之相对应的数据结构 TCB,该数据结构要占用很大一部分内存空间。所以在定义最大任务数时,一定要考虑实际情况的需要。如果定得过大,势必会造成不必要的浪费。嵌入 μC/OS-Ⅱ以后,总的 RAM 需求可以由如下表达式得出:

RAM 总需求＝应用程序的 RAM 需求＋内核数据区的 RAM 需求＋

(任务栈需求＋最大中断嵌套栈需求)×任务数

　　所幸的是,μC/OS-Ⅱ可以对每个任务分别定义堆栈空间的大小,开发人员可根据任务的实际需求来进行栈空间的分配。但在 RAM 容量有限的情况下,还是应该注意一下对大型数组、数据结构和函数的使用。另外,函数的形参也是要推入堆栈的。

　　μC/OS-Ⅱ的移植也是一件需要值得注意的工作。如果没有现成的移植实例的话,就必须自己来编写移植代码。虽然只需要改动两个文件,但仍需要对相应的微处理器比较熟悉,最好参照已有的移植实例。另外,即使有移植实例,在编程前最好也要阅读一下,因为里面牵扯到堆栈操作。在编写中断服务程序时,把寄存器推入堆栈的顺序必须与移植代码中的顺序相对应。

　　和其他一些著名的嵌入式操作系统不同,μC/OS-Ⅱ在单片机系统中的启动过程比较简单,不像有些操作系统那样,需要把内核编译成一个映像文件写入 ROM 中,上电复位后,再从 ROM 中把文件加载到 RAM 中去,然后再运行应用程序。μC/OS-Ⅱ的内核是和应用程序放在一起编译成一个文件的,使用者只需要把这个文件转换成 HEX 格式,写入 ROM 中就可以了,上电后,会像普通的单片机程序一样运行。

6.2　μC/OS-Ⅱ操作系统在 XMEGA 单片机移植文件结构

　　针对 XMEGA 单片机,Micriμm 公司专门提供了 μC/OS-Ⅱ V2.86 操作系统在 ATXmega128A 单片机移植版本的全部源代码,需要注意的是这些源代码仅仅能被用于评估,如果要将其应用于商业产品,需要向 Micriμm 申请授权。

　　① 与 ATXmega128 处理器 CPU 相关的文件,主要包括 os_cpu.h; os_cpu_a.s90; os_cpu_c.c; os_cpu_i.h; os_dbg.c。在使用时一般不需要进行修改。

　　② 与处理器无关的文件:os_core.c; os_flag.c;os_mbox.c;os_mem.c; os_mutex.c; os_q.c; os_sem.c; os_task.c; os_time.c; os_tmr.c; ucos_ii.h。在使用时一般也不需要进行修改。

③ 与 XMEGA 处理器相关的文件,在进行开发时,需要仔细阅读这一部分代码,包括数据类型的定义和相关汇编函数的功能及使用。

cpu_def.h:该文件中使用"♯define"申明了一些关于 CPU 数据的对齐方式、CPU 工作与大端模式或小端模式,以及其他一些 CPU 的常用特性。

cpu.h:该文件定义了 Micriμm 可移植的数据类型,包括 8 位、16 位、32 位和无符号整形,如用 CPU_INT16U 定义 16 位无符号整型。通过这种方式,μC/OS-Ⅱ源代码的实现就独立于处理器和编译器对数据位的定义。

cpu_a.s90:该文件包含了操作系统中用来使能和禁止 ATxmega128A 处理器中断的特定汇编代码。在 C 代码中可以通过 OS_ENTER_CRITICAL()和 OS_EXIT_CRITICAL()来调用。

④ μC/OS-Ⅱ操作系统相关库文件。lib_def.h:该文件定义了一些有用的常量和宏定义。

⑤ 应用代码,在这一部分的基础上,读者可以加入自己的代码,实现所要求的功能。

app.c:该文件定义了一些例子程序的测试代码,包括调用 μC/OS-Ⅱ操作系统的任务,向内核注册任务,更新用户接口的任务等。

app_cfg.h:该文件是一个定义任务栈大小和优先级,以及一些全局应用常量的配置文件。

app_vect.s:该文件是 AVR studio toolchain 编译环境定义的向量表。

os_cfg.h:该文件是 μC/OS-Ⅱ操作系统的配置文件。

⑥ 板级支持包,包括对 ATxmega128A 外设的定义和初始化。本章所介绍的板级支持包是针对 STK600 开发板的,读者可以根据硬件实际情况进行修改或编写。

bsp.c:该文件包含了板级支持包的功能,包括初始化处理器的关键功能,对外设提供支持等。

bsp.h:该文件包含了一些可被用户调用的函数原型。

bsp_isr.s:该文件包含了所有的低级别的板级支持包的中断服务程序。

6.3　μC/OS-Ⅱ操作系统在 XMEGA 单片机的移植与应用

μC/OS-Ⅱ操作系统可以运行在 ATxmega128A1 单片机上,当需要使用 ATxmega128A1单片机处理复杂任务的时候,使用 μC/OS-Ⅱ操作系统是一个非常好的选择。下面简单介绍 μC/OS-Ⅱ操作系统在 ATxmega128A1 单片机上的移植与应用。

6.3.1　任务的创建与应用

在 μC/OS-Ⅱ操作系统中与任务有关的代码在 app.c 和 os_cfg.h 中。在 app.c

中提供了应用程序的入口,对操作系统的初始化和创建任务、监视系统状态等功能的实现都在这个文件中。os_cfg.h 文件主要用来对 μC/OS-Ⅱ操作系统进行配置。

在 app.c 中主要有 4 个函数。

(1)main()函数

像大多数 C 语言程序一样,main()函数是应用的入口。这个函数对操作系统进行初始化,创建最主要的应用任务:AppTaskStart(),开始多任务以及退出应用。

```
int main (void)
{
CPU_INT08U os_err;
    /* 禁止所有的中断,以保证在系统初始化完成之前不相应任何中断 */
    BSP_IntDisAll();
    /*初始化 μC/OS-Ⅱ操作系统实时内核 */
    OSInit();
    /*至少要创建一个任务。此外,μC/OS-Ⅱ在 OSInit()函数中也会创建一两个内部任务。μC/
OS-Ⅱ通常创建一个空闲任务 OS_TaskIdle(),如果在 OS_cfg.h 中将 OS_TASK_STAT_EN 为 1,也会创
建一个统计任务 OS_TaskStat() */
    /* 创建 start task 任务 */
    OSTaskCreateExt ((void ( * )(void * )) App_TaskStart,
                     (void        * ) 0,
                     (OS_STK
    * )&App_TaskStartStk[APP_CFG_TASK_START_STK_SIZE - 1],
                     (INT8U       ) APP_CFG_TASK_START_PRIO,
                     (INT16U       ) APP_CFG_TASK_START_PRIO,
                     (OS_STK       * )&App_TaskStartStk[0],
                     (INT32U       )(APP_CFG_TASK_START_STK_SIZE),
                     (void        * ) 0,
                     (INT16U       )(OS_TASK_OPT_STK_CHK | OS_TASK_OPT_STK_CLR));
    /* 在 V2.6x 版本中,开发者可以对 μC/OS-Ⅱ任务或者其他内核对象进行命名并在调试器中
实时显示任务名称 */
    # if (OS_TASK_NAME_SIZE > 5)
        OSTaskNameSet(APP_CFG_TASK_START_PRIO, (CPU_CHAR * )"Start", &os_err);
    # else
        (void)err;
    # endif
    /* 最后 μC/OS-Ⅱ通过调用 OSStart()任务开始执行多任务。μC/OS-Ⅱ开始执行 App_Task-
Start(),因为它是优先级最高的任务 */
    OSStart();
    return (0);
}
```

(2)App_TaskStart()函数

当该函数首先创建一个用户接口任务,然后进入一个无限循环,在这个循环中可以让开发板上面的 LED 灯闪烁。

```
static void App_TaskStart (void * p_arg)
{
CPU_INT08U i;
(void)p_arg;
BSP_Init();/ * BSP_Init()初始化板级支持包,包括初始化 I/O、中断等 * /
/ * 如果 os_cfg. h 中 OS_TASK_STAT_EN 设置为 1,初始化 μC/OS-Ⅱ的统计任务,该统计任务
测量 CPU 的使用率,并参加所有由 OSTaskCreateExt()创建的任务 * /
#if (OS_TASK_STAT_EN > 0)
    OSStatInit();
#endif
#if (APP_CFG_PROBE_COM_EN       = = DEF_ENABLED) || \
        (APP_CFG_PROBE_OS_PLUGIN_EN = = DEF_ENABLED)
```

/ * 初始化 μC/Probe 函数,该函数调用 OSProbe_Init()来统计每个任务的 CPU 使用率,调用 ProbeCom_Init 函数来初始化通用通信模块,调用 ProbeRS232_Init()来初始化 RS232 通信模块。在这些模块都被初始化完成之后,μC/Probe 的 windows 客户端程序能够获得处理器的相关数据 * /

```
    App_ProbeInit();
#endif
```

/ * App_TaskCreate()创建所有的应用任务,App_EventCreate()创建所有的应用事件,包括消息邮箱的创建。当按下按钮 0、1、2 或 3 时,App_TaskKbd()将向 App_TaskUserIF()发送一个包含用户接口状态值的消息,并改变 LCD 的输出 * /

```
App_TaskCreate();
App_EventCreate();
BSP_Ser_Init(115200);
```

/ * μC/OS-Ⅱ操作系统管理的任何任务都必须进入一个死循环等待事件发生或者终止它自己。在这个任务的死循环中发光二极管交替闪亮 * /

```
    while (1) {
    for (i = 1; i < 8; i + +) {
        BSP_LED_On(i);
        OSTimeDlyHMSM(0, 0, 0, 100);
        BSP_LED_Off(i);
        OSTimeDlyHMSM(0, 0, 0, 100);
    }
        for (i = 1; i < 8; i + +) {
        BSP_LED_On(9 - i);
        OSTimeDlyHMSM(0, 0, 0, 100);
        BSP_LED_Off(9 - i);
        OSTimeDlyHMSM(0, 0, 0, 100);
```

```
            }
        }
    }
```

(3)App_TaskUserIF()函数

输出系统状态,该函数是基于 App_TaskKbd()函数的。

(4)App_TaskKbd()函数

监视按键的状态,更新显示屏的状态并将状态数据传输给 App_TaskUserIF()任务。

os_cfg.h 文件主要用来配置 μC/OS-Ⅱ操作系统,包括定义应用能够实用的最大任务数量、哪些服务被使能(信号量、消息邮箱、管道等)、空闲任务和统计任务的大小等。总的来说,在这个文件中有 60 个左右的宏定义需要确定。关于这些宏定义的具体描述可以参考 Jean Labrosse 先生的《μC/OS-Ⅱ,The Real-Time Kernel》第 2版。下面对一些主要的宏定义做个简单介绍。

```
#define OS_APP_HOOKS_EN 1 /* 在处理器移植文件中允许使用 μC/OS-Ⅱ的接口函数 */
#define OS_TASK_IDLE_STK_SIZE 128 /* 空闲任务堆栈容量(按照 OS_STK 的宽度的数量)*/
#define OS_TASK_STAT_STK_SIZE 128 /* 统计任务堆栈容量(按照 OS_STK 的宽度的数量)*/
#define OS_TASK_TMR_STK_SIZE 128 /* 统计定时器任务堆栈容量(按照 OS_STK 的宽度的数量)*/
#define OS_DEBUG_EN 1 /* 调试信息使能 */
#define OS_LOWEST_PRIO 63 /* 定义任务的最低优先级,不得大于 63 */
#define OS_MAX_TASKS 10 /* 应用中最多任务数目,该数目必须大于或者等于 2 */
#define OS_TICKS_PER_SEC 1000 /* 设置每秒的节拍数 */
```

6.3.2　板级支持包的配置与初始化

板级支持包提供了操作通用 I/O 端口和其他外设的功能。这些文件是 STK600开发板和应用程序之间的必要接口,用户可以根据相应的硬件条件进行配置和修改。用户可以通过 bsp.c 中的函数来调用板级支持包的各种功能。

bsp.c 中实现了一些全局函数,每个函数提供一些重要的服务。例如为 μC/OS-Ⅱ操作系统初始化处理器,操作 LED 发光二极管。本小节对板级支持包的讨论仅限于那些可以被用户代码直接调用的全局函数。

(1)时钟相关功能

```
BSP_PPL_FreqGet()              /* 返回 PLL 的时钟频率 */
BSP_PPL_FreqSet()              /* 设置 PLL 的时钟频率 */
BSP_PPL_SrcGet()               /* 返回 PLL 的时钟源 */
BSP_PPL_SrcSet()               /* 设置 PLL 的时钟源 */
```

BSP_PLL_SrcGetFreq()　　　　　/ * 返回 PLL 选择的时钟源频率 * /
BSP_SysClk_DevSetPre()　　　　/ * 选择系统时钟分频器，* /
BSP_SysClk_DevGetPre()　　　　/ * 返回系统时钟分频器的频率 * /
BSP_SysClk_SrcEn()　　　　　　/ * 使能系统时钟源 * /
BSP_SysClk_SrcGet()　　　　　 / * 获取系统时钟源 * /
BSP_SysClk_SrcSet()　　　　　 / * 设置系统时钟源 * /
BSP_XOSC_SrcGet()　　　　　　 / * 返回晶体/外部时钟网络的时钟源 * /
BSP_XOSC_SrcSet()　　　　　　 / * 设置晶体/外部时钟网络的时钟源 * /
BSP_XOSC_FreqGet()　　　　　　/ * 返回选定晶体/外部时钟网络时钟源的频率 * /

时钟相关功能函数与时钟模块的关系如图 6-3-1 所示。

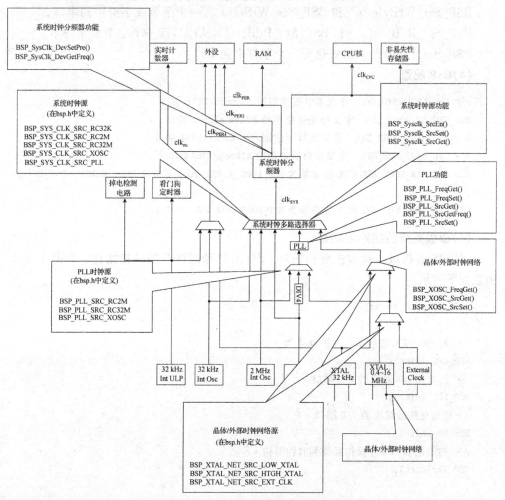

图 6 - 3 - 1　ATxmega128A1 时钟分布

(2)处理器初始化函数

BSP_Init()　 应用程序在多任务开始后调用该函数初始化处理器特性,该函数必须在 BSP 函数之前被调用。

BSP_IntDisAll()　该函数被用来禁止所有的中断。

BSP_CPU_ClkFreq()　该函数返回时钟频率,单位是 Hz。

(3)外设接口函数

BSP_LED_Toggle(),BSP_LED_On(),BSP_LED_Off()　这三个函数被用来翻转、打开和关闭发光二极管,发光二极管的 ID 由函数的参数来确定。如果参数是 0,则所有的发光二极管都被控制。

BSP_PB_GetStatus()　返回按键的状态,返回值为按键的 ID。

BSP_Ser_Init()　初始化串口。

BSP_Ser_WrByte()　和 BSP_Ser_WrSet() 写一个字节或字符串到串口。

BSP_Ser_RdByte()　和 BSP_Ser_RdByte() 从串口读一个字节或字符串。

BSP_Ser_Printf()　格式化写一个字符串到串口。

(4)BSP 配置

BSP_CFG_LED_RORT_SEL　定义 LED 所使用的 ATXmega128A1 端口。

BSP_CFG_PB_PORT_SEL　定义按钮所使用的 ATXmega128A1 端口。

BSP_CFG_UART_PORT_SEL　定义串口所使用的 ATXmega128A1 端口。

BSP_CFG_UART_NBR_SEL　定义串口所使用的 ATXmega128A 端口号。

BSP_CFG_XXX_PORT_SEL 的参数必须为 BSP_PORT_A、BSP_PORT_B、BSP_PORT_C、BSP_PORT_D 中的一个。

BSP_CFG_UART_NBR_SEL 的参数必须为 BSP_UART_0 或 BSP_UART_1。

(5)板级支持包初始化函数

μC/OS-Ⅱ板级支持包主要包括对 CPU、I/O 和时钟节拍的初始化。BSP_Init() 函数如下所示:

```
void BSP_Init (void)
{
/* 初始化 CPU,包括系统时钟、PLL 等 */
BSP_CPU_Init();
/* 初始化 LED 对应的 I/O 端口 */
BSP_LED_Init();
/* 初始化按键对应的 I/O 端口 */
BSP_PB_Init();
/* 初始化 μC/OS-Ⅱ操作系统的时钟节拍 */
BSP_TmrInit();
}
```

下面主要介绍 μC/OS-Ⅱ操作系统时钟初始化函数 BSP_TmrInit()和时钟节拍中断服务函数 BSP_TmrHandler()。读者也可以仿照这两个例子来学习中断的初始化和中断服务程序的编写。

```
static void BSP_TmrInit (void)
{
    CPU_INT32U clk_per_freq;
    CPU_INT32U period;
    TCC0. CTRLA = 0x06;
/* 设置定时器 C0 与分频系数为 256 */
    TCC0. CTRLB = 0x00;
    TCC0. CTRLC = 0x00;
    TCC0. CTRLD = 0x00;
    clk_per_freq = BSP_SysClk_DevGetFreq(BSP_SYS_CLK_OUT_PER);
    period = (CPU_INT32U)(((2 * clk_per_freq) + (256 * 2 * (CPU_INT32U)OS_TICKS_
PER_SEC))
                /          ((256 * 2 * (CPU_INT32U)OS_TICKS_PER_SEC)));
    /* 加载 16 位定时器 C0 的周期 */
    TCC0. PER = (CPU_INT16U)period;
    /* 使能定时器中断,中断级别为中 */
    TCC0. INTCTRLA = (0x02);
    /* 更新定时器配置 */
    TCC0. CTRLFSET = DEF_BIT_02;
    TCC0. CTRLFCLR = DEF_BIT_02;
    /* 使能 PMIC 中级别中断 */
    PMIC. CTRL |= DEF_BIT_01;
    /* 复位定时器 */
    TCC0. CTRLFSET = DEF_BIT_03;
    TCC0. CTRLFCLR = DEF_BIT_03;
}
```

在 bsp. s90 文件中定义了系统时钟节拍中断服务函数 BSP_TmrISR()。每当时钟节拍时间到时,该中断服务函数相应中断。

为了让操作系统进行内容切换,中断服务程序必须遵循一定的规则。因此,如果当一个中断服务程序正在执行的时候反正了一个更高优先级的任务,μC/OS-Ⅱ 必须能够切换到高优先级的任务。中断服务程序的伪代码如下所示:

```
/* 一旦进入到中断服务程序,被打断任务的 PC 寄存器的值会被压入当前任务的堆栈中 */
ISR_Handler(void) {
/* 为了后面的代码执行不被打断,首先要禁止所有的中断 */
    Disable ALL interrupts;
/* 将所有 CPU 寄存器的值压入当前任务的堆栈中 */
    Save ALL registers;
/* 将中断嵌套计数器 OSIntNesting 加 1,退出中断服务程序之前 OSIntExit() 会检查该计数
器的值以决定是返回任务代码还是下一个嵌套的中断服务程序 */
    OSIntNesting + +;
```

```
            if (OSIntNesting = = 1) {
```
/ * 如果这是第一个嵌套的中断服务程序，将任务堆栈指针存入中断任务的任务控制块 * /
```
                OSTCBCur - >OSTCBStkPtr = SP
            }
```
/ * 在这里可以重新使能中断，以便让高级别的中断得到相应。 * /
```
        UserHandler();        / * 调用用户定义的终端服务程序代码，在代码中中断标志必
                                须被清除，以避免再次进入中断 * /
        OSIntExit();          / * 该函数允许 μC/OS-Ⅱ 操作系统判断当前中断服务程序是否
                                是最重要的任务，如果当前任务仍然是最重要的任务，则会返
                                回当前中断服务程序 * /
    Restore ALL registers;    / * 如果 OSIntExit() 函数返回到这里，意味着当前任务仍然是
                                优先级最高的任务，接着从当前任务堆栈中回复所有的寄存器
                                值 * /
    Return from Interrupt;    / * 从中断服务程序中返回 * /
}
```

BSP_TmrISR()终端服务程序的源代码如下所示：

```
BSP_TmrISR:
        CLI
        PUSH_ALL
        PUSH_SREG_INT
        PUSH_SP
        LDS     R16,OSIntNesting
        INC     R16
        STS     OSIntNesting,R16
        CPI     R16,1
        BRNE    BSP_TmrISR_1
        LDS     R30,OSTCBCur
        LDS     R31,OSTCBCur + 1
        ST      Z + ,R28
        ST      Z + ,R29
BSP_TmrISR_1:
        CALL    BSP_TmrHandler
        CALL    OSIntExit
        POP_SP
        POP_SREG_INT
        POP_ALL
        SEI
        RETI
```

XMEGA 外设模块地址

地址映射表示的是 XMEGA 每一个外设模块的基址，见表 A-1 所有的外设模块并不是在所有的 XMEGA 设备上都有。

表 A-1　XMEGA 外设模块地址

基地址	名　称	描　述
0x0000	GPIO	通用 I/O 寄存器
0x0010	VPORT0	虚拟端口 0
0x0014	VPORT1	虚拟端口 1
0x0018	VPORT2	虚拟端口 2
0x001C	VPORT3	虚拟端口 3
0x0030	CPU	CPU
0x0040	CLK	时钟控制
0x0048	SLEEP	睡眠控制
0x0050	OSC	振荡器控制
0x0060	DFLLRC32M	内部 32 MHz RC 振荡器锁相环
0x0068	DFLLRC2M	2 MHz RC 振荡器锁相环
0x0070	PR	功耗降低
0x0078	RST	复位控制
0x0080	WDT	看门狗定时器
0x0090	MCU	MCU 控制
0x00A0	PMIC	可编程多级中断控制
0x00B0	PORTCFG	端口配置
0x00C0	AES	AES 模块
0x00F0	VBAT	备用电池系统
0x0100	DMA	DMA 控制

基地址	名　称	描　述
0x0180	EVSYS	事件系统
0x01C0	NVM	非易失性存储器(NVM)控制
0x0200	ADCA	端口 A 上的模数转换器
0x0240	ADCB	端口 B 上的模数转换器
0x0300	DACA	端口 A 上的数模转换器
0x0320	DACB	端口 B 上的数模转换器
0x0380	ACA	端口 A 上的模拟比较器
0x0390	ACB	端口 B 上的模拟比较器
0x0400	RTC	实时计数器
0x0420	RTC32	32 位实时计数器
0x0440	EBI	外部总线接口
0x0480	TWIC	端口 C 上的两线接口
0x0490	TWID	端口 D 上的两线接口
0x04A0	TWIE	端口 E 上的两线接口
0x04B0	TWIF	端口 F 上的两线接口
0x0600	PORTA	端口 A
0x0620	PORTB	端口 B
0x0640	PORTC	端口 C
0x0660	PORTD	端口 D
0x0680	PORTE	端口 E
0x06A0	PORTF	端口 F
0x06E0	PORTH	端口 H
0x0700	PORTJ	端口 J
0x0720	PORTK	端口 K
0x07C0	PORTQ	端口 Q
0x07E0	PORTR	端口 R
0x0800	TCC0	端口 C 上的定时器/计数器 0
0x0840	TCC1	端口 C 上的定时器/计数器 1

AVR XMEGA高性能单片机开发及应用

基地址	名　称	描　述
0x0880	AWEXC	端口 C 上的高级波形扩展
0x0890	HIRESC	端口 C 上的高分辨率扩展
0x08A0	USARTC0	端口 C 上的通用同步异步收发器 0
0x08B0	USARTC1	端口 C 上的通用同步异步收发器 1
0x08C0	SPIC	端口 C 上的串行外设接口
0x08F8	IRCOM	红外通信模块
0x0900	TCD0	端口 D 上的定时器/计数器 0
0x0940	TCD1	端口 D 上的定时器/计数器 1
0x0980	AWEXD	端口 D 上的高级波形扩展
0x0990	HIRESD	端口 D 上的高分辨率扩展
0x09A0	USARTD0	端口 D 上的通用同步异步收发器 0
0x09B0	USARTD1	端口 D 上的通用同步异步收发器 1
0x09C0	SPID	端口 D 上的串行外设接口
0x0A00	TCE0	端口 E 上的定时器/计数器 0
0x0A40	TCE1	端口 E 上的定时器/计数器 1
0x0A80	AWEXE	端口 E 上的高级波形扩展
0x0A90	HIRESE	端口 E 上的高分辨率扩展
0x0AA0	USARTE0	端口 E 上的通用同步异步收发器 0
0x0AB0	USARTE1	端口 E 上的通用同步异步收发器 1
0x0AC0	SPIE	端口 E 上的串行外设接口
0x0B00	TCF0	端口 F 上的定时器/计数器 0
0x0B40	TCF1	端口 F 上的定时器/计数器 1
0x0B80	AWEXF	端口 F 上的高级波形扩展
0x0B90	HIRESF	端口 F 上的高分辨率扩展
0x0BA0	USARTF0	端口 F 上的通用同步异步收发器 0
0x0BB0	USARTF1	端口 F 上的通用同步异步收发器 1
0x0BC0	SPIF	端口 F 上的串行外设接口

附录 B

XMEGA 中断向量基址和偏移

XMEGA 中断向量基址和偏移见表 B-1～表 B-14。

表 B-1　复位和中断向量基地址

基地址	中断源	中断描述
0x000	RESET0	
x002	OSCF_INT_vect	晶体振荡器失效（NMI）
0x004	PORTC_INT_base	端口 C 中断基址
0x008	PORTR_INT_base	端口 R 中断基址
0x00C	DMA_INT_base	DMA 控制器中断基址
0x014	RTC_INT_base	实时计数器中断基址
0x018	TWIC_INT_base	端口 C 两线接口中断基址
0x01C	TCC0_INT_base	端口 C 定时器/计数器 0 中断基址
0x028	TCC1_INT_base	端口 C 定时器/计数器 1 中断基址
0x030	SPIC_INT_vect	端口 C 的 SPI 中断基址
0x032	USARTC0_INT_base	端口 C 的 USART 0 中断基址
0x038	USARTC1_INT_base	端口 C 的 USART 1 中断基址
0x03E	AES_INT_vect	AES 中断基址
0x040	NVM_INT_base	非易失性存储器中断向量基址
0x044	PORTB_INT_base	端口 B 中断基址
0x048	ACB_INT_base	端口 B 模拟比较器中断基址
0x04E	ADCB_INT_base	端口 B 模数转换器中断基址
0x056	PORTE_INT_base	端口 E 中断基址
0x05A	TWIE_INT_base	端口 E 两线接口中断基址
0x05E	TCE0_INT_base	端口 E 定时器/计数器 0 中断基址
0x06A	TCE1_INT_base	端口 E 定时器/计数器 1 中断基址
0x072	SPIE_INT_vect	端口 E 的 SPI 中断基址
0x074	USARTE0_INT_base	端口 E 的 USART 0 中断基址
0x07A	USARTE1_INT_base	端口 E 的 USART 1 中断基址

基地址	中断源	中断描述
0x080	PORTD_INT_base	端口 D 中断基址
0x084	PORTA_INT_base	端口 A 中断基址
0x088	ACA_INT_base	端口 A 模拟比较器中断基址
0x08E	ADCA_INT_base	端口 A 模数转换器中断基址
0x096	TWID_INT_base	端口 D 两线接口中断基址
0x09A	TCD0_INT_base	端口 D 定时器/计数器 0 中断基址
0x0A6	TCD1_INT_base	端口 D 定时器/计数器 1 中断基址
0x0AE	SPID_INT_vector	端口 D 的 SPI 中断基址
0x0B0	USARTD0_INT_base	端口 D 的 USART 0 中断基址
0x0B6	USARTD1_INT_base	端口 D 的 USART 1 中断基址
0x0BC	PORTQ_INT_base	端口 Q 中断基址
0x0C0	PORTH_INT_base	端口 H 中断基址
0x0C4	PORTJ_INT_base	端口 J 中断基址
0x0C8	PORTK_INT_base	端口 K 中断基址
0x0D0	PORTF_INT_base	端口 F 中断基址
0x0D4	TWIF_INT_base	端口 F 两线接口中断基址
0x0D8	TCF0_INT_base	端口 F 定时器/计数器 0 中断基址
0x0E4	TCF1_INT_base	端口 F 定时器/计数器 1 中断基址
0x0EC	SPIF_INT_vector	端口 F 的 SPI 中断基址
0x0EE	USARTF0_INT_base	端口 F 的 USART 0 中断基址
0x0F4	USARTF1_INT_base	端口 F 的 USART 1 中断基址

表 B - 2　NVM 控制器中断向量偏移地址

偏移量	中断源	中断描述
0x00	SPM_vect	NVM SPM 中断向量
0x02	EE_vect	NVM EEPROM 中断向量

表 B - 3　DMA 控制器中断向量偏移地址

偏移量	中断源	中断描述
0x00	CH0_vect	DMA 控制器通道 0 中断向量
0x02	CH1_vect	DMA 控制器通道 1 中断向量
0x04	CH2_vect	DMA 控制器通道 2 中断向量
0x06	CH3_vect	DMA 控制器通道 3 中断向量

表 B-4　晶体振荡器失效中断向量偏移地址

偏移量	中断源	中断描述
0x00	OSCF_vect	晶体振荡器失效中断向量(NMI)

表 B-5　端口中断向量偏移地址

偏移量	中断源	中断描述
0x00	INT0_vect	端口中断 0 偏移
0x02	INT1_vect	端口中断 1 偏移

表 B-6　定时器/计数器中断向量偏移地址

偏移量	中断源	中断描述
0x00	OVF_vect	定时计数器溢出/非溢出中断向量
0x02	ERR_vect	定时计数器错误中断向量
0x04	CCA_vect	定时计数器比较捕获通道 A 中断向量
0x06	CCB_vect	定时计数器比较捕获通道 B 中断向量
0x08	CCC_vect[①]	定时计数器比较捕获通道 C 中断向量
0x0A	CCD_vect[①]	定时计数器比较捕获通道 D 中断向量

440

① 只对有 4 个比较/捕获通道的 16 位定时器/计数器可用。

表 B-7　RTC 中断向量偏移地址

偏移量	中断源	中断描述
0x00	OVF_vect	实时计数器中断向量
0x02	COMP_vect	实时计数器比较匹配中断向量

表 B-8　RTC32 中断向量地址偏移

偏移量	中断源	中断描述
0x00	OVF_vect	实时计数器溢出中断向量
0x02	COMP_vect	实时计数器比较匹配中断向量

表 B-9　TWI 的中断向量偏移地址

偏移量	中断源	中断描述
0x00	SLAVE_vect	TWI 从机中断向量
0x02	MASTER_vect	TWI 主机中断向量

表 B - 10 SPI 中断向量地址偏移

偏移量	中断源	中断描述
0x00	SPI_vect	SPI 中断向量

表 B - 11 USART 中断向量地址偏移

偏移量	中断源	中断描述
0x00	RXC_vect	USART 接收完毕中断向量
0x02	DRE_vect	USART 数据寄存器空中断向量
0x04	TXC_vect	USART 发送完毕中断向量

表 B - 12 AES 中断向量地址偏移

偏移量	中断源	中断描述
0	AES	AES 中断偏移量

表 B - 13 模/数转换中断向量地址偏移

偏移量	中断源	中断描述
0X00	CH0	模数转换通道 0 中断向量
0X02	CH1	模数转换通道 1 中断向量
0X04	CH2	模数转换通道 2 中断向量
0X06	CH3	模数转换通道 3 中断向量

表 B - 14 模拟比较器中断向量地址偏移

偏移量	中断源	中断描述
0x00	COMP0_vect	模拟比较器 0 中断向量
0x02	COMP1_vect	模拟比较器 1 中断向量
0x04	WINDOW_vect	模拟比较器窗口中断向量

附录

XMEGA 芯片封装和引脚功能

1. XMEGA A4(XMEGA A4U)

XMEGA A4(XMEGA A4U)引脚图见图 C-1,详见 datasheet。

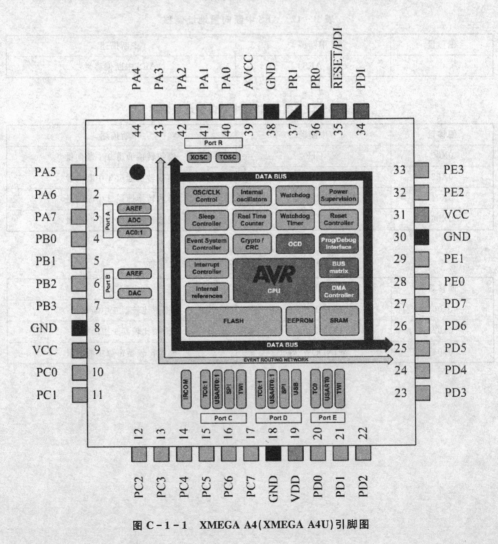

图 C-1-1　XMEGA A4(XMEGA A4U)引脚图

引脚功能描述：

VCC	数字电源
AVCC	模拟电源
GND	地
SYNC	端口引脚具有完全的同步和受限的异步中断功能
ASYNC	端口引脚具有完全的同步和完全的异步中断功能
ACn	模拟比较器输入引脚 n
AC0OUT	模拟比较器 0 输出
ADCn	模拟数字转换输入引脚 n
DACn	数字模拟转换输出引脚 n
AREF	模拟基准输入引脚
OCnx	定时器/计数器 n 输出比较通道 x
$\overline{\text{OCnx}}$	定时器/计数器 n 反转输出比较通道 x
OCnxLS	定时器/计数器 n 低电平输出比较通道 x
OCnxHS	定时器/计数器 n 高电平输出比较通道 x
SCL	TWI 串行时钟
SDA	TWI 串行数据
XCKn	USART n 传输时钟
RXDn	USART n 数据接收引脚
TXDn	USART n 数据发送引脚
SS	SPI 从机片选
MOSI	SPI 主出从入
MISO	SPI 主入从出
SCK	SPI 串行时钟
D−	USB Data−
D+	USB Data+
TOSCn	振荡器输入引脚 n
XTALn	反向振荡器的输入/输出引脚 n
RESET	复位输入引脚
PDI_CLK	编程调试接口时钟引脚
PDI_DATA	编程调试接口数据引脚

各端口功能见表 C-1～表 C-6。

表 C－1　XMEGA A4/A4U 端口 A 功能

PORTA	PIN	INTER-RUPT	ADCA POS	ADCA NEG	ADCA GAINPOS	ADCA GAINNEG	ACA POS	ACA NEG	ACA OUT	REF
PA0	40	SYNC	ADC0	ADC0	ADC0		AC0	AC0		AREF
PA1	41	SYNC	ADC1	ADC1	ADC1		AC1	AC1		
PA2	42	SYNC/ASYNC	ADC2	ADC2	ADC2		AC2			
PA3	43	SYNC	ADC3	ADC3	ADC3		AC3	AC3		
PA4	44	SYNC	ADC4		ADC4	ADC4	AC4			
PA5	1	SYNC	ADC5		ADC5	ADC5	AC5	AC5		
PA6	2	SYNC	ADC6		ADC6	ADC6	AC6		AC1OUT[①]	
PA7	3	SYNC	ADC7		ADC7	ADC7		AC7	AC0OUT	

① A4U 的 PA6 可以输出 AC1 结果。

表 C－2　XMEGA A4/A4U 端口 B 功能

PORTB	PIN	INTERRUPT	ADCA POS	DACB	REF
PB0	4	SYNC	ADC8		AREF
PB1	5	SYNC	ADC9		
PB2	6	SYNC/ASYNC	ADC10	DAC0	
PB3	7	SYNC	ADC11	DAC1	

表 C－3　XMEGA A4/A4U 端口 C 功能

PORTC	PIN	INTER-RUPT	TCC0	AWEXC	TCC1	USAR-TC0	USARTC1	SPI	TWIC	CLOCK-OUT	EVENT-OUT
PC0	10	SYNC	OC0A	OC0ALS					SDA		
PC1	11	SYNC	OC0B	OC0AHS		XCK0			SCL		
PC2	12	SYNC/ASYNC	OC0C	OC0BLS		RXD0					
PC3	13	SYNC	OC0D	OC0BHS		TXD0					
PC4	14	SYNC		OC0CLS	OC1A			SS			
PC5	15	SYNC		OC0CHS	OC1B		XCK1	MOSI			
PC6	16	SYNC		OC0DLS			RXD1	MISO			
PC7	17	SYNC		OC0DHS			TXD1	SCK		CLKOUT	EVOUT

表 C－4   XMEGA A4/A4U 端口 D 功能

PORTD	PIN	INTERRUPT	TCD0	TCD1	USAR-TD0	USB (A4U)	USAR-TD1	SPID	CLOC-KOUT	EVEN-TOUT
PD0	25	SYNC	OC0A							
PD1	26	SYNC	OC0B		XCK0					
PD2	27	SYNC/ASYNC	OC0C		RXD0					
PD3	28	SYNC	OC0D		TXD0					
PD4	29	SYNC		OC1A				SS		
PD5	30	SYNC		OC1B			XCK1	MOSI		
PD6	31	SYNC				D−	RXD1	MISO		
PD7	32	SYNC				D+	TXD1	SCK	CLKOUT	EVOUT

表 C－5   XMEGA A4/A4U 端口 E 功能

PORTE	PIN	INTERRUPT	TCE0	USARTE0	TWIE
PE0	28	SYNC	OC0A		SDA
PE1	29	SYNC	OC0B	XCK0	SCL
GND	30				
VCC	31				
PE2	32	SYNC/ASYNC	OC0C	RXD0	
PE3	33	SYNC	OC0D	TXD0	

表 C－6   XMEGA A4/A4U 端口 R 功能

PORTR	PIN	XTAL	PDI	TOSC
PDI	34		PDI_DATA	
RESET	35		PDI_CLK	
PR0	36	XTAL2		TOSC2
PR1	37	XTAL1		TOSC1

2. XMEGA A3(XMEGA A3U)

XMEGA A3(XMEGA A3U)引脚图见图 C - 2,详见 datasheet。

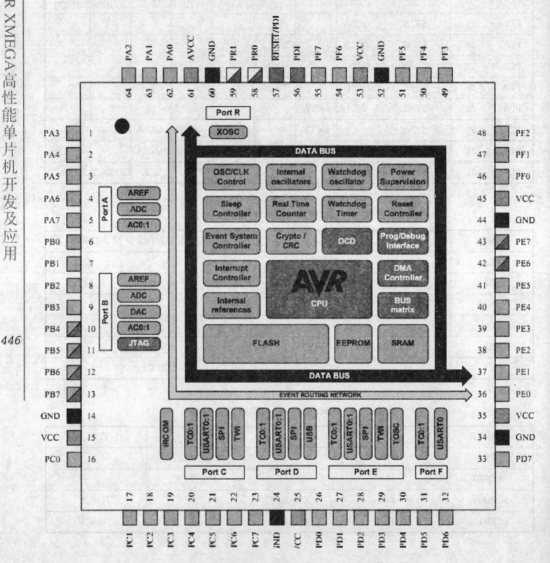

图 C - 2　XMEGA A3(XMEGA A3U)引脚图

引脚功能描述:

VCC	数字电源
AVCC	模拟电源
GND	地
SYNC	端口引脚具有完全的同步和受限的异步中断功能
ASYNC	端口引脚具有完全的同步和完全的异步中断功能

ACn	模拟比较器输入引脚 n
AC0OUT	模拟比较器 0 输出
ADCn	模拟数字转换输入引脚 n
DACn	数字模拟转换输出引脚 n
AREF	模拟基准输入引脚
OCnx	定时器/计数器 n 输出比较通道 x
$\overline{OCnx}$	定时器/计数器 n 反转输出比较通道 x
OCnxLS	定时器/计数器 n 低电平输出比较通道 x
OCnxHS	定时器/计数器 n 高电平输出比较通道 x
SCL	TWI 串行时钟
SDA	TWI 串行数据
XCKn	USART n 传输时钟
RXDn	USART n 数据接收引脚
TXDn	USART n 数据发送引脚
SS	SPI 从机片选
MOSI	SPI 主出从入
MISO	SPI 主入从出
SCK	SPI 串行时钟
D−	USB Data−
D+	USB Data+
TOSCn	振荡器输入引脚 n
XTALn	反向振荡器的输入/输出引脚 n
RESET	复位输入引脚
PDI_CLK	编程调试接口时钟引脚
PDI_DATA	编程调试接口数据引脚

各端口功能见表 C－7～表 C－12。

表 C－7　XMEGA A3/A3U 端口 A 功能

PORTA	PIN	INTERRUPT	ADCA POS	ADCA NEG	ADCA GAINPOS	ADCA GAINNEG	ACA POS	ACA NEG	ACA OUT	REF
PA0	62	SYNC	ADC0	ADC0	ADC0		AC0	AC0		AREF
PA1	63	SYNC	ADC1	ADC1	ADC1		AC1	AC1		
PA2	64	SYNC/ASYNC	ADC2	ADC2	ADC2		AC2			
PA3	1	SYNC	ADC3	ADC3	ADC3		AC3	AC3		
PA4	2	SYNC	ADC4		ADC4	ADC4	AC4			
PA5	3	SYNC	ADC5		ADC5	ADC5	AC5	AC5		
PA6	4	SYNC	ADC6		ADC6	ADC6	AC6		AC1OUT①	
PA7	5	SYNC	ADC7		ADC7	ADC7		AC7	AC0OUT	

① A3U 的 PA6 可以输出 AC1 结果。

AVR XMEGA 高性能单片机开发及应用

表 C - 8 XMEGA A3/A3U 端口 B 功能

PORTB	PIN	INTER-RUPT	ADCB POS	ADCB NEG	ADCB GAINPOS	ADCB GAINNEG	ACB POS	ACB NEG	ACB OUT	REF
PB0	6	SYNC	ADC0	ADC0	ADC0		AC0	AC0		AREF
PB1	7	SYNC	ADC1	ADC1	ADC1		AC1	AC1		
PB2	8	SYNC/ASYNC	ADC2	ADC2	ADC2		AC2			
PB3	9	SYNC	ADC3	ADC3	ADC3		AC3	AC3		
PB4	10	SYNC	ADC4		ADC4	ADC4	AC4			
PB5	11	SYNC	ADC5		ADC5	ADC5	AC5	AC5		
PB6	12	SYNC	ADC6		ADC6	ADC6	AC6		AC1OUT[①]	
PB7	13	SYNC	ADC7		ADC7	ADC7		AC7	AC0OUT	

① A3U 的 PB6 可以输出 AC1 结果。

表 C - 9 XMEGA A3/A3U 端口 C 功能

PORTC	PIN	INTER-RUPT	TCC0	AWEXC	TCC1	USART C0	USART C1	SPI	TWIC	CLOC KOUT	EVEN TOUT
PC0	16	SYNC	OC0A	OC0ALS					SDA		
PC1	17	SYNC	OC0B	OC0AHS		XCK0			SCL		
PC2	18	SYNC/ASYNC	OC0C	OC0BLS		RXD0					
PC3	19	SYNC	OC0D	OC0BHS		TXD0					
PC4	20	SYNC		OC0CLS	OC1A			SS			
PC5	21	SYNC		OC0CHS	OC1B		XCK1	MOSI			
PC6	22	SYNC		OC0DLS			RXD1	MISO			
PC7	23	SYNC		OC0DHS			TXD1	SCK		CLKOUT	EVOUT

表 C - 10 XMEGA A3/A3U 端口 D 功能

PORTD	PIN	INTERRUPT	TCD0	TCD1	USART-D0	USB (A3U)	USART-D1	SPID	CLOC-KOUT	EVEN-TOUT
PD0	26	SYNC	OC0A							
PD1	27	SYNC	OC0B		XCK0					
PD2	28	SYNC/ASYNC	OC0C		RXD0					
PD3	29	SYNC	OC0D		TXD0					
PD4	30	SYNC		OC1A				SS		
PD5	31	SYNC		OC1B			XCK1	MOSI		
PD6	32	SYNC			D−	RXD1	MISO			
PD7	33	SYNC			D+	TXD1	SCK	CLKOUT	EVOUT	

表 C - 11   XMEGA A3/A3U 端口 E 功能

PORTE	PIN	INTER-RUPT	TCE0	AWEXE	TCE1	USAR-TE0	USAR-TE1	SPIE	TWIE	CLOC-KOUT	EVEN-TOUT
PE0	36	SYNC	OC0A	OC0ALS					SDA		
PE1	37	SYNC	OC0B	OC0AHS		XCK0			SCL		
PE2	38	SYNC/ASYNC	OC0C	OC0BLS		RXD0					
PE3	39	SYNC	OC0D	OC0BHS		TXD0					
PE4	40	SYNC		OC0CLS	OC1A			SS			
PE5	41	SYNC		OC0CHS	OC1B		XCK1	MOSI			
PE6	42	SYNC		OC0DLS			RXD2	MISO			
PE7	43	SYNC		OC0DHS			TXD1	SCK		CLKOUT	EVOUT

表 C - 12   XMEGA A3/A3U 端口 R 功能

PORTR	PIN	XTAL	PDI	TOSC
PDI	56		PDI_DATA	
RESET	57		PDI_CLK	
PR0	58	XTAL2		TOSC2
PR1	59	XTAL1		TOSC1

3. XMEGA A1

XMEGA A1 引脚图见图 C - 3,详见 datasheet。

引脚功能描述:

VCC	数字电源
AVCC	模拟电源
GND	地
SYNC	端口引脚具有完全的同步和受限的异步中断功能
ASYNC	端口引脚具有完全的同步和完全的异步中断功能
ACn	模拟比较器输入引脚 n
AC0OUT	模拟比较器 0 输出
ADCn	模拟数字转换输入引脚 n
DACn	数字模拟转换输出引脚 n
AREF	模拟基准输入引脚
OCnx	定时器/计数器 n 输出比较通道 x
$\overline{OCnx}$	定时器/计数器 n 反转输出比较通道 x
OCnxLS	定时器/计数器 n 低电平输出比较通道 x
OCnxHS	定时器/计数器 n 高电平输出比较通道 x
SCL	TWI 串行时钟

右侧竖排文字:AVR XMEGA高性能单片机开发及应用

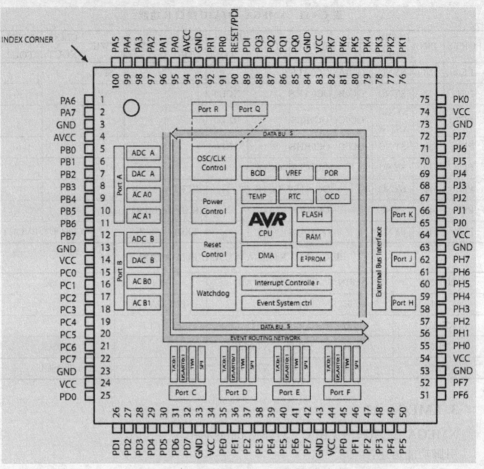

图 C - 3　XMEGA A1 引脚图

SDA	TWI 串行数据
XCKn	USART n 传输时钟
RXDn	USART n 数据接收引脚
TXDn	USART n 数据发送引脚
SS	SPI 从机片选
MOSI	SPI 主出从入
MISO	SPI 主入从出
SCK	SPI 串行时钟
TOSCn	振荡器输入引脚 n
XTALn	反向振荡器的输入/输出引脚 n
RESET	复位输入引脚
PDI_CLK	编程调试接口时钟引脚
PDI_DATA	编程调试接口数据引脚

各端口功能见表 C - 13～表 C - 23。

表 C-13　XMEGA A1 端口 A 功能

PORTA	PIN	INTER-RUPT	ADCA POS	ADCA NEG	ADCA GAINPOS	ADCA GAINNEG	ACA POS	ACA NEG	ACA OUT	DACA	REF
PA0	95	SYNC	ADC0	ADC0	ADC0		AC0	AC0			AREF
PA1	96	SYNC	ADC1	ADC1	ADC1		AC1	AC1			
PA2	97	SYNC/ASYNC	ADC2	ADC2	ADC2		AC2			DAC0	
PA3	98	SYNC	ADC3	ADC3	ADC3		AC3	AC3		DAC1	
PA4	99	SYNC	ADC4		ADC4	ADC4	AC4				
PA5	100	SYNC	ADC5		ADC5	ADC5	AC5	AC5			
PA6	1	SYNC	ADC6		ADC6	ADC6	AC6				
PA7	2	SYNC	ADC7		ADC7	ADC7		AC7	AC0OUT		

表 C-14　XMEGA A1 端口 B 功能

PORTB	PIN	INTER-RUPT	ADCB POS	ADCB NEG	ADCB GAINPOS	ADCB GAINNEG	ACB POS	ACB NEG	ACB OUT	DACB	REF
PB0	5	SYNC	ADC0	ADC0	ADC0		AC0	AC0			AREF
PB1	6	SYNC	ADC1	ADC1	ADC1		AC1	AC1			
PB2	7	SYNC/ASYNC	ADC2	ADC2	ADC2		AC2			DAC0	
PB3	8	SYNC	ADC3	ADC3	ADC3		AC3	AC3		DAC1	
PB4	9	SYNC	ADC4		ADC4	ADC4	AC4				
PB5	10	SYNC	ADC5		ADC5	ADC5	AC5	AC5			
PB6	11	SYNC	ADC6		ADC6	ADC6	AC6				
PB7	12	SYNC	ADC7		ADC7	ADC7		AC7	AC0OUT		

表 C-15　XMEGA A1 端口 C 功能

PORTC	PIN	INTER-RUPT	TCC0	AWEXC	TCC1	USAR-TC0	USAR-TC1	SPIC	TWIC	CLOC-KOUT	EVEN-TOUT
PC0	15	SYNC	OC0A	OC0ALS				SDA			
PC1	16	SYNC	OC0B	OC0AHS		XCK0		SCL			
PC2	17	SYNC/ASYNC	OC0C	OC0BLS		RXD0					
PC3	18	SYNC	OC0D	OC0BHS		TXD0					
PC4	19	SYNC		OC0CLS	OC1A			SS			
PC5	20	SYNC		OC0CHS	OC1B		XCK1	MOSI			
PC6	21	SYNC		OC0DLS			RXD1	MISO			
PC7	22	SYNC		OC0DHS			TXD1	SCK		CLKOUT	EVOUT

表 C - 16　XMEGA A1 端口 D 功能

PORTD	PIN	INTERRUPT	TCD0	TCD1	USARTD0	USARTD1	SPID	CLOCKOUT	EVENTOUT
PD0	25	SYNC	OC0A						
PD1	26	SYNC	OC0B		XCK0				
PD2	27	SYNC/ASYNC	OC0C		RXD0				
PD3	28	SYNC	OC0D		TXD0				
PD4	29	SYNC		OC1A			SS		
PD5	30	SYNC		OC1B		XCK1	MOSI		
PD6	31	SYNC				RXD1	MISO		
PD7	32	SYNC				TXD1	SCK	CLKOUT	EVOUT

表 C - 17　XMEGA A1 端口 E 功能

PORTE	PIN	INTER-RUPT	TCE0	AWEXE	TCE1	USAR-TE0	USAR-TE1	SPIE	TWIE	CLOC-KOUT	EVEN-TOUT
PE0	35	SYNC	OC0A	OC0ALS					SDA		
PE1	36	SYNC	OC0B	OC0AHS		XCK0			SCL		
PE2	37	SYNC/ASYNC	OC0C	OC0BLS		RXD0					
PE3	38	SYNC	OC0D	OC0BHS		TXD0					
PE4	39	SYNC		OC0CLS	OC1A			SS			
PE5	40	SYNC		OC0CHS	OC1B		XCK1	MOSI			
PE6	41	SYNC		OC0DLS			RXD2	MISO			
PE7	42	SYNC		OC0DHS			TXD1	SCK		CLKOUT	EVOUT

表 C - 18　XMEGA A1 端口 F 功能

PORTF	PIN	INTER-RUPT	TCF0	TCF1	USAR-TF0	USAR-TF1	SPIF	TWIF	CLOC-KOUT	EVEN-TOUT
PF0	45	SYNC	OC0A					SDA		
PF1	46	SYNC	OC0B		XCK0			SCL		
PF2	47	SYNC/ASYNC	OC0C		RXD0					
PE3	48	SYNC	OC0D		TXD0					
PF4	49	SYNC		OC1A			SS			
PE5	50	SYNC		OC1B		XCK1	MOSI			
PF6	51	SYNC				RXD2	MISO			
PF7	52	SYNC				TXD1	SCK		CLKOUT	EVOUT

表 C - 19　XMEGA A1 端口 H 功能

PORTH	PIN	INTERRUPT	SDRAM 3P	SRAM ALE1 3P	SRAM ALE12 3P	LPC ALE1 3P	LPC ALE1 2P	LPC ALE12 2P
GND	53							
VCC	54			·				
PH0	55	SYNC	$\overline{WE}$	$\overline{WE}$	$\overline{WE}$	$\overline{WE}$	$\overline{WE}$	$\overline{WE}$
PH1	56	SYNC	$\overline{CAS}$	$\overline{RE}$	$\overline{RE}$	$\overline{RE}$	$\overline{RE}$	$\overline{RE}$
PH2	57	SYNC ASYNC	$\overline{RAS}$	ALE1	ALE1	ALE1	ALE1	ALE1
PH3	58	SYNC	$\overline{DQM}$		ALE2			ALE2
PH4	59	SYNC	BA0	$\overline{CS0}$/A16	$\overline{CS0}$	$\overline{CS0}$/A16	$\overline{CS0}$	$\overline{CS0}$/A16
PH5	60	SYNC	BA1	$\overline{CS1}$/A17	$\overline{CS1}$	$\overline{CS1}$/A17	$\overline{CS1}$	$\overline{CS1}$/A17
PH6	61	SYNC	OKE	$\overline{CS2}$/A18	$\overline{CS2}$	$\overline{CS2}$/A18	$\overline{CS2}$	$\overline{CS2}$/A18
PH7	62	SYNC	CLK	$\overline{CS3}$/A19	$\overline{CS3}$	$\overline{CS3}$/A19	$\overline{CS3}$	$\overline{CS3}$/A19

表 C - 20　XMEGA A1 端口 J 功能

PORTJ	PIN	INTERRUPT	SDRAM 3P	SRAM ALE1 3P	SRAM ALE12 3P	LPC ALE1 3P	LPC ALE1 2P	LPC ALE12 2P
GND	63							
VCC	64							
PJ0	65	SYNC	D0	D0	D0	D0/A0	D0/A0	D0/A0/A8
PJ1	66	SYNC	D1	D1	D1	D1/A1	D1/A1	D1/A1/A9
PJ2	67	SYNC/ASYNC	D2	D2	D2	D2/A2	D2/A2	D2/A2/A10
PJ3	68	SYNC	D3	D3	D3	D3/A3	D3/A3	D3/A3/A12
PJ4	69	SYNC	A8	D4	D4	D4/A4	D4/A4	D4/A4/A12
PJ5	70	SYNC	A9	D5	D5	D5/A5	D5/A5	D5/A5/A13
PJ6	71	SYNC	A10	D6	D6	D6/A6	D6/A6	D6/A6/A14
PJ7	72	SYNC	A11	D7	D7	D7/A7	D7/A7	D7/A7/A15

表 C - 21　XMEGA A1 端口 K 功能

PORTK	PIN	INTERRUPT	SDRAM 3P	SRAM ALE1 3P	SRAM ALE12 3P	LPC ALE1 3P	LPC ALE1 2P	LPC ALE12 2P
GND	73							
VCC	74							
PK0	75	SYNC	A0	A0/A8	A0/A8/A16	A8		
PK1	76	SYNC	A1	A1/A9	A1/A9/A17	A9		
PK2	77	SYNC/ASYNC	A2	A2/A10	A2/A10/A18	A10		
PK3	78	SYNC	A3	A3/A11	A3/A11/A19	A11		
PK4	79	SYNC	A4	A4/A12	A4/A12/A20	A12		
PK5	80	SYNC	A5	A5/A13	A5/A13/A21	A13		
PK6	81	SYNC	A6	A6/A14	A6/A14/A22	A14		
PK7	82	SYNC	A7	A7/A15	A7/A15/A23	A15		

表 C - 22　XMEGA A1 端口 Q 功能

PORTQ	PIN	INTERRUPT	TOSC
PQ0	85	SYNC	TOSC1
PQ1	86	SYNC	TOSC2
PQ2	87	SYNC/ASYNC	
PQ3	88	SYNC	

表 C - 23　XMEGA A1 端口 R 功能

PORTR	PIN	INTERRUPT	XTAL	PDI
PDI	89			PDI_DATA
RESET	90			PDI_CLK
PR0	91	SYNC	XTAL2	
PR1	92	SYNC	XTAL1	

附录 D

光盘内容说明

本书含光盘 1 章,主要包括以下文件:

实　例　　第 5 章程序源代码。

第 5 章　　XMEGA 片内外设应用(光盘内容)　内含第 5 章中省略的程序代码。

附录 D　　XMEGA 片内外设驱动简介。

附录 E　　汇编代码头文件汇总。

附录 F　　C 语言代码头文件汇总。

附录 G　　EBI 时序。

参考文献

[1] Atmel Corporation. 8-bit AVR XMEGA A Microcontroller MANUAL. www. atmel. com. 2010.

[2] Atmel Corporation. 8-bit AVR XMEGA A1 Microcontroller. www. atmel. com. 2010.

[3] Atmel Corporation. 8-bit AVR XMEGA A4 Microcontroller. www. atmel. com. 2010.

[4] Atmel Corporation. 8-bit AVR Instruction Set. www. atmel. com. 2010.

[5] Atmel Corporation. μC/OS-II and the Atmel ATXMEGA128A Application Note AN-1608. www. atmel. com. 2010.

[6] 沈建良. ATmega128 单片机入门与提高[M]. 北京:北京航空航天大学出版社出版,2009.

[7] 李泓. AVR 单片机入门与实践[M]. 北京:北京航空航天大学出版社出版,2008.

[8] 马潮. AVR 单片机嵌入式系统原理与应用实践[M]. 北京:北京航空航天大学出版社出版,2007.